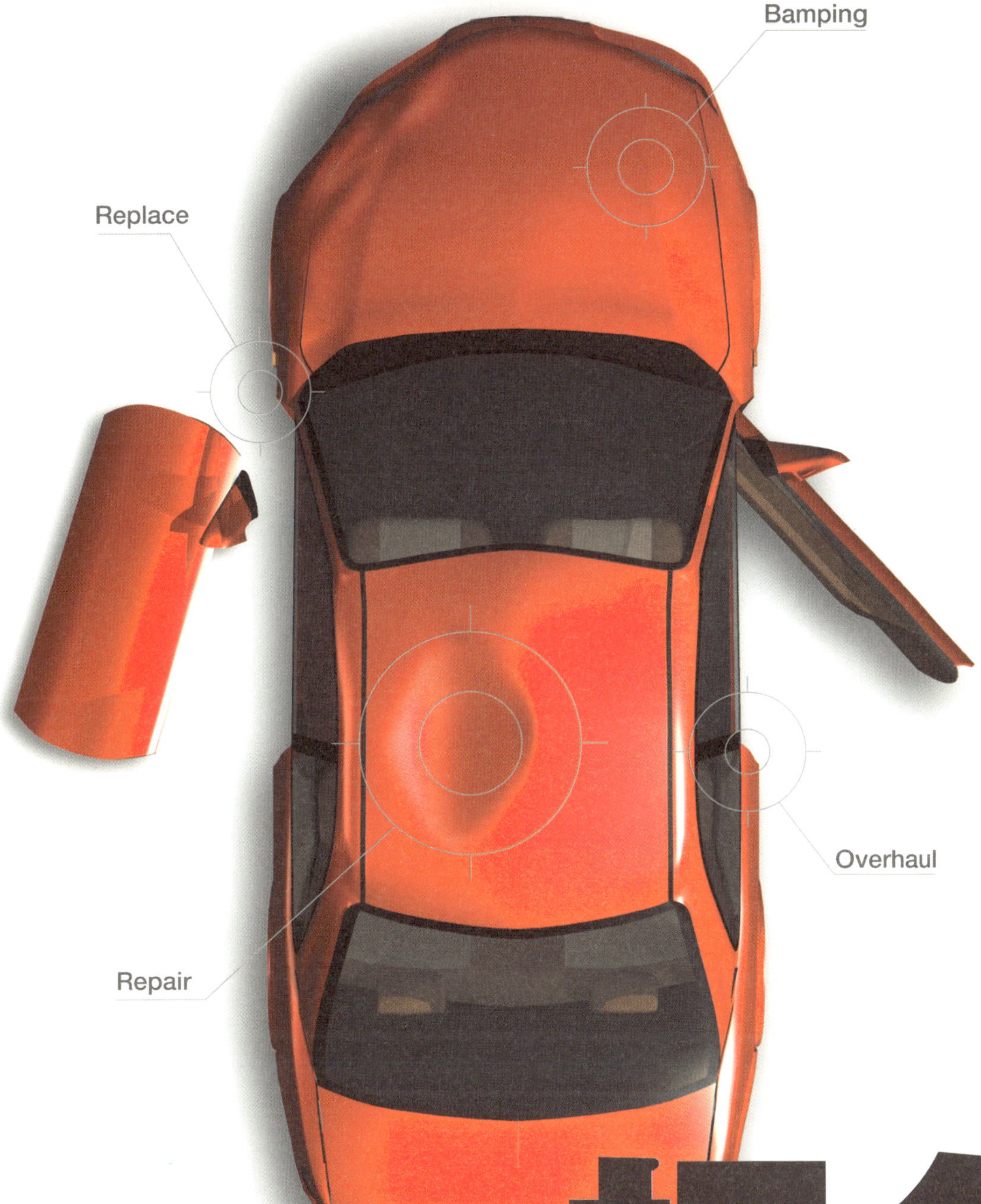

Bamping

Replace

Overhaul

Repair

THE 板金 Body work

자동차 차체수리 걸어서 하늘까지

監修 보디리페어기술연수원
著者 岸上善彦 永繩俊裕
編譯 GB기획센터

자동차문화의자존심
골든-벨
www.gbbook.co.kr

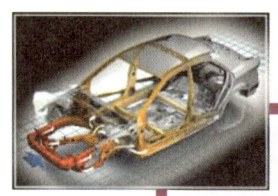

Body Repair 기술연구위원

※ 가, 나, 다 順

● 김 순 경 : 동의공업대학(자동차과 교수)

● 김 언 수 : 현대·기아 A/S 기술지원실(차체수리 교육담당)

● 박 상 윤 : 상계직업전문학교(차체수리 과장)

● 박 용 남 : 양산대학(자동차과 교수)

● 박 재 림 : 부산정보대학(기계자동차산업계열 교수)

● 안 승 우 : 대우자동차(주) 사업내직업훈련원(차체수리 교사)

● 이 규 천 : 두원공업대학(자동차공학과 교수)

● 이 문 환 : 구미1대학(자동차기계공학전공 교수)

우리말로 옮기면서

지금으로부터 8년 전에 일본의 (주)리페어테크출판이 개발한 것과 우리나라 자동차메이커들의 협조를 얻어 『자동차 판금』이라는 국내 최초의 처녀작을 「골든벨」이 만들었다.

대개 정비업소의 운영 실태를 들여다보면 '판금과 도장'으로부터 수익성을 올린다고들 말하고 있으나 이 분야는 늘 새로운 인력난에 봉착하고 있다는 것이 중론이다.

여기에 이미 몸을 담은 이도 그러하거니와 이 곳에 새롭게 투신할 초심자가 많지 않은 관계로 책의 소모량 역시 미미하다. 그러나 그나마 다행스런 것은 전국 몇몇 실업계고교의 자동차과와 전문대학 자동차과 과정에서 이 과목을 개설·운영하고 있다는 사실이다.

외국에서도 이 기술의 발전 과정은 우리와 너무 흡사하다. 우리나라 역시 현존하는 기술인 모두가 선배로부터 몸소 체득한 기술이니만큼 이 책을 자사가 우리 손으로 개발하기 위해 백방으로 수소문 하였으나 이론을 바탕으로 한 현장실무까지 글로 옮기기에는 역부족임을 간파한 뒤 어쩔 수 없이 다시 외국에 의존할 수밖에 없었음을 토로한다.

이 책은 이러한 여러 난재를 뚫고 일본의 (주)리페어테크출판의 「THE 板金」을 골간으로 한 다음, 국내 생산 외국 수출차량의 보디 수리매뉴얼을 어렵게 입수하여 개작·수록하였으며, 주목해야 할 사실은 본문 전체를 올 컬러로 화려하게 편성하였다는 것이다.

끝으로 이 책이 나오기까지 (주)월드카익스프레스 대표 이영재 님, (주)현대·기아자동차 김언수 님, 보디리페어기술연구위원 모든 분들께 뜨거운 마음을 전한다.

2002. 가을과 겨울 사이
GB기획센터 일동

머리말

본 서는 자동차판금의 실제 작업을 기초로 한 「자동차 판금의 길잡이」(1977년), 「신판 보디수리」(1988년 초판, '91년 개정 제2판)에 이어 기본적인 판금기술서 계보(系譜)에 이은 최신판이다.

약 10년에 한 번 정도로 신판 발행을 하였지만 그 동안 시대 변천에 따라 공구, 설치장비류의 발달, 자동차 보디 구조의 변화 등을 삽입하여 그 때마다 애독자로부터 사랑을 받아왔다. 이번에는 전면 개정한 3번째 책으로서 새로운 내용의 체제와 정보는 물론, 본문을 올 컬러로 시도한 것이 신선한 충격으로 받아드릴 것이다. 본 서를 다듬고 다듬었으므로 종래의 서적과 같이 애정어린 눈으로 관심을 가져주길 바란다.

최초 10년 동안은 타출(打出)판금에서 인출(引出)판금으로, 육감과 경험에 의한 손으로 탐색하는 작업에서, 게이지류나 수리 자료를 활용한 작업으로 많이 변화한 시대였다.

그 후 10년간은 그러한 움직임에 더 한층 박차를 가하여 공히 용접으로부터 보디 측정까지 다양한 분야에서의 컴퓨터 이용에 따른 효율화, 작업의 용이화가 진행되고 있다. 금후에는 보다 더 추가된 네트워크의 활용이 과제로 떠오른다. 나름대로 업계가 지향하는 자동차 메이커로부터 정보도 충분히 늘어났다. 또한 보디리페어기술연구소의 창설에서 일상적인 작업 연구도 가능하게 되었다.

이 책은 그런 성과도 삽입하는 등 현실에 걸맞은 서적이다. 새로운 세기의 차체수리기술해설서로서 초보자의 기초기술습득, 베테랑의 일상작업의 점검 등에 활용하면 다행이다.

본 서는 발행시점의 재료·자재·설비·공구를 총망라하여 개괄적으로 정리하였다. 이들을 사용할 때 저마다의 취급 설명서를 읽으면서 반드시 발매원의 설명을 충분히 익혀두어야 한다.

이 책은 소정의 설비를 유지하고 안전대책을 실시할 수 있는 전문 공장에 종사하는 사람을 대상으로 엮었다. 그리고 이 책의 편집 도우미는 각 자동차 메이커, 기계공구 메이커 또한 여러 가지 협조와 조언을 득할 수 있었던 것은 여러 보디샵 현장에서 실제 작업 행태를 많은 작업자가 소상히 일러주었기 때문이다. 지면을 빌어 감사의 뜻을 전하는 바이다.

2001년 11월

著者

CONTENTS

CONTENTS

Part. 4

패널 수정작업과 공구

CONTENTS

Part. 5

패널교환작업과 용접용 기기

CONTENTS

CONTENTS

CONTENTS

CONTENTS

CONTENTS

1. 보디의 구조와 조립

THE body work

THE Body Work

1. 보디의 구조와 조립

01 자동차의 구조

🔵 자동차 부품

한 대의 자동차에 몇 가지의 부품이 사용되고 있을까? 그 수는 차종에 따라서 다르지만 대략 3,000~4,000여 부품으로 되어 있다. 같은 종류의 부품이 여러 개 사용되고 있는 경우도 많기 때문에 단순한 개수로 생각하면 이 숫자는 더욱 증가되어 2~3배로 된다. 또, 1개의 형상으로 된 부품으로 판매되고 있지만 실제로는 몇 개의 부품을 조합하여 만들어진 부품도 있기 때문에 그 수는 더욱 증가한다.

'자동차 수리'란 그들의 수많은 부품을 교환하거나 수리하여 그 부품의 기능을 복원시키는 작업이다. 따라서 하나하나의 부품이 어떤 기능을 가지고 있으며, 어떤 작용을 하고 있는가를 어느 정도 알고 있지 않으면 훌륭한 메커닉이라고 자부할 수 없다. 물론 부품의 기능 가운데는 「외관도」도 포함되므로, 차체 수리라고 하여도 과언은 아니다.

🔵 **PHOTO** 자동차의 구조

부품과 부품의 구조

자동차에 사용되고 있는 대부분의 많은 부품은 여러 가지 부품으로 편성되어 그 기능을 담당하고 있으며, 더욱이 이러한 부품의 그룹이 여러 개로 편성되어 자동차 전체의 중심부에서 그 역할을 담당하고 있다. 예를 들면 서스펜션의 스프링은 쇽업소버나 각종 실(seal)류와 조합시켜서 쇽업소버 어셈블리가 되고, 자동차 바퀴를 지지하는 암의 종류나 롤링을 억제시키는 스태빌라이저(stabilizer), 경우에 따라서는 전자제어의 센서류 등과 함께 프런트 또는 리어의 서스펜션(현가장치)으로 되어 있다. 그리고 서스펜션은 스티어링(steering : 조향장치)이나 브레이크(제동장치) 등과 조합하여 '섀시 또는 주행장치' 등이라고도 불린다.

보디의 관계에 대하여 생각하여 보자. 라디에이터 서포트 패널은 어퍼 서포트나 로어 서포트로 조합되어 라디에이터 서포트 어셈블리가 되고, 펜더(fender) 에이프런 및 사이드 멤버와 함께 프런트 안쪽의 플레이트(골격계통) 패널을 구성하고 있다. 따라서 이러한 패널의 종류는 자동차 전체 중에 보디로서 그 위치를 차지하고 있다.

다른 각도에서 생각하여 보자, 예를 들어 전기에 의해서 회전하는 모터를 단독으로 관찰하면 무엇에 사용되는지 알 수 없다. 그러나 팬이나 팬 슈라우드와 조합시키면 전동 팬 어셈블리가 되어, 엔진의 냉각에 관한 역할을 담당하는 것은 확실하다. 또 에어컨 회로 내에 조합시키면 블로어 팬 어셈블리가 되어 일정한 기능을 갖게 된다.

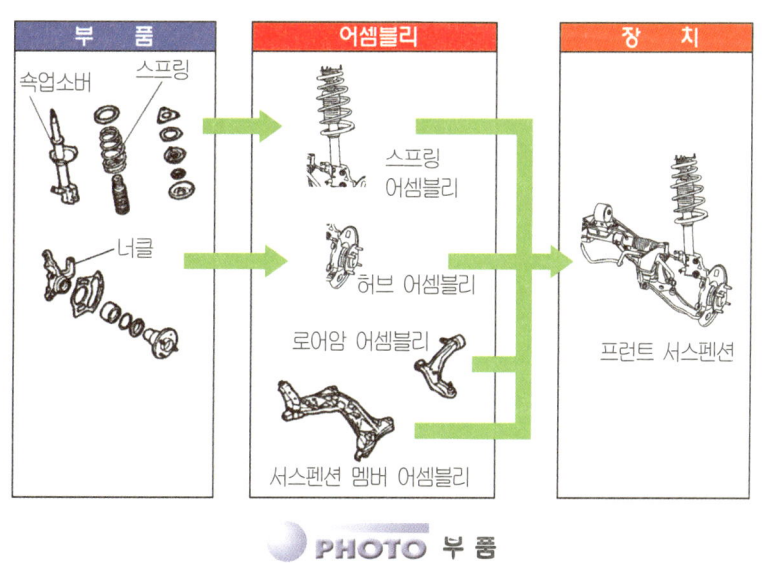

PHOTO 부품

이와 같이 자동차의 부품은 특정한 작용을 하는(회전한다, 신축(늘어남과 줄어듬)한다, 지탱한다) 부품을 조합시켜 일정한 기능을 갖게 하며(냉각한다, 힘을 전달한다, 안정시킨다), 그러한 기능을 가진 부품을 모아서 종합한 것으로서 자동차 전체의 작용을 분담하고 있다(구동 장치, 현가장치, 보디).

1대의 자동차에 사용되고 있는 수많은 부품은 모두 이러한 계층적인 구조 내에 편성되어 있다. 자동차의 구조를 이해하기 위해서는 각각의 부품에 대하여 기능과 구조를 파악할 필요가 있다. 또한 실제로 판매되고 있는 교환용 부품의 조합은 구조나 공급상의 형편이나 이용할 때의 편리성 등이 설정되어 있으며, 반드시 기능면에서 본 어셈블리의 구조와는 일치하지 않는다.

기능과 부품의 구조

앞에서는 자동차의 구조를 부품 측면에서 설명하였지만 여기에서는 자동차 전체가 어떤 기능을 가지고 어떤 부품으로 구성되어 제작되고 있는지 생각해 보자.

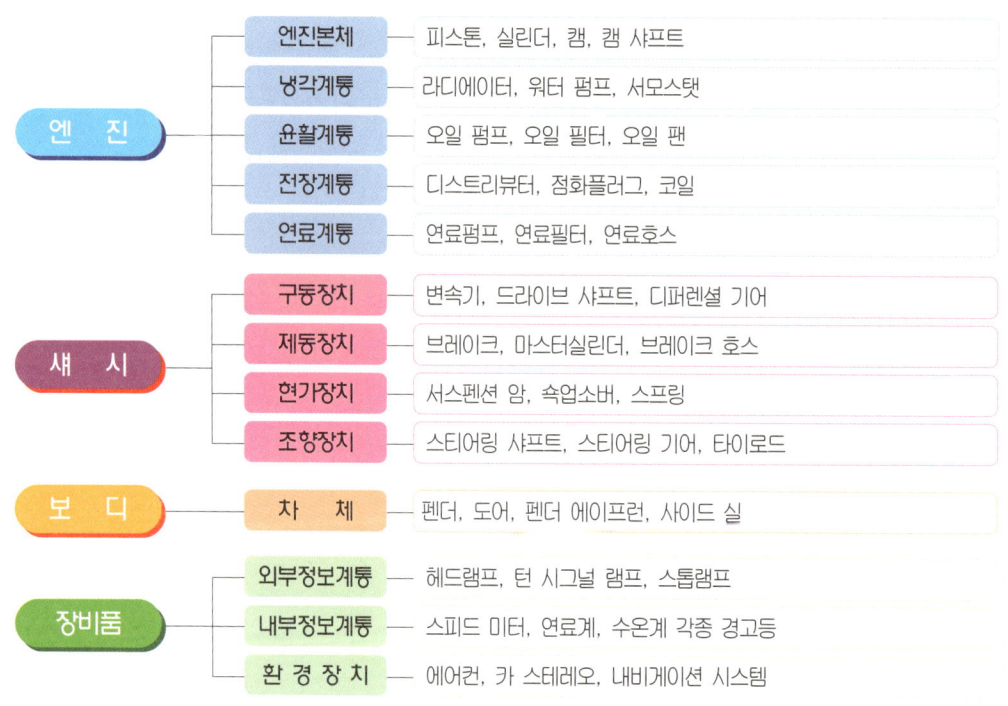

엔진	엔진본체	피스톤, 실린더, 캠, 캠 샤프트
	냉각계통	라디에이터, 워터 펌프, 서모스탯
	윤활계통	오일 펌프, 오일 필터, 오일 팬
	전장계통	디스트리뷰터, 점화플러그, 코일
	연료계통	연료펌프, 연료필터, 연료호스
섀시	구동장치	변속기, 드라이브 샤프트, 디퍼런셜 기어
	제동장치	브레이크, 마스터실린더, 브레이크 호스
	현가장치	서스펜션 암, 쇽업소버, 스프링
	조향장치	스티어링 샤프트, 스티어링 기어, 타이로드
보디	차체	펜더, 도어, 펜더 에이프런, 사이드 실
장비품	외부정보계통	헤드램프, 턴 시그널 램프, 스톱램프
	내부정보계통	스피드 미터, 연료계, 수온계 각종 경고등
	환경장치	에어컨, 카 스테레오, 내비게이션 시스템

PHOTO 자동차를 구성하는 부품의 계통

자동차의 기본적인 기능을 간단하게 정리하면, 「주행한다, 방향을 변환시킨다, 정지한다」의 3항목으로 요약할 수 있다.

따라서 이러한 기능을 발휘하는 자동차를 자동차로서 존립시키기 위해서는 차체 즉, 보디의 존재를 배제시킬 수 없다. 또한 자동차가 보디만으로는 단순히 주행하는 상자에 지나지 않는다. 예를 들면 야간에 주행하기 위해서는 헤드램프가 필요하며, 방향 지시기나 스톱 램프 등도 자동차관리법의 안전규칙상 없어서는 안된다. 더욱이 운전자에게 쾌적한 환경을 주기 위해서 에어컨이나 카 스테레오 등도 필수품이다. 이러한 것은 「장비품」이라는 테두리(틀)로 묶어버린다.

자동차가 자동차이기 위해서는 위에서 설명한 5개 항목의 기능, 〔주행한다, 방향을 변환시킨다, 정지한다, 보디, 장비〕가 필수이다. 이를 위해 어떤 부품이 사용되고 있는 것인지 순서에 따라서 설명하면 다음과 같다.

주행을 위한 부품

먼저 「주행한다」를 위해서는 당연히 엔진이 필요하다. 엔진은 가솔린이나 디젤 등 사용하는 연료, 2사이클과 4사이클의 원리적인 면, 기통수나 직렬, V형 등의 구조적인 면 등 여러 가지 종류가 있다. 앞으로는 전동 모터나 다른 형식의 동력원도 이용되게 될 것이다. 그러나 어쨌든 자동차를 주행하기 위해 힘을 만들어 내는 장치에는 틀림없다.

엔진의 회전으로 만들어 내는 동력은 최초에 변속기에 전달된다. 변속기는 자동차가 출발에서 고속 주행까지 속도에 따라서 엔진의 회전수와 구동력의 관계를 컨트롤하는 작용을 한다. 변속기는 수동 변속기, 자동 변속기, 무단 변속기 등이 있는데 작용하는 목적은 동일하다.

엔진의 동력은 변속기에서 회전수와 구동력을 컨트롤한 다음에 프로펠러 샤프트를 통해서 또는 그대로 디퍼렌셜 기어로 보내진다.

디퍼렌셜 기어에서는 엔진의 회전수를 더욱 감속시켜 구동력을 증가함과 동시에 좌우 타이어에 분배한다. 자동차가 선회할 때, 안쪽과 바깥쪽(좌우) 타이어에서는 통과하는 거리가 다르기 때문에 그대로는 어느 쪽인가의 타이어가 슬립이 되기 때문에 슬립이 발생되지 않도록 좌우 타이어의 회전수를 조정하는 작용도 디퍼렌셜 기어가 하고 있다.

디퍼렌셜 기어에서 좌우로 분배된 동력은 드라이브 샤프트에 따라서 타이어에, 정확하게는 휠의 허브에서 휠, 휠에서 타이어라는 방식으로 전달된다. 따라서 타이어가 회전하여 자동차를 주행할 수 있게 된다.

회전하는 타이어는 서스펜션(suspension)에 의해서 자동차의 프레임에 연결되어 있다. 동시에 서스펜션은 자동차가 요철(凹凸)의 도로를 주행할 경우 타이어의 상하 움직임을 흡수하여 승차감을 좋게 하고 있다.

엔진은 냉각계통, 윤활계통, 연료계통 등 여러 가지 부품의 집합으로 구성되어 있으므로 엔진만으로도 하나의 완성품이라 생각되는 경우가 많다. 엔진 이후, 변속기, 프로펠러 샤프트, 디퍼렌셜 기어, 드라이브 샤프트, 타이어와 휠, 서스펜션 등은 구동계통 또는 구동장치로서 정리된다. 구동계통은 나중에 정리되는 브레이크나 서스펜션 등과 함께 섀시 또는 주행장치라고 불리는 경우도 있다.

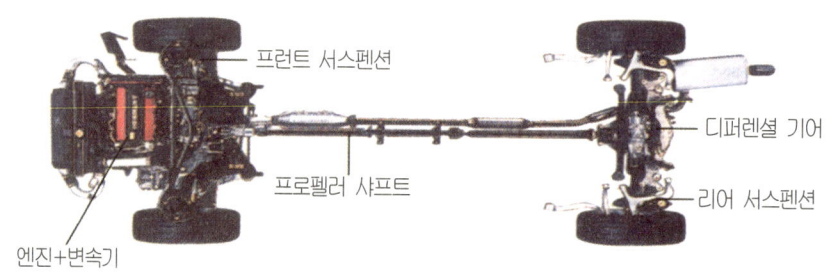

PHOTO 주행 기능과 관련된 부품

방향을 변환시키기 위한 부품

자동차의 방향을 변환시키는 경우 운전자가 핸들을 회전시키면 앞의 타이어가 핸들을 회전시키는 방향으로 방향이 변환된다. 따라서 자동차도 같은 방향으로 변환되어 목적한 방향으로 변환할 수 있다. 「방향을 변환시키기」 위한 부품은 핸들의 움직임을 타이어에 전달하기 위한 부품으로 조향계통 또는 조향장치라고 불린다.

먼저 핸들(스티어링 휠)의 움직임은 핸들의 중심에 결합되어 있는 스티어링 샤프트를 경유하여 스티어링 기어에 전달된다. 스티어링 샤프트는 사고 등으로 운전자가 핸들에 머리나 가슴을 부딪쳐도 큰 충격을 받지 않도록 또는 앞부분에서의 충격으로 스티어링 샤프트가 실내 쪽에 밀려 들어오지 않도록 하기 위해 강한 힘을 받으면 길이가 짧아지게 되어 있다. 이것은 '충격 흡수(collapsible) 스티어링'이라 불린다.

　스티어링 기어는 핸들을 좌우 방향으로 회전시켜 타이어의 방향을 바꾸는 힘으로 변환하는 장치로서 대부분 랙(rack) & 피니언(pinion)식과 리서큘레이팅 볼식(recirculating ball type)으로 되어 있다. 스티어링 기어에 의해서 변환된 힘으로 타이로드(tie rod)를 좌우로 이동시킴과 동시에 타이로드 엔드를 통하여 타이어의 방향을 변환시킨다. 또한 파워 스티어링은 엔진에 의해서 형성된 유압에 따라 타이로드를 좌우로 움직이는 힘을 증가시킨다. 펌프, 탱크, 유압 파이프로 구성되지만, 전동 모터를 이용하는 타입도 있다.

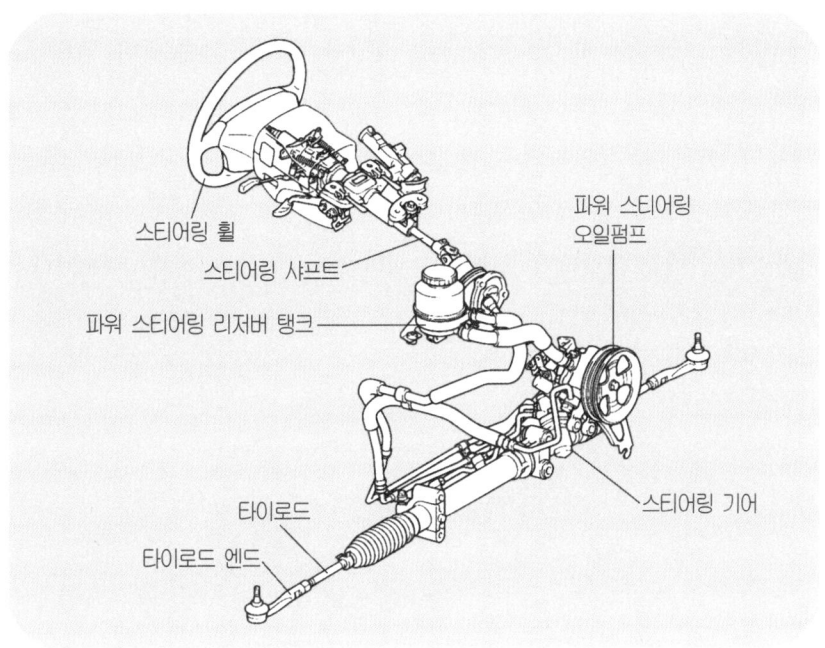

　스티어링 휠
　스티어링 샤프트
　파워 스티어링 리저버 탱크
　파워 스티어링 오일펌프
　타이로드
　타이로드 엔드
　스티어링 기어

● PHOTO 방향을 변환시키는 기능과 관련된 부품

● 정지시키기 위한 부품

　엔진이 회전하지 않는 자동차는 단순한 방해자가 되지만, 브레이크의 효과가 없는 자동차는 흉기이다. 그 정도의 중요한 역할을 지닌 제동장치는 브레이크 페달, 배력장치, 브레이크 파이프, 브레이크 본체, 사이드 브레이크 등으로 구성되어 있다. 브레이크 페달은 마스터 실린더의 피스톤을 미는 것으로써 유압을 발생시킨다.

이때 엔진의 부압이나 별도의 펌프에서 발생시킨 유압 등을 이용하여, 운전자가 브레이크 페달을 밟아 마스터 실린더 피스톤에 가해지는 힘을 증가시키는 배력장치를 활용한다. 브레이크 파이프의 반대쪽에는 브레이크 본체가 연결되어 있으며, 마스터 실린더에서 발생된 유압은 디스크 브레이크의 경우 타이어와 함께 회전하는 브레이크 디스크에 브레이크 패드를 압착시켜 회전을 억제하고, 드럼 브레이크의 경우 타이어와 함께 회전하는 브레이크 드럼 내면에 브레이크 슈를 압착시켜 회전을 억제한다. 또한 자동차가 정지하기 전에 타이어 회전이 정지되면 제동력을 유용하게 이용할 수 없기 때문에 마스터 실린더에서 휠 실린더 또는 캘리퍼에 전달되어 제동작용을 하는 유압을 컨트롤 하는 것이 '앤티 로크 브레이크(ABS) 장치'이다.

ABS는 타이어의 회전을 감지하기 위한 센서류, 제어용의 컴퓨터, 브레이크의 유압을 조정하는 컨트롤 모듈 등으로 구성되어 있다. 일반적으로 주차 브레이크는 손의 힘을 주차 브레이크 케이블을 통하여 브레이크에 전달하고 있다.

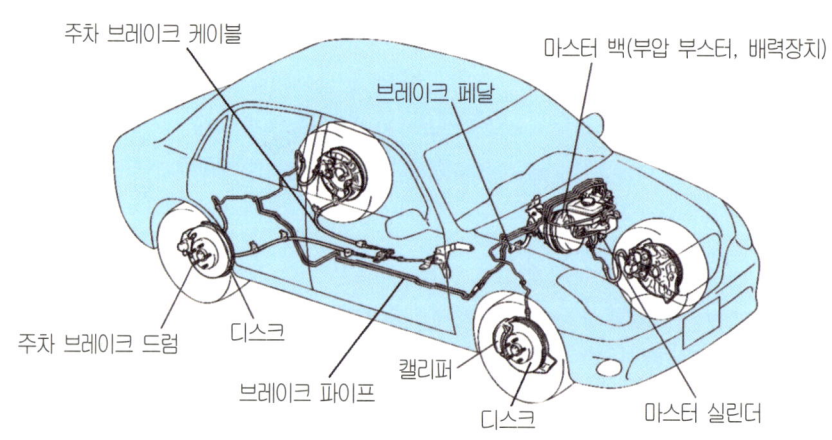

주차 브레이크 케이블
브레이크 페달
마스터 백(부압 부스터, 배력장치)
주차 브레이크 드럼
디스크
브레이크 파이프
캘리퍼
디스크
마스터 실린더

PHOTO 정지 기능과 관련된 부품

보디의 기능

차체 수리의 주요한 대상은 보디가 되지만, 여기서는 자동차의 전체 중에서 보디가 어떤 역할을 담당하고 있는가를 생각해 보기로 한다.

보디는 닫힌 공간을 만들어 그 내부에 지금까지 설명한 것과 같은 각종 장치를 배치하고 승무원이나 하물을 수용한다. 동시에 일부분을 개폐시켜 승무원이나 하물의 출입, 각종 장치의 메인터넌스(maintenance)를 용이하게 할 수 있는 구조를 가질 필요도 있다. 외계(外界)의 비나 바람, 먼지 등에서 정도의 차이는 있지만 내부의 승무원이나 하물, 각종 장치를 보호하는 것도 중요한 작용이다. 또한 보디는 자동차의 외관으로서 보디의 형상은 그대로 자동차의 형상으로 된다.

보디의 형상은 정해져 있는 제한된 상태에서 가능한한 넓은 실내를 만들어 내는 디자인, 실내 공간을 무시하고 외관의 아름다움을 추구하는 디자인 중 어느 쪽인가에 편중되어 있다. 즉 보디의 형상에 따라서 그 자동차의 성질을 표현하고 있는 것이 된다.

반세기 정도 전까지는 보디의 기능은 엔진이나 승무원·하물 등의 중량, 타이어가 만들어 내는 구동력으로 자동차 전체를 진행시키기 위한 힘을 유지하는 것은 프레임의 역할이었다. 엔진, 서스펜션, 보디 등은 모두 프레임에 고정되어 프레임이 모든 토대가 되었다. 그러나 현재 승용차의 대부분은 보디가 프레임의 역할도 겸하고 있으며, 프레임의 역할도 겸비하는 보디를 우리나라에서는 모노코크(monocock) 보디라고 한다. 모노코크 보디의 구조에 대해서는 별도의 항을 만들어 설명한다.

▲ 승용차 보디

여러 가지 장비품

「주행한다, 방향을 변환시킨다, 정지한다」는 자동차의 기본적인 기능이며, 어딘가에 불만이 있으면 자동차 전체에 대한 불만으로 연결된다. 그러나 이 세 가지가 모두 완벽하여도 100% 충족하였다고 볼 수 없다. 현재의 자동차는 장비품이 그 목적을 완전히 수행하는 역할이 크다. 적어도 상업적인 의미에서의 역할은 보디의 형상과 장비품이 차지하는 중요도가 높아지고 있다.

장비품을 분류하면 정보장치, 조명장치, 안전장치, 환경장치 등으로 정리할 수 있으며, 이 중 정보장치는 외부의 정보계통과 내부의 정보계통으로 나눌 수 있다.

외부의 정보계통은 자동차의 바깥쪽, 즉 다른 자동차나 보행자 등에 정보를 전달하는 장치이며, 방향지시기, 스톱 램프, 번호판 램프 등이 포함된다. 내부의 정보계통은 자동차의 정보를 운전자에게 전달하는 구조로서 자동차의 속도나 수온 등의 각종 미터, 경고등 등이 여기에 해당한다. 조명장치는 헤드 램프나 포그 램프이며, 테일 램프도 포함시키면 좋을 것이다.

안전장치는 비교적 최근에 증가하고 있지만 운전석이나 보조석의 에어백, 시트 벨트 등이다. 환경장치는 운전자가 쾌적한 상태에서 자동차를 주행할 수 있도록 하기 위한 것이며, 에어컨이나 공기 청정기, 카 스테레오 등이다.

▲ 조명장치   ▲ 외부정보계통

▲ 내부정보계통   ▲ 환경장치

 **PHOTO** 자동차 장비품

02 보디와 프레임의 종류와 특징

● 보디와 프레임의 관계

보디가 프레임의 역할을 겸하는 모노코크 보디는 거의 승용차에 사용되며, 그 외의 차종에서는 보디와 프레임이 따로따로 존재하고 있다. 특히, 트럭(truck)계통의 차종에서는 보디에 프레임을 부착시키는 것이 일반적이다. 또한 소량으로 생산되는 스포츠 카(sports car)나 일부의 오프 로드 카(off-road car) 등 특수한 자동차에서는 보디와 프레임이 독립

된 구조로 되어 있다. 이러한 프레임은 자동차 탄생 이후 여러 가지 타입들이 생산과 단종을 거듭하고 있다.

래더 프레임

래더(ladder)란 사다리의 의미로서 형상이 사다리와 비슷하다 하여 이 명칭으로 되어 있다. 구체적으로 앞에서 뒤까지 거의 똑 바르게 된 좌우의 사이드 멤버 사이를 6~8개 또는 그것 이상의 크로스 멤버가 이어진 모양으로 되어 있다. 사이드와 크로스 멤버는 상자가 닫힌 모양으로 되어 있는 단면의 강 제품이며, 보디에 사용되고 있는 강판에 비하면 강도 및 두께도 커지고 있다.

주로 트럭이나 픽업, 오프 로드 카에 사용되며, 튼튼하고 생산성도 좋지만 차량의 중량이 커지는 경향이 많은 것과 프레임 위에 보디가 탑재되기 때문에 차량의 높이도 높아지므로 현재는 승용차에 이용되는 경우는 없다. 지프(Jeep) 타입의 4륜 구동 자동차는 현재도 이 프레임을 사용하고 있는 차종도 있지만 모형의 변환 등 신형으로 바뀌면서 모노코크 보디로 되는 경우가 많다. 비슷한 스타일의 SUV(Sports Utility Vehicle)는 거의가 모노코크 보디로 되어 있다.

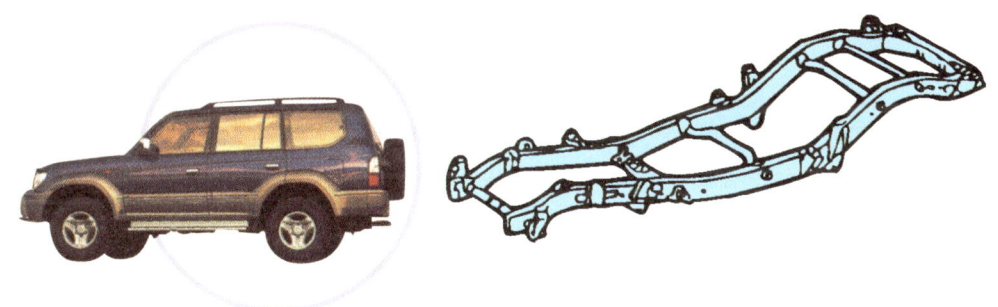

PHOTO 래더 프레임

페리미터 프레임

래더 프레임의 변형 타입에서 발전한 것으로, 자동차의 실내부분에 해당하는 중앙 부근의 폭이 넓고, 사이드 멤버도 낮은 위치에 설치되어 있으며, 그 부분에는 크로스 멤버도 없다. 차량의 높이를 낮추어 넓은 자동차의 실내를 만드는 것이 특징이며, 10여년 전에 미국의 대형 승용차는 이 타입의 프레임이 이용되고 있었다. 오늘날에는 택시용 등 일부 차종을 제외하고 모노코크 보디로 되어 있다. 미국의 대형차도 역시 모노코크 보디를 사용하는 경향이다. 보디와 프레임을 별개로 제작하여 장착되는 형식을 이용하는 승용차의 장점으로는 엔진이나 노면에서 발생되는 진동 및 충격을 차단하기 때문에 보디나 차실 내에 전달되기 어렵다.

그러나 모노코크 보디의 구조나 서스펜션을 설치하는 기술 등의 발전에 따른 장점이 감소되고 차량의 경량화가 어려우며, 코스트가 높아지는 등의 단점이 증가되기 때문에 별개로 제작되어 장착되는 프레임의 사용이 점차 감소되는 원인이 된다.

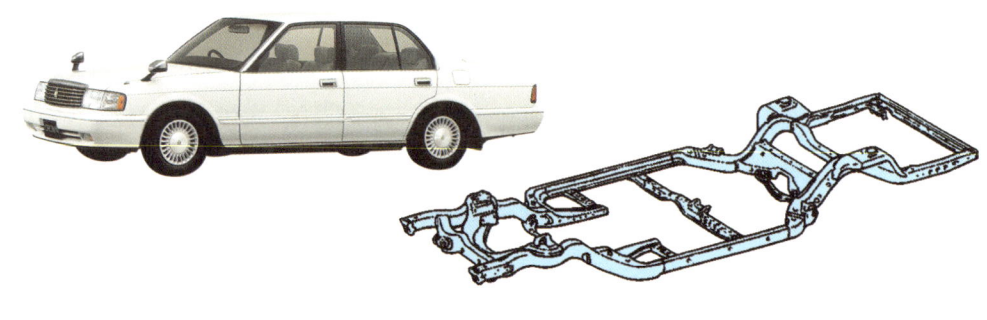

🔵 PHOTO 페리미터 프레임

🔵 플랫폼 프레임

래더 프레임은 승용차 이외에서 많은 차종에 이용되고 있으며, 신형차는 어쨌든 페리미터(perimeter) 프레임도 현재 일부 차종 중에는 아직도 남아 있다. 그러나 이제부터 설명하는 타입의 프레임이 남아 있다고 하여도 거의 특수한 경우이며, 생물로 말하면 전멸 직전 차종이다.

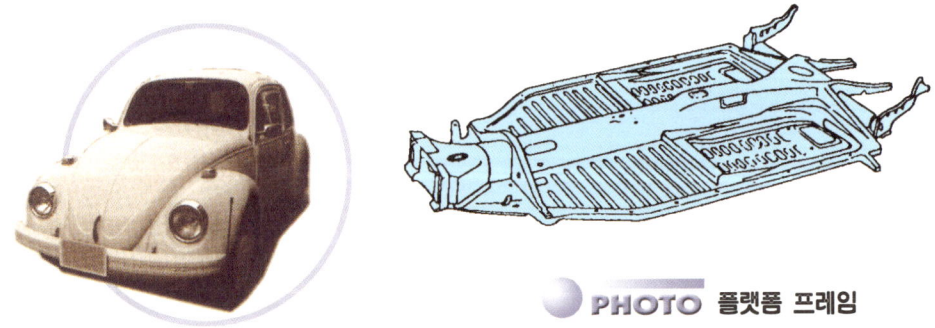

🔵 PHOTO 플랫폼 프레임

플랫폼 프레임은 래더 프레임과 같은 모양의 사이드 멤버나 크로스 멤버는 아니고, 용접된 패널의 편성으로 구성되어 있기 때문에, 모노코크 구조와 거의 비슷하다. 그러나 모노코크 보디는 엔진이나 승무원의 중량 및 구동력을 보디 전체로 분산하여 지지되지만 플랫폼 프레임은 튼튼하게 만들어진 바닥면(floor)이 그 대부분을 담당하는 것이 차이점이다.

엔진이나 주행계통의 각 장치는 거의가 플로어에 설치되며, 위쪽의 보디를 전부 떼어 낼 수 있지만 모노코크 보디에서는 불가능하다. 이 프레임을 사용한 차종에서도 가장 대표적인 것은 폴크스바겐의 비틀이다. 미국에서는 보디를 전부 떼어 낸 비틀의 플로어(프레임)에 FRP제 등의 스포츠 카나 바기(buggy)에 보디를 싣는 커스텀 카가 많이 만들어진다.

03 모노코크 보디의 구조

 모노코크 구조란

시판되고 있는 대부분의 승용차가 모노코크 보디를 사용하고 있지만, 여기서 말하는 모노코크란 보다 정확한 의미에서 모노코크 구조와는 조금 다르다. 원래 모노코크 구조란 일체 구조형으로서 균일한 얇은 껍질로 전체가 덮어 씌워지며, 일부에 가해진 힘을 전체에 분산시켜 받아 내는 구조를 가리킨다.

예를 들면 계란의 껍데기는 극히 얇고 부드럽지만 부서진 조각일 경우에는 손가락으로 가볍게 밀어도 산산조각이 난다. 그러나 계란의 본질은 아주 약함은 없어지고 나름대로 단단함을 유지한다. 사람이 만든 것으로는 비행기의 보디가 모노코크 구조에 가깝다.

계란에 비해서 자동차의 모노코크 보디는 상당한 차이가 있으며, 자동차에는 도어, 트렁크, 엔진룸, 앞뒤의 윈도가 있다. 또한 개구부가 많고 계란과 같이 전체가 균일하고 얇은 판으로 덮어 씌워져서는 안된다. 즉, 자동차의 모노코크 보디란 오히려 유럽과 미국에서 불리고 있는 유니타이즈드(unitized) 보디라든가 프레임리스(frameless) 보디가 그 실물로서 잘 나타내고 있다.

자동차의 모노코크 보디가 모노코크 구조로는 안 되는 것이라면, 어떤 구조로 프레임의 역할을 다하고 있는 것일까? 간단히 정리하면, 사이드 멤버나 크로스 멤버, 프런트나 리어의 필러(pillar), 사이드 실(seal) 패널 등 단면이 보이지 않는 스플라이스(splice)가 각

곳에서 사용되며, 각각의 결합부에 보강재가 배치되어 있는 등 골조(skeleton) 구조에 가깝게 되어 있다. 또한 개구부 이외 플로어나 루프, 리어 펜더 부분 등은 강판으로 되어 있지만 이들도 프레임으로서의 역할을 담당하고 있다.

● PHOTO 계란과 모노코크 보디

프런트 보디의 구조

자동차의 프런트 보디는 엔진이나 변속기, 각종 보조 기구류 등의 중량물이 집중되어 탑재되는 것을 비롯하여 프런트 서스펜션의 앞바퀴를 지지할 필요가 있다. 또한 최근의 승용차에서 주종을 이루는 전륜 구동차에서는 구동력도 프런트 보디가 담당함으로서 부담은 더욱 커지기 때문에 상당히 튼튼한 것이 요구된다.

동시에 사고 등으로 말미암아 강한 충격을 받을 경우 프런트 보디가 파손되어 충격을 흡수하여 차실에 강한 힘이 전달되지 않도록 하는 역할도 담당하고 있다. 강도(强度)가 있고 파손되기 쉬운 상반되는 성질이 요구되는 프런트 보디는 패널을 조합시키는 방법이나 전체의 구조도 그 나름대로 복잡하게 되어 있다.

승용차의 일반적인 프런트 보디는 먼저 굵은 사이드 멤버와 프런트 엔드의 크로스 멤버가 조합된 우물 정(井)자 모양의 골조 구조로서 대부분의 하중은 이것으로 지탱된다. 프런트 엔드 쪽은 라디에이터나 에어컨의 콘덴서 등이 설치되어 있기 때문에 중앙부분은 골조가 없는 구조로 되어 있다. 따라서 헤드램프의 설치용 베이스가 되는 좌우 사이드 서포트와 어퍼 서포트가 조합되어 있다.

리어 쪽은 차실과 엔진 룸을 구분하는 대시 패널로서 배관(配管)이나 와이어 하니스 등이 통과하는 작은 구멍 이외는 막혀 있는 평판(平板) 구조인데 상부는 외부의 공기를 도입하는 통로를 겸한 상자가 닫힌 단면의 모양으로 되어 있는 구조의 패널이 좌우를 횡단하는 상태로 설치되어 있다.

좌우 사이드 멤버는 프런트 휠 하우스의 안쪽을 구성하는 펜더 에이프런이 용접되고 상부에는 린포스먼트(reinforcement)가 용접되어 있다. 프런트 서스펜션의 스트럿 상부는 펜더 에이프런에 설치되어 있으며, 노면에서의 상하 움직임이나 구동력을 지탱하고 있다.

프런트 사이드 멤버는 플로어 밑에 겹쳐진 상태로 용접되어 있는데 차종에 따라서는 플로어 아래에 충분한 길이를 확보한 상태로 겹쳐 있거나 리어 멤버와 그대로 연결되어 있는 경우도 있다. 또한 플로어에 연결되는 부분에 가로로 보강재(아웃 트리거)가 설치되어 있는 차종도 있다.

주로 서스펜션과 엔진을 지지하는 우물 정(井)자 모양의 골격으로 된 서브 프레임이 설치되어 있는 차종도 있다. 서브 프레임은 프런트 보디에 볼트로 고정되어 있으며, 엔진이나 서스펜션으로부터 진동이나 소음이 직접 보디에 전달되지 않기 때문에 현재 고급 승용차에 많이 이용되고 있다.

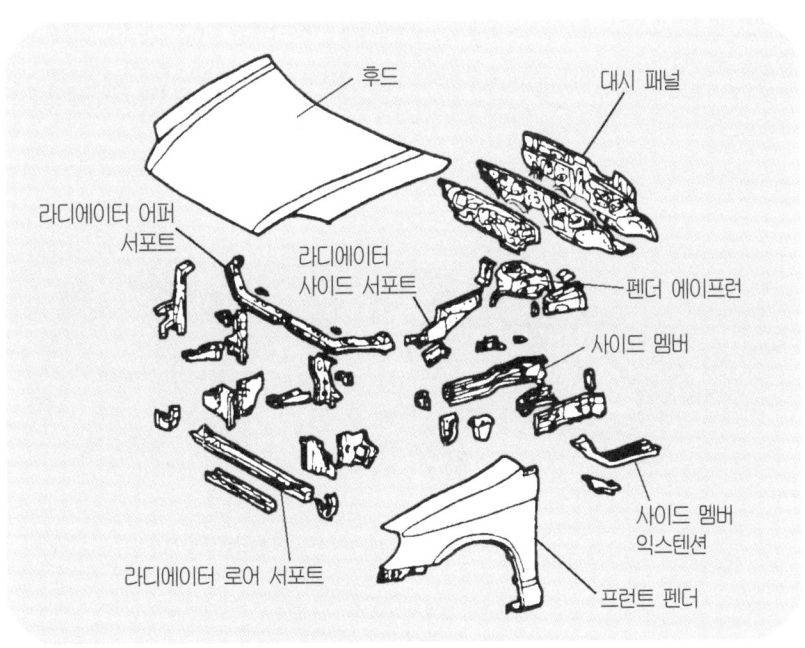

◗ PHOTO 프런트 보디의 구조

충격을 흡수하는 구조를 간단히 말하면 사이드 멤버에 강도가 높은 장소와 약한 장소를 만들어 강도가 높은 장소에서는 하중을 지지하고 충돌할 경우에는 약한 장소가 변형되어 충격을 흡수하는 구조로 되어 있다. 이 때문에 외관은 단순한 파이프로 볼 수 있는 사이드 멤버의 내부는 보강재가 있는 곳과 없는 장소, 판 두께가 다른 부분 등 복잡한 구조로 되어 있다. 또한 모양이나 일직선(straight)인 부분, 구부러진 부분 등으로 편성되어 효율적으로 충격을 흡수하도록 되어 있다.

센터 보디의 구조

센터 보디는 대부분 차실, 즉 운전자 등이 승차하는 장소로 되어 있기 때문에 내부의 공간은 될수록 크게 한다. 좌우에는 출입을 위한 도어의 설치공간이 있고, 앞뒤에는 윈도 글라스의 설치공간이 있다. 당연히 차실 안에는 기둥이나 보강재는 설치할 수 없다.

플로어는 차실 내의 바닥으로서 강도가 높고 면적이 넓은 패널이며, 좌우에는 각 필러의 베이스가 되는 사이드 실 패널이 이너 패널과 함께 스플라이스를 만들어, 앞에서 뒤까지 연결되어 있으며 바닥면의 뒤쪽에는 역시 보강재가 용접되어 있다.

옆면에는 프런트 필러와 센터 필러를 설치하여 루프가 지지되고 있다. 루프는 강도가 큰 패널은 아니지만 각 필러를 연결하는 것으로 보디 전체가 비틀림 및 휨의 응력에 대항하고 있다. 루프가 없는 오픈 카에서는 플로어 위에 강도를 높이는 보강재가 더욱 추가되고 있다.

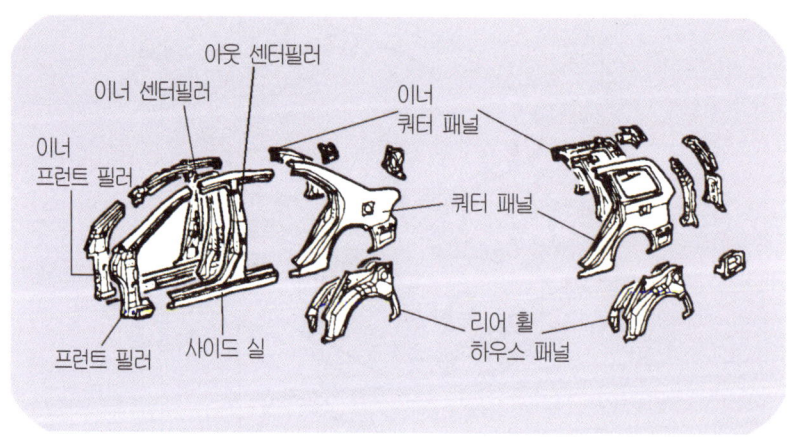

 **PHOTO** 센터보디의 구조

최근의 충돌 안전 보디는 프런트부에서 충격을 흡수하고 차실은 변형하여 승객의 공간을 충분히 확보하고 튼튼하게 만드는 것이 기본으로 되어 있다. 그 때문에 특히 프런트 필러의 주변 등은 보강재가 복잡하게 배치되어 강도를 높이고 있다.

리어 보디의 구조

독립된 트렁크 리드를 갖는 차종과 뒤쪽에 테일 게이트를 지닌 차종에서 약간의 차이는 있지만 기본적으로는 리어 필러와 일체화한 이너 및 아웃 쿼터를 폐단면으로 하거나 자루 모양의 구조로 하여 강도를 유지하고 있다.

독립된 트렁크 리드를 갖는 차종에서는 트렁크와 차실의 경계선에 패널이 설치되어 있는데 테일 게이트를 지닌 차종에서는 트렁크와 차실이 연결되어 있기 때문에 테일 게이트가 접촉되는 주위를 필러 구조로 하거나 이너 쿼터 패널을 보디의 끝 부분까지 연장시켜 아웃 쿼터 패널과 연결되도록 만들고 있다.

언더 쪽은 프런트와 마찬가지로 사이드 멤버와 크로스 멤버가 리어 플로어에 용접되어 있다. 그 때문에 멤버의 굵기는 프런트에 비하면 가늘게 되어 있다.

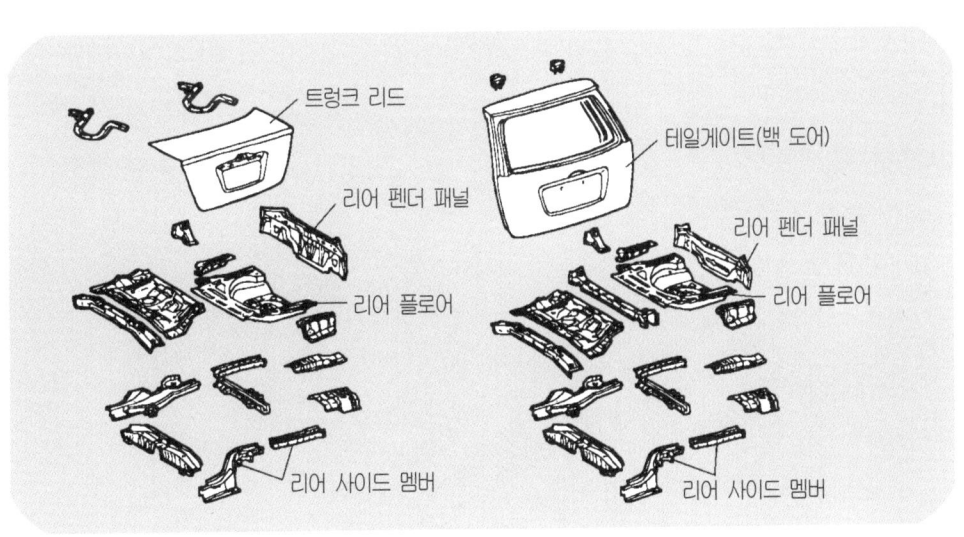

트렁크 리드
리어 펜더 패널
리어 플로어
리어 사이드 멤버
테일게이트(백 도어)
리어 펜더 패널
리어 플로어
리어 사이드 멤버

PHOTO 리어 보디의 구조

원 박스 차의 보디 구조

캡 오버(cab over)라고도 불리는 원 박스 차는 하물의 적재 용적을 최대한으로 넓히기 위해 전체가 하나의 상자와 같이 되어 있다. 그 위에서 도어 등의 설치 공간 면적은 승용차 이상으로 크기 때문에 보디가 구조적으로 상당히 난처한 차종이기도 하다. 차종에 따라서도 다르지만 승용차에서는 사이드 멤버가 프런트에서 리어까지 연결되어 작은 규모의 보디와 프레임을 용접한 것과 같은 형상이다.

프런트 부근에 엔진 룸이 없고 보디의 정면이 되는 프런트 패널이 넓은 면적을 차지하며 프런트의 사이드 멤버나 크로스 멤버는 앞까지 연결한 플로어에 용접되어 있다. 최근의 원 박스 차는 충돌 안전기준에 적합하도록 프런트 패널이 앞으로 조금 볼록하게 제작되는데 기본적인 구조는 크게 변형되어서는 안된다. 또한 프런트에 엔진이나 서비스용 스페이스가 있는 미니 밴 계통의 차종은 개폐식의 후드가 있는 것도 있으며, 원 박스 차보다 일반의 승용차에 가까운 구조로 되어 있다.

또 SUV라고 불리는 오프 로드 계통의 차종이나 모노코크 구조의 지프 타입 4륜 구동 차도, 기본적인 보디 구조는 테일 게이트가 설치되어 있는 스테이션 웨곤 타입의 차종과 같다. 단 그 차종의 성격에 맞추어 오프 로드 주행이 많은 차종은 전체적으로 강도가 높아지고 있다.

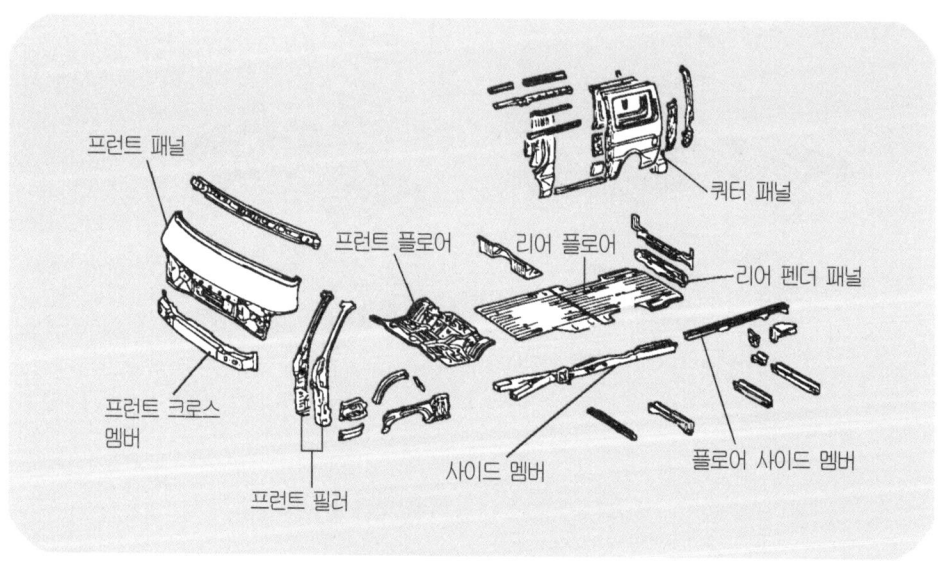

프런트 패널
쿼터 패널
프런트 플로어
리어 플로어
리어 펜더 패널
프런트 크로스 멤버
사이드 멤버
플로어 사이드 멤버
프런트 필러

PHOTO 원박스 차량의 보디 구조

프레임 차의 보디 구조

보디와 프레임이 별개로 되어 있는 자동차는 여러 가지 하중을 프레임이 담당하기 위해 보디는 비교적 간단한 구조로 되어 있다. 승용차는 프런트에 라디에이터 서포트 패널과 휠 하우스의 안쪽으로는 패널이 볼트로 고정되고, 차실 부분에서부터 리어까지는 용접 패널로 구성되기 때문에 구조는 비교적 단순하다.

프런트 근처도 용접 패널로 구성되어 있는 차종도 있다. 보디만 보면 모노코크와 같지만 패널을 조합시키는 등의 복잡함은 없다. 보통 보디와 프레임의 결합은 완충을 위하여 쿠션 재료를 사이에 넣고 볼트로 고정되어 있다.

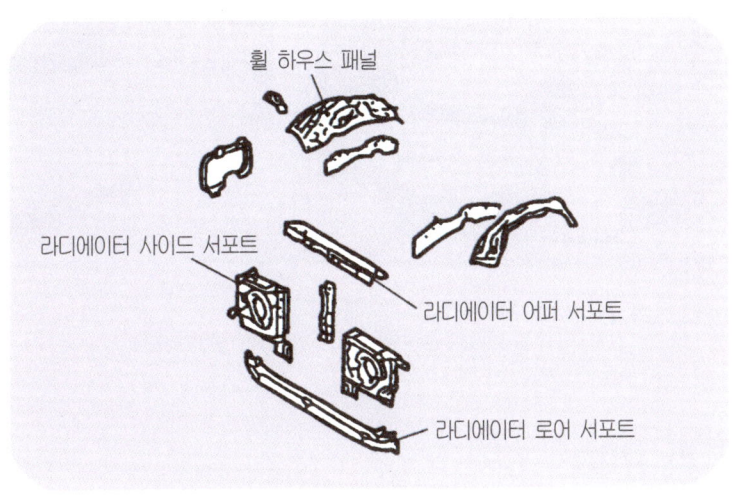

> **PHOTO** 프레임 차량의 프런트 패널 구조

04 충돌 안전 보디

충격 흡수 보디

자동차의 보디에는 상당히 오랜 시기부터 사고가 발생될 때의 충격을 흡수하여 승객의 안전을 지킬 수 있는 방법을 연구하고 있다. 모노코크 보디의 경우 앞뒤에서의 충격에 대해서는 엔진 룸이나 트렁크가 찌부러지는 것으로 사고의 충격을 흡수·완화하여 차실에 충격력이 전달되는 것을 억제한다. 보디와 프레임이 별개로 되어 있는 형식의 프레임인 경우도 역시 앞뒤의 요소로 변형되기 쉬운 충격 흡수부가 설치되어 있다.

1997년 1월부터 적용된 충돌 안전기준에서는 종래와 같은 일정한 기준의 안전장치를 설치할 뿐만 아니라 실제의 충돌 실험에서 더미 인형이 받는 각종 장해의 값이 기준 이하인 것이 요구된다.

각 자동차 메이커의 충돌 안전 보디의 기술은 특히 이 기준을 클리어(clear)하기 위해서 개발된 것은 아닌 것 같지만, 십여 년 전에 비교하면 역시 크게 진보되고 있다.

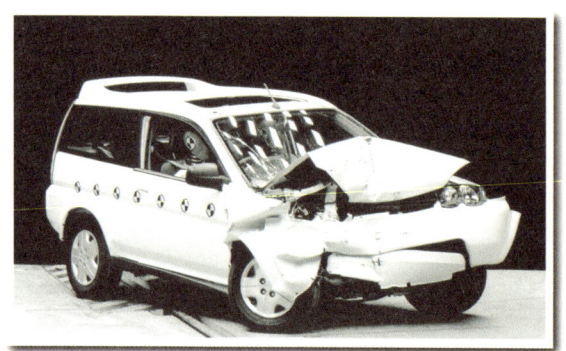
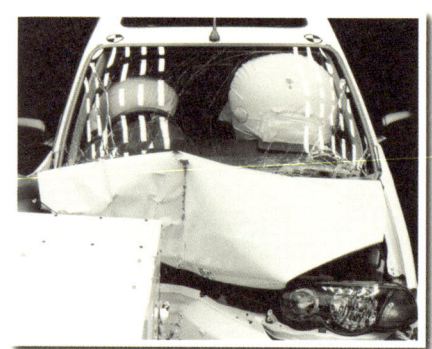

PHOTO 충돌안전 보디의 충돌실험

안전 보디의 경향

충돌 안전 보디가 보다 뜻한 대로 충격을 흡수하기 위한 구조는 다음 3개의 기둥으로 정리할 수 있다.

① **충격력을 분산하는 프레임 구조**

프런트 보디만으로 흡수되지 않는 경우에도 차실부의 변형을 적극적으로 억제하기 위해, 플로어 사이드 멤버나 사이드 실에 충격력을 분산하여 전달하고 있다.

② **골격계통 패널의 변형을 컨트롤**

멤버에 패인 곳이나 접은 라인 등을 설정하고 휘어지려는 방향을 컨트롤하여 효율적으로 충격을 흡수한다. 반대로 멤버 내부에 린포스먼트 등의 보강재를 배치한다든지 부분적으로 두께가 다른 강판을 사용하여 멤버의 강도에 강약을 주고 있다.

③ 패널 접합부의 강화와 보강재의 추가

차실의 강도를 높이기 위해, 필러류의 강도를 높임과 동시에 사이드 실이나 루프와의 결합부를 강화하고 있다. 또한 중공(中空)의 필러 내부에 발포재 등을 충진하여 강도를 높이고 있다.

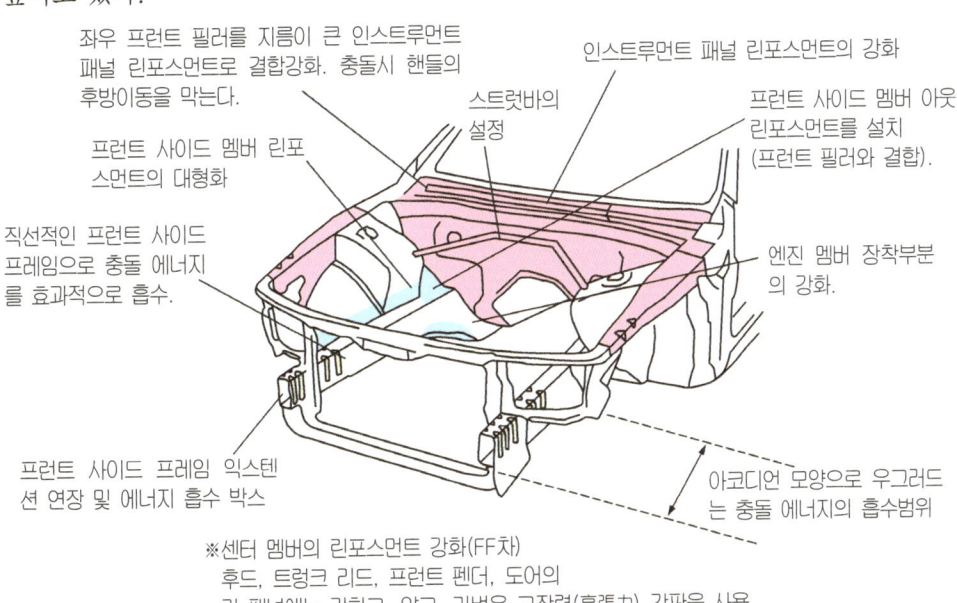

좌우 프런트 필러를 지름이 큰 인스트루먼트 패널 린포스먼트로 결합강화. 충돌시 핸들의 후방이동을 막는다.

인스트루먼트 패널 린포스먼트의 강화

스트럿바의 설정

프런트 사이드 멤버 아웃 린포스먼트를 설치 (프런트 필러와 결합).

프런트 사이드 멤버 린포 스먼트의 대형화

직선적인 프런트 사이드 프레임으로 충돌 에너지 를 효과적으로 흡수.

엔진 멤버 장착부분 의 강화.

프런트 사이드 프레임 익스텐 션 연장 및 에너지 흡수 박스

아코디언 모양으로 우그러드 는 충돌 에너지의 흡수범위

※센터 멤버의 린포스먼트 강화(FF차)
 후드, 트렁크 리드, 프런트 펜더, 도어의
 각 패널에는 강하고, 얇고, 가벼운 고장력(高張力) 강판을 사용

각 필러, 로커 패널 등의 내부에 충돌 흡수용 얇은 판 알루미늄 파이프를 설치

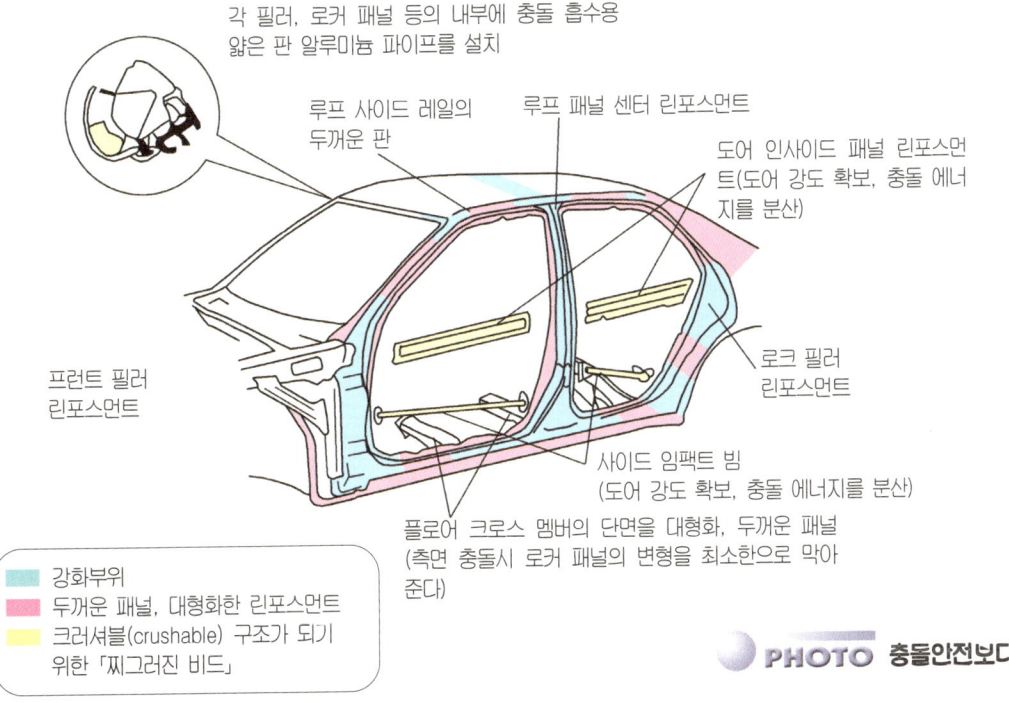

루프 사이드 레일의 두꺼운 판

루프 패널 센터 린포스먼트

도어 인사이드 패널 린포스먼 트(도어 강도 확보, 충돌 에너 지를 분산)

프런트 필러 린포스먼트

로크 필러 린포스먼트

사이드 임팩트 빔 (도어 강도 확보, 충돌 에너지를 분산)

플로어 크로스 멤버의 단면을 대형화, 두꺼운 패널 (측면 충돌시 로커 패널의 변형을 최소한으로 막아 준다)

- ▢ 강화부위
- ▢ 두꺼운 패널, 대형화한 린포스먼트
- ▢ 크러셔블(crushable) 구조가 되기 위한 「찌그러진 비드」

PHOTO 충돌안전보디

안전 보디의 수정 작업

충돌 안전 보디의 수정 작업에서 특수한 도구나 종전에 없던 테크닉은 필요없다. 현재 상태에서 지금까지 모노코크 보디를 정확하게 복원·수정할 수 있다면 염려할 것은 없을 것이다. 단, 손상 부위의 범위는 지금까지 비교하여 생각할 때 예상치 못한 장소에 미치고 있는 경우도 있다. 이러한 경우를 위해서 확실한 측정과 손상 부위의 확인이 필요하다.

초고장력 강판이나 조금 두꺼운 강판 등 새로운 강판이나 린포스먼트의 증가 등으로 지금까지보다 더 큰 힘을 가하여 잡아당기지 않으면, 복원·수정작업이 잘 안되는 경우도 있다. 또한 복원·수정을 위해 큰 힘을 무리하게 가하면 용접된 부위도 찢겨 손상되거나 정상적인 부분에 비틀림이 발생되는 위험도 있기 때문에 정확한 보조 고정을 하거나 가하는 힘을 잘 분산시키는 방법 등의 연구가 필요한 경우도 있다. 그렇다고 하여 고장력(高張力) 강판을 많이 사용하고 있는 요즈음 종전의 방식과 같이 열을 가하면서 잡아 당겨 복원·수정 작업을 하면 강판의 강도가 저하될 가능성이 있다. 따라서 열을 가하면서 잡아당겨 복원 수정하는 작업을 하여서는 안된다.

용접 작업은 3장 겹침, 4장 겹침 등의 용접부위가 증가되고 있으므로 스폿 용접으로는 능력이 부족되는 것도 생각하여야 한다. 판 두께의 합계가 3mm를 넘는 경우는 미그 용접을 선택하는 것이 좋다.

당기기 작업	약간 강하고, 많이 필요한 경우가 있다.
고정 작업	보조 고정을 유효하게 사용한다.
용접 작업	3~4매 겹칠 경우 미그 용접을 이용한다.

● PHOTO 충돌안전보디의 수정작업

도요타의 충돌 안전 보디

　도요타의 충돌 안전 보디는 GOA(고어 : Global Outstanding Assessment)라 불리고 있다. 한국어로 번역하면 「세계 톱 레벨의 안전 평가」라는 의미가 된다. 차종에 따라서 구조는 조금씩 다르지만 기본적인 부분을 정리하여 보았다. 다른 메이커도 마찬 가지이다.

　프런트에는 사이드 멤버의 린포스먼트를 대형화하고 스트레이트 모양으로 하여 앞쪽의 끝부분에 크러시 비트를 설정하여 충격 흡수의 효율을 높이고 있다. 또한 린포스트먼트를 프런트 필러에서부터 루프까지 배치를 최적화하여 객실 부분의 변형을 억제하는 것 외에 로커 패널의 가장 앞 끝부분을 충격 흡수 구조로 하여 타이어 등의 충돌을 이 부분에서 흡수하고 있다.

　사이드 쪽에는 도어가 설치되는 공간의 둘레에 린포스먼트의 배치를 최적화하여, 로커 패널의 이너 측의 강성을 높여, 옆면의 충돌 에너지를 플로어에 전달되도록 한다. 또한 센터 필러는 판 두께에 차이를 두어 객실의 변형을 최소화 할 수 있도록 하는 구조로 되어 있다.

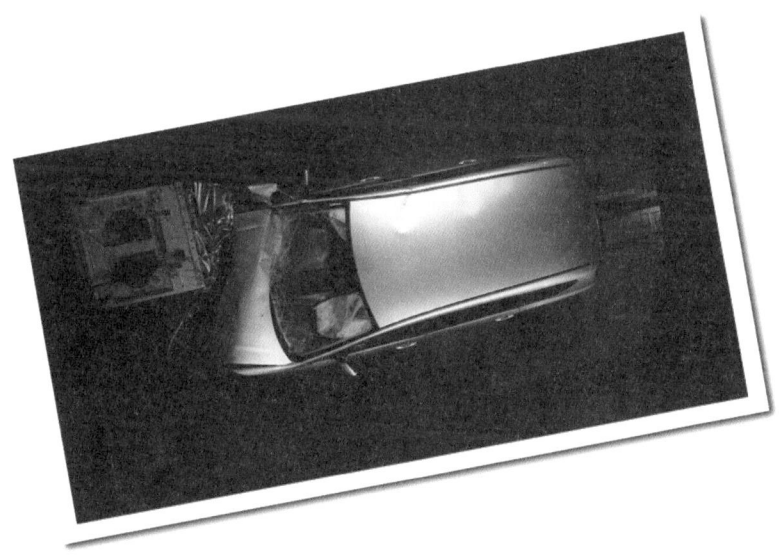

　PHOTO 충돌 안전보디의 충돌실험

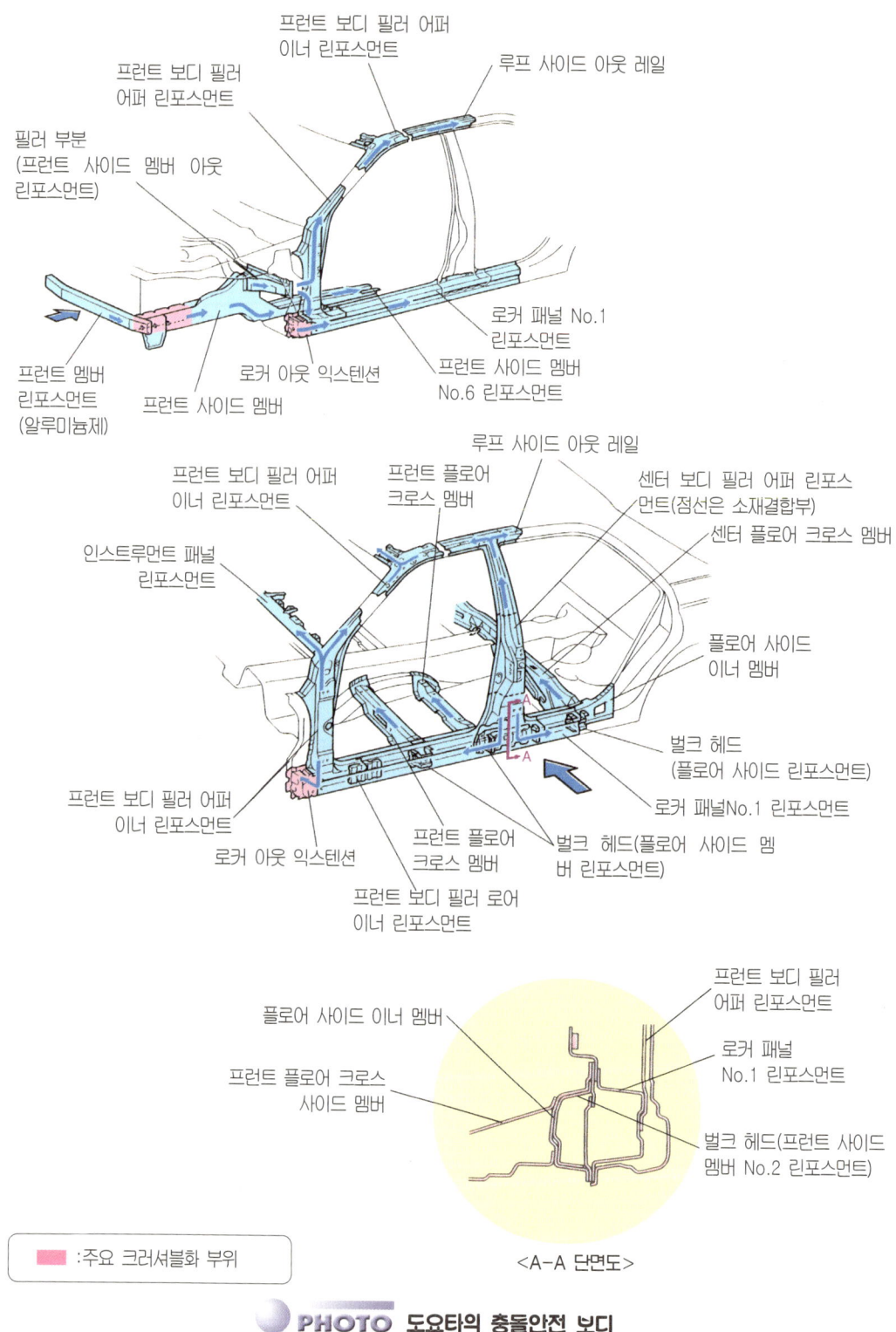

프런트 보디 필러 어퍼
이너 리포스먼트

프런트 보디 필러
어퍼 리포스먼트

루프 사이드 아웃 레일

필러 부분
(프런트 사이드 멤버 아웃
리포스먼트)

로커 패널 No.1
리포스먼트

프런트 사이드 멤버
No.6 리포스먼트

프런트 멤버
리포스먼트
(알루미늄제)

로커 아웃 익스텐션

프런트 사이드 멤버

프런트 보디 필러 어퍼
이너 리포스먼트

프런트 플로어
크로스 멤버

루프 사이드 아웃 레일

센터 보디 필러 어퍼 리포스
먼트(점선은 소재결합부)

센터 플로어 크로스 멤버

인스트루먼트 패널
리포스먼트

플로어 사이드
이너 멤버

벌크 헤드
(플로어 사이드 리포스먼트)

프런트 보디 필러 어퍼
이너 리포스먼트

로커 아웃 익스텐션

프런트 플로어
크로스 멤버

벌크 헤드(플로어 사이드 멤
버 리포스먼트)

로커 패널No.1 리포스먼트

프런트 보디 필러 로어
이너 리포스먼트

플로어 사이드 이너 멤버

프런트 플로어 크로스
사이드 멤버

프런트 보디 필러
어퍼 리포스먼트

로커 패널
No.1 리포스먼트

벌크 헤드(프런트 사이드
멤버 No.2 리포스먼트)

■ :주요 크러셔블화 부위

<A-A 단면도>

● PHOTO 도요타의 충돌안전 보디

닛산의 충돌 안전 보디

닛산에서는 「존 보디 컨셉트」의 명칭 아래 충격을 흡수하는 크러셔블 존(crushable zone)과 승객의 생존 공간을 확보하는 세이프티 존(safety zone)의 보디가 구분되어 있다. 구체적으로 프런트 사이드 멤버에 충격 흡수용의 비트나 린포스먼트를 배치하여 충돌할 때의 에너지를 효율적으로 흡수할 수 있도록 함과 동시에 프런트 사이드 멤버와 사이드 실 사이에 옆으로 넓어지는 아웃리거 구조를 사용하여 충격력이 플로어에 잘 분산하여 전달된다. 또한 대시패널의 하부를 2중 구조로 하여 이 부분에서도 충격을 흡수할 수 있도록 한다.

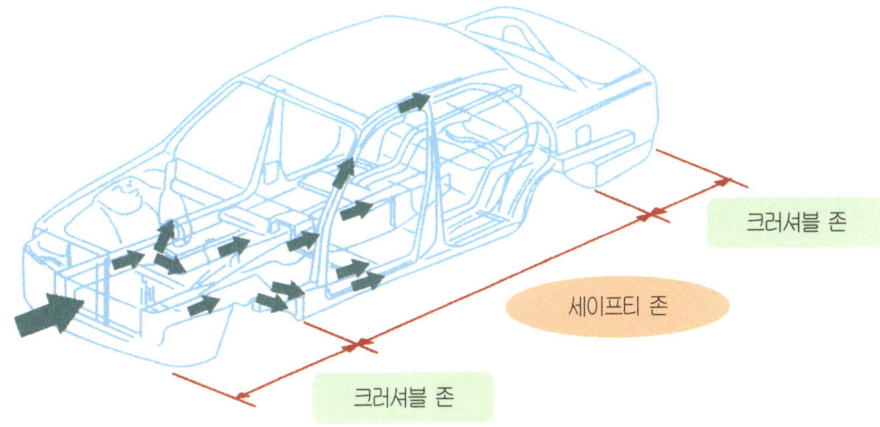

PHOTO 닛산의 충돌 안전보디

혼다의 충돌 안전 보디

혼다에서는 승객의 보호와 함께 보행자의 보호도 강조한「보행자 장해 경감 보디」로 하고 있다. 따라서 관련 부위는 가벼운 충돌에도 손상되는 구조로 되어 있다.

보행자 충격 흡수 구조를 사용하고 있는 것으로서 우선 후드 프레임은 충격을 흡수하는 구조로 되어 있다. 엔진과 후드 사이에 공간을 설정하여 충격을 흡수할 수 있는 스트로크 (stroke)가 확보되어 있다. 또한 후드 힌지에 꺾어지기 쉬운 부위를 만들어 충격을 흡수하도록 하였으며, 프런트 펜더는 충돌시 브래킷이 변형되어 충격을 흡수한다.

프런트 범퍼도 페이서(facer)와 린포스먼트 사이에 공간을 설치하여 충격을 흡수한다. 더욱이 와이퍼도 충격에 따라서 링크의 브래킷이 부서지고 탈락하여 충돌시 보행자의 머리 부분에 충격을 경감하는 구조로 되어 있다.

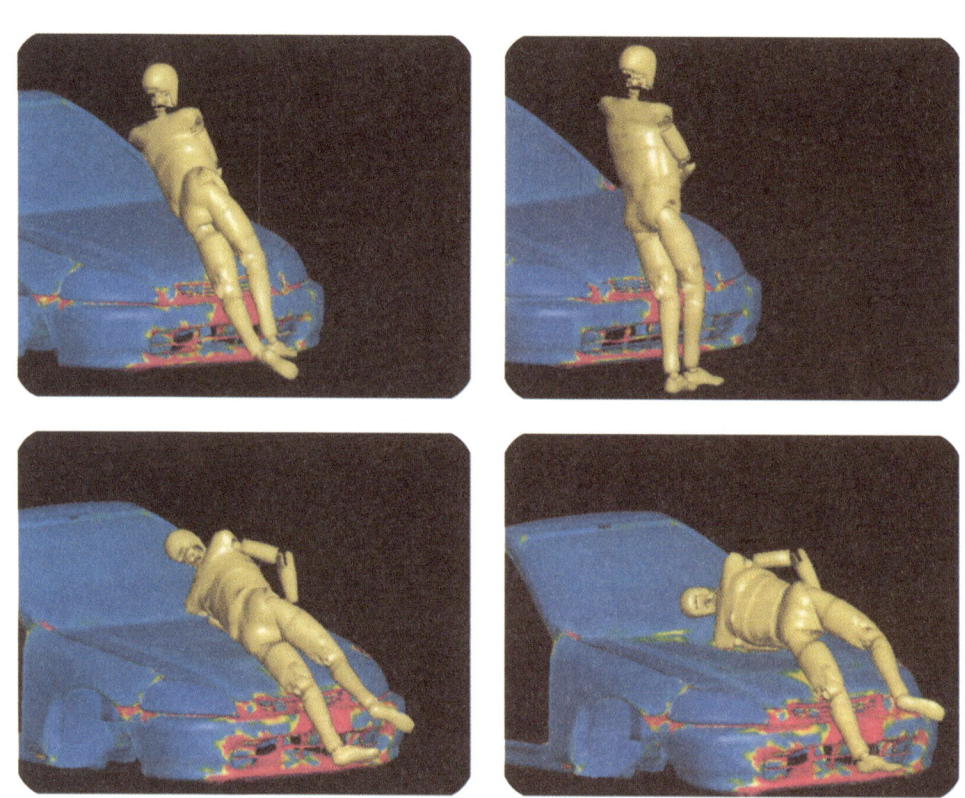

● PHOTO **혼다의 충돌안전보디**(보행자 충돌 흡수구조의 형태)

마쯔다의 충돌 안전 보디

마쯔다의 충돌 안전 보디의 명칭은 MAGMA(마쯔다 : Mazda Geometric Motion Absorption)이며, 「마쯔다 전방향(全方向) 충격 흡수 보디 구조」라는 의미이다.

충격을 흡수하는 크러셔블 존과 강인(强靭)한 트리플(triple) H구조로 편성되어 있다. 트리플 H구조란 루프, 사이드 프레임 플로어에 린포스먼트를 배치하여 결합부분의 구조를 강화함으로서 주행시에 보디의 비틀림을 방지하고 조종 안정성을 향상시키는 효과도 겸하고 있다.

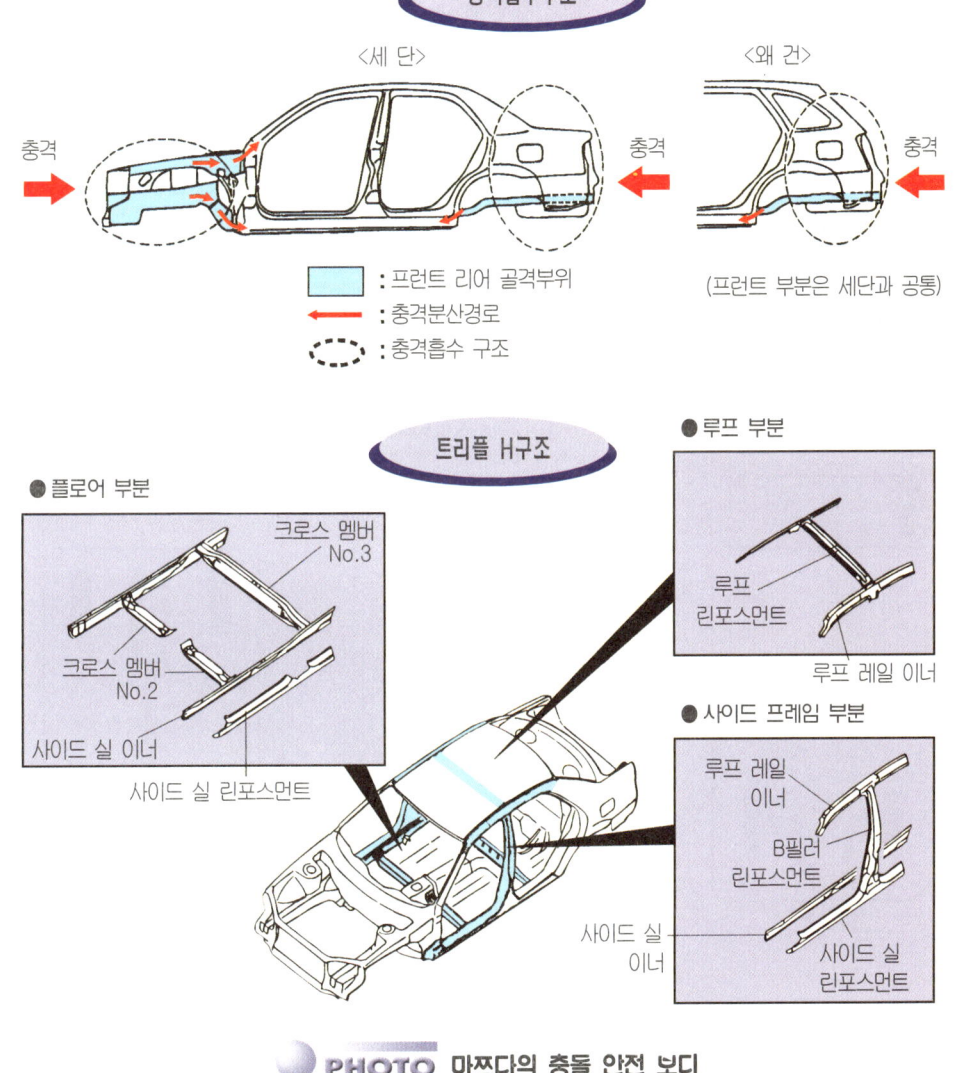

충격흡수구조

<세 단>   <왜 건>

충격   충격   충격

■ : 프런트 리어 골격부위
← : 충격분산경로
⬭ : 충격흡수 구조

(프런트 부분은 세단과 공통)

트리플 H구조

●루프 부분
루프 린포스먼트
루프 레일 이너

●플로어 부분
크로스 멤버 No.3
크로스 멤버 No.2
사이드 실 이너
사이드 실 린포스먼트

●사이드 프레임 부분
루프 레일 이너
B필러 린포스먼트
사이드 실 이너
사이드 실 린포스먼트

PHOTO 마쯔다의 충돌 안전 보디

메커니즘(mechanism)계통 부품의 지식

엔진의 배치와 구동방식

엔진은 자동차의 어느 부분에 탑재하는 것인가, 전륜(前輪)으로 구동하는 것인가 후륜(後輪)으로 구동하는가에 따라서 보디의 구조도 바뀌게 된다. 현재 대부분의 승용차는 앞부분에 엔진을 탑재하고 앞바퀴로 구동하는 FF방식이 주종을 이룬다. 엔진이나 변속기 등의 중량과 구동력의 부담이 프런트 쪽에 집중되어 있기 때문에 프런트 보디는 튼튼하게 제작되어 있다. 따라서 리어 보디나 리어 서스펜션은 비교적 구조가 간단하다.

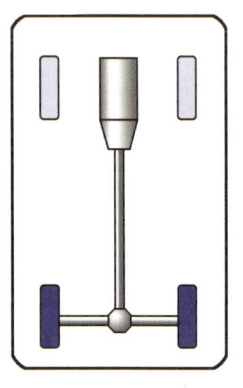
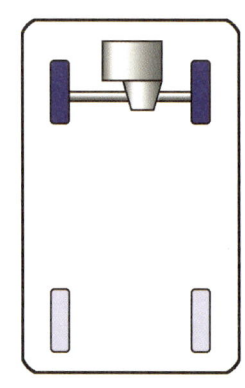
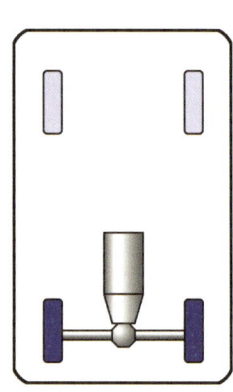

▲ FR(프런트 엔진 리어 드라이브) ▲ FF(프런트 엔진 프런트 드라이브) ▲ MR(미드쉽 엔진 리어 드라이브)

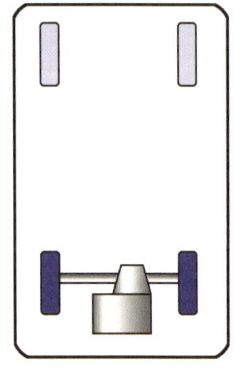
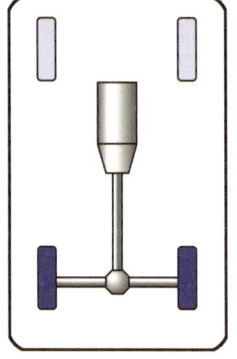
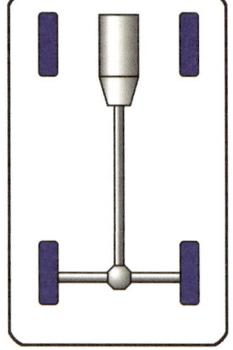

▲ FR(리어 엔진 후륜구동) ▲ 원박스 차량의 구동계통 배치 ▲ 4WD(4륜구동)

PHOTO 구동방식의 종류

보디가 큰 중량급 차종에는 앞부분에 엔진을 탑재하고 뒷바퀴로 구동하는 FR의 차종도 남아 있으며, 원래는 FR의 차량이 주종을 이루었다. 세로로 설치하는 엔진에서 변속기, 드라이브 샤프트, 디퍼렌셜 기어 등이 보디의 중심에 직선상으로 구동계통의 부품이 배열되어 보디 구조도 좌우 대칭으로 되어 있다. 또한 프런트에서 엔진의 무게, 리어에서 구동력을 담당하는 구조로 되어 있다.

일부의 스포츠카는 후차축의 앞부분에 엔진을 탑재하고 후륜을 구동하는 방식(MR)이 사용되고 있으며 이것을 미드십(midship)이라고도 한다. 엔진과 같은 중량물을 보디의 중심 부근에 설치되어 있기 때문에 조종성이 우수한 것이 특징이다. 또한 차실의 면적이 감소되어 대부분 2인승으로 되어 있다.

뒷부분에 엔진을 탑재하고 뒷바퀴로 구동하는 RR의 차종은 예전부터 소형차에 많이 사용되고 있는 전륜 구동차에 비해 조종 안정성이나 실내 공간의 유효한 이용 등에 제한이 있어 승용차는 이용되지 않는다. 또한 트렁크를 설치할 수 있는 장소가 없다.

대부분의 원 박스 차는 운전석 아래에 엔진을 탑재하여, 뒷바퀴를 구동하는 FR에 가까운 미드십의 레이아웃으로 되어 있다. 승객이 이용하는 장소의 플로어 높이가 높아지지만 하물의 탑재 장소를 넓게 하는 것이 특징이다. 그 외에 바닥 아래에 엔진을 탑재한 차종도 있다. 또 프런트에 엔진 룸을 갖는 미니 벤에서는 좁은 장소에 전륜 구동 기구까지 포함하여 탑재하고 있는 차종도 많다.

다양한 서스펜션 형식

자동차의 발명 이후 다양한 형식의 서스펜션이 실용화되고 도태되어 왔다. 현재 프런트 서스펜션은 맥퍼슨 스트럿과 멀티 링크의 2종류로 집약되고 있다. 맥퍼슨 스트럿형식의 서스펜션은 스프링과 쇽업소버가 일체화된 스트럿은 휠의 어퍼(upper)측에 지지되어, 보디의 상부에 고정되어 있다. 휠의 언더 쪽은 L자나 I자형의 로어 암에 지지되어 보디 하부 또는 서스펜션 멤버에 고정되어 있다. 구조가 간단하고 경량, 대량 생산에 적합한 것이 특징이다.

멀티 링크는 몇 개인가 베리에이션(variation)도 있지만 기본적으로는 더블 위시본이라 불리는 타입의 서스펜션을 변형시킨 것으로 어퍼, 로어측과 함께 암으로 지지되어 있다. 암의 모양이나 배치에 따라서 서스펜션의 설정 자유도는 높지만 구조는 약간 복잡하며, 중량도 무겁다.

프런트

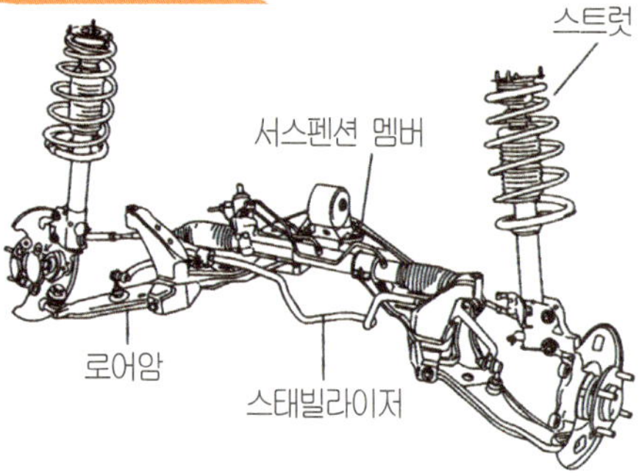

스트럿

서스펜션 멤버

로어암

스태빌라이저

<맥퍼슨 스트럿 방식>

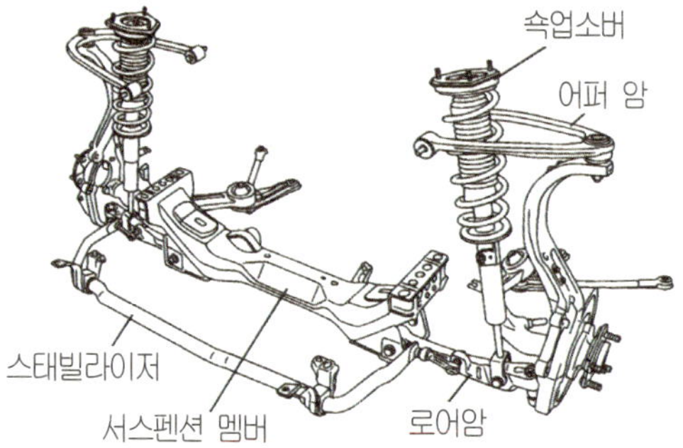

쇽업소버

어퍼 암

스태빌라이저

서스펜션 멤버

로어암

<멀티 링크 방식>

리 어

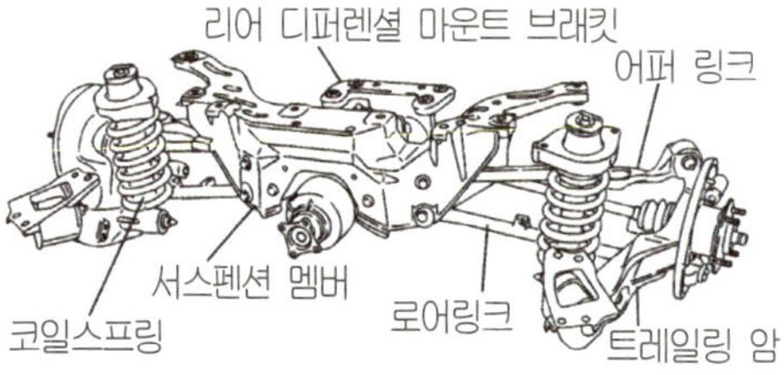

리어 디퍼렌셜 마운트 브래킷

어퍼 링크

서스펜션 멤버

코일스프링

로어링크

트레일링 암

<멀티 링트 방식>

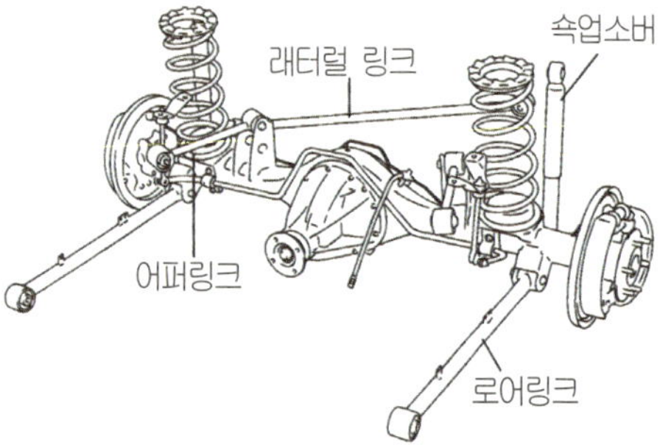

래터럴 링크

쇽업소버

어퍼링크

로어링크

<5링크 방식>

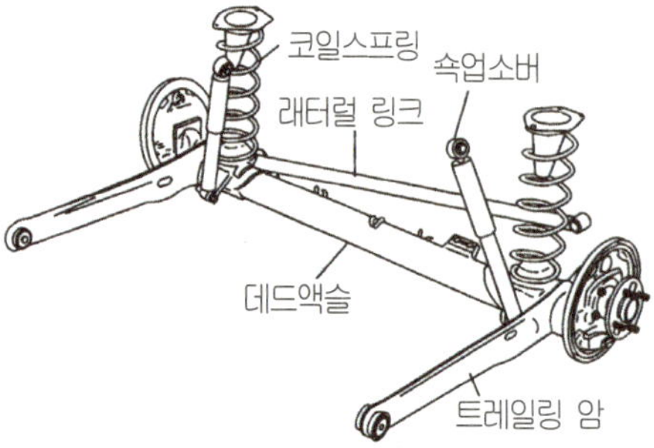

코일스프링

쇽업소버

래터럴 링크

데드액슬

트레일링 암

<트레일링 암 방식>

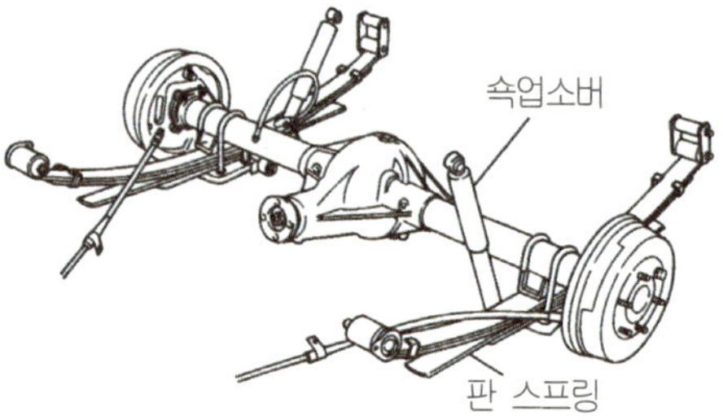

쇽업소버

판 스프링

<판 스프링 방식>

PHOTO 서스펜션의 종류

리어 서스펜션은 프런트에 비하여 종류가 많다. 먼저 구동력을 담당하는가, 하지 않는가 (FF인가 FR인가), 좌우 독립인가, 고정축인가 등으로 크게 나눌 수 있다.

FF차의 리어 서스펜션은 독립현가인 경우 스트럿, 고정축에서는 트레일링 암식이 중심이다. 리어 스트럿도 프런트와 거의 같은 구조로서 구동력을 담당하지 않기 때문에 중량이 가볍고 간단한 구조의 서스펜션을 이용할 수 있다. 고정축의 트레일링 암식은 암이 차축의 좌우를 지지하여 상하 운동을 하며, 가로 방향의 로드에 의해서 좌우 위치가 유지되고 있다. 차축은 회전하지 않는 데드 액슬이며, 좌우 휠이 독립하여 상하의 움직임을 억제하고 있다.

FR 및 MR 차의 리어 서스펜션은 독립현가는 멀티 링크식, 고정축은 4 또는 5 링크식이 중심이 되며, 일부의 화물차에서는 판 스프링 방식도 사용되고 있다. 멀티 링크식은 더블 위시본에 가까운 타입으로 암을 더 추가한 것 등이 있다. 이들도 설정의 자유도가 크고, 휠의 움직임을 컨트롤하기 쉽지만 구조가 복잡하고 코스트가 비싸다.

4 또는 5링크식은 디퍼렌셜 기어와 차축을 좌우 어퍼, 로어, 4개의 링크로 지지하며, 가로 방향의 링크를 추가한 것이 5링크식이다. 비교적 구조가 간단하고 경량화할 수 있는 것이 특징이다.

판 스프링은 고전적인 서스펜션이지만 구조가 튼튼하고 간단한 것이 특징이므로 트럭이나 오프 로드 차에 사용되고 있다.

브레이크의 구조

자동차의 브레이크는 주차 브레이크 이외는 모두 유압 브레이크가 사용되고 있다(대형차에서는 에어 브레이크도 있다). 브레이크 페달을 밟으면 큰 행정(stroke)에 의해서 브레이크 오일에 압력이 발생되며, 브레이크 쪽에서는 행정이 작은 대신에 힘이 증가된다. 실제로 엔진의 부압이나 다른 펌프에 의해서 발생된 유압으로 더욱 힘을 증대시키고 있다.

브레이크 오일은 브레이크 페달에 연결된 엔진 룸의 마스터 실린더에서 압력이 가해져 4륜의 브레이크에 보내진다. 브레이크 배관은 2중으로 되어 있으며, 어느 한쪽이 파손되어도 브레이크 작용을 확보할 수 있는 구조로 되어 있다.

브레이크는 디스크 브레이크와 드럼 브레이크가 있으며, 대부분은 앞바퀴에 디스크, 뒷바퀴에는 드럼이나 디스크의 어느 한쪽이 사용되고 있다. 디스크 브레이크는 차축에 설치된 원판 모양의 디스크를 양쪽 패드로 압착시켜 회전을 정지시키는 구조이다. 디스크는 외부에 노출되어 있기 때문에 가열되지 않으며, 안정된 성능을 발휘한다. 드럼 브레이크는 드럼 내부의 슈가 확장되어 안쪽에서 드럼을 압착시켜 회전을 감속한다. 회전 방향에 대한 자기 배력(自己倍力)의 기능이 있으므로 작은 힘으로도 강력한 브레이크 효과를 얻지만 가열되기 쉽고, 혹사시키면 브레이크의 성능이 불안정하게 된다.

브레이크는 타이어를 로크(lock)시켜 회전이 정지되기 직전에 최대의 효력을 발휘한다. ABS, 안티 로크 브레이크는 브레이크 유압을 컨트롤하는 것으로서 타이어의 로크를 방지하여 최대의 효력을 유지시키는 장치이다.

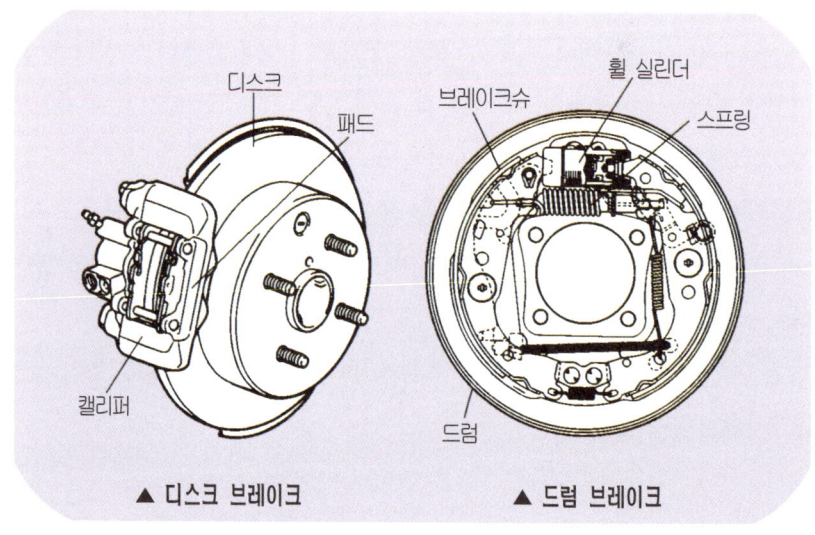

▲ 디스크 브레이크   ▲ 드럼 브레이크

● PHOTO 디스크 브레이크와 드럼 브레이크

● 전장 부품의 지식

1/2은 전기의 힘으로 주행하는 하이브리드 카가 생산되고 있지만, 대부분의 자동차도 실제로 전기에 의지하고 있는 부분이 크다. 램프류는 당연하며 파워 윈도, 오디오, 에어컨, 일부의 파워 스티어링 등 모든 부위에서 모터가 작동하고 있다. 엔진의 컨트롤도 거의 컴퓨터화되어 이것도 전기가 없으면 작동하지 않는다.

자동차가 사용하는 전기는 엔진에 의해서 구동되는 올터네이터(alternator)에서 발전되어 레귤레이터(regulator)로 안정시켜 각 전장 부품에 공급된다. 배터리는 전기를 축적한다기보다 전원을 안정시키기 위한 예비 탱크와 같은 것이며, 최소한 엔진을 시동할 수 있을 정도의 전기가 있으면 된다고 하는 것이 최근의 생각이다.

일반 가정에서 사용하고 있는 전기는 플러스와 마이너스가 주기적으로 교환되는 교류이지만, 자동차에서 사용하는 전기는 한쪽 방향으로만 흐르는 직류로 변환시켜 이용하고 있다. 또 배선은 플러스 쪽만이 비닐선을 통하여 흐르고, 마이너스 쪽은 보디를 통하고 있다.

자동차에서 무엇인가 작업을 할 때는 배터리를 떼어 두는 것이 기본이다. 사고차의 경우, 여기저기에 배선이 절단되어 있을 가능성도 있다. 부주의로 배터리를 연결하면 쇼트되어 불필요하게 손해를 증가시킬지도 모른다. 또한 용접 등에서 보디에 전기가 흐르도록 하기 위해 회로가 연결되어 있으면 전장품이 파손될 염려가 있다.

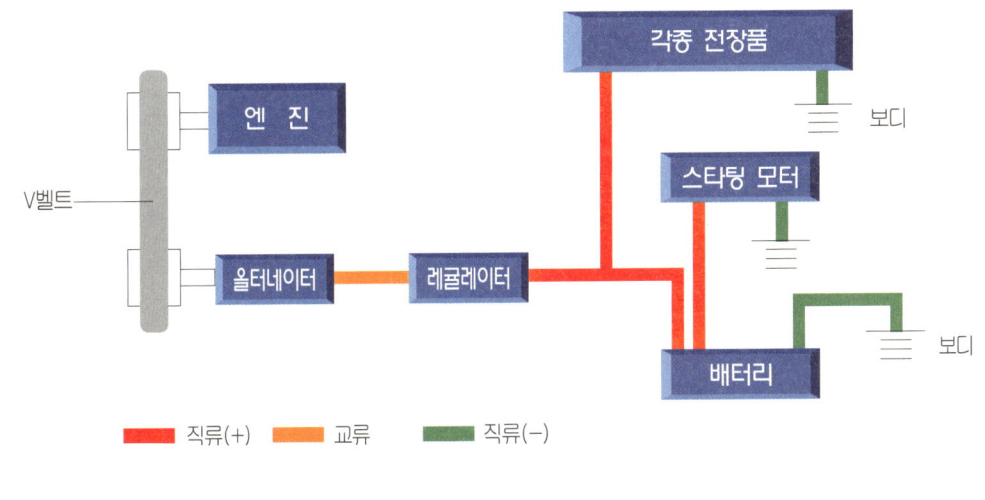

PHOTO 자동차의 전기 흐름

2. 자동차의 재료

THE body work

THE
Body Work

2. 자동차의 재료

01 강판의 성질

철과 강

자동차에는 여러 가지 재료가 사용되고 있는데 그 가운데서 가장 높은 비율을 차지하는 것이 철(鐵)이다. 중량비로는 60% 이상이라고도 할 수 있다. 보디에 한해서는 그 대부분은 철을 재료로 사용하고 있다. 철은 지구상에 많이 존재하고, 가격도 안정적이며, 가공성도 좋고, 극소량의 성분을 추가하면 여러 가지 성질을 가진 「철」을 만들어 낼 수 있다. 예를 들어 엔진 블록에 사용되는 철과 패널에 사용되는 철에는 같은 철이라도 매우 성질이 다른 것이다.

철은 철광석을 용해하여 산소를 분리하여 만드는데 그대로는 단단하고 깨지기 때문에 이용하기 어렵다. 가공하지 않은 철에서 불순물을 제거하고, 탄소 등 극소량의 성분을 추가한 것이 강이며, 강을 잡아당겨 늘려서 얇은 판 모양으로 한 것이 강판이다. 자동차 보디에 사용되는 강판은 바깥 판의 경우 두께 0.6~0.8mm, 안쪽 판의 경우 0.8~1.4mm 정도의 냉간 압연 강판이다. 냉간 압연 강판이란 상온에서 압력을 가해서 끌어당겨 늘린 얇은 강판이며, 표면이 깨끗하고 상당히 얇은 판을 만들 수 있다. 이것을 800℃ 이상의 고온에서 끌어당겨 늘린 것이 열간 압연 강판이다. 너무 얇은 판은 만들지 못하지만 가격이 싼 이점도 있다. 냉간 압연 강판은 열간 압연 강판을 더욱 끌어당겨 늘려 만들어진다.

엔진 블록이나 브레이크의 캘리퍼 등에 사용되는 철은 주철이라 불리는 철이며, 탄소가 많이 함유되어 있다. 강판과 같은 탄력성은 없지만 단단하고 튼튼하며, 주형 등과 같은 유형을 만든다. 또한 스프링 등에 사용되는 철은 사용 목적에 따라서 성분이 조정되어 있는 철이며, 특수강이라고도 불린다.

공 정	내 용	생성물
제 련	철강석 안의 철분을 환원(산소를 제거한다) 등에 의해 분리한다.	연 철
제 강	연철안의 여분의 산소나 불순물을 제거하고 필요한 성분으로 조정한다.	강
조 괴	녹인 강을 주형에 넣고 굳힌다.	강 괴
분 괴	강괴를 압연에 필요한 온도까지 가열하여 강괴 내부의 기포 등을 제거하고 두께 100~300mm의 판으로 만든다.	슬라브
열간압연	슬라브를 가열해 표면에 산화막을 제거한 후 거칠게 압연한 다음 표면을 깨끗하게 하여 필요한 두께까지 압연한다.	열연강판
산성액 청소	열연강판 표면의 산화막을 산성액으로 세척한다.	-
냉간압연	상온하에서 필요한 두께까지 압연한다.	냉연강판
풀 림	압연에 의해 변형된 강판에 내부조직을 650~700℃로 가열하여 스트레인을 제거한다.	-
조질압연	표면 마무리를 위하여 가볍게 압연한다.	제조제품

▲ 강판의 제조과정

탄성과 소성

강판에 힘을 가하여 변형시키는 경우 어느 정도까지는 힘을 제거하면 처음의 상태로 되돌아가지만 더 큰 힘을 가하면 힘을 제거해도 변형되어 처음의 상태로 되돌아가지 않게 된다. 처음의 상태로 되돌아가도록 하는 변형을 '탄성 변형', 처음의 상태로 되돌아가지 않는 변형을 '소성 변형'이라 한다. 탄성 변형에서 소성 변형으로 바뀌는 점이 '탄성 한계'이다.

자동차의 패널이 여러 가지 모양을 하고 있는 것은 프레스를 이용하여 탄성한계를 초과하는 힘을 가하여 소성 변형시켰기 때문이다. 또한 사고 등으로 패널이 변형되는 것은 사고 시에 가해진 힘으로 패널이 소성 변형이 된 것이다. 마찬가지로, 변형된 패널에 해머 등으로 힘을 가하여 원래의 모양으로 돌아가게 하는 것도 소성 변형이다. 단, 사고시의 변형은 소성 변형과 탄성 변형이 혼합되어 있다. 소성 변형된 부분만 수정하면 탄성 변형의 부분은 자연스럽게 원래의 모양으로 돌아간다.

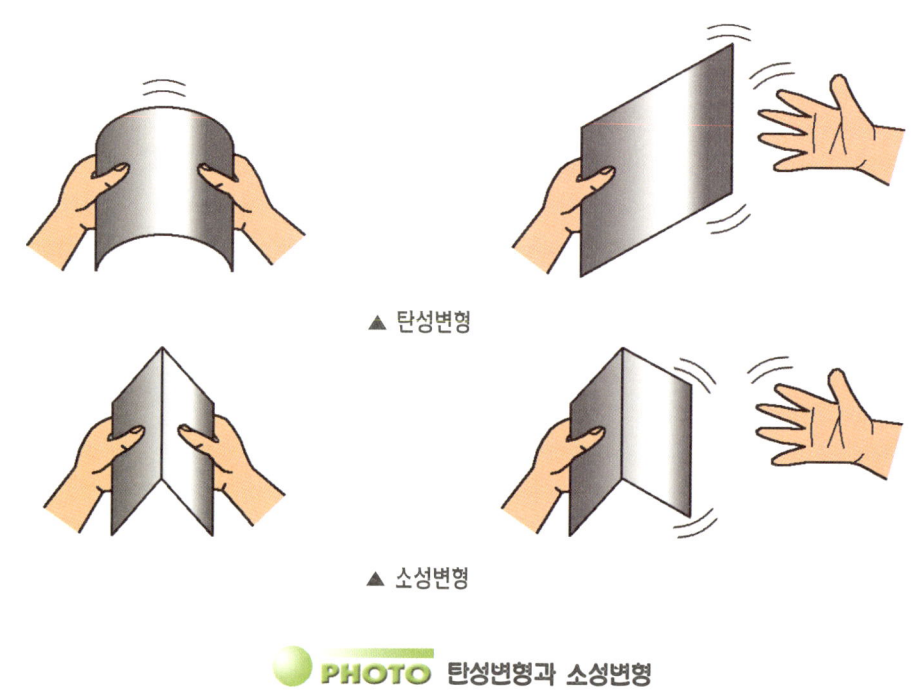

▲ 탄성변형

▲ 소성변형

● PHOTO 탄성변형과 소성변형

● 변형에 의한 강도의 변화

예를 들어 얇은 강판의 양끝을 잡고 한가운데서 2개로 구부린다. 다음에 반대 방향으로 힘을 가하여 강판을 원래의 상태로 되돌리고자 하여도 쉽게 잘 되지 않고, 되돌아갔다 하여도 실은 최초에 구부린 부분은 그대로이며, 그 주위가 변형되어 있는 경우가 많다. 이것은 최초의 변형으로 구부러진 부분의 강판 내부의 구조가 변화하여 탄성이 소멸되어 그 만큼 경도(硬度)가 증가되기 때문이다. 이러한 강판의 성질을 '가공 경화'라 한다.

강판이 변형되면 반드시 가공 경화가 발생한다. 평탄한 강판에 프레스 등을 이용하여 꺾어 접으면 접힌 부분의 라인은 가공경화되어 프레스 라인은 선명하게 나타난다. 보디 앞뒤에 있는 프레스 라인은 디자인상의 악센트(accent)가 됨과 동시에 패널의 강도를 높이는 작용도 한다. 또한 일반적인 가공 경화는 패널의 수정을 방해하는 작용도 한다. 이 항의 최초에 서술한 바와 같이 단순하게 가해진 힘과 반대 방향으로 힘을 가하여도 패널은 원래의 상태로 되돌아가지 않는다.

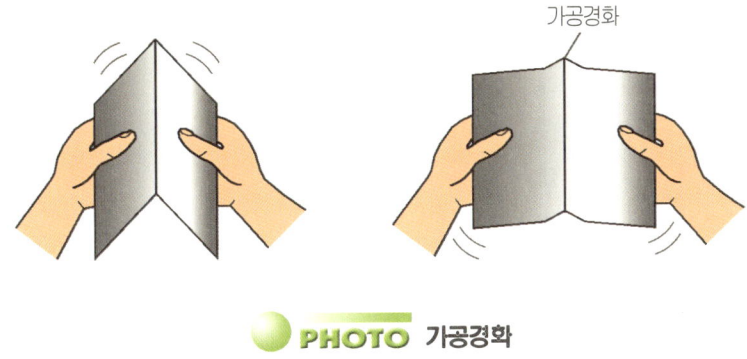

PHOTO 가공경화

가공 경화에 의해서 소멸된 탄성을 부활시켜 강판을 원래의 상태로 되돌아가게 하려면 풀림(annealing)이라는 방법이 사용된다. 풀림이란 가공 경화된 부분을 빨갛게 가열한 후 서서히 냉각시키는 작업이다. 실제, 열을 가하면서 해머 등을 이용하여 힘을 가하는 방법은 패널의 수정에서 많이 사용된다. 그러나 현재의 자동차는 열을 가하면 가공 경화가 소멸될 뿐만 아니라 본래의 성질까지 변화되는 강판이 사용되고 있기 때문에 함부로 열을 가해서는 안된다. 특히 멤버나 필러 등 자동차의 구조재로 사용되고 있는 강판에는 결코 높은 열을 가해서는 안된다.

강도와 강성

강도(强度)와 강성(剛性)은 어느 쪽이나 「강함」을 나타내는 말이며, 혼동하여 사용되고 있는 경우도 많다. 이 책에서도 여기까지는 의식적으로 구별하지 않고 사용하여 왔다. 그러나 여기서 그 차이를 확실하게 구분하여, 이 후부터는 정확하게 구분하여 사용할 수 있도록 한다.

강도란 간단히 말하면 부서지기 어려운 것이다. 즉, 어느 정도의 힘에 견딜 수 있는가를 나타내며, 주로 재료에 사용한다. 견딜 수 있는 힘의 크기로서 객관적으로 측정하여 나타낼 수도 있다. 그리고 강성이란 견고하게 느끼는 것으로서 어느 정도 추상적이며 높고 낮은,

크고 작은 정도로 밖에 표현할 수 없다. 강성은 주로 가공품에 사용된다.

강도는 같은 재료라면 어떤 모양이라도 항상 같다. 그러나 강성은 어떤 모양으로 하는가, 어떠한 상태로 편성하는가에 따라서 변화한다.

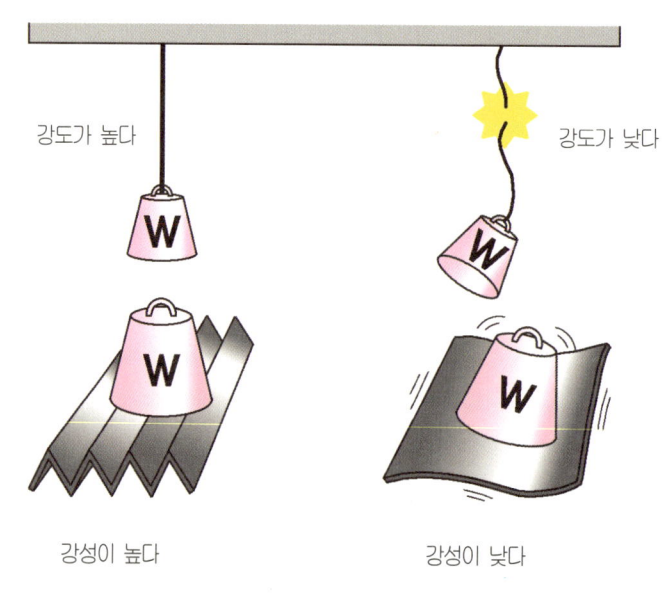

PHOTO 강도와 강성의 차이

02 고장력 강판과 방청 강판

 강판의 세기

강판의 강도는 끌어당겨 늘리는 힘에 어느 정도 견딜 수 있는가가 기준으로 되어 있으며, '인장 강도'라고 불린다. 승용차에 사용되고 있는 일반적인 강판의 인장 강도는 대략 28~30kg/mm² 정도이며, 이것은 1mm² 당 28~30kg의 힘에 견딜 수 있다는 것을 나타내고 있다.

강판의 한쪽을 고정시키고, 다른 한쪽에서 힘을 가하여 끌어당기면 최초에는 가하는 힘의 크기에 비례하여 강판이 늘어난다. 그러나 힘이 어느 한계를 초과하면 강판의 내부 구조가 변화되어, 힘을 증가시키지 않아도 급격히 늘어남이 커진다.

늘어남이 커졌을 때의 힘의 크기가 탄성 한계이며, 늘어나게 하였을 때 힘의 크기를 '항복점(降伏點)'이라 한다. 실제로는 늘어남이 크게 되기 직전까지가 탄성 변형으로서 이때까지 가해진 힘을 제거하면 강판은 원래 상태로 되돌아간다. 그러나 탄성 한계를 초과하는 힘을 가하면 힘을 제거하여도 어느 정도는 원래의 상태로 되돌아가지만(탄성의 범위) 일정량의 변형은 복원되지 않게 된다. 이 복원되지 않는 변형이 '소성 변형'이다.

탄성 한계를 초과하여 더욱 힘을 가해가면 늘어남도 완만하게 증가하여 멀지 않아 강판의 일부에 국부적으로 늘어남이 발생되어 끊어진다. 즉, 처음에 힘을 크게 함에 따라 늘어남도 증가하지만 어느 시점부터는 보다 적은 힘이 가해져도 늘어남이 증가한다. 강판을 늘어나게 하기 위해서 필요한 힘이 최대로 되었을 때 힘의 크기가 그 강판의 인장 강도가 된다.

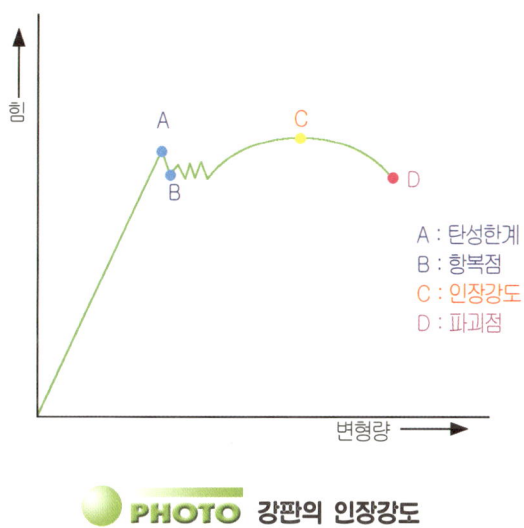

PHOTO 강판의 인장강도

고장력 강판의 성질

자동차의 보디에 고장력 강판을 사용하게 된 것은 오일 쇼크로 인한 자동차의 저연비화, 경량화가 강하게 요구된 시점부터이다.

고장력 강판이란 동일한 두께에서 보다 더 강도가 높은 강판으로서 인장 강도가 $40\sim50kg/mm^2$ 또는 그 이상의 것이 이용된다. 충돌 안전 구조를 사용하는 보디에는 일부에 $100kg/mm^2$ 이상의 초고장력 강판도 사용되고 있다.

고장력 강판은 인장 강도뿐만 아니라, 항복점 및 탄성 한계도 높다. 따라서 항복점과 인장 강도의 힘의 비율(항복비=항복점/인장 강도)도 높게 되어 있다. 동일한 두께에서 보다 큰 강도를 가지고 있기 때문에 같은 강도를 필요로 하는 부품에 사용할 경우 일반적인 강판에 비하여 보다 얇은 판 두께에서도 강도는 변화되지 않는다. 얇은 강판으로 부품이 제작된다는 것은 그 만큼 가볍게 만들 수 있다는 것이 된다.

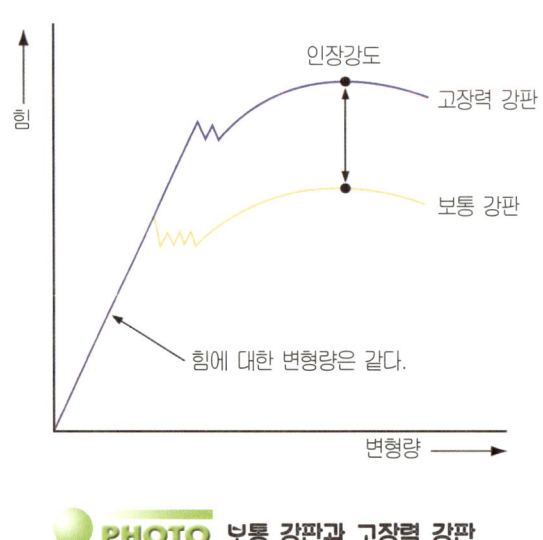

PHOTO 보통 강판과 고장력 강판

고장력 강판은 특히 새로운 소재라는 것은 아니지만 인장 강도가 높고 항복비도 높다는 성질이 있기 때문에 프레스 성형성이 나쁘고, 용접 강도가 나오지 않는 것 등으로 인해 보디용으로서는 사용되지 않았다. 그러나 필요에 따라서 이루어진 여러 가지 개량으로 보디의 바깥 판에도 이용된다. 또한 초기에 자동차용 고장력 강판은 사고시에 변형량이 크고 (찌그러진 상태), 용접성이 나쁜 것도 있었지만 최근에는 수리성에서 거의 일반적인 강판과 변함없다.

자동차 메이커의 지침서에서도 고장력 강판의 사용 부위에 대한 설명이 처음에는 구별하여 기록하였지만 현재는 없어지고 있다. 또한 탄성한계가 높기 때문에 끌어당기는 작업 후에 되돌아가는 양이 커졌다든지, 얇은 만큼 늘리기 쉽다는 것 같은 문제도 있다.

고장력 강판의 종류

자동차용으로 이용되고 있는 고장력(高張力) 강판에는 다음과 같은 것이 있다.

① **고용체(固溶体) 강화형 강판**

저탄소 강에 탄소(C), 규소(Si), 망간(Mn), 인(P) 등을 첨가하여 강의 성질을 강화한 것.

② **석출(析出) 강화형 강판**

티탄(Ti), 니오브(Nb), 바나듐(V), 몰리브덴(Mo) 등을 탄소(C)나 질소(N)와 연결(결부하다)시켜, 미세한 성분으로서 강에 첨가한 것.

③ **복합 조직 강판**

듀얼 페이즈 강판(dual phase steel plate)이라고도 불린다. 생산시에 프레스를 성형할 때 가공성이 좋고, 그 후에 열처리 등으로 강도를 높인 것.

수리할 경우 이들의 강판을 구별하여 취급할 필요없고 구별하기에도 어렵다. 석출 강화형 강판과 복합 조직 강판은 가열하면(600~800℃) 강의 내부 조직이 변화되어 강도가 저하된다. 이들의 강판은 멤버나 필러 등 골격계통의 패널에도 사용되고 있기 때문에 보디를 수정할 경우 끌어당기는 작업 등에서 열을 가하여서는 안된다.

<table>
<tr><td>보통 강판</td><td>고장력 강판</td></tr>
<tr><td></td><td>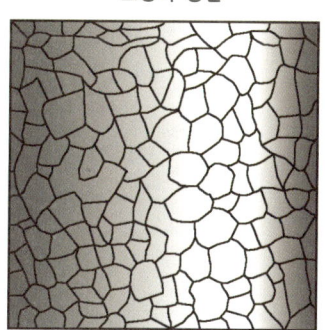</td></tr>
</table>

• 고장력 강판의 내부 구조는 치밀하게 되어 있다.
• 고열을 가하면 이 구조가 파괴되어 강도를 잃는다.

PHOTO 고장력 강판의 내부구조

방청(防鏽) 강판의 구조

강판에 한정되지 않고 철을 재료로 하는 소재(素材)에서의 최대 단점은 녹(산화부식)이 발생되는 것이다. 녹은 철의 원자와 산소가 결합하여 발생되므로 철에 녹이 발생되는 것을 방지하기 위해서는 철이 직접 산소와 접촉하지 말아야 한다. 따라서 철을 사용한 제품에 반드시 도장(塗裝)되어 있는 것은 도막에 의해서 산소와 접촉되지 않도록 하기 위함이다. 철은 녹이 발생되기 쉬운 금속이므로 도금에 의해서도 녹의 발생을 효과적으로 방지할 수 있기 때문에 사용되는 강판은 아연도금 강판이 사용되고 있다.

아연 도금 강판을 녹이 발생하는 환경에 두면, 우선 아연에 녹이 발생된다. 철은 한번 녹슬면 내부까지 녹이 진행하여 너덜너덜하게 되지만 아연은 표면이 녹슬면 녹슨 부위 이외에는 녹이 진행되지 못한다. 따라서 그 안쪽의 강판까지 녹이 진행되는 경우는 없다.

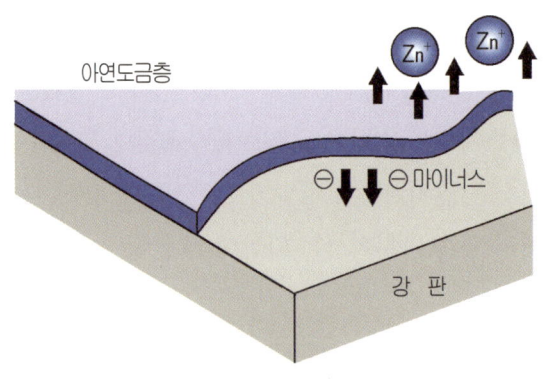

아연도금층

Zn⁺ Zn⁺

⊖ ↓↓ ⊖ 마이너스

강 판

녹이 발생될 때는 우선 아연이 (+)이온으로 녹아내리고 남은 (−)이온이 철로 흘러 철의 이온이 용출되지 않기 때문에 녹은 방지된다.

● **PHOTO** 방청 강판의 원리

방청 강판의 종류

아연의 도금 방법에는 전기 도금법과 용융 도금법이 있다. 전기 도금은 표면도 깨끗하게 마무리되지만 도금 층은 약간 얇다. 용융 도금은 그 반대로 표면이 약간 거칠지만 두꺼운 도금 층이 형성된다.

아연만으로 도금을 하면 도료의 부착이 나빠지기 때문에 바깥 판에 사용되는 방청 강판은 철과 아연의 합금을 도금한 합금화 아연 도금 강판이 사용된다. 더욱이 철의 함유량이 많은 합금과 아연의 함유량이 많은 합금을 2층으로 나누어 도금한 것이나 도금은 1층이지만 그 속에서 표면쪽에 철의 함유량이 많아지도록 가공되어 있는 것 등 여러 가지 타입의 방청 강판이 준비되어 있다. 또한 방청강판은 일반적으로 강판의 앞뒤 양면에 도금된 양면 아연 도금 강판으로 되어 있다. 방청 강판도 외관상으로는 보통의 강판과 구별하기 어렵지만, 특별히 구별하여 취급할 필요는 없다.

에어 샌더 등으로 도막을 벗기면, 도금 층이 벗겨져서 방청 강판의 효과를 발휘할 수 없기 때문에 보통의 강판이나 방청 강판이라 해도 다시 도장할 때 방청 처리를 정확히 하여야 한다. 단, 퍼티가 전용이라도 조심하여야 한다.

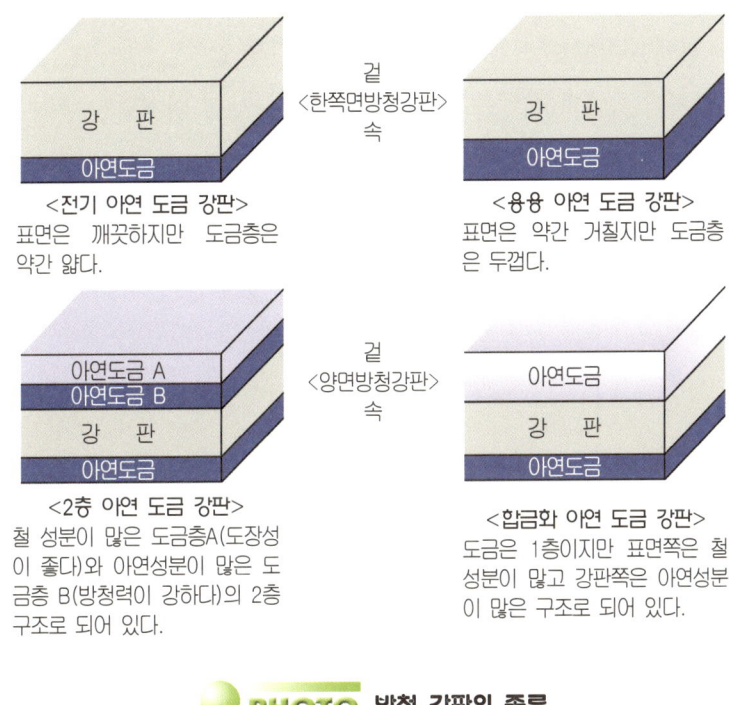

<전기 아연 도금 강판>
표면은 깨끗하지만 도금층은 약간 얇다.

<용융 아연 도금 강판>
표면은 약간 거칠지만 도금층은 두껍다.

<2층 아연 도금 강판>
철 성분이 많은 도금층A(도장성이 좋다)와 아연성분이 많은 도금층 B(방청력이 강하다)의 2층 구조로 되어 있다.

<합금화 아연 도금 강판>
도금은 1층이지만 표면쪽은 철 성분이 많고 강판쪽은 아연성분이 많은 구조로 되어 있다.

PHOTO 방청 강판의 종류

03 플라스틱과 자동차

플라스틱이란

20C는 석유의 세기라고도 할 수 있다. 자동차나 비행기 등의 연료로서 또는 발전용 등 대량으로 석유를 소비하는 문명이 발전되어 왔다. 석유는 연소하여 동력원으로 사용할 뿐

만 아니라 각종 플라스틱의 원료로서 사용되고 있다.

모든 산업 분야에 생활의 구석구석까지 플라스틱이 활용되고 있는 것은 역시 현대 사회의 특징이라 할 수 있을 것이다. 자동차에도 각종 다양한 플라스틱(수지)이 이용되고 있다.

플라스틱이란 자유자재로 성형할 수 있다는 것으로서 대부분 석유를 원료로 합성된다. 모양이 자유스러울 뿐만 아니라 기능이나 성능도 필요에 따라서는 여러 가지 타입을 만들 수 있으며 철보다 강도가 높은 플라스틱도 있다. 공업용으로서 특정한 성질을 발휘할 수 있도록 설계된 엔지니어링 플라스틱은 첨단소재로서 그 가치가 매우 높다.

가열하여 부드러워지고, 자유스러운 모양으로 성형할 수 있는 플라스틱은 '열가소성 플라스틱'이라 한다. 현재 사용되고 있는 대부분의 플라스틱은 열가소성이지만, 가열하여도 부드러워지지 않고 갑자기 녹아버리는 플라스틱도 있는데 이것을 '열경화성 플라스틱'이라 한다.

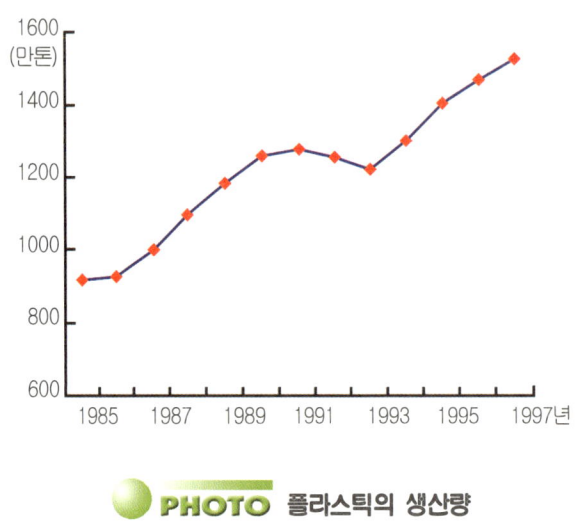

PHOTO 플라스틱의 생산량

자동차에 사용되는 플라스틱

자동차에 플라스틱이 많이 사용된 것은 역시 오일 쇼크 이후이다. 그 때까지는 핸들이나 미터 주변, 스위치류 정도였지만, 오늘날에는 범퍼나 그릴 등의 외장 부품, 헤드램프나 아웃 미러 케이스, 트림, 몰딩 등 넓은 범위까지 이용되며, 바깥쪽 패널마저 플라스틱으로 된 차종도 드물지 않다.

1대의 자동차에 사용되고 있는 플라스틱은 약 10% 정도이다. 이것은 중량비이므로 비교적 가벼워 플라스틱의 비율 범위는 작다. 체적비로 생각하면 플라스틱과 같은 종류의 화학 섬유를 포함하여 50%를 초과할지도 모른다. 이용되고 있는 플라스틱의 종류도 많다. 대부분은 열가소성 플라스틱이며, 처음에는 우레탄과 PP의 2개 성분으로 된 범퍼도 오늘날에는 대부분 PP제로 되어 있다. 외판(外板)에는 SMC라고 하는 FRP나 RIM 우레탄이 사용되는데 이것은 어느 쪽도 열경화성이다. 그 외 ABS, PET, PE, 폴리염화비닐 등이 주로 사용된다. 각종 플라스틱의 약칭이나 특징은 다음과 같다.

약 어	명 칭	내열 온도(℃)	내용 제성	비 고	사용부위 예
ABS	acrylonitrile butadiene styrene terpolymer	80	×	알코올 단시간OK	그릴, 가니시
EPDM	ethylene-propylene diene terpolymer	100	×	유기용제에 약하다	머드 가드
FRP	fiber reinforced plastic	180	○	유리섬유로 강화한 플라스틱.	에어로파트
PA	poly amide	80	○	별명 나일론	호스·파이프류
PBT	poly butylene terephthalte	140	○	모든 용제에 견딜 수 있다.	도어핸들
PC	poly carbonates	120	×	청소는 알코올	램프 렌즈
PE	poly ethylene	80	○	대부분의 용제에 견딜 수 있다.	펜더 라이너
PET	poly ethylene terephthalte	75	○	패트병 재료	스위치류
PMMA	poly methyl methacrylate	80	×	별명은 아크릴	램프렌즈
POM	poly acetal oxy methylene	120	○	대부분의 용제에 견딘다.	도어핸들
PP	poly propylene	80	○	대부분의 용제에 견딘다.	범퍼
PPO	poly phenol oxidase	100	△	유기용제에 약하다	휠 커버
PS	poly styrene	60	△	별명 스티로폼	–
PUR	phenolic urethane resin(열경화성)	80	○	유기용제에 약하다	범퍼
PVC	poly vinyl chloride	80	△	연소시 유독가스를 발생한다.	시트 표피
SMC	seat moulding compound	180	○	FRP를 프레스용으로 판 모양으로 성형한 것	외장 패널
TPU	thermoplasticity urethane	80	×	청소는 알코올	범퍼
UP	unsaturation polyester	110	○	FRP 재료	–

내용제성 ○ : 용제류나 가솔린에 견딘다. △ : 단시간에 견딘다. × : 아주 견디지 못한다.
※ 부품이 보이지 않는 부분에 약칭이 각인되어 있는 경우가 많다.

▲ 각종 플라스틱

 **자동차 유리의 종류**

유리가 생성되기까지

유리는 고체임에도 불구하고 액체의 성질을 겸비한 소재의 총칭이며, 일반적으로 사용되는 유리는 모래 속에 많이 포함되어 있는 규소(Si)에 첨가시키는 성분은 재(災)에 포함되어 있는 소다(NaO_2), 석회(CaO) 등을 가하여 만들 수 있다. 주원료는 용융(溶融)된 규소로서 소다는 규소의 용융 온도를 낮추기 위해 사용되며, 석회는 유리가 물에 용융되지 않도록 하기 위해 사용된다. 그 외 유리의 이용 목적에 따라서 극히 약간의 금속 등도 첨가되어 있다. 투명하고 아름다운 유리는 실제 모래와 재로 만들어지고 있는 것이다.

유리의 기본적인 성질은 무색 투명하며, 산이나 알칼리에도 강하다. 고체와 같은 내부 구조는 액체에 가깝기 때문에 실제 온도를 높이면 용융되어 액상(液狀)으로 된다. 역사도 기원전 1,500년경, 지금부터 약 3,500년 전의 이집트에서 이미 유리 제품이 이용되고 있었다.

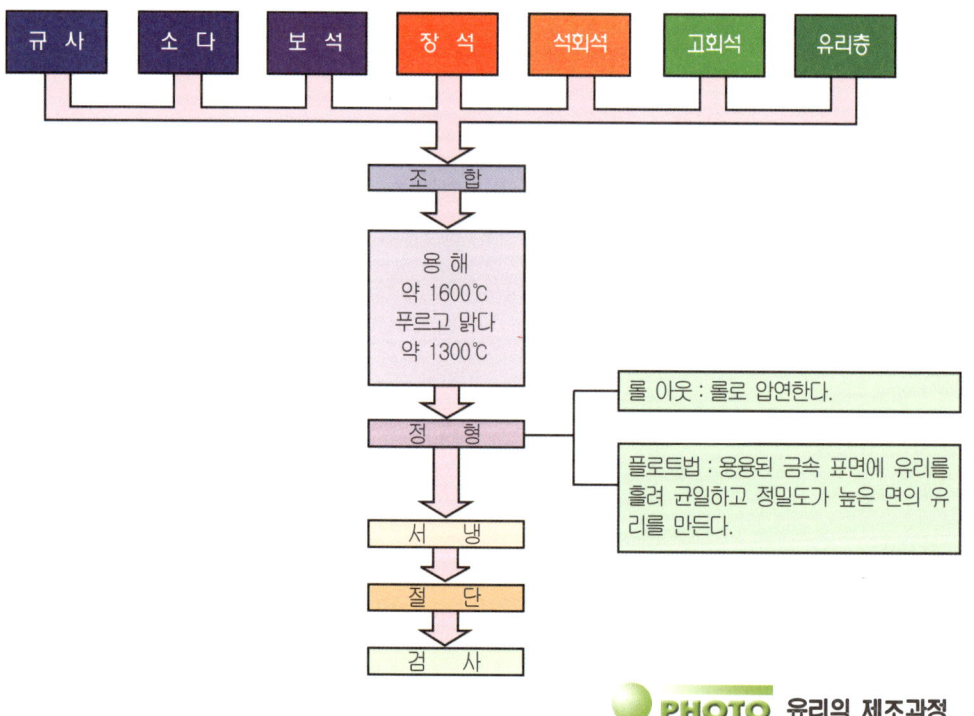

● PHOTO 유리의 제조과정

자동차에서 사용되는 판유리는 약 1,600℃에서 재료를 용융시킨 다음 그 후 1,300℃에서 잠시 대기하면 무색투명의 표면이 만들어진다. 이때 용융된 재료를 표면과 동일한 정도의 온도로 유지시켜 양이나 온도를 엄밀하게 조정하여 금속 위에 흐르도록 하면 두께나 폭이 균일하고 표면의 정도(精度)가 높은 판유리로 만들어진다. 그리고 이 유리의 표면을 더욱 연마함으로서 비틀림이 없는 완전한 평면유리가 만들어진다. 자동차에 사용되는 것은 이 종류의 고품질 유리이다.

자동차의 유리

자동차에는「안전유리」를 사용하는 것이 의무화되어 있다. 안전유리는 깨지기 어렵고, 깨질 경우에는 인체에 부상이 없어야 하며, 깨져도 어느 정도의 시계(視界)를 확보할 수 있어야 된다는 조건이 부가되어 있다.

실제로 자동차에 사용되고 있는 안전유리는 접합유리와 강화유리 2종류가 있으며, 앞면유리는 접합유리가 사용되고 그 외의 창유리는 강화유리로 사용된다. 접합유리는 2장의 유리 사이에 얇고 튼튼한 플라스틱 필름을 끼운 것으로서 깨져도 파편이 흩어지지 않으며, 충격물에 관통하기 어려운 특징을 가지고 있다. 즉, 바깥쪽에서 무엇인가 부딪쳐도 실내에 날아들지 않으며, 반대로 승객이 실내쪽에서 부딪쳐도 밖으로 방출되기 어렵다. 동일한 접합유리에서도 중간의 플라스틱 필름이 두껍고 내충격성이 높은 것을 HRP 접합유리라 하며, 자동차 앞 유리에 사용되는 것이 이 타입이다.

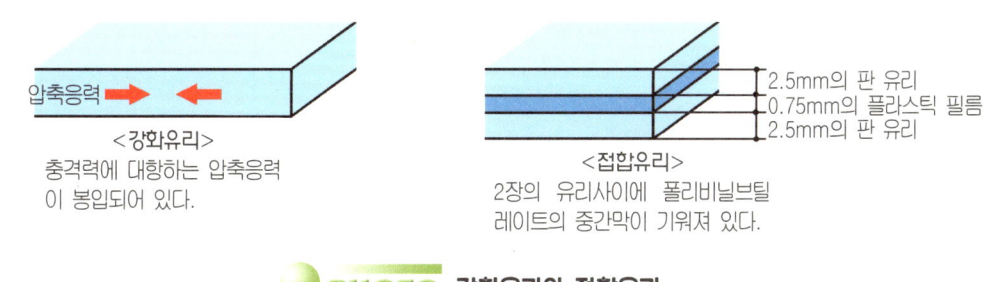

압축응력

<강화유리>
충격력에 대항하는 압축응력
이 봉입되어 있다.

2.5mm의 판 유리
0.75mm의 플라스틱 필름
2.5mm의 판 유리

<접합유리>
2장의 유리사이에 폴리비닐브틸
레이트의 중간막이 기워져 있다.

PHOTO 강화유리와 접합유리

도어나 리어의 유리에는 강화유리가 사용된다. 강화유리는 판유리를 약 600℃로 가열한 후 급냉시키는 방법으로 만들며, 유리가 깨지는 것은 충격이 있을 때의 인장력이다. 강화유리는 내부에 강한 압축력이 봉입되어 있기 때문에 대단히 깨지기 어렵고 깨진 경우도 하나하나의 파편이 작은 동그라미 띠(帶) 모양으로 되기 때문에 사람에게 상처를 입히는 경우가 적다. 조금 오래된 차에서는 앞 유리에도 강화유리가 사용되고 있었으며 운전석의 앞부분은 큰 파편으로 되어 시야를 확보할 수 있는 부분 강화유리가 사용되고 있었다. 우리나라에서 앞 유리에 접합유리의 장착이 의무화된 것은 1985년 7월부터이다.

기능을 가진 유리

자동차 유리는 단지 창으로서의 경계만이 아니라 여러 가지의 기능이 부가되어 있는 것이 많다. 접합유리는 중간의 막과 함께 안테나선을 넣은 안테나 봉입 유리, 중간 막의 상부를 착색한 블렌딩(blending) 유리 등이 있다. 또한 강화유리를 비롯한 극소량의 금속 성분을 첨가시키는 것으로서 적외선을 흡수한다든지 반사하는 열선 흡수유리와 열선 반사유리, 도전성 도료를 프린트한 열선 프린트 유리, 색이 짙은 프라이버시 유리 등이 이용되고 있다.

열선 프린트 유리	열처리 전의 유리에 전도성 금속 분말을 프린트해 강화처리시에 열경화시킨다.
열선 흡수 유리	코발트, 철 등의 금속을 소량 포함시켜 적외선을 흡수시킨다.
상부 블렌딩 유리	접합유리 중간막의 상부를 착색한 것. 위쪽은 진하고 아래쪽으로 갈수록 엷어진다.
안테나가 들어간 유리	중간막에 전파수신용 안테나를 넣은 것. 강화유리인 경우에는 열선 프린트와 동일
프라이버시 유리	착색유리에서 광선의 투과율을 낮춘 것.

▲ 주요 특수유리의 종류와 구조

 그 외의 금속 재료

철 이외에 이용되고 있는 금속

일반적으로 자동차의 재료는 철이 압도적으로 많이 사용되고 있지만 그 외의 금속도 이용되고 있다. 그 중에서도 많이 사용되는 것이 알루미늄과 동으로서 동은 대부분 전선으로 이용되고 있다. 최근 승용차의 1/2은 전기로 움직이고 있다고 할 수 있는데 그 수많은 장비품을 컨트롤하기 위해 대량의 전선이 사용되고 있다.

알루미늄은 사용 목적에 따라서 조정된 합금으로서 사용된다. 사용량이 많은 부분은 엔진의 주변으로 실린더 블록이나 헤드에 알루미늄 합금을 사용하는 엔진이 주류로 되어 있다. 차종에 따라서는 서스펜션의 부품에도 이용되고 있지만, 보디의 바깥 판에서의 이용도 알루미늄 합금이 사용되는 쪽의 하나이다. 후드나 펜더, 테일 게이트 등 스포터계통의 차종에서 자주 사용되고 있다. 혼다의 NSX는 골격계통도 포함한 모든 보디 패널이 알루미늄 합금으로 제작되고 있다. 유럽의 소량 생산 스포츠카도, 보디의 바깥 판은 알루미늄 합금이나 플라스틱이 사용되고 있다.

메이커	차 종	그레이드	형 식	사용 패널
도요타	스프라		A30	후드
	셀리카	GT-FOUR	T200	후드
	알테자 지터	왜건	E10	백도어
닛산	세드리/글로리아		Y34	후드
	스카이라인	GT-R계통	R32/33/34	후드/프런트 펜더
	J페리		Y32	후드
	페어레이디Z		Z32	후드
혼다	NSX		NA	보디 전체
	인사이트		ZE	보디 전체
	S2000		AP	후드
마쯔다	코스모		JC	후드
	센타리		HD	후드
	RX-7		FC/FD	후드
	로드스터		NA/NB	후드
미쯔비시	낸서볼루션	1992년 이후	각 형식	후드
	낸서볼루션	V이후	각 형식	후드/프런트 펜더
스바루	래거시	GT계통	BH	후드
	임프레서	WRX계통	GC/GF	후드
	임프레서		GD/GG	후드
스즈끼	카프치노		EA	후드

※ 2001년 10월 기준

▲ 알루미늄 외판 패널의 사용상황

3. 탈착작업과 탈착용 공구

THE body work

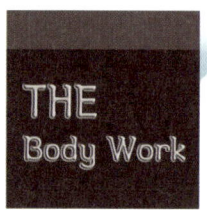

3. 탈착작업과 탈착용 공구

01 수공구의 종류와 목적

 수공구의 종류

차체 수리에는 여러 가지의 공구류가 사용된다. 그들의 공구는 주로 차체 수리에서 사용되는 전용 공구와 다른 분야에서도 자주 이용되는 일반 공구로 나눌 수 있다. 부품이나 패널의 탈착에서 사용하는 수공구나 에어 툴은 일반 공구가 대부분이다. 일반 공구는 그 사용목적으로 볼 때「비틀다」,「잡다」,「자르다」공구의 3종류로 분류할 수 있다. 또, 많은 수공구에는 동일한 기능을 지닌 에어 툴이 준비되어 있다. 여기에서는 우선 수공구에 대해서 알아보자.

비트는 공구

비트는 공구는 쥐거나 회전시키는 공구를 말한다. 스패너나 렌치 및 드라이버류가 대표적이다. 주로 볼트·너트를 상대로 하는 것이 스패너나 렌치로서 단순히 렌치라 하며, U자 모양의 개구부(開口部)에 볼트나 너트의 2면을 끼워 회전시키는 타입을 말한다. 또한 볼트류의 머리를 감싸는 복스렌치, 볼트의 머리에 덮어씌운 래칫(ratchet)이나 익스텐션(extension) 등 다른 손잡이를 연결하여 회전시키는 소켓 렌치 등이 자주 사용된다. 렌치 개구부의 폭을 조정할 수 있는 것이 어저스터블 렌치이다.

각각의 형상이나 편성, 크기 등에 따라서 여러 가지로 변형된 것이 준비되어 있다. 드라이버는 주로 나사 종류를 풀고 조이는데 사용하며, 일반적으로 끝이 마이너스 모양으로 된 것과 플러스 모양으로 된 것이 있다. 이것도 크기나 구조 등 여러 가지로 변형된 것이 있다.

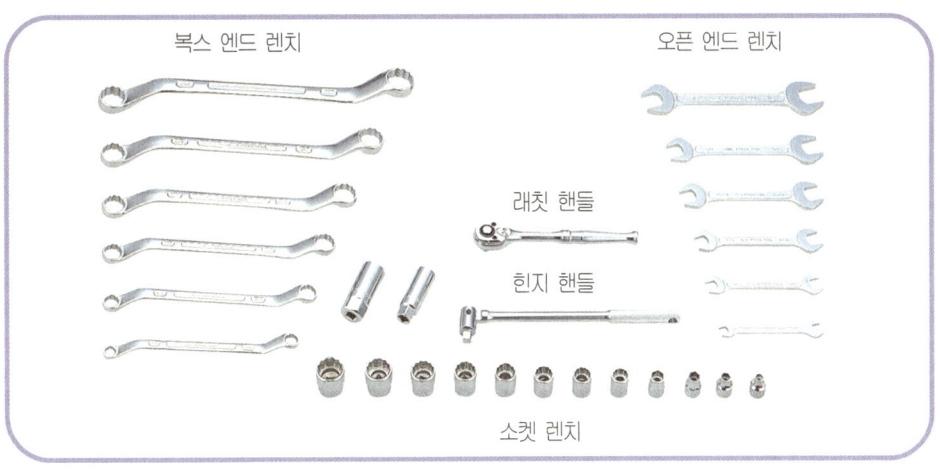

복스 엔드 렌치

오픈 엔드 렌치

래칫 핸들

힌지 핸들

소켓 렌치

⬤ PHOTO 비트는 공구

잡는 공구

잡는 공구나 끼우는 공구에도 있다. 이것은 플라이어나 바이스(vice) 등이 그 중심이다. 플라이어는 철사나 철판을 구부리는 경우 조(jaw)를 넓혀서 사용하는데, 일반적인 모양 이외에 끝이 가늘고 길게 된 롱로즈 플라이어, 끝이 크고 넓은 플라이어, 와이어 하니스의 피복선을 결합하는데 사용하는 전공(電工) 플라이어 등이 있다.

바이스는 무엇인가를 고정하기 위한 공구로서 탁상(卓上)에 고정하는 타입이나 부품 끼리 일시적으로 고정시키는 소형 등이 있다. 일반 공구와는 조금 다르지만 수정장치의 클램프나 용접용 클램프도 이 부류에 속한다.

▼ 워터 펌프 플라이어

▼ 앵글 노즈 플라이어

▼ 플라이어

▼ 롱 노즈 플라이어

▼ 플라이어

▼ 롱 노즈 플라이어

⬤ PHOTO 잡는 공구

절단 공구

절단 공구에는 활 톱(hack saw)이나 커터와 같이 이빨이나 날(刃)이 있는 것, 정(chisel) 종류와 같이 타격(打擊)에 의해서 절단하는 것, 가위와 같이 자르는 것 등이 있다.

차체 수리에서의 활톱은 패널을 절단하여 분리하는 것이 많다. 정 종류는 절단보다 패널을 안에서부터 두들겨 내거나 용접 패널의 분리 등에 사용된다. 금속을 자르는 가위는 여러 종류가 있는데 오늘날에는 차체 수리에 사용되는 경우가 적다.

와이어 하니스나 클램프 벨트 등의 절단에는 커팅 플라이어를 사용하는 경우가 많다.

◀ 곡선가위(왼쪽용)

◀ 곡선가위(오른쪽용)

◀ 직선 가위

● PHOTO 절단 공구

수공구를 잘 사용한다

수공구를 사용하는 경우에는 작업의 효율을 높이고 오랫동안 사용하기 위해서 그 공구의 사용 목적에 따른 작업에만 사용하여야 하며, 그 이외의 목적에 사용하여서는 안된다. 또한 수공구는 그 대상물에 알맞은 크기와 사이즈가 정해져 있다.

예를 들어 스패너나 렌치의 길이, 드라이버의 손잡이 굵기는 각각에 알맞은 볼트·너트 종류를 조이는 토크에 따르고 있기 때문에 파이프 등을 연장하거나 발로 밟아서 돌리는 것은 안된다. 그 이유는 공구가 파손되거나 볼트 또는 너트가 파손되기 쉽기 때문이다.

바른 사용방법	잘못된 사용방법
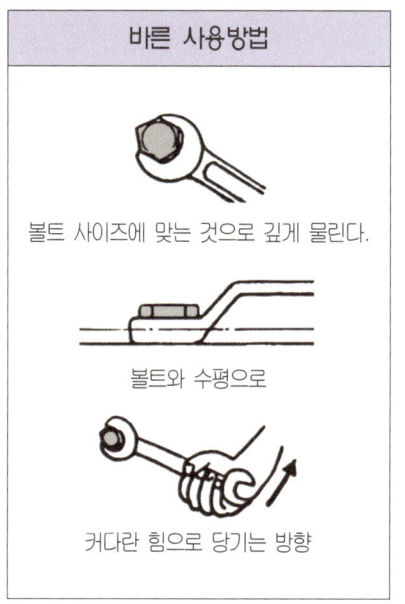	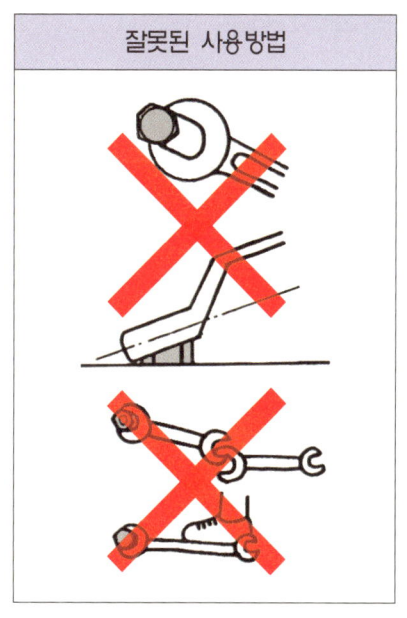

PHOTO 수공구의 취급방법

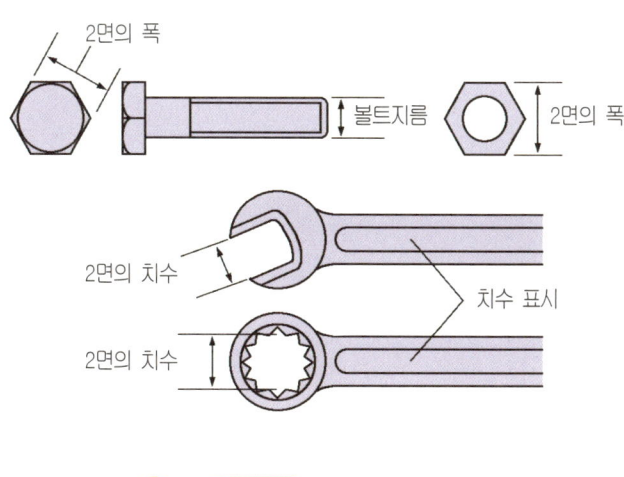

PHOTO 볼트·너트 2면의 치수

 **에어 툴의 종류와 목적**

에어 툴과 수공구

수공구는 사람의 힘을 지레나 축 등의 역학적 방법에 따라서 증가시키는 반면, 에어 툴은 압축 공기의 힘을 이용하고 있다. 큰 힘을 이용하기 보다는 고속으로 작업할 수 있다는 것이 포인트가 된다. 각종 수공구에 따른 에어 툴이 만들어져 있지만, 차체 수리에서는 잡는 공구의 에어 툴은 거의 이용되지 않는 대신에 수공구에서는 다루지 않았던 샌더류가 사용된다. 단, 샌더류는 전용 공구로 분류한 편이 좋을 것이다. 탈착용의 일반용 공구로는 아래와 같은 종류의 에어 툴이 이용되고 있다.

탈부착용 에어 툴

스패너나 렌치에 따른 에어 툴은 먼저 볼트에·타격을 가하면서 풀거나 조이는 임팩트 렌치를 들 수 있다. 임팩트 렌치는 에어 구동 타입으로서 볼트 또는 너트의 헤드에 알맞은 6각의 전용 소켓을 사용하여, 큰 힘으로 빠르게 작업할 수 있으며, 소켓은 수공구와 공용으로 사용할 수 있다.

임팩트 렌치는 볼트 또는 너트를 빠르게 회전시키는 것이 주목적이므로 최초의 풀기와 최후의 조이기는 사람의 힘으로 한다. 그 외에 임팩트 드라이버도 있지만 차체 수리에서는 그다지 사용되지 않는다.

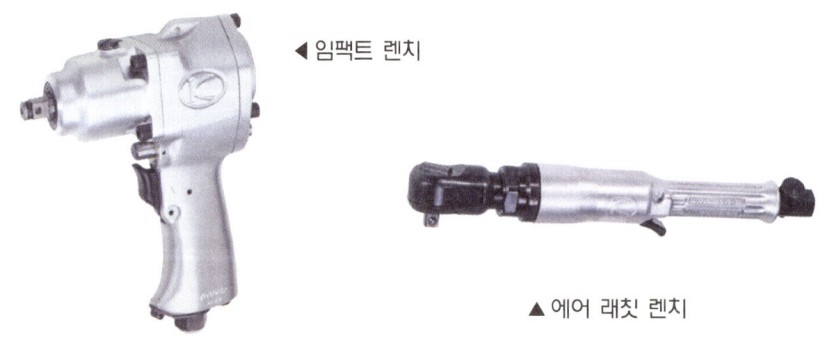

◀ 임팩트 렌치

▲ 에어 래칫 렌치

PHOTO 탈부착용 에어 툴

절단용 에어 툴

에어 드릴은 이전(以前)에 스폿 용접부를 연삭하는데 사용되었지만 오늘날에는 전용 공구가 널리 사용되기 때문에 이용되는 경우는 적다. 그 외 절단계통의 공구는 종류가 풍부하지만 모두 사용되는 것은 아니다.

먼저, 정의 에어 툴 판에 치즐러(chiseler)는 타격력에 따라 패널을 절단한다. 절단 속도는 빠르지만 절단면이 깨끗이 되지 않기 때문에 주로 용접 패널의 교환 작업에서 떼어내는 패널을 거칠게 자르는 데 사용된다. 활톱(hack saw)에 대응하여 사용하는 것이 에어 톱(air saw)으로서 절단 속도는 빠르지 못하지만 절단면이 깨끗하기 때문에 잘라서 연결하는 용접부의 절단 작업에 이용된다.

그 외에 가위를 에어 툴로 한 것과 같은 에어 시어(air shear)나 니블러(nibbler) 등이 있는데, 일반적으로는 잘 사용되지 않는다.

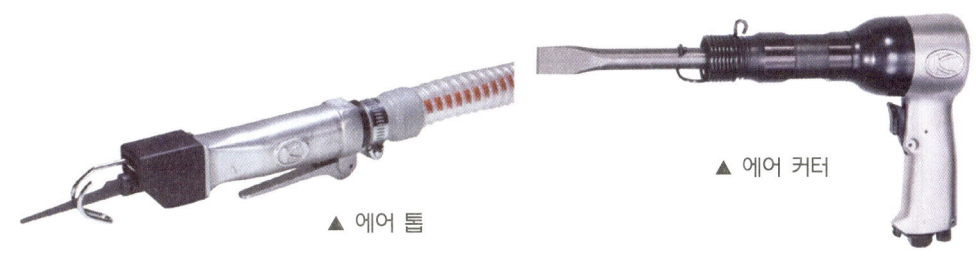

▲ 에어 커터

▲ 에어 톱

PHOTO 절단용 에어 툴

에어 툴을 잘 사용한다

사용 목적에 알맞은 공구를 선택하여 그 작업에 적합하게 사용한다는 것은 수공구나 에어 툴 모두 동일하다. 그 외에 에어 툴은 규정의 공기압력을 유지하는 것, 에어 필터 등을 통하여 깨끗한 압축 공기를 사용할 것, 주유나 체결부의 조임 등 그 공구에 따른 일상적인 정비 등이 중요하다.

또한 사용하거나 보관할 경우 될 수 있으면 먼지가 적고 온도가 너무 높지 않은 서늘한 장소를 선택한다. 호스나 조인트의 손상 등도 정기적으로 점검하여야 한다.

그리고 에어 툴의 압축 공기 대신에 전기를 동력원으로 한 전동 툴도 시판되고 있지만 모터가 무겁기 때문에 다루기가 힘들고, 탈착용 공구로서는 일반적이지 못하므로 도장 마무리인 폴리시 작업에서만 사용될 정도이다.

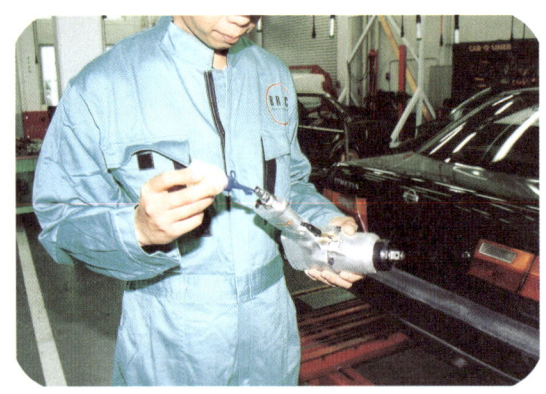 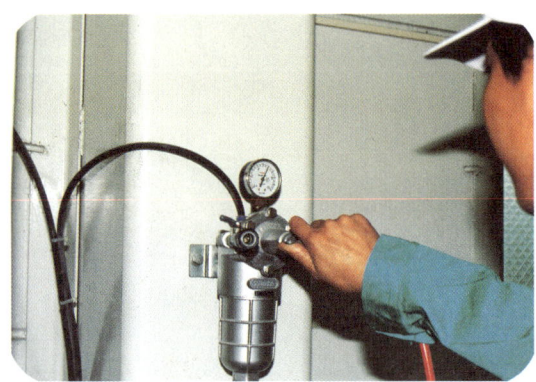

▲ 정기적인 주유   ▲ 에어압력의 조정

 PHOTO 에어 툴을 오래 사용하는 방법

 **탈착작업의 포인트**

볼트 온 패널의 탈착 교환

헤드램프나 콤비네이션 램프 등의 전장 부품, 범퍼나 그릴, 엠블럼(emblem) 등 외장 부품의 나사나 클립을 느슨하게 떼고, 설치할 경우에는 탈착시의 역순으로 작업한다. 이들의 작업은 수공구 취급 외에

① 탈착된 부품은 1대마다 분리 정리하여 관리한다.

② 탈착된 부품의 볼트·너트류는 가능한한 부품에 설치하여 둔다.

③ 복잡한 부품이나 전장품 배선의 접속 등은 필요에 따라 메모 등을 남긴다.

④ 전장품을 탈착할 경우에는 우선 배터리를 떼어 둔다.

등 기본적인 주의 사항을 지켜야 한다. 또한 프런트 펜더나 후드, 도어 등의 외부 패널은 주의 사항과 더불어 이물질 제거나 간격조정이라 불리는 마무리 조정을 빠뜨려서는 안된다.

도어나 후드는 열고 닫을 수 있도록 되어 있기 때문에 이들의 패널을 개폐시키기 위해서 이웃한 패널과의 사이에 간격이 필요하다. 이러한 간격의 크기를 균일하게 분할하는 것으로 마무리 조정할 수 있다. 외부 패널은 후드와 도어에 끼워지는 프런트 패널을 포함하여 간격의 마무리 조정을 하면서 설치할 수 있는 구조로 되어 있다.

마무리 조정의 포인트는

① 간격은 패널의 모든 부분에서 폭이 균일하여야 한다.

② 패널의 양쪽에서 간격의 폭이 균등하여야 한다.

③ 단차(段差)나 경사가 없어야 한다.

④ 프레스 라인의 위치가 일치되어야 한다.

등이 있다. 각각에 대한 허용오차도 설정되어 있지만 눈(目)으로 보아 차이가 확실히 나타나는 것은 다시 마무리 조정을 하면서 설치하여야 한다.

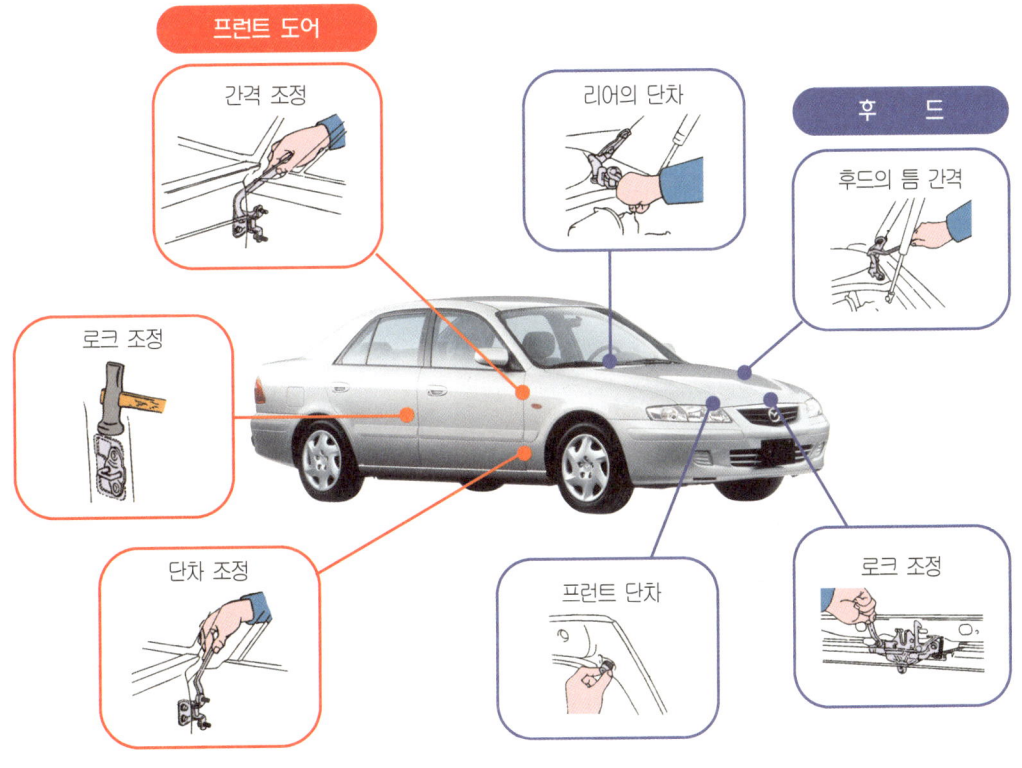

프런트 도어

간격 조정

로크 조정

단차 조정

리어의 단차

프런트 단차

후 드

후드의 틈 간격

로크 조정

● PHOTO 마무리 조정

엔진 룸 부품의 탈착 교환

메이커 부품을 탈착하여 교환하는 작업은 엔진 룸이 하나의 중심이 된다. 배기가스 규제 이후 자동차의 엔진 룸은 여러 가지 기능을 갖춘 장비의 부품이 설치되어 있다. 디자인의 관점 등으로 말미암아 여유 공간이 없어 정비시에 손을 비집어넣는 일마저 어려운 자동차도 많다.

생각없이 적당하게 탈착하면 조립시에 어려움 등 작동상에 문제가 발생될 수 있다. 엔진 본체를 통째로 탈착하여야 할 경우에는 전문가에게 의뢰하여야 작업 효율을 높일 수 있다.

엔진 룸의 부품을 탈착하는 경우 그 부품의 기능이나 다른 부품과의 관계를 생각하면서 계통별로 탈착한다. 이때 라벨(label) 등을 사용하여 메모를 남겨 두면 쉽게 장착할 수 있다. 특히 배선이나 배관은 설치가 잘못되면 그 계통의 부품을 손상시켜 다시 교환하는 경우도 있기 때문에 신중하게 취급하여야 한다.

에어컨의 콘덴서나 배관 등 탈착이 필요할 경우에는 이미 냉매가 방출된 경우가 많은데, 냉매가 남아 있을 경우에는 냉매 회수기를 이용하여 냉매를 회수하여야 하며, 결코 대기중으로 방출하여서는 안된다. 또한 대체 냉매(F-134a)를 사용한 에어컨도 마찬가지이다.

PHOTO 엔진룸의 탈착작업

서스펜션 부품의 탈착 교환

섀시에 관계되는 부품을 탈착하는 경우도 비교적 많다. 이쪽은 엔진 룸만큼 복잡하지는 않지만, 중량이 있으므로 주의가 필요하다. 또한 심(shim)이나 와셔 등 미세한 부품이 많으므로 분해할 때는 반드시 메모 등을 남겨 세분화하여 잘 보관한다.

손상이 없는 경우 서스펜션은 가능한한 분해하지 않고 작업을 진행한다. 엔진을 탈착할 경우에는 엔진과 일체로, 서스펜션만 탈착할 경우에는 분해하지 않고 어셈블리 상태로 탈착한다.

예를 들면 프런트 스트럿 서스펜션의 경우 로어 암을 보디에서 탈착한 다음 드라이브 샤프트를 빼고 최후에 스트럿 서포트의 볼트를 풀어 프런트 서스펜션 어셈블리 상태로 보디에서 탈착한다.

어떤 차종은 서스펜션 멤버별로 구분하여 탈착하는 것도 좋다. 그렇게 하면 미세한 부품을 분실하거나 부착할 때 잘못하여 휠 얼라인먼트에 영향을 줄 염려도 없다.

브레이크 배관을 분리할 경우에도 주의가 필요하다. 유압 부스터가 설치된 차종의 경우 배관 내의 유압은 고압이기 때문에 무심코 접속부를 풀게 되면 브레이크 오일이 주위로 뿌려지게 되므로 차종에 따라 압력을 해제시킨 후 접속부를 분리하여야 한다.

 **PHOTO** 섀시의 탈착작업

유리의 탈착

유리는 접착제에 의해서 고정되어 있는 경우와 H 단면으로 된 고무제의 웨더 스트립으로 고정되어 있는 경우가 있다. 또한 일부 차종의 사이드 윈도(side window) 등에서 실(seal)재를 끼워 볼트로 고정되어 있는 것도 있다.

프런트와 리어의 윈도는 접착제로 고정되어 있는 타입이 많다. 재료와 도구(道具)가 갖추어져 있다면 보디 샵에서도 작업할 수 있지만 위치 맞춤에 실패하거나 파손하였을 경우를 생각하면 전문가에게 의뢰하는 쪽이 좋을지도 모른다. 특히 프런트 유리는 고가인 접합 유리로 되어 있기 때문에 손상 우려가 대단히 크다.

웨더 스트립으로 고정되어 있는 유리는 비교적 간단하게 탈착할 수 있다. 떼어 낼 때는 차 바깥쪽의 웨더 스트립을 커터 등으로 절단하고, 실내 쪽에서 밀어 떼어 낸다. 설치할 때는 고무 홈에 끈을 넣고 유리를 테두리에 대고 실내 쪽에서 끈을 뽑아내면 고무 테두리에 꼭 끼워지도록 되어 있다.

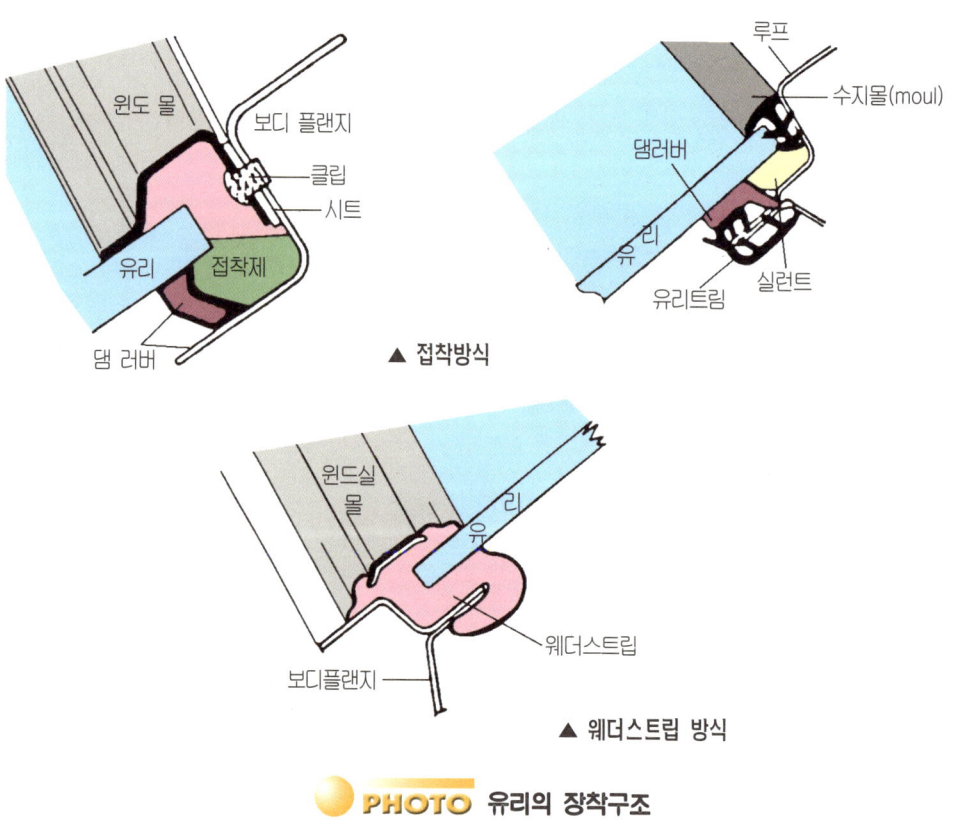

▲ 접착방식

▲ 웨더스트립 방식

PHOTO 유리의 장착구조

실제 작업은 설명과 같이 간단하게 이루어지지는 않지만 약간의 요령이 필요하며, 접착식의 접합유리 정도도 어렵지는 않다. 주의할 점은 잘 빠지지 않을 경우에는 무리하게 힘을 가하지 말고 웨더 스트립이 절단되지 않는 곳이 있는가 확인한다. 설치할 경우에는 유리 전체에 평균적인 힘이 가해지도록 하고 한번 떼어 낸 웨더 스트립은 절단된 부분이 없어도 다시 사용하여서는 안된다.

도어 유리나 사이드에 볼트로 고정된 유리는 탈착이 그렇게 어렵지 않지만 보관할 경우 다른 부품과 별도로 안전한 장소에 보관하여야 한다. 강화유리는 쉽게 깨지지 않지만 상처를 입으면 예상치 못한 가벼운 충격에도 깨지는 경우가 있다.

내장·트림·몰의 탈착

패널의 교환이나 판금 작업 등에서 패널의 내장 부품을 떼어 낼 필요가 있을 경우 목적의 작업보다 내장 부품의 분해에 많은 시간이 걸리는 경우도 있다. 특히 고급 차종에서는 그러한 트림의 종류도 많고 면적도 넓으며 가격도 고가이므로 주의가 요구된다.

설치 방법은 볼트, 너트, 비스(vis), 클립, 패스너(fastener), 접착, 테이프 등 고정 방법의 온 볼트를 생각할 수 있을 정도이며, 재료도 여러 가지 잡다하게 서로 섞여 있다. 더구나 설치와 분해의 순서가 정해져 있으며, 무리하게 작업에 임하여 실수라도 한다면 재사용 불가 등 번거로움이 형언할 수 없는 것이 내장 트림이다. 포인트라면 서두르지 말고 차근차근 정확하게 하나씩 탈착하는 것이 최상의 방법이다.

🟡 **PHOTO** 내장의 탈착작업

'통합하여' 라든가 '한번에' 등이라 생각하면서 탈착하는 경우 오히려 실패하면 시간이 더 많이 소요된다. 보디 수리지침서 등의 자료가 있으면 그것을 참조하여 순서에 따라 탈착하는 것이 가장 빠르다. 또한 복잡한 경우 메모 등을 남기면 설치할 때 손쉽게 작업할 수 있다.

외장의 몰은 접착제 또는 접착 테이프로 설치되어 있는 경우가 많다. 이들을 깨끗하게 떼어내는 것은 매우 어렵다. 열풍(熱風) 히터나 적외선 램프 등으로 가볍게 가열하여 보호 테이프가 붙어 있는 스크레이퍼 등으로 조금씩 벗긴다. 보디쪽에 접착제가 남은 있는 경우도 있지만 이것도 신중하게 벗기지 않으면 안된다. 패널쪽에 상처를 입혀도 상관없는 경우나 몰을 재사용하는 것 등에 의해서 취급하는 방법이 변하지만 어느 경우도 급한 마음으로 무리한 힘을 가하지 않는 것이 깨끗하고 짧은 시간에 벗기는 요령이라 할 수 있다.

 하이테크 장비의 취급법

배터리를 떼고 작업한다

최근의 자동차에는 첨단 장비·기능의 부품이 증가하고 있다. 에어백, ABS, 내비게이션, 전자제어 서스펜션, 하이브리드 시스템 등이다. 이들의 장비는 어떤 종류의 취급 순서를 지키지 않으면 정상적으로 작동하지 않거나 트러블을 일으킨다.

여기서는 첨단 장비의 개요에 대해서 정리하지만 차종마다 차이도 적지 않으므로, 잘 알 수 없을 경우에는 메이커의 차체수리 지침서에 수록된 데이터나 고객 상담실에 문의하는 등 올바른 취급법을 확인한 후 작업에 임하는 것이 좋다.

대부분의 새로운 시스템도 거의 전기로 작동하고 있으므로 부품을 탈착할 경우에는 우선 배터리를 떼어 내면 그다지 문제는 발생되지 않는다. 단, 시스템에 따라서 백업 전원을 가지고 있는 경우도 있으므로 배터리를 탈착하고 2~3분 정도의 시간이 경과된 후 작업에 임하는 것이 좋다. 또한 라디오나 시계, 전동 시트나 핸들의 위치 등 메모리에 정보가 기억되고 있는 장비는 배터리를 떼어 내면 데이터의 기억이 소멸되는 경우가 있으므로 필요하면 미리 메모해 둔다.

새로운 타입의 장비류는 전용 테스터가 없으면 점검이나 작동에 대하여 확인할 수 없는 것이 많다. 전용 테스터는 메이커별, 기능별로 나누어 다량 갖추는 것은 어려울지도 모르지만 수리 의뢰가 많은 메이커를 중심으로 준비하여 둔다. 또한 수리시 발생되는 문제점을 해결할 수 있는 기술인의 연락망을 확보하는 것 역시 중요하다.

PHOTO 배터리의 어스 선 탈착

에어 백과 프리텐셔너

각종 신장비 중에서도 가장 신경 쓸 필요가 있는 것이 에어백 관련 장비이다. 이들이 뜻밖의 일로 작동하거나 필요한 때에 작동하지 않으면 대단히 위험하다. 에어백의 설치가 많은 차종에서는 운전석, 조수석, 좌우 사이드의 4곳이며, 더욱이 에어백과 연동하여 작동하는 시트 벨트 프리텐셔너가 좌우에 갖추어져 있다.

Reference

● **시트 벨트 프리텐셔너**
에어백이 작동할 때 시트 벨트를 감아 승객의 몸을 시트에 확실히 고정하는 장비

에어백이 이미 작동된 사고차라면 우선 안심이지만, 운전석 쪽이 작동되었어도 조수석 쪽이 남아 있을 경우도 있고 사이드 에어백은 프런트와 동시에는 작동하지 않는다.

따라서 배터리를 탈착하는 것은 공장에서 작업에 들어가기 전에 하는 것이 아니라 사고 차를 인수하기 전에 한다. 이미 다른 공장에 입고되어 있는 차의 경우도 배터리를 확인하기 바란다. 그렇게 하면 이동중에 에어백이 작동되는 사고도 막을 수 있다.

대규모인 보디 수정 작업을 할 경우 에어백 본체를 탈착하여 보관하는 것이 안전하다. 단, 탈착한 에어백은 반드시 열리는 쪽을 위로 향하게 두고, 그 위에 다른 것을 겹쳐 쌓아 서는 안된다. 이것은 만일의 경우 에어백이 작동되었을 때 위험을 생각한 것이다. 사고가 발생되었을 때 순간적으로 작동하는 에어백은 어떤 종류의 화약과 같은 약품이 사용되고 있다. 또한 사고에 의해 당연히 넘어지는 승객을 보호하기 위해 부풀어 오르는 압력이 높으 므로 만전을 기하기 위해 안전대책을 생각하는 것이 좋다.

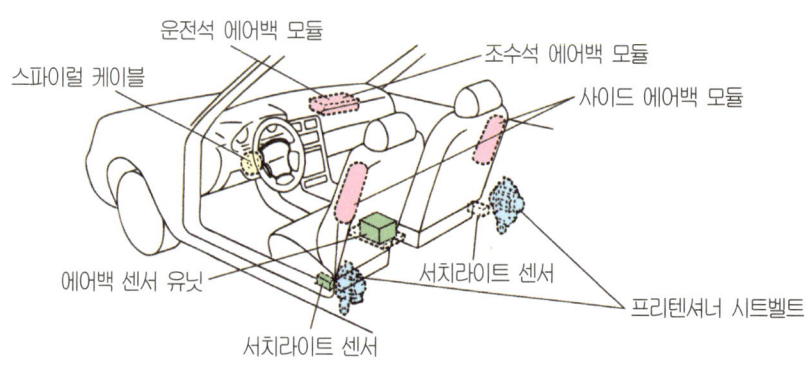

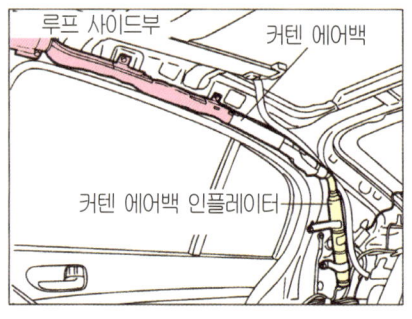

PHOTO 에어백장치의 배치 예

본격적으로 수리에 들어가기 전에는 에어백 센서의 위치를 확인한다. 에어백의 배선은 다른 배선과 구별할 수 있도록 착색되어 있기 때문에 배선을 따라 가면서 확인하여도 좋으며, 센서는 대부분 사이드 멤버 앞쪽에 설치되어 있다. 따라서 센서 부근이 작업과 관계가 있는 경우 센서를 탈착하여 보관한다. 에어백이 작동된 차종이나 작동되지 않은 차종의 센서 본체나 설치 브래킷 등에 손상이 있는 경우 재사용하지 말고 신품으로 교환한다.

수리가 완료되면 신품 또는 탈착한 에어백을 설치하여 정상적으로 작동되는지 확인하여야 한다. 이 경우 실제로 작동시켜 확인하는 것이 아니라 전용 테스터를 이용하여 확인하고 전용 테스터가 없을 경우에는 타 업소에 의뢰하여 반드시 작동여부를 확인하여야 한다. 만약 당신의 공장에서 수리한 자동차가 다시 사고가 발생되어 에어백이 작동되지 않았을 때 책임을 져야 하는 경우가 발생되기 때문이다. 손상이나 변형 등에 의해서 작동되지 않는 에어백을 교환할 경우 탈착한 에어백은 작동시킨 상태로 폐기하여야 하기 때문에 번거로운 일이다. 따라서 부품회사나 딜러와 처리방법을 상담하여 결정한다.

각종 장비의 취급법

진공 부스터식의 브레이크가 설치된 차종은 ABS 부착물도 특별한 취급은 필요없다. 배관이 약간 길므로 에어 빼기에 시간이 걸리는 정도이다. 단, 센서쪽은 손상이 없는가 점검하고 탈착한 경우 표시 등을 하여 원래 위치에 설치하도록 한다.

마스터 실린더는 진공이 작용하는 마스터백이 없으며, 유압 부스터식의 브레이크가 설치된 차종은 브레이크 오일의 유압이 고압으로 되어 있기 때문에 배관을 분리할 경우 내부의 압력을 해제시킨 후 작업한다.

압력을 해제시키려면 브레이크 페달을 30~40회 정도 발로 밟았다 놓았다를 반복한다. 브레이크 페달이 무거워지면 압력이 해제되고 있는 것이다. 단, 차종에 따라서 차이가 있는 경우가 있으며, 몇 번 브레이크 페달을 밟아도 변화가 없을 경우 딜러나 메이커에 확인해야 한다.

에어 서스펜션이 설치된 차종을 잭(jack) 업이나 리프트(lift) 업 할 때 자동차 높이(車高)의 조정이 이루어지도록 작용하면 컨트롤 시스템이 차고를 변화시킬 가능성이 있다. 엔진이 정지되어 있는 상태라면 문제는 없지만 쓸데없는 위험을 예방하려면 역시 배터리를 탈착한 상태에서 작업하는 것이 안전하다.

초기의 내비게이션은 수리 후에 자동차를 북쪽 방향으로 하여 자동차에 탑재되어 있는 자석의 초기화가 필요하였지만 GPS식에서는 초기화가 거의 필요없다. 특별한 취급은 거의 필요 없지만 배터리를 탈착하면 고객이 설정한 사항 등의 기억(memory)이 소멸되는 경우가 있으므로 사전에 미리 고객에게 전달하는 것이 좋다.

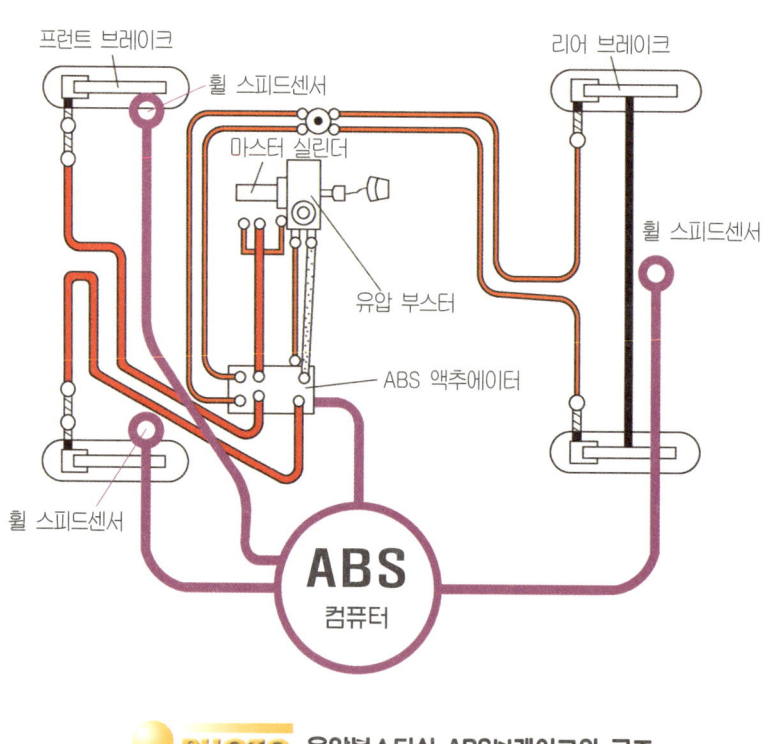

● PHOTO 유압부스터식 ABS브레이크의 구조

🔴 하이브리드 카의 차체 수리

전동 모터와 가솔린 엔진을 병용하는 하이브리드 카에서도 보디의 구조는 보통의 차종과 그다지 바뀌지 않는다. 엔진룸 내에 설치되는 부품의 배치 등 약간의 차이는 있지만 차종에 따라서 차이의 정도는 거의 없다. 그러므로 기본적인 차체 수리 작업은 보통의 차종과 다름이 없는 모양이 좋으며, 주의할 것은 모터용으로 고압의 전기를 사용하고 있다는 것이다.

일반적인 자동차에서 전기계통에 사용되고 있는 전압은 12V인데 비해서 하이브리드 카에서는 200V 이상의 전압이 이용되고 있기 때문에 하이브리드 카의 작업은 먼저 이 고압의 전기를 차단하는 것에서부터 시작하여야 한다.

가장 먼저 보조 기기용의 12V 배터리를 탈착한다. 고압 전기를 차단하기 위한 서비스 러그의 위치는 차종에 따라 다르지만 주행용 배터리의 부근에 있으므로 차체에 부착되어 있는 라벨의 표시 등으로 확인된다.

도요타 프리우스의 경우 트렁크 룸 왼쪽 아래 모서리 부분의 커버 아래에 설치되어 있다. 이 플러그를 탈착하는 경우 절연 장갑, 약간 두꺼운 고무장갑 등을 착용하고 탈착한 후 검 (gum) 테이프 등을 붙여서 막아 둔다. 또한 도요타의 하이브리드 카는 고압 전기계통의 배선·커넥터가 모두 오렌지색으로 통일되어 다른 배선과 혼동하지 않도록 되어 있다.

1 우선 보조기기용 배터리의 (−)단자를 탈착. 장소는 러기지 컴파트먼트 사이드 커버 로어의 아래쪽

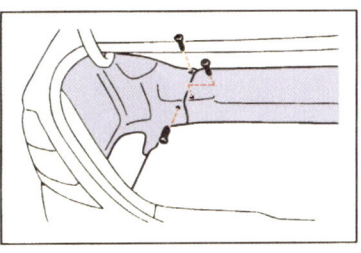

2 러기지 컴파트먼트 사이드 커버 오른쪽의 왼쪽 윗부분을 탈착하여 서비스 플러그에 접근할 수 있다.

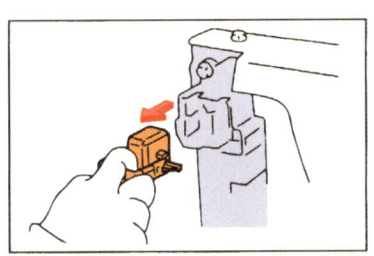

3 절연봉지를 착용해 서비스 플러그를 빼낸다. 소켓부분은 테이프 등으로 절연해 둔다.

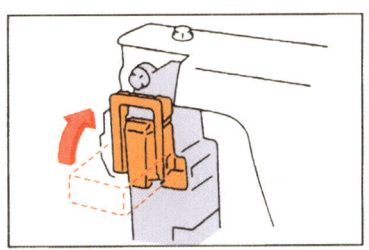

4 장착시에는 플러그를 끼운 후 클립을 90° 내려서 잠근다.

PHOTO 하이브리드 차량의 전원차단

　사고 자동차를 인수하는 경우 먼저 고압의 HV 배터리에 파손이 없는가 확인한다. 배터리 액의 누설이 있을 경우 강한 알칼리성 약품이므로 붕산수로 매우 조심스럽게 청소한 후 이동시킨다. 직접 손으로 접촉하면 상처가 나기 때문에 고무장갑과 보호 안경을 착용하고 작업하여야 한다.

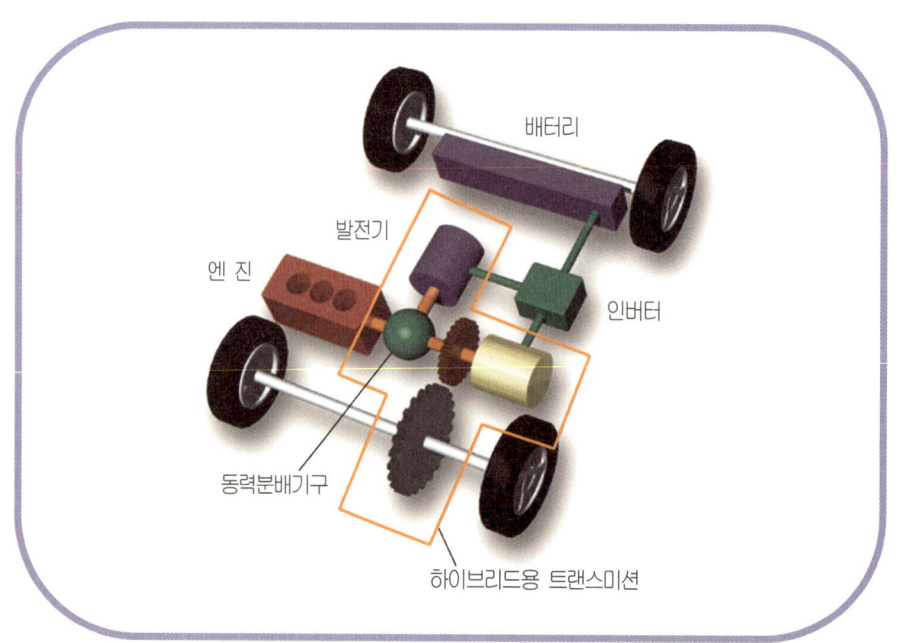

배터리
발전기
엔 진
인버터
동력분배기구
하이브리드용 트랜스미션

🟡 PHOTO 도요타 플리우스의 하이브리드 시스템

4. 패널수정작업과 공구

THE body work

4. 패널 수정작업과 공구

01 타출 수정의 도구류

해머의 종류

판금 기술자의 상징이라고도 할 수 있는 해머는 여러 가지 설비·공구가 보급된 현대에서도 자동차의 판금 작업에는 빼놓을 수 없는 도구이다. 타격면의 모양이나 편성하는 크기 등에 따라 여러 가지 종류의 해머가 시판되고 있는데 가장 많이 사용되는 것은 한쪽은 둥근 타격면, 다른 한쪽이 가늘고 긴 모양으로 되어 있는 표준 범핑 해머(standard bumping hammer : 고르는 해머)이다.

표준 범핑 해머 형상은 동일하나 굵기를 병마개 정도의 크기로 한 거친 면 내기용 해머는 넓은 범위의 손상부분을 거칠게 표면을 두들겨 내거나 보디의 수정작업용으로 사용된다.

한편 끝이 뾰족한 피크 해머는 목적한 대로 사용하면 편리하지만 숙련자가 아니면 생각보다는 자유자재로 사용하기 어려운 해머이기도 하다. 작업에 따라서는 목제 해머나 플라스틱 해머를 사용하는 경우도 있다.

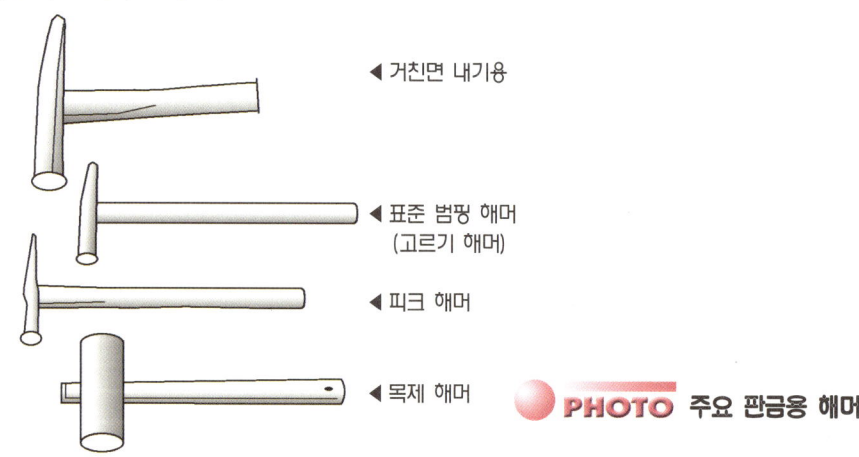

◀ 거친면 내기용

◀ 표준 범핑 해머
(고르기 해머)

◀ 피크 해머

◀ 목제 해머

● PHOTO 주요 판금용 해머

해머의 손질

해머의 수명은 타격면에 있다. 타격면이 비뚤어져 있거나 경사져 있다든지 상처가 있게 되면 타격면의 정면으로 패널을 수정할 수 없다. 그 때문에 숙련자는 항상 타격면의 손질에 신경을 쓰고 있으며, 부착물이 있거나 사용중에 상처라도 생기면 곧 청소, 수정한다. 또한 오랫동안 사용하여 타격면의 중앙부분이 움푹 패이거나 가장자리가 뾰족해진 경우도 수정이 필요하다. 반대로 사용중에 타격면이 경사지거나 부분적으로 울퉁불퉁한 경우에는 해머의 취급방법이 올바르지 않다는 증거이다.

판금용 해머는 반드시 패널의 수정용으로만 사용하는 것이 중요하다. 정을 타격하거나 쇼크 해머 등에는 그들 전용의 해머를 별도로 준비하여야 한다.

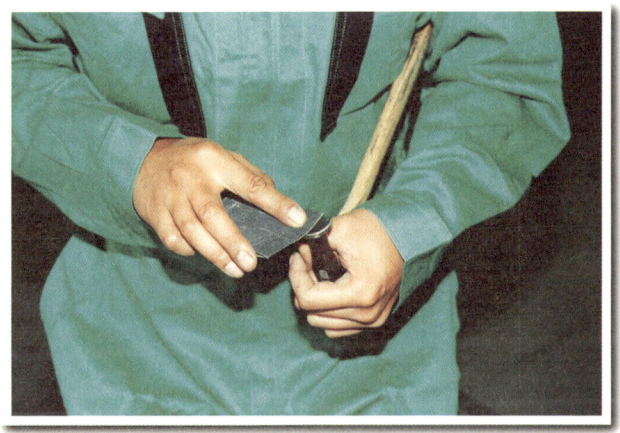

● PHOTO 해머 타격면의 손질

돌리의 취급법

해머와 돌리는 대부분의 경우 세트로 사용된다. 돌리의 모양은 여러 가지 면으로 편성되어 있으며, 종류도 많다. 대개는 4~5종류가 있으며, 그 중에서 면의 모양이 수정하고자 하는 패널 면에 맞는 것을 사용한다. 숙련자는 본인이 스스로 만들어 사용하기도 한다.

돌리의 표면도 정도(精度)가 중요하다. 돌리의 표면이 목적한 대로 패널에 따르지 않으면 패널을 수정하는 장소 반대쪽이 변형되거나 상처가 발생된다.

항상 표면의 불순물은 깨끗하게 청소하고 상처가 발생되지 않았는가를 점검하면서 사용하여야 한다.

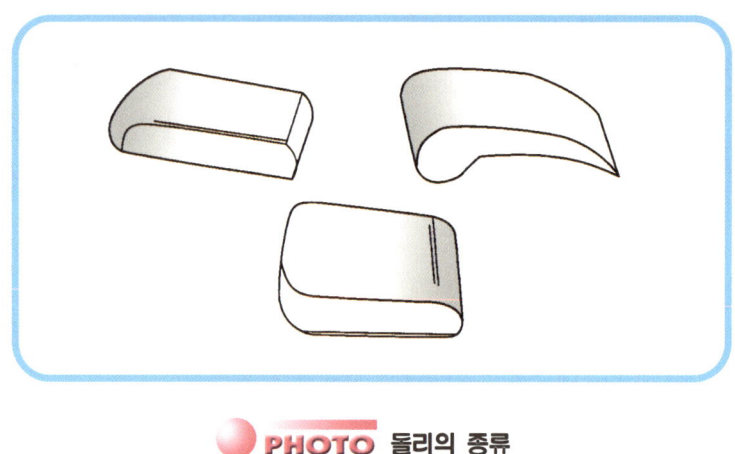

● PHOTO 돌리의 종류

스푼이란

간단하게 말하면 손잡이가 부착된 돌리와 같은 것이며, 직접 돌리를 잡은 손을 넣을 수 없는 좁은 장소 안으로 넣어 돌리의 대용으로 사용하거나 지렛대의 대용으로 사용하여 안쪽에서 밖으로 패널을 밀어내는 등의 사용법이 있다. 패널에 직접 접촉시키는 면의 정도(精度)가 중요한 것은 해머나 돌리와 같다.

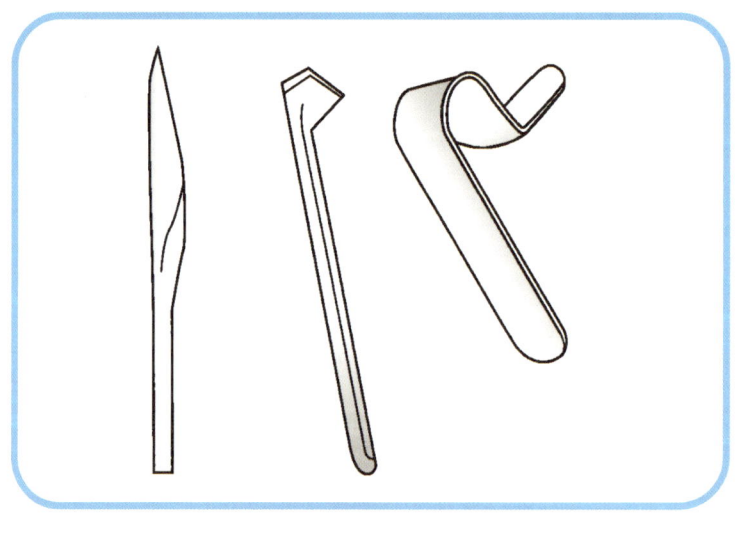

● PHOTO 스푼의 종류

 **인출 판금에 사용하는 공구**

인출 판금이란

해머나 돌리로 패널을 두드려서 수정하는 것을 '타출 판금'이라 하고, 움푹 패인 패널을 밖에서 끌어당겨 내어 수정하는 것을 '인출 판금'이라 한다. 타출 판금은 해머의 취급법이나 타격력의 크기 조정, 균일함 등 숙련을 요하는 것이 많고, 습득함에 시간이 걸린다.

타출 판금에 비하여 인출 판금은 패널의 표면을 늘리기 어렵고, 여러 가지 보조 도구도 준비되어 있으므로 비교적 짧은 기간에 기술을 익힐 수 있다. 특히 자동차의 패널에 많은 자루 모양(袋像)의 폐단면(閉斷面)으로 된 부분, 도어나 리어 펜더, 사이드 실 등은 바깥쪽에서 만이라도 수정할 수 있는 간편함이 있다.

인출 판금은 패널 면을 인출하기 위해 근본이 되는 와셔나 스터드 핀 등을 용접하고 그것에 슬라이드 해머 등을 사용하여 힘을 가할 수 있는 것이 기본적이다. 그 때문에 여러 가지 공구류가 준비되어 있다.

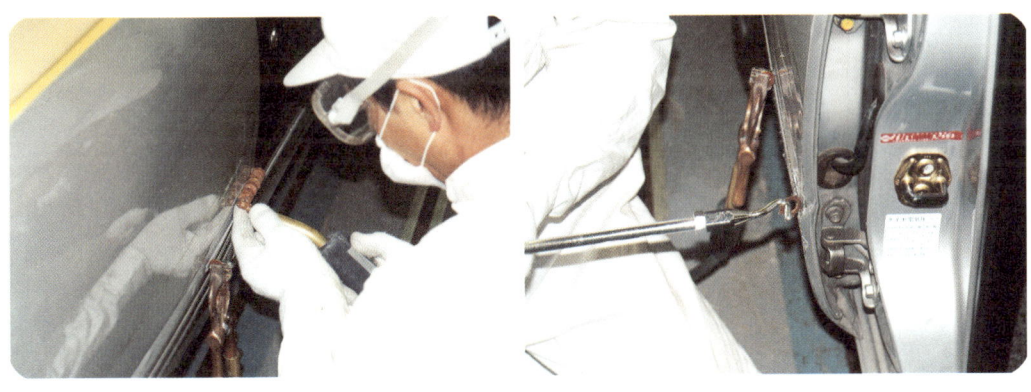

PHOTO 인출 판금작업

스터드 용접기

인출 판금에서는 인출 작업의 근본이 되는 스터드 핀이나 와셔가 필요하기 때문에 그들을 패널에 부착하는 것이 스터드 용접기이다. 이것은 일종의 용접기이며, 대개는 어태치먼트(attachment)를 교환하여 사용할 수 있으며, 스터드 핀이나 와셔 등 어느 쪽에도 사용할 수 있는 것 외에 전기 조리개나 한쪽면의 스폿(spot) 등 여러 가지 용도에 사용된다.

원리는 좁은 범위에 큰 전류가 흐르도록 하여 그 때 발생되는 열로 스터드 핀이나 와셔를 용접한다. 스폿 용접기와 동일하지만 일반적으로 출력이 작기 때문에 패널의 용접에는 사용하지 않는다. 따라서 패널의 표면에 용착된 스터드 핀이나 와셔는 인출할 때 정면에 가해지는 힘에는 견딜 수 있지만 작업이 완료되어 탈착하는 경우 가볍게 비틀거나 측면방향으로 힘을 가하면 간단하게 떼어낼 수 있다.

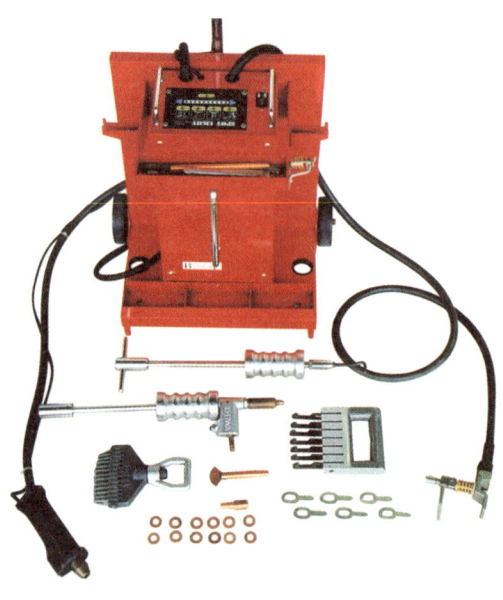

PHOTO 스터드 용접기(stud welder)

슬라이드 해머

패널에 용착시킨 스터드 핀이나 와셔를 이용하여 인출하기 위해서는 주로 슬라이드 해머가 이용된다. 해머라 하여도 슬라이드 해머는 일반적으로 쳐서 내는 해머로서 형상·구조도 전혀 다르다.

슬라이드 해머는 스터드 핀이나 와셔를 잡는 부분과 힘을 가하기 위한 추(錘) 부분으로 구성되어 있다. 스터드 핀이나 와셔를 잡는 부분은 교환이 가능한 구조로 되어 있기 때문에 스터드 핀, 와셔, 기타의 어태치먼트 등에 맞추어 교환하여 사용한다. 추 부분은 중심축에 따라

추(錘)가 앞뒤로 움직일 수 있도록 되어 있으며, 이 추를 인출 방향으로 이동시킨 후 뒷부분의 스토퍼에 갑작스런 타격을 가할 때의 반동이 패널을 인출하는 힘이 된다.

이 추의 이동량이나 움직이는 속도 등으로 패널에 가해지는 힘을 조정할 수 있다. 또한 추의 무게나 본체의 크기에 따라서 여러 가지 타입이 준비되어 있기 때문에 필요에 따라 적절하게 구별하여 사용할 수 있다.

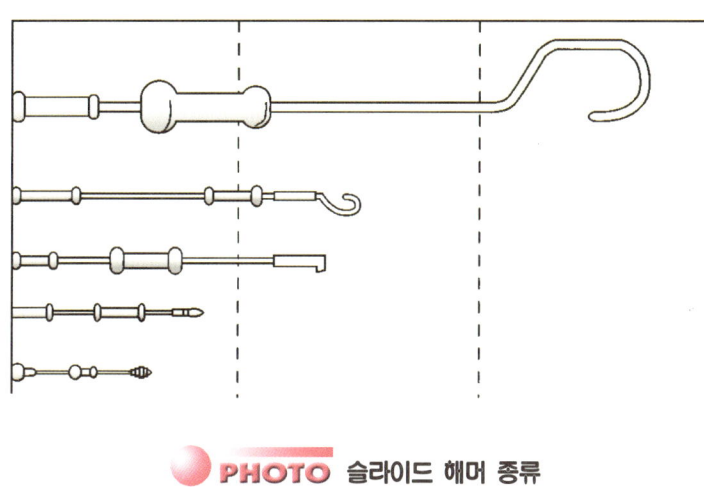

● PHOTO 슬라이드 해머 종류

기타의 패널 수정 도구

인출 판금의 근원으로 스터드 핀이나 와셔 이외에도 특별한 형상의 플레이트 등이 이용된다. 또한 이들을 나란히 배치하여 용착된 근원 전체에 균일한 힘을 가하기 위한 어태치먼트 등도 준비되어 있다.

인출하는 도구는 진공을 이용하는 흡반(吸盤) 타입의 인출 도구나 추를 사용하지 않고, 손의 힘으로만 작업하는 핸드플러 등도 사용된다. 또한 강도가 높은 부분의 인출에는 유압 플러류 등도 이용된다.

패널의 수정에 사용되는 공구는 이외에도 여러 가지가 있다. 먼저 강판의 연삭에 사용되는 줄(file)인 플렉시블 파일은 패널의 면을 연삭하는 것이 아니고 높은 장소와 낮은 장소를 구분하기 위해 사용한다. 즉, 작업중 강판의 면에 가볍게 접촉시켜 문지르면 높은 장소에는 줄의 흔적이 나타나고, 낮은 장소에는 흔적이 나타나지 않기 때문이다. 사전에 검정색 스프레이 등을 필요한 범위에 칠하여 두면 확인하기 쉽다.

프레스 라인이나 예각(銳角)으로 튀어나온 것 같은 장소를 뒷면에서 쳐 내어 깨끗하게 마무리하기 위해서 정(chisel)이 사용되는 경우도 있다. 이 경우의 정은 일반적인 평정 (flat chisel)은 아니고 날의 전체가 반원형으로 되어 있고 날의 폭이 넓은 반원정(일명 각 게정)이 사용된다.

보다 큰 힘이 필요한 경우나 패널에 계속적으로 일정한 힘을 가할 경우에는 유압 램이 편리하다. 유압 램은 유압을 발생시키기 위한 유압 펌프와 펌프에서 발생된 유압을 힘으로 변환시키는 피스톤부로 구성되며, 유압펌프와 피스톤 사이에는 내압 호스로 연결되어 있다.

피스톤부는 양끝에 여러 가지의 어태치먼트를 설치하고 연장 파이프를 연결하여 패널을 밀어내거나, 끌어당기거나, 구부리는 등의 작업이 가능하다. 펌프는 압축 공기를 동력원으로 이용하는 에어식과 핸들을 손으로 상하작동시키는 수동식이 있는데 패널의 수정에서는 주로 수동식이 사용되고 있다. 보디의 수정장치에서 사용되는 유압 기기도 큰 힘이 발생되도록 한다는 것만으로 기본적인 원리는 동일하다.

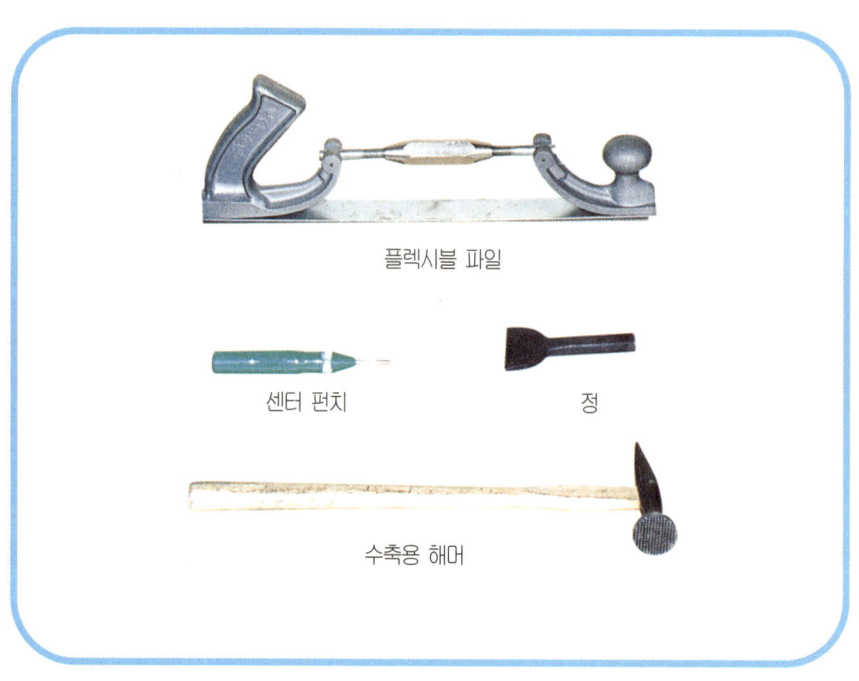

플렉시블 파일

센터 펀치   정

수축용 해머

 **PHOTO** 기타 패널의 수정도구

손상부를 명확하게 한다

금속의 늘이기와 수축

금속은 예를 들어 해머로 두드리는 등 힘을 가하면 얇고 넓게 펴지는 성질을 가지고 있다. 이것을 '금속의 전성(展性)'이라 하는데 판금 작업에서는 강판이 늘어나는 것으로 알려져 있다. 강판의 늘어남은 사고 등으로 충격을 받았을 경우나 그것을 수정하고자 해머 등으로 힘을 가했을 경우에도 생긴다.

강판이 너무 늘어나면 그 부분은 말랑말랑한 상태가 되고, 그 이상 두드리면 두드릴수록 악화되어 퍼티의 도포마저 할 수 없게 된다. 따라서 패널을 수정하는 포인트는 강판을 늘어남이 없도록 수정하거나 변형될 때의 늘어남을 해소할 수 있는가에 있다. 인출 판금은 해머에 의해 작업이나 해머 링과 비교하면 강판이 늘어나는 위험이 적다.

늘어난 강판을 복원시키기 위해서 수축시키는 작업이 이루어진다. 수축작업은 패널을 수정하는 과정 중 최후의 단계에서 이루어지며, 늘어난 강판을 수축시키는 양에는 한계가 있기 때문에 많이 늘어난 경우에는 불가능하다. 패널의 수정작업을 시작하기 전에 어느 부분이 어느 정도 늘어나 있는가를 구분하는 것도 능숙한 수정작업을 하기 위해 필요하다.

변형 패턴을 확인한다

손상을 받은 패널에는 소성 변형, 탄성 변형, 늘어남, 접힘, 구부러짐 등 여러 가지 변형이 혼합되어 있다. 패널 그 자체도 모양이나 크기 등 차종이나 부위에 따라서 다르기 때문에 일반적으로 동일한 손상을 받은 패널은 없다고들 하지만 여러 가지 손상을 비교해 보면 몇 개의 큰 패턴으로 분류할 수 있다.

손상의 상항은 여러 가지라 하여도 강판의 성질이나 물리의 법칙에 역행되는 손상은 없기 때문이다. 손상의 패턴을 확인하고 그에 따른 수정 방법을 채택하면 일의 속도나 기능의 향상도 빨라지는 것이다.

① 넓고 완만한 변형

도어와 같이 면적이 넓고 비교적 플레이트(flat) 패널에 생기는 변형으로서 넓은 범위가 움푹 패인 부분의 경계가 확실치 않은 상태이다. 이 변형의 대부분은 탄성 변형이며, 일부에 소성 변형이 있기 때문에 탄성 변형의 복원력을 방해하고 있다. 따라서 소성 변형의 부분을 수정하면 자연히 본래의 형상으로 복원된다. 소성 변형의 부분은 움푹 패인 윤곽이 확실하게 나타나며, 예각으로 구부러져 있거나 그 부분만 도막(塗膜)이 벗겨져 있는 것으로 나눌 수 있다.

② 날카로운 예각적인 변형

코너 부분이나 프레스 라인부분, 강성이 높은 장소에 생기기 쉬운 변형이다. 강판의 늘어남이 크기 때문에, 될수록 적은 힘으로 조금씩 수정하는 것이 바람직하다.

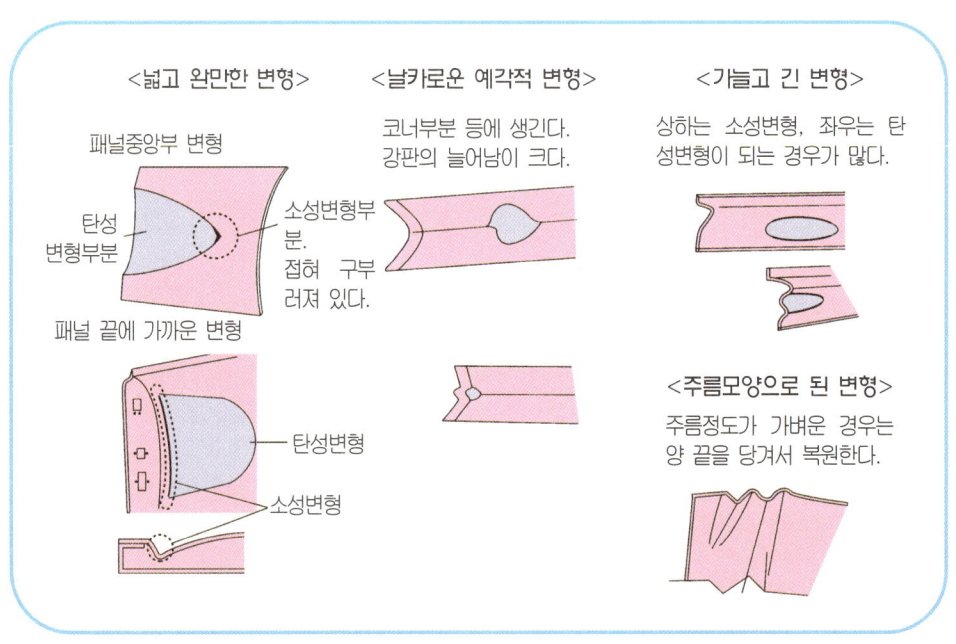

<넓고 완만한 변형>
패널중앙부 변형
탄성 변형부분
패널 끝에 가까운 변형
탄성변형
소성변형

<날카로운 예각적 변형>
코너부분 등에 생긴다. 강판의 늘어남이 크다.
소성변형부분. 접혀 구부러져 있다.

<가늘고 긴 변형>
상하는 소성변형, 좌우는 탄성변형이 되는 경우가 많다.

<주름모양으로 된 변형>
주름정도가 가벼운 경우는 양 끝을 당겨서 복원한다.

● PHOTO 패널 변형의 패턴화

③ 가늘고 긴 변형

사이드 실 패널과 같이 폭이 좁고 가늘며, 긴 패널에 생기기 쉬운 변형이다. 상하는 소성 변형이며, 좌우는 탄성 변형으로 되어 있는 경우가 많다. 이 경우 움푹 패인 부분의 중심에 가로 방향에 일렬로 스터드 핀 등을 배치하여 한번에 인출하면서 소성 변형의 부분을 해머링하여 수정한다.

④ **주름 모양으로 된 변형**

쭈굴쭈굴하게 되어 있으면 수정은 불가능 하지만, 주름이 그다지 깊고 가늘지 않으면 주름과 직각의 방향으로 당겨서 늘리는 것으로 비교적 간단히 수정할 수 있다. 물론 잡아당기는 것만으로 힘을 빼면 원래대로 돌아가기 때문에 힘을 가한 상태에서 주름의 돌출 부분을 해머링 등으로 수정한다.

변형의 분별법

패널의 수정 작업전에는 어느 부분이 움푹 패여 있는가, 찌그러짐이 있는가, 등도 비교적 발견하기 쉽지만 수정 작업이 마무리 직전이 되면 상당히 구분하기 어렵다. 어디까지 마무리하면 된다고 하는 것인가, 그것은 정비사의 기준이나 수리하는 자동차의 상태, 뒷공정의 재료(주로 퍼티의 종류 등), 정비사의 기량에 따라서 여러 가지가 이 주변에서 마무리의 향상과 작업 시간의 관계가 차이나게 된다. 즉 조금 마무리를 향상시키기 위해서 방대한 작업 시간이 필요하게 되는 것이다. 어떠한 기준을 설정하여 필요 이상으로 시간이 너무 걸리지 않도록 해야 할 것이다.

마무리 직전의 변형, 미묘한 요철(凹凸)의 판별은 일반적으로는 손바닥의 감각에 의지하고 있다. 맨손보다 목장갑을 끼고 판별하는 방법이 알기 쉽다. 이것은 강판의 차가움으로 손바닥의 감각을 둔하게 하기 때문이다.

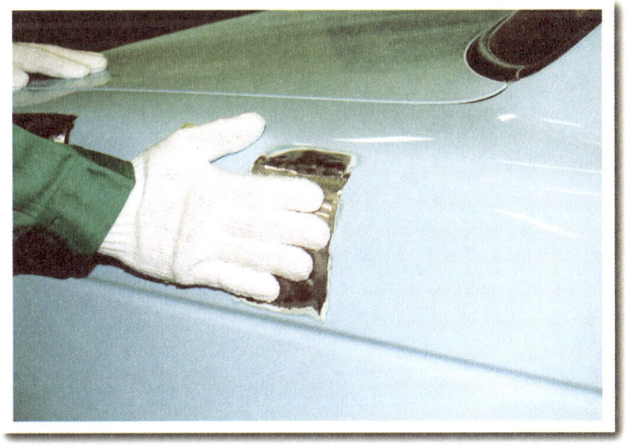

PHOTO 손바닥으로 평편한가를 확인한다

이 작업은 「직(육)감과 경험」이 큰 요소가 되므로 경험을 쌓을 수밖에 다른 방법은 없지만 자주 말하는 요령으로서는 「밀기보다는 끄는 쪽이 알기 쉽다」 「높은 장소에서 낮은 장소로, 낮은 장소에서 높은 장소가 알기 쉽다」 등이 있다. 손바닥을 여러 가지 방향으로 움직여 조사하면 좋을 것이다.

플렉시블 파일이나 디스크 샌더 등으로 강판의 표면을 가볍게 깎아내는 방법은 비교적 직감에 의지하지 않고 쉽게 구분할 수 있다. 이것과 연마 흔적이 있고 없음에 따라서 높고 낮음을 판별할 수 있다. 또한 카본이 묻혀진 자(尺)나 검정색 스프레이를 뿌려 구분하는 방법도 있지만 이것은 퍼티 연마의 마무리 점검 등에도 사용된다.

패널 수정의 테크닉

해머링의 테크닉

판금이라 하면 해머와 돌리(dolly)의 작업을 이미지하는 것이 많다. 여러 가지의 기기류(機器類)가 이용되고 있지만 과거에 비하면 그 비중은 내려가고 있다고는 할 수 없으며, 해머와 돌리의 취급이 중요한 것에도 변함은 없다.

해머와 돌리로 작업하기 위해서는 돌리 핸들의 양면에 손이 닿을 필요가 있다. 또한, 패널 안쪽에 방청제나 방진제 등이 있는 경우는 제거하여야 한다. 해머가 닿는 면의 바로 뒤쪽에 돌리를 접촉시키는 방법을 '해머 온 돌리', 떨어진 장소에 돌리를 접촉시키는 방법을 '해머 오프 돌리'라고 한다. 강판을 수정하는 힘은 해머 온 돌리가 가장 강하며, 해머와 돌리의 거리가 멀어질수록 약하게 된다.

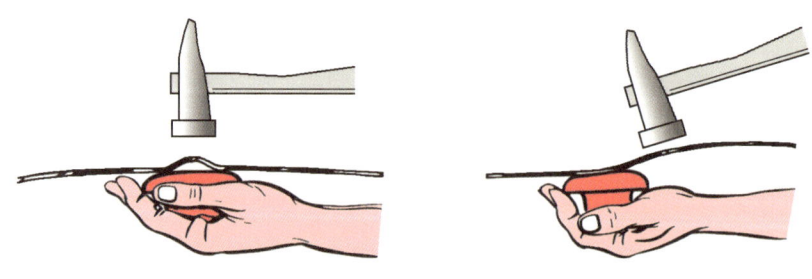

▲ 해머 온 돌리　　　　　　▲ 해머 오프 돌리

PHOTO 해머 온 돌리와 해머 오프 돌리

해머링에 의한 수정에서는 강판이 가지고 있는 탄성, 복원력을 훌륭하게 사용하는 것이 중요하다. 범위가 좁고 확실하게 움푹 패인 부분에는 주변에 탄성이 남아 있기 때문에 움푹 패인 부분의 중심에서부터 수정한다. 넓고 완만한 변형부분에서는 중앙부분에 탄성이 남아 있기 때문에 주변에서부터 수정한다.

해머와 돌리는 어느 쪽인가가 중심이라는 것은 아니고 양쪽의 밸런스로 패널을 수정한다. 해머로 타격할 때의 반동으로 돌리가 패널에서 뜨고, 그것이 다시 패널에 닿을 때는 해머와 같은 힘이 만들어지고 있다. 이들은 손이 들어가기 어려운 장소에서 돌리의 대용으로 스푼을 사용할 경우도 같다.

인출 판금의 포인트

인출 판금에서는 힘을 가하는 방법에 주의가 필요하다. 와셔 1장, 핀 1개에 큰 힘을 지나치게 가하면 움푹 패인 부분이 복원되지 않고, 주변 부위가 솟아 올라오는 것이 있다. 큰 힘을 가하는 경우는 스터드 핀이나 와셔를 여러 개 연결하여 넓은 범위에 힘이 가해지도록 한다.

슬라이드 해머는 추의 충격으로 패널을 인출하는 방법과 전체를 가지고 손의 힘만으로 끌어당기는 방법이 있다. 손의 힘만으로 끌어당기는 경우에는 힘을 가한 상태에서 해머링할 때 강판의 탄성을 활용하면서 수정할 수 있다. 안쪽의 판이나 구조계통의 패널 등에서 큰 힘이 필요할 경우에는 유압 램 등을 이용하는 것도 좋다.

인출 작업의 근원이 되는 스터드 핀이나 와셔에 국한하지 않는다. 슬라이드 해머의 끝은 교환할 수 있는 것과 일체로 되어 있는 것이 많고, 후크나 체인에 연결하는 어태치먼트 등 인출 장소에 따라서 연구하여 이용하면 된다.

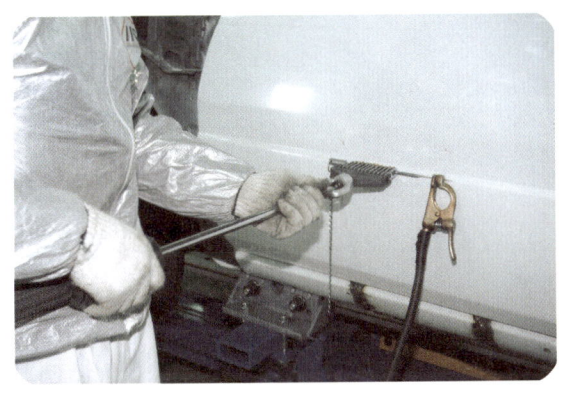
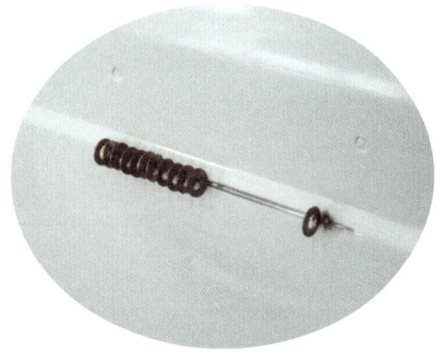

PHOTO 연결 어태치먼트를 사용한 인출 판금

수축 작업

패널 수정의 최후에 늘어난 강판을 줄이는 것이 수축 작업이다.

이전에는 아세틸렌가스 용접기에 의한 방법이 많이 사용되었는데 이것은 어느 정도의 숙련이 필요하다. 먼저 손바닥의 감각 등으로 늘어난 범위를 확인하고 그 중심을 가스 용접기의 토치(torch)로 가열한다. 빨갛게 적열(赤熱)된 범위가 10mm 정도가 되고 가볍게 솟아오르면 토치에 의한 가열을 멈추고 필요에 따라 목제(木製)해머나 표준 범핑 해머로 솟아나온 부분을 평탄하게 평준화한다. 그리고 물 등으로 가열한 부분을 급냉시킨다. 이 작업은 시간이 지연되면 잘 안되므로 가능한한 재빠르게 한다.

1회 작업으로 수축시킬 수 있는 범위는 직경 10cm 정도이며, 그 이상으로 늘어날 범위가 넓은 경우는 몇 회에 나누어 작업한다. 이 경우 먼저 전체의 중앙 부분에서 수축시키기 시작하여 그 외측을 향해 원을 그리며 수축시키는 순서로 한다.

전기 해머나 수축용 전극 등을 이용하여 전기로 가열시켜 수축시키는 방법도 있다. 이 경우 짧은 시간에 좁은 범위를 급속하게 가열할 수 있기 때문에 해머링하거나 급냉시키지 않아도 수축할 수 있다. 전기 해머는 늘어난 범위의 외측에서 내측을 향해 원을 그리면 가볍게 해머링하여 간다. 패널에 해머를 강하게 누르거나 두드리지 않는 것이 요령이다.

전극에 의한 작업은 토치에 의해서 가열하는 방법과 같이 늘어난 중심 부분에 전극을 약간 강하게 누르면서 스위치를 ON시킨다. 이때 전극이 접촉되어 있는 극히 좁은 범위가 급속히 가열되기 때문에 나중에 급냉시킬 필요는 없다. 전기에 의한 수축장치는 스터드 용접기의 부속 기능으로 포함되어 있는 것이 많다.

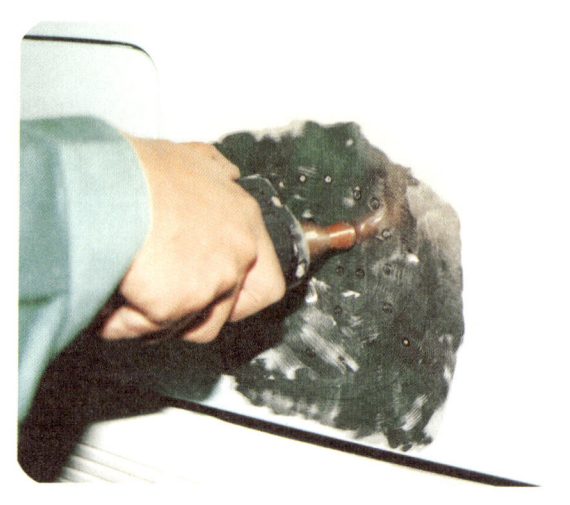

🔴 PHOTO 전극에 의한 수축 작업

기타의 패널 수정 용구

해머와 돌리를 이용하는 타출 판금이나 스터드 용접기에 의한 인출 판금 이외에도 몇 가지 패널의 수정 방법을 고안하게 되었다. 판금을 좁은 의미로 생각하면 패널의 수정이며, 이 작업을 간단하고 짧은 시간에 완료시킬 수 있도록 하는 문제를 여러 사람이나 기업에서 제안을 반복하였다.

그러나 '이것만 있으면…' 할 정도의 방법은 없고, 특정한 조건에 맞는 손상이면 잘 수정할 수 있는 경우가 많다. 그 중에서 「덴트」라고 하는 새로운 판금 방법은 가늘고 긴 막대 모양의 공구를 사용하며 패널의 뒤쪽에서 수정하는 것이다.

원래 프렌차이즈 방식으로 일반 개인 사업자 등을 대상으로 시작되었지만 공구가 시판되면서 일부 보디 샵에서도 작업이 가능해지고 있다. 단, 이 방법은 도장이 벗겨지지 않은 상태에서 극히 작은 보조개 모양의 움푹 패인 손상이 그 대상이며, 뒤쪽에 지점(支点)이 되는 패널이 없으면 작업이 불가능하다.

기타 흡반(吸盤)이나 훅(hook)과 복잡한 암을 편성하거나 수지를 녹여 용착시켜서 인출의 근원을 임시로 하는 도구 등 여러 가지 타입이 판매되고 있다.

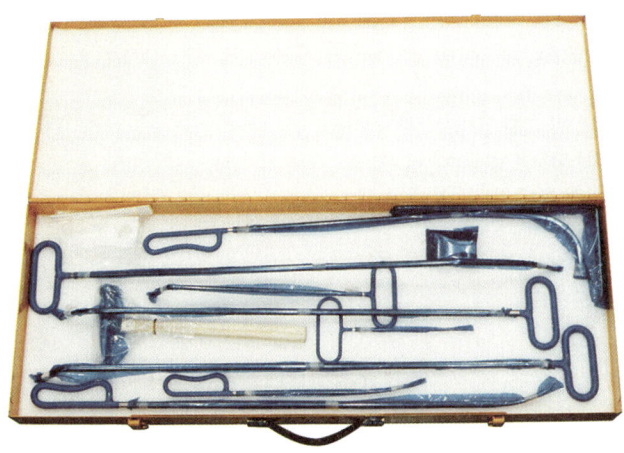

🔴 **PHOTO** 덴트 판금 도구

05 알루미늄 패널의 수정작업

알루미늄의 특성

원소로서의 알루미늄은 화학식에서 「Al」로 쓰이며, 원자 번호는 13, 비중은 2.7의 금속이다. 지구의 표면을 구성하고 있는 물질의 7.5%를 차지하며, 의외인 것은 철보다도 많다 (철은 4.7%). 단, 알루미늄은 산소와 단단하게 연결한 모양으로 존재하므로 단독으로 뽑아내려면 기술과 에너지가 충분히 필요하다.

철이 3,000년 이상 전부터 인류가 이용하고 있는 것에 비하면 알루미늄의 역사는 100여 년 정도 밖에 안된다. 비교적 새로운 금속 재료라 할 수 있다. 일반적으로 보크사이트 (bauxite)가 주재료로서 생산되는데 이 때에 대량의 전기를 사용한다. 알루미늄이 전기의 집단으로 불리는 내력이다.

알루미늄과 철의 차이는 여러 가지가 있지만 먼저, 동일한 체적에서 철의 1/3 정도라는 가벼움을 들 수 있다. 그리고 2배 정도의 열이 전달되기 쉬우므로 방열성이 좋은 것도 특징이며, 녹슬기 어려운 것도 철과 비교할 때 장점이라 할 수 있다. 엄밀하게는 알루미늄도 녹이 스는데, 녹이 표면을 덮게 되면 더 이상 진행되지 않는 성질을 가지고 있다. 이외에도 철보다 2배 정도로 전기가 통하기 쉬운 것, 녹는 온도는 철의 반 정도(약 660℃, 철은 약 1,500℃)이며, 가열하면 빨갛게 되지 않고 갑자기 녹는 등 모두 철과의 차이점이다.

철을 「1」로 했을 때의 비교		비 고
녹는 온도	0.40	적열되지 않고 녹는다.
동일한 체적에서의 무게	0.34	무게는 약 1/3
열의 전도성	1.75	2배 정도로 열을 전달하기 쉽다.
전기의 전도성	1.90	2배 정도로 전기를 전달하기 쉽다.
탄 성	0.33	전연성이 커 변형되기 쉽다.

▲ 철과 알루미늄 작업성의 차이

순수한 알루미늄은 대단히 부드럽고(연약하며) 특수한 용도 이외에는 그다지 사용되지 않는다. 자동차도 포함하여 일반 산업 분야에서는 동이나 마그네슘, 크롬 등의 금속을 소량 가한 합금의 형상으로 이용된다. 알루미늄 합금은 어떤 금속을 어느 정도 혼합하는가에 따라서 여러 가지 종류가 만들어지기 때문에 목적에 따라서 구분하여 사용되고 있다.

일반적으로 알루미늄이나 알루미늄제라고 불리는 경우 대부분 알루미늄 합금이다. 이 책에서도 이후는 별도로 표기하지 않는 한 알루미늄이라 하면 알루미늄 합금을 나타내는 것이다.

🔴 자동차에 사용되는 알루미늄

자동차에 사용되는 금속에서 철(鐵) 다음으로 많이 사용되는 것이 알루미늄이다. 동(銅)도 많지만 거의 전선(와이어 하니스)에 사용되고 있으므로 계산에 들어가지 않게 된다.

🔴 PHOTO 올 알루미늄제 보디

알루미늄이 자동차 재료에 이용되는 것은, 앞 페이지에서 설명한 특징 중에 가벼운 것과 방열성이 좋다는 것이 주된 이유이다. 사용되는 부위는 엔진이나 발(足) 주위 등의 메커니즘 부품이 중심이다. 엔진의 실린더 헤드는 대개 알루미늄제이며, 본체의 블록까지 포함한 올 알루미늄의 엔진도 새롭지는 않다. 라디에이터 등의 보조기기류에도 많이 사용되고 있다. 또한 발 주위에는 암류나 더스트 커버, 허브 등 이들은 스포티(sporty)계통의 차종에 사용되고 있다. 그 가운데서도 알루미늄 휠은 스포티 계통에 머무르지 않고, 오늘날에는 세계 제일을 나타내고 있다.

보디 패널의 재료로서 알루미늄 함금은 유럽에 비교하면 아직 적으나 일부 차종의 보닛이나 프런트 펜더에 사용되고 있는데 지나지 않는다. 단, 혼다의 NSX는 세계에서도 진귀한 올 알루미늄 모노코크 보디를 사용하고 있다.

유럽에서는 알루미늄의 가격이 싸기 때문에 외부 패널로서 비교적 많이 이용되고 있다. 또한 페라리, 애스톤 마칭 등 소량으로 생산되는 자동차의 바깥 판은 거의 알루미늄 함금제가 사용되며, 아우디의 A8은 일반적인 세단이지만 올 알루미늄제의 보디를 가지고 있다.

알루미늄은 철과 소재를 비교할 때 중량은 1/3 정도이지만 강도(强度)면에서 뒤떨어지기 때문에, 판 두께가 다르다. 그러나 동일한 강도에서 비교하였을 경우에도 약 1/2 정도의 무게로 되기 때문에 경량화의 효과는 크다. NSX에서는 동일한 구조, 동일한 강도의 강제(鋼製) 모노코크 보디에 비하면 약 40%, 140kg의 경량화가 실현된다고 한다.

알루미늄 패널의 취급법

여러 가지 우수한 점을 지닌 알루미늄이지만, 일반적인 강제 패널과 비교하면 취급이 어려운 점도 있다. 주된 원인은「습관이 되어 있지 않다」는 것인데 그만큼 수정·수리에는 특별한 주의가 필요하다.

패널의 수정에도 가장 주의할 점은 알루미늄이 철에 비하면 연약하고, 늘어나기 쉽다는 것이다. 보통의 해머로 두들기면 계속 늘어나 복원이 어렵게 된다. 따라서 해머링은 목제 해머나 플라스틱 해머를 사용한다. 또한 이러한 이유로 샌더에 의한 연마 등도 주의가 필요하다. 강판과 동일한 작업방법으로 하면 표면에 깊은 상처가 발생되며, 보디용 줄도 너무 지나치게 깎이기 때문에 사용할 수 없다.

열을 전달하기 쉬운 성질, 전기를 통하기 쉬운 성질은 용접이나 수축 작업에 영향을 준다. 가열하여도 적열되지 않는 상태에서 녹는 온도도 철보다 상당히 낮기 때문에 어느 정도의 열을 가해야 할지 예측하기 어렵다. 스폿 용접이나 스터드 용접은 일반적인 보디 샵의 설비에서는 할 수 없다고 생각한 쪽이 좋다.

알루미늄은 상온에서 큰 힘을 받으면 균열이 되거나 약하게 되는 성질도 있다. 그 경우 약 250℃ 정도로 가열하면서 작업하지 않으면 안 된다. 작업 장갑을 낀 상태에서 패널의 뒷면에 손을 대고, 뜨겁다고 느낄 정도로 가늠하면 된다.

작 업	강 판	알루미늄 합금
해머링	판금 해머	목제 해머 또는 플라스틱 해머
스터드 용식	가 능	불가능
가스 용접	가 능	방법에 따라 가능
스폿 용접	가 능	보디 샵에서는 불가능
미그 용접	CO_2 가스 가능	아르곤 가스 필요
도 장	가 능	방법에 따라서 가능

▲ 철과 알루미늄 작업성의 차이

06 플라스틱 부품의 수정작업

 **수리하는 것은 주로 범퍼**

플라스틱 부품 중에서 가장 수리하는 경우가 많은 것이 범퍼이다. 현재의 승용차의 범퍼는 거의 PP계통의 플라스틱을 사용하고 있다. PP계통의 플라스틱은 내약품성(耐藥品性)이 우수하며, 대부분 용제에 녹지 않는다.

반대로 말하면 페인트의 부착성이 나쁘다는 것이며, 도장할 때는 전용의 프라이머(primer)가 필요하다. 또한 PP계 플라스틱 중에서도 성분에 따라서 미묘한 차이가 있기 때문에 프라이머를 잘 구분하여 사용하여야 하며, 도장을 할 수 없는 것도 있다. 차종에 따라서 취급하는 방법의 차이는 페인트 메이커나 페인트 판매점과 상담하여 도장하는 방법을 선택한다.

수리에 관해서는 어느 정도 제한이 있기 때문에 가능한 범위는 얕은 상처에서 길이 300mm 이하, 약간 깊고 3mm 정도의 상처이면 길이 100mm 이하, 깨어지거나 갈라지면 범퍼 폭의 1/2 이하, 구멍 뚫기는 지름이 30mm 이하 정도가 수리 한계 범위이다.

수리 방법은 상처의 상태 등에 따라서 몇 가지 종류가 있다. 만일 상처 등이 없고 비틀어지거나 변형되어 있는 정도라면 가열하여 정형(整形)하면 원래대로 된다. 도장용의 건조기 등으로 조금씩 가열한다. 좁은 범위에 온도가 지나치게 높으면 오히려 변형되므로 범퍼 전체가 균일한 온도가 되도록 가열한다.

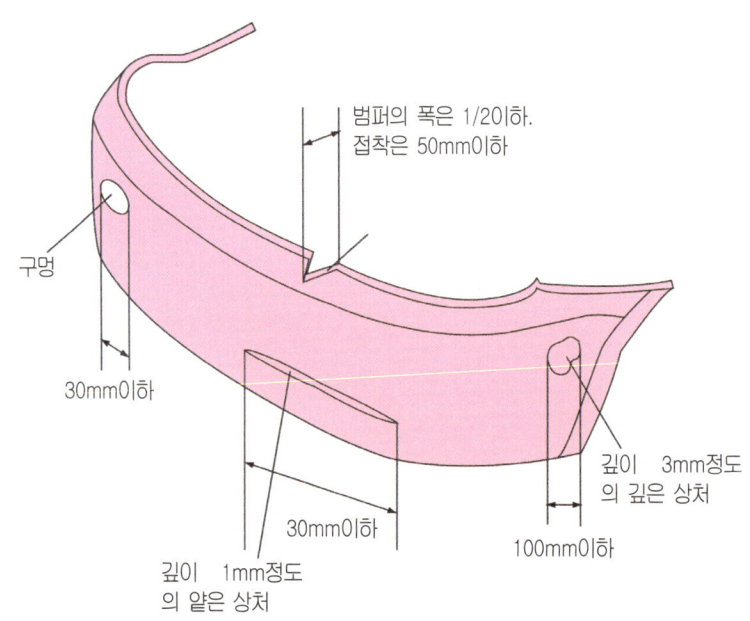

 의 라벨:
- 범퍼의 폭은 1/2이하. 접착은 50mm이하
- 구멍
- 30mm이하
- 깊이 1mm정도 의 얕은 상처
- 30mm이하
- 100mm이하
- 깊이 3mm정도 의 깊은 상처

● **PHOTO** 플라스틱 범퍼의 보수범위

● PP제 범퍼의 보수

고온의 열풍으로 가열하여 플라스틱을 용접하는 방법도 있다. 깨어지거나 갈라짐을 범퍼와 동일한 소재의 용접봉으로 메워서 수리하는 것이다. 1/2로 절단된 것과 같은 범퍼는 수리할 수 없다. 어느 정도로 숙련되면 깨끗하고 확실한 마무리를 할 수 있다.

범퍼용 퍼티를 사용하여 정형하는 것이 자주 있는 수리 방법이다. 상처의 범위가 넓은 경우는 난처하지만 대수롭지 않은 상처라면 퍼티를 사용하는 것으로도 충분하다. 범퍼용의 퍼티는 2액형이나 2종류의 주제를 1 : 1로 골고루 섞이도록 반죽하여 사용하며 성분은 에폭시계통의 접착제가 많다. 이 퍼티는 건조가 빠르기 때문에 조금씩 반죽하여 솜씨 좋게 작업한다.

먼저 범퍼 표면의 오염물을 제거하고 수리하는 부분을 탈지제로 청소한다. 퍼티는 기포가 발생되지 않도록 골고루 섞이도록 반죽하여 신속하게 도포한다.

건조 시간은 퍼티의 종류에 따라서 다르지만 연마가 가능하게 되면 180번 정도의 페이퍼로 초벌 연마한다. 마무리는 320번 페이퍼로 손연마를 하고 마지막으로 범퍼 전체를 320~400번의 페이퍼로 마무리 연마한다. 범퍼와 퍼티 부분은 경도가 다르기 때문에 너무 지나치게 연마되는 것에 주의하여야 하며 튼튼한 받침대에 고정하고 작업하지 않으면 표면 만들기를 잘 할 수 없다.

표면 만들기 연마에서 범퍼의 표면에 보풀이 일어날 때는 온풍 건조기 등으로 가볍게 가열하여 제거한다. 그 후 전체를 탈지제 등으로 깨끗하게 청소하고, 도장 공정으로 진행한다.

▲ 열풍기 보풀 제거

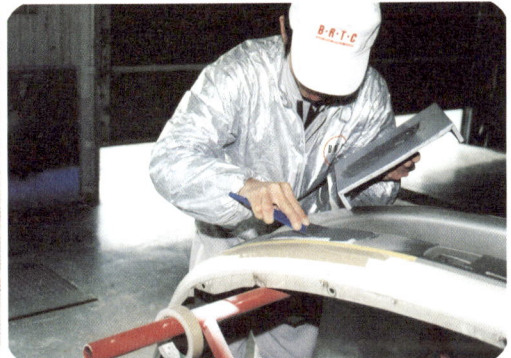

▲ 퍼티 도포

▲ 샌더의 연마

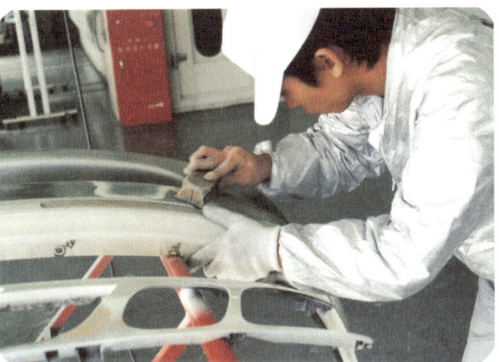

▲ 핸드파일에 의한 연마

PHOTO 플라스틱 범퍼의 보수

● FRP 부품의 수리

FRP(Fiber Reinforced Plastics)는 유리섬유강화 플라스틱이라는 것을 의미하며, 일반적으로는 폴리에스텔을 유리 섬유로 강화한 것으로서 뒤에 붙이는 에어로 파트나 특수한 차종의 바깥쪽 패널 등에 사용되고 있다. 에폭시를 카본 파이버로 강화한 것은 CFRP라 하며, F1카의 보디에도 사용되는 것으로 가볍고 강도가 높은 플라스틱이 된다.

FRP제의 부품은 보통의 강판과 동일한 퍼티를 사용하여 동일한 방법으로 수리할 수 있다. 단, 연마할 때 유리 섬유의 파편이 날아 흩어지기 때문에 가능한한 피부가 노출되지 않는 복장, 장갑, 마스크를 착용하고 작업한다. 도장할 때도 특별한 프라이머류는 필요없다.

파손이 심할 경우 FRP를 이용하여 파손 부위를 제작하여 붙이는 방법으로도 수리할 수 있다. 필요한 재료나 공구는 FRP 보수용 세트로 시판되고 있다.

수리 방법은 사용설명서 등에 따르면 되지만 일반적으로는 먼저 손상 부위를 청소하고, 형상을 갖춘 후에 필요한 크기로 컷팅 한 유리 섬유의 매트에 적합한 경화제를 첨가한 폴리에스텔의 용액을 위에서부터 칠하고 롤러로 누른다. 손상의 정도나 부품의 두께에 따라서 1~2회 반복하여 건조·경화시킨다. 경화되면 얇게 퍼티를 도포하여 표면을 조정하고 손상 부위를 복원한 후 부착력을 위하여 표면 만들기 연마를 하여 도장 공정으로 한다.

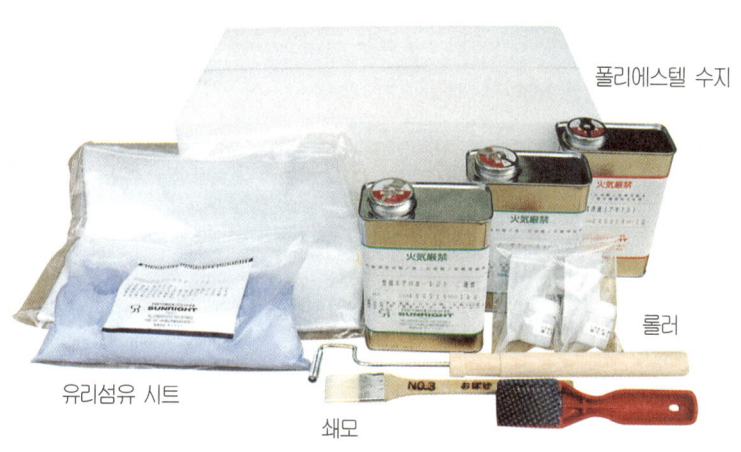

폴리에스텔 수지

롤러

유리섬유 시트

쇄모

● PHOTO FRP부품 보수 세트

5. 패널 교환작업과 용접용 기기

THE body work

THE
Body Work
5. 패널교환작업과 용접용 기기

01 용접과 접합의 지식

물체의 접합에 대해서

현재 널리 사용되고 있는 공업 제품은 대부분 가공된 재료를 모아서 특정한 기능을 담당하는 부품으로 만들어지며, 그들의 부품이 모여서 하나의 제품이 된다. 휠이나 허브, 스프링, 암 등으로 편성되어 서스펜션이 되고 엔진이나 보디, 내장재 등이 모여져 자동차가 만들어지고 있는 구조를 생각하면 쉽게 이해할 수 있을 것이다.

항 목	기계적 접합방법	화학적 접합방법	야금적[溶融] 접합방법
주요 예	볼트, 너트	접착제	각종 용접
강 도	결합재나 원재료가 약한 쪽이 한도(限度)	접착제 성능에 의한다.	원재료의 강도에 가깝다.
필요공구	간단한 손공구로도 가능	대부분 불필요	용접 기기
가 격	싸 다	고성능인 것은 그만큼 고가	초기투자는 비싸지만 사용과정은 저렴
탈 착 성	비교적 간단	방법에 따라서 가능	곤 란
수 밀 성	실(seal)이 필요	양 호	거의 양호
작 업 성	비교적 간단	간 단	약간 훈련이 필요
단 점	결합점이 많으면 중량이 증가한다.	냄새나 용제에 의한 해로움에 주의	열에 의한 변형이 생기는 경우가 있다.
주요 사용범위	외장부품, 패널, 전장부품	내장 트림, 몰딩, 엠블럼	대부분의 보디 패널

▲ 각종 접합방법

이러한 부품이나 재료는 당연히 어떤 방법으로 연결·조합하고 있다. 부품과 부품, 재료와 재료 등을 연결하여 맞추는 것을 '접합(接合)'이라 한다. 접합에는 몇 가지 방법이 있는데, 크게 나누면 기계적인 접합, 화학적인 접합, 야금적(冶金的)인 접합의 3종류가 있다. 현대의 공업 제품에는 여러 가지 접합 방법이 사용되고 있는데 대부분 이 3종류의 범위안에 포함되어 있다.

기계적 접합 방법

물건과 물건을 연결하여 조합할 때 어떤 작은 도구를 사용하여 물리적으로 연결하고 고정시키는 것이 '기계적인 접합'이다. 예를 들면 볼트나 너트, 피스(piece), 리벳 등을 사용하는 접합 방법이다. 천과 천을 실로 꿰매는 것도 이것에 해당한다.

기계적인 접합의 특징은 대부분의 경우 비교적 단순한 도구를 이용하여 접합할 수 있는 것으로서 접합과 분리를 간단하게 할 수 있고, 반복도 가능한 것 등을 들 수 있다. 단, 기계적인 접합을 위해서는 연결·조합하는 재료(母材)에 어떤 가공이 필요하다.

예를 들면 볼트나 너트로 접합하는 경우를 생각해보면 모재에 볼트와 너트가 통하는 구멍을 뚫어야 한다. 모재끼리의 분리는 비교적 간단하지만, 이 가공은 원래 상태로 복원되지 않고 가공에 따라서 모재의 강도를 손상시키는 경우도 있다. 또한 접합부의 강도는 접합재(볼트나 리벳 등)의 강도에 따라서 거의 결정되며, 접합재의 분량만큼 무게도 증가한다. 액체나 기체를 차단하는 능력(氣密性)은 그다지 기대할 수 없기 때문에 필요한 경우에는 별도로 실링 처리를 시행할 필요도 있다.

자동차의 경우 붙이고 떼는 것이 비교적 자유로운 특성을 이용하여 그러한 가능성이 큰 부품, 외부 패널이나 기능 부품, 전장 부품 등의 접합에 이용되며 구조적인 부품에는 그다지 사용되지 않는다.

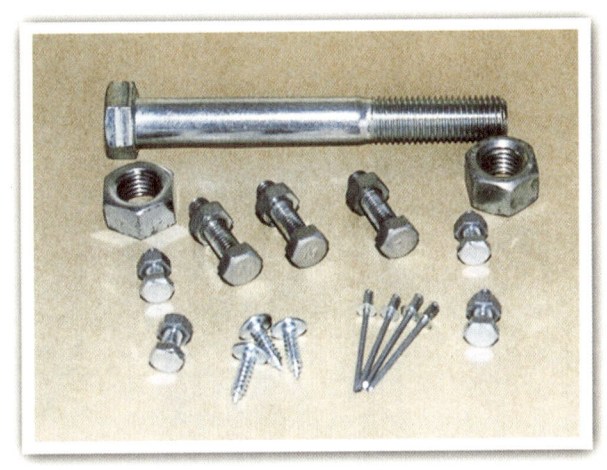

PHOTO 기계적 접합

화학적 접합

한마디로 말하면 접착제나 풀을 사용하여 접합하는 것이 '화학적인 접합'이다. 모재에 물리적인 가공은 그다지 필요하지 않으며, 대규모인 설비나 공구가 필요치 않는 장점이 있다. 그러나 한번 접합시키면 모재가 손상이 없도록 간단하게 분리할 수 없는 경우가 많다.

접합 강도나 기밀성 등의 특징은 접합 재료, 즉 접합제에 어떤 물건을 사용하는가에 따라서 결정된다. 일반적으로 접착력이 강한 접착제일수록 취급이 어려운 경향이 있다. 예를 들면 플라스틱 모델을 만들 때 접착제를 접착면에 칠하고 나서 곧바로 붙일만큼 간단하다. 그러나 보다 강력한 접착제는 2액을 혼합시킨다든지, 접착면에 사전처리가 필요하다든지, 접착 후 접합이 완성되기(간단하게는 떨어지지 않게 된다)까지 시간이 걸리는 등등이 필요하게 된다.

화학적인 접합에서는 접착제와 모재의 적합성도 생각할 필요가 있다. 화학적인 접합의 접합 강도는 접합제와 모재의 밀착력에 의존한다. 즉, 강력한 접착제라도 모재와의 밀착력이 약하면 소정의 접합 강도를 발휘할 수 없다. 자동차의 경우 내장의 트림이나 외장에서는 엠블렘이나 스트라이프 등에 이용된다. 또한 유리류도 접착제가 잘 사용되는 부품이다.

최근에는 취급이 그렇게 어렵지 않고 강력한 접착력을 갖는 여러 가지 접착제가 개발되고 있다. 자동차에서도 린포스먼트 등의 뼈대가 되는 구조물에 이용되는 경우도 있으며, 패널의 교환에서 접착제를 이용하는 방법도 개발되고 있다.

🔵 PHOTO 화학적 접합

야금적 접합방법

용접에는 여러 가지 방법이 있으며, 그 용접방법에 따라 각각의 특성이 있는데 그들을 한데 묶어서 '야금적(冶金的)인 접합'이라 한다. 야금적인 접합 방법은 용접이라는 말 그대로 모재끼리 일부를 녹여서 일체화하는 것으로서 주로 금속의 접합에 이용된다. 자동차의 패널은 대부분 이 방법에 의해서 접합되고 있다.

야금적인 접합의 특징은 접합부의 형상이 다른 결합 방법에 비하면 자유도가 높고 접합 강도도 모재의 강도와 거의 같아진다. 또 수밀성이나 기밀성도 좋으며, 무게의 증가도 적다. 그러나 접합에 필요한 도구나 재료는 다른 방법에 비하여 약간 대규모로 되며, 어느 정도의 기술도 필요하게 된다. 따라서 한번 접합하면 분리하여 원래의 상태로 되돌아가는 것은 어렵다.

PHOTO 야금적인 접합

여러 가지의 용접 방법

한마디로 용접이라 하여도 여러 가지 방법이 사용되고 있다. 차체 수리 세계에서 이용되고 있는 것은 주로 열을 가하여 모재를 녹이는 방법이며, 내용에 따라서 융접, 압접, 납땜용접의 3종류가 있다.

융접(融接)은 모재를 녹이면서 접합하는 방법으로서 용접봉 등 접합 재료가 별도로 필요하다. 보디 샵에서 사용되고 있는 것은 옛날부터의 산소-아세틸렌가스 용접기나 미그 용접기에 의한 용접이 이 방법에 속한다. 노출되는 불꽃을 사용하기 때문에 모재가 열에 의한 영향을 받으며 확실한 용접을 위해서 어느 정도의 기술이 필요하게 된다.

압접(壓接)은 모재를 녹이는 것으로서 접합부에 기계적인 압력을 가한 상태에서 접합하기 때문에 다른 접합재는 필요없다. 스폿 용접이 여기에 해당하며, 자동차 메이커의 생산 라인의 용접은 대부분 스폿 용접이다. 작업은 비교적 간단하며, 짧은 시간에 이루어진다. 조건마저 조정하면 접합의 강도가 안정되고 녹의 발생 등도 적다. 용접부 양쪽에 접근시킬 필요가 있기 때문에 차체 수리 경우에는 한계도 있지만 기본적으로 될 수 있는 한 스폿 용접을 하는 것이 바람직하다.

납땜(brazing) 용접은 화학적인 접합 방법에 가깝다. 땜납재라고 하는 접합 재료를 녹여서 모재끼리 틈에 넣어 접합시킨다. 땜납(solder)도 여기에 속한다. 강도(强度)가 약하기 때문에 뼈대가 되는 구조물에 사용할 수 없으며, 힘이 가해지지 않는 장소나 충진재 대신에 사용하는 경우가 많다.

	용 접		압 접	납땜용접
	가스 용접	미그 용접	스폿 용접	납땜 용접
용 접 열	높다	높다	낮다	낮다
용접 시간	길다	길다	짧다	길다
용접 재료	산소 아세틸렌 가스 용접봉	탄소가스 용접 와이어	불필요	산소 아세틸렌가스 납땜재
사용 전류	–	소(小)	대(大)	–
작 업 성	숙련이 필요	다소 훈련이 필요	간단	숙련이 필요
용접 강도	작업에 따라 차이가 크다	강하다	강하다 (용접수 등에 의한다)	약하다 (납땜재의 강도가 한도)
용접 흔적	거칠다	약간 거칠다	작은 함몰만 있음	거칠다
열에 의한 뒤틀림	뒤틀리기 쉽다	뒤틀리기 어렵다	뒤틀리기 어렵다	뒤틀리기 어렵다
녹	뒤틀리기 쉽다	뒤틀리기 어렵다	뒤틀리기 어렵다	뒤틀리기 어렵다
주요 사용 범위	절단, 도막 벗겨짐 (패널 교환에는 사용하지 않는다.)	스폿용접이 불가능한 부분, 중첩 패널 두께가 3mm이상인 경우, 맞대기 용접	대부분의 패널 교체작업	용접부 단차 없애기 작은 부품의 장착

▲ 여러 가지 용접방법의 특성

02 산소 아세틸렌가스 용접기

용접하지 않는 용접기

용접기는 구조가 간단하며, 싼 값으로 작업할 수 있기 때문에 다양한 분야에서 여러 가지 용도로 이용되고 있다. 그 구조는 아세틸렌가스에 산소를 혼합한 가스를 연소시킬 때 발생되는 열을 이용하여 금속을 녹여 용접한다. 산소와 아세틸렌 각각의 봄베, 호스, 가스의 유량을 조절하는 레귤레이터 그리고 2종류의 가스를 혼합하여 불길의 분출구가 되는 토치로 구성되어 있다.

구조가 간단한 만큼 누구나 쉽게 취급하여서는 안된다. 용도나 대상물에 따라서 가스의 혼합률이나 불꽃의 크기를 조정한다든지 용접봉이나 토치의 운반법 등 어느 정도 숙련되지 않으면 확실한 용접을 할 수 없다. 최근 패널의 교환작업시에는 가스 용접기를 사용하지 않고 미그 용접기나 스폿 용접기를 사용한다.

PHOTO 가스 용접기로부터 절단작업

산소용접, 가스 용접, 토치 등과 같이 여러 가지 명칭이 있으며, 보디 샵에는 필수적으로 갖추어진 도구이지만 용도는 패널의 절단, 도막의 제거, 수축 등 주로 열을 가하는 작업에 사용된다. 손쉽게 고열(高熱)을 만든다는 의미에서 보면 가스 용접기는 대단히 편리한 도구이다. 단, 노출된 불꽃을 취급할 때 불꽃의 근원이 되는 가스는 가연성으로서 취급을 잘못하면 대단히 위험하므로 주의하기 바란다.

가스 용접기의 취급법

산소와 아세틸렌을 잘못 이해하여 다른 것과 바뀌면 사고로 연결되기 때문에 봄베, 레귤레이터, 호스 등은 색으로 정해져 있다. 산소 봄베는 약 150배로서 압축된 산소가 충진되어 있으며, 녹색으로 칠해져 있다. 봄베의 코크는 왼쪽으로 돌리면 열리고 압력을 조정하는 레귤레이터의 색도 녹색이며, 사용 압력은 4~5kg/cm² 이다. 그리고 사용되는 호스도 녹색으로 되어 있다.

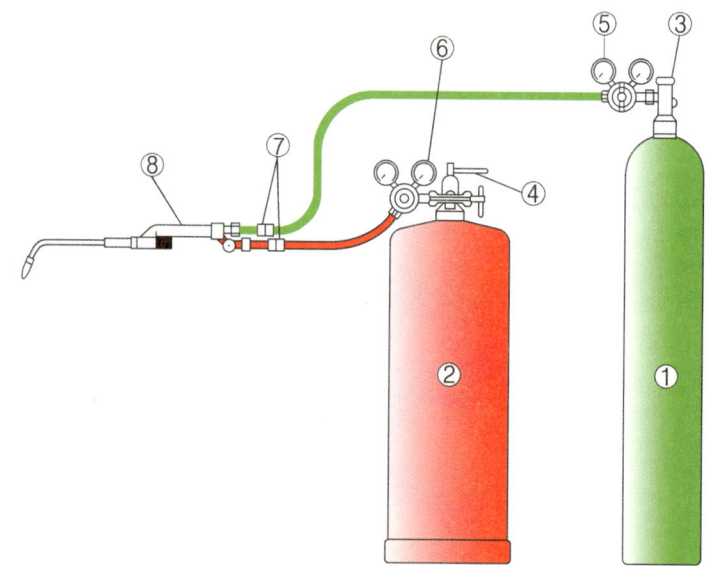

① 산소 봄베 : 약 150kg/cm² 으로 압축한 산소가 봉입되어 있다. 봄베는 녹색으로 칠해져 있다.
② 아세틸렌 봄베 : 아세틸렌은 위험하기 때문에, 다른 약품에 녹여 다공질 물질에 포함된 상태로 보관되어 있다. 압력은 15.5kg/cm² . 봄베 색은 갈색.
③ 산소코크 : 왼쪽으로 돌리면 열린다.
④ 아세틸렌 코크 : 오른쪽으로 돌리면 열린다.
⑤ 산소용 레귤레이터 : 봄베에서 나오는 산소 압력을 낮추어 일정하게 유지한다.
⑥ 아세틸렌용 레귤레이터 : 봄베에서 나오는 아세틸렌 가스 압력을 낮추어 일정하게 유지한다.
⑦ 원터치 조인트 : 호스 색은 산소가 녹색, 아세틸렌이 적색.
⑧ 토치 : 산소와 아세틸렌 양을 별도로 조정할 수 있는 것이 많다. 용도에 맞춰 용접용, 절단용 등으로 나누어 사용한다.

● PHOTO 가스 용접기의 구성

아세틸렌의 안전을 위해서 아세톤 등의 용매에 녹게 하고 가득 채워진 다공질의 물체에 흡수되도록 하여 약 15배로 압축된 상태로 봄베에 충진되어 있다. 봄베의 색은 황색이며, 코크는 오른쪽으로 돌려서 연다. 레귤레이터와 호스는 적색이며, 사용압력은 0.3~0.5kg/cm²이다.

토치에 점화할 때는 먼저 아세틸렌의 밸브만 열고 전용의 점화용 라이터를 이용하여 점화시킨 후 산소밸브를 조금씩 열면서 불꽃을 조절한다. 또한 소화할 때 먼저 아세틸렌 밸브를 닫고 그 다음에 산소밸브를 닫는다.

가스 용접기의 토치는 절단용과 용접용의 2가지 종류가 있으므로 목적에 따라서 선택하여 사용한다.

절단 작업

평탄한 패널을 잘라 내는 공구는 여러 가지 있는데, 사고의 손상 등으로 인하여 복잡한 패널이나 부품이 서로 얽혀 있는 것을 절개하여 분리하려면 역시 가스 용접기가 편리하다. 다만 정밀한 절단은 어렵고 절단된 부위도 찌그러짐이 생기기 때문에 재사용하고자 하는 패널이나 부품에는 사용할 수 없다. 또한 실링재나 도막, 배선 등 불에 타기 쉬운 물건은 미리 제거하여 둘 필요가 있다.

절단하려면 절단용의 토치를 사용하여야 하며, 산소와 아세틸렌의 밸브 외에 절단용 밸브도 갖추고 있다.

앞에서 설명한 사용 압력으로 불꽃을 조절하여 절단 부위를 가열한다. 절단부가 적열되었을 때 토치의 절단용 산소밸브를 열면 산소에 제트기류가 발생되어 절단부를 불어서 날리는 원리에 의해 절단된다.

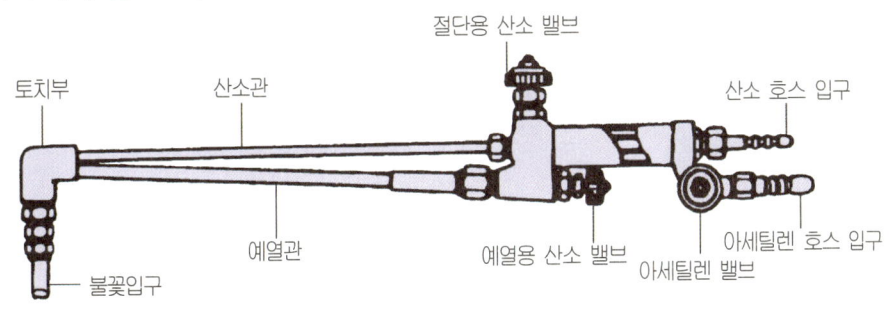

 절단용 토치

03 MAG와 MIG 용접기

MAG(마그, CO_2) 용접기와 MIG(미그) 용접기

마그 용접기도 MIG 용접기도 말로 하면 같지만, 일반적으로 보디 샵에서 탄산가스를 사용하는 것을 'MAG(마그) 용접기', 아르곤 가스를 사용하는 것을 'MIG(미그) 용접기'라 한다. 이것은 어디까지나 편의적인 것이며, 특히 규격과 동일한 것이 있는 것은 아니다. 어느쪽도 기본적인 구조는 같으며, 실드(shield)에 사용하는 가스의 종류가 다르다고 생각하면 된다.

마그 용접기를 자세한 명칭으로 부르면, 「탄산가스 실드 반자동 직류 아크 용접기」가 된다. 요약해서 「반자동」이라고도 불리고 있다. 이 명칭이 마그 용접기의 용접 원리를 그대로 나타내고 있다. 즉, 고온으로 되어 불순물의 가스가 발생되거나 녹이 발생되기 쉬운 용접부를 탄산가스(CO_2)로 보호하면서 전기의 아크 불꽃으로 금속을 녹여서 용접한다.

용접봉은 용접기에 내장되어 자동적으로 내 보내지만 용접 토치는 손으로 움직여야 되기 때문에 반자동식이다. 가스 용접기에 비교하면 취급이 간단하고, 안정된 용접의 품질을 만들기 쉬우며, 용접부를 탄산가스로 보호하고 있으므로 녹의 발생도 어렵다. 또한 필요 이상의 고온으로 되지 않기 때문에, 자동차의 패널과 같은 얇은 강판의 용접에 적합한 것이 특징이다.

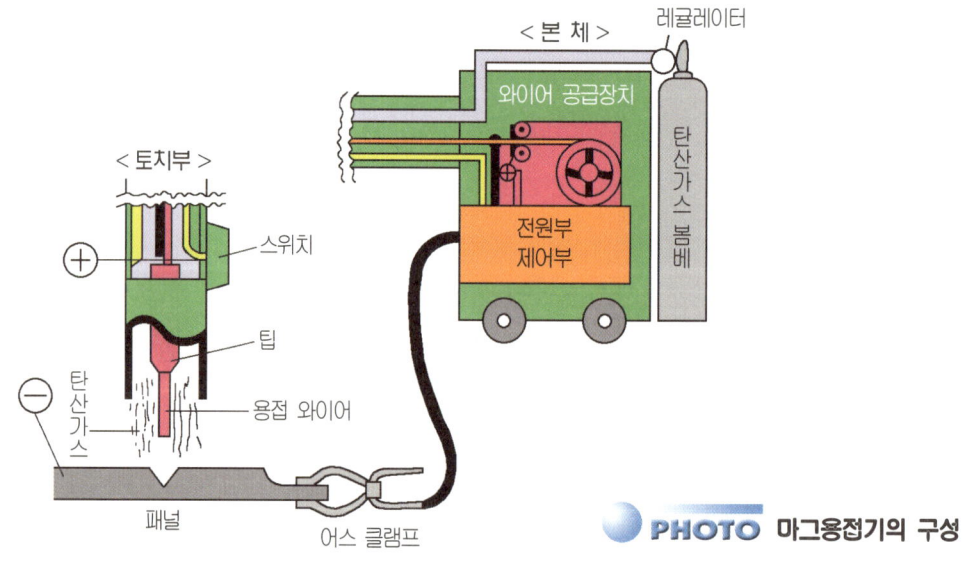

PHOTO 마그용접기의 구성

　　탄산가스는 비교적 안정되어 있어 다른 물질에 영향을 미치지는 않지만 그것으로도 완전하지 못하다. 완벽하게 용접부를 보호하려면 탄산가스 대신에 불활성 즉, 다른 물질에 전혀 영향을 주지 않는 성질을 갖는 아르곤(Ar)가스를 사용한다.

마그 용접기의 원리

　　마그 용접기는 전기의 불꽃 방전(아크)에 의해서 열을 발생시키는 데, 이 불꽃은 스위치를 넣고 있는 동안 계속하여 발생되는 것은 아니다. 마그 용접기에서 자동적으로 내 보내는 용접봉이 전극을 겸하고 있기 때문에 그 전극의 끝에서 일어나는 것을 자세하게 관찰하면 다음과 같이 된다.

　　먼저 스위치를 넣으면 플러스극으로 된 전극(용접 와이어)과 마이너스 보디와의 사이에 불꽃 방전이 이루어진다. 이 때의 열로 용접하는 패널을 녹이는 것과 동시에 와이어도 녹는다. 와이어가 녹은 금속은 패널쪽에 연결되기 때문에 단락되어 큰 전류가 흐른다. 이때 흐르는 전류에 의해서 형성된 자력으로 녹은 와이어를 세게 잡아당겨 절단작용하기 때문에 와이어와 패널 사이에 공간이 확보되어 불꽃 방전이 시작된다.

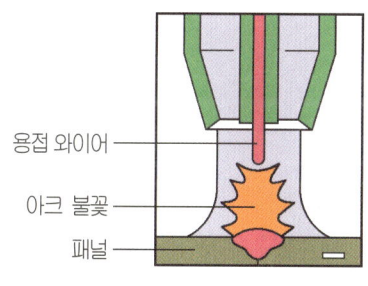

용접 와이어
아크 불꽃
패널

1. 통 전
스위치를 넣으면 전류가 흘러 아크 불꽃이 발생된다.

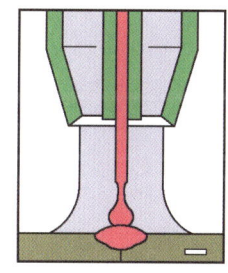

2. 단 락
불꽃의 열로 와이어가 녹아 용접부에 닿으면 쇼트(단락)되기 때문에 아크는 멈춘다.

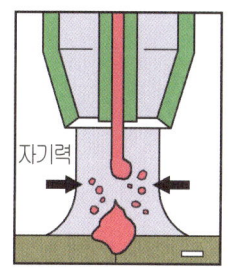

자기력

3. 절 단
쇼트되어 대전류가 흐르면 자기력으로 연결된 부분이 절단된다.

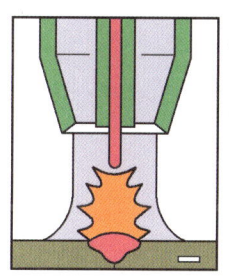

4. 재 개
다시 아크 방전이 시작된다.

PHOTO 마그 용접의 원리

위와 같은 사이클을 반복하면서 용접이 진행되기 때문에 용접부의 온도가 필요 이상으로 높게 되지 않아 얇은 강판도 용접부 주변에 열변형을 일으키지 않는 상태로 용접할 수 있다. 토치의 이동속도나 와이어가 나오는 속도에 따라서도 용접의 상태가 달라진다.

마그 용접기의 취급

비교적 취급이 간단하고 안정된 용접 작업을 하는 것이 마그 용접기의 특징이지만 누구라도 쉽게 사용할 수 있는 것이 아니기 때문에 어느 정도의 연습과 숙련이 필요하다.

본체측의 설정(設定)은 취급 설명서에 따라서 설정하며, 차체 수리에서의 사용은 그다지 설정을 빈번하게 변경할 필요는 없다. 용접하는 판 두께는 외판(外板)에서 0.6~0.8mm, 멤버류에서는 1.0~1.5mm 정도이며, 용접봉이 되는 와이어의 지름도 0.6mm로 설정해 두면 보편적으로 사용이 가능하다.

실드 가스의 유량은 매분 와이어 「지름×10정도」가 표준인데 이것도 취급 설명서를 따르는 것이 좋다.

토치의 이동속도는 어느 정도의 연습을 필요로 한다. 토치는 용접하는 패널에 대하여 75~80°를 유지시키고 용접부와의 거리는 대략 팁에서부터 6~10mm가 기본이며, 토치의 이동속도는 1분에 1m 정도가 가장 좋다. 용접부와의 거리나 토치를 이동하는 속도는 될 수 있는 한 일정하고 균일하게 하는 것이 안정된 용접을 하기 위한 포인트가 된다.

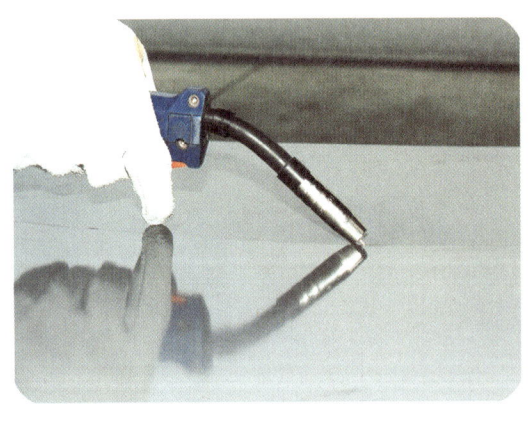 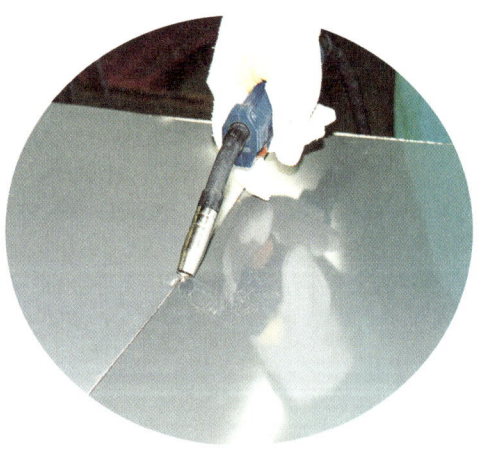

PHOTO 마그 용접시 토치를 잡는 방법

맞대기 용접

절단한 패널끼리는 맞대기 용접한다. 용접부는 약 1mm 정도의 틈새를 두고 고정하여 그 사이를 메우도록 하는 기분으로 용접한다.

얇은 판의 용접에 적합한 마그 용접기에서도 오랜 시간 연속하여 용접을 계속하면 열의 영향에 의해서 패널을 열변형시키는 경우가 있다. 따라서 실제 용접 작업에서는 맞댄 범위를 끝에서 한번에 용접하는 것이 아니고 20~30mm 정도의 사이를 두고 점 모양으로 가접한 후 다시 점과 점 사이를 메우는 방식으로 용접한다. 이 때에도 끝에서부터 차례로 용접하는 것이 아니라 동일한 장소에 계속하여 열이 집중되지 않도록 건너뛰는 방식으로 다른 장소를 용접하여야 한다.

플러그 용접

패널의 앞뒤에 스폿 용접기가 접근할 수 없는 장소는 마그 용접기로 스폿 용접을 한다. 이것을 '마그 플러그 용접'이라 한다.

플러그 용접을 하려면 최초에 서로 겹치는 위쪽의 패널에 6~8mm 정도의 구멍을 뚫어 둔다. 서로 겹치는 패널을 확실하게 밀착시켜 고정하고 마그 용접기의 토치를 구멍 위로 향하도록 하여 스위치를 누른다. 토치는 구멍의 내부에서 원을 그리는 것과 같이 움직이며, 익숙하지 못하면 토치와 용접부 사이가 멀어져 오버랩 등의 용접 불량이 생기는 경우도 있다.

또 플러그 용접의 경우도 용접 장소를 끝에서 차례로 작업하는 것은 아니고, 될 수 있는 한 한번에 용접하는 부위를 건너뛰는 방식으로 하여 열에 의한 영향을 피하도록 한다.

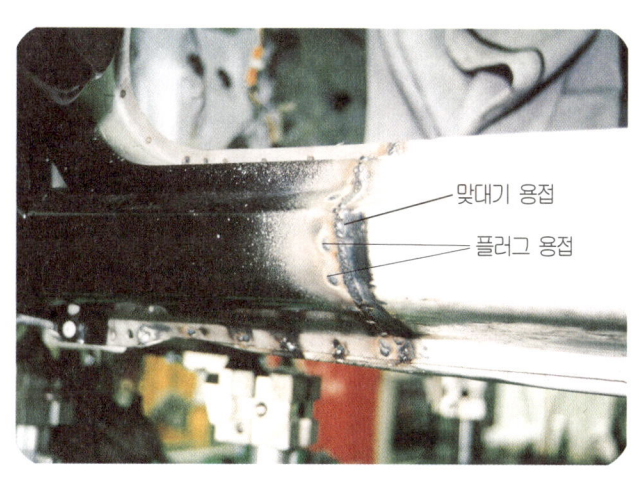

맞대기 용접
플러그 용접

🔵 **PHOTO** 맞대기 용접과 플러그 용접

작업상에서 주의사항

전기를 흐르게 하여 용접하기 때문에 용접부는 도막(塗膜)을 벗겨내어 깨끗한 상태가 되어야만 한다. 또한 보디쪽은 마이너스 극이 되도록 어스 클램프를 설치하는데 용접부와의 거리는 가능한 한 짧게 하여야 하며, 도막을 깨끗한 상태로 벗겨내야 접지(接地)가 확실하다.

마그 용접기에서 발생되는 전기불꽃은 대단히 강렬하여 눈에 화상을 입게 되므로 용접할 경우에는 반드시 짙은 색의 차광 유리가 갖추어진 전용의 안면 보호기(헬멧 또는 핸드실드)를 사용하여야 하며, 비록 용접할 부분이 단시간에 끝나는 경우라도 반드시 사용하여야 한다. 또한 불꽃(spatter)이 튀어 흩어지는 범위는 조건에 따라서 멀리 튀어 흩어지는 경우도 있기 때문에 주변의 패널이나 유리면의 난연성(難燃性)의 시트 등으로 씌워둔다.

안정된 용접의 품질을 확보하려면 용접기의 메인터넌스(maintenance)도 빠뜨려서는 안된다. 사용전후에는 토치의 팁을 조사하여 오염물이나 스패터가 달라 붙어 있지 않았는가 점검하고 필요에 따라서 와이어 브러시 등으로 청소한다. 또한 용접 와이어의 돌출된 양은 적당한가, 끝 부분은 구슬 모양으로 되어 있지는 않은가 등도 확인한다.

● PHOTO 마그 용접용 안면 보호기

04 스폿 용접

스폿 용접이란

전기가 흐르면 다소(多少)의 열이 발생한다. 이것은 저항이 있기 때문인데 저항이 크면 클수록, 전기의 양이 크면 클수록 발열량도 커진다. 스폿 용접기는 이 원리를 이용한 것이며, 극히 좁은 범위에 큰 전류가 흐르도록 하여 그 때에 발생하는 열로 패널을 녹여 용접한다. 스폿 용접기의 정확한 명칭은 '전기 저항 스폿 용접기'라고 한다.

스폿 용접기의 전극 사이에 패널을 넣고 압력을 가하면 전극과 접촉된 부분에 집중적으로 전기가 흐르게 된다. 여기에 큰 전류가 흐르게 하면 저항에 의한 열로 말미암아 압력이 가해지고 있는 부분이 녹아서 접합된다. 용접부는 거의 외부 공기와 접촉되지 않으며, 조건에 따른 설정이 정확하게 되어 있으면 안정된 품질의 용접을 연속적으로 신속하게 작업할 수 있다.

좁은 범위에만 열을 가하기 때문에 용접부 주변에 영향을 주지 않는 장점이 있으므로 자동차 생산 라인에서의 용접은 대부분 스폿 용접기를 사용한다. 또한 차체 수리에서도 패널을 교환할 때의 용접은 스폿 용접기를 중심으로 사용한다.

PHOTO 스폿 용접작업

자동차 생산 라인에서 사용되고 있는 스폿 용접기와 보디 샵에 사용되는 스폿 용접기는 이름은 같아도 능력적인 면에서 아주 다르다. 물론 자동차 생산 라인쪽에서 많은 전기를 흐르도록 하여 강도가 큰 용접이 가능하다. 그러므로 패널을 교환할 때의 스폿 용접은 자동차 생산라인에서 용접한 것보다 용접 횟수를 증가하는 것이 기본이며 뼈대가 되는 구조물 등에서는 마그 용접에 의해 보강을 한 쪽이 좋을 경우도 있다.

스폿 용접기의 구조와 종류

스폿 용접기는 패널을 끼워서 용접하는 용접암과 전압을 변화시킴으로서 전류를 증가시키는 변압기 및 전기가 흐르는 시간을 컨트롤하는 타이머 등으로 구성되어 있다.

　용접 암은 전극이 구비된 암부와 용접하는 패널을 확실하게 끼워 넣도록 하는 배력 기구로 편성되어 있다. 암부는 탈착이 가능하며, 용접부의 모양에 따라서 적합한 것을 교환하여 사용할 수 있다. 또한 손의 힘만으로 패널을 끼워 넣는 것은 아니고, 압축 공기의 압력을 이용하여 패널에 강력한 압력을 가하는 에어식도 있다.

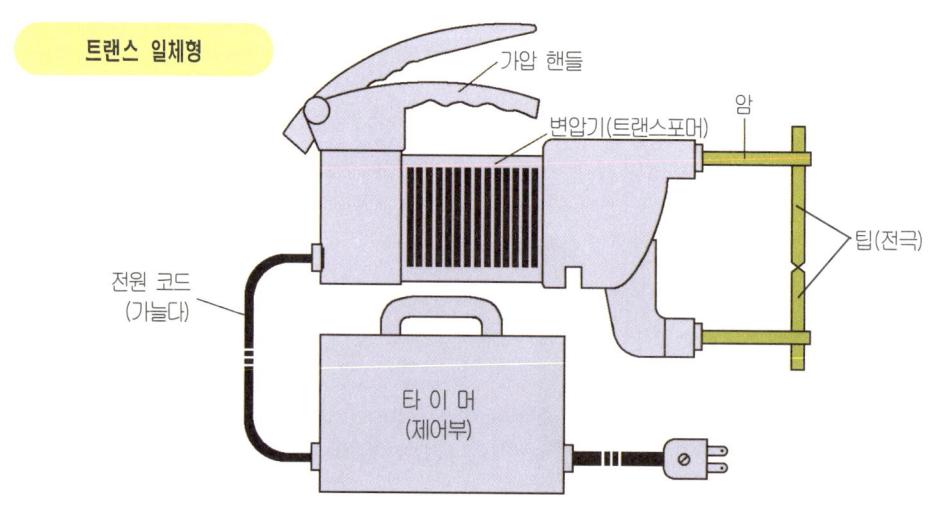

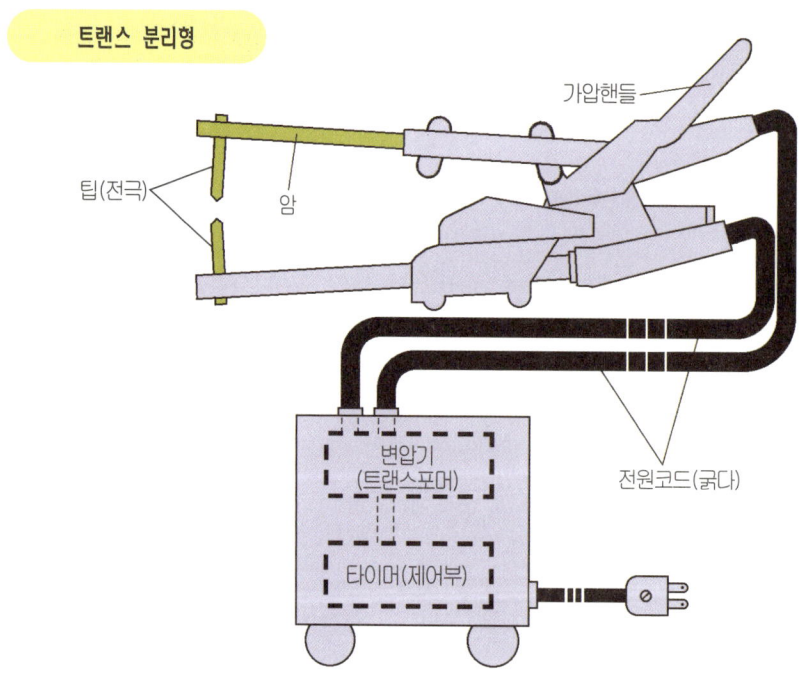

 PHOTO 스폿 용접기의 구성

변압기는 용접 암과 일체로 되어 있는 '트랜스포머 일체형'과 본체 쪽에 내장되어 있는 '트랜스포머 분리형'이 있다. 트랜스포머 일체형은 암과 변압기가 일체로 되어 있어 전기의 손실이 적으며, 본체와의 접속에도 제한은 없지만 암이 무거워 오랜 시간의 작업에서는 피로하기 쉽다.

트랜스포머 분리형은 암과 트랜스포머가 분리되어 있어 암을 다루기는 편리하지만 암과 본체를 연결하는 코드가 굵고 무거우며, 길이도 그다지 길게는 할 수 없다.

최근에는 스폿 용접시 극히 짧은 동안에 타이밍을 맞추어 전류의 크기를 컨트롤하며, 전류의 흐르는 시간도 자동적으로 제어하는 기능도 준비되어 있다. 이들 대부분은 트랜스포머가 분리된 타입으로서 변압기와 제어기구는 일체화되어 있다.

● 용접의 구조

스폿 용접기에 의해서 패널이 용접되는 상태를 조금 더 상세히 알아보자. 먼저 용접 암의 전극 사이에 패널을 겹쳐 끼워 넣고 배력기구에서 증폭된 손의 힘이나 공기의 힘으로 패널에 압력을 가한다. 이것이 가압의 단계로서 압력이 가해지고 있는 부분은 다른 부분보다 전기가 흐르기 쉬운 상태가 된다.

하나의 강판에서도 전기가 확산되어 흐르지 않고 용접하는 장소에 집중적으로 흐르는 것은 압력을 가하여 다른 부분보다 저항이 감소되어 전기가 흐르기 쉽도록 되어 있기 때문이다. 또한 용접부에 가하는 압력이 불충분하면 용접 부위가 접촉불량에 의해 충분히 용융되지 않기 때문에 용접도 좋지 않게 된다.

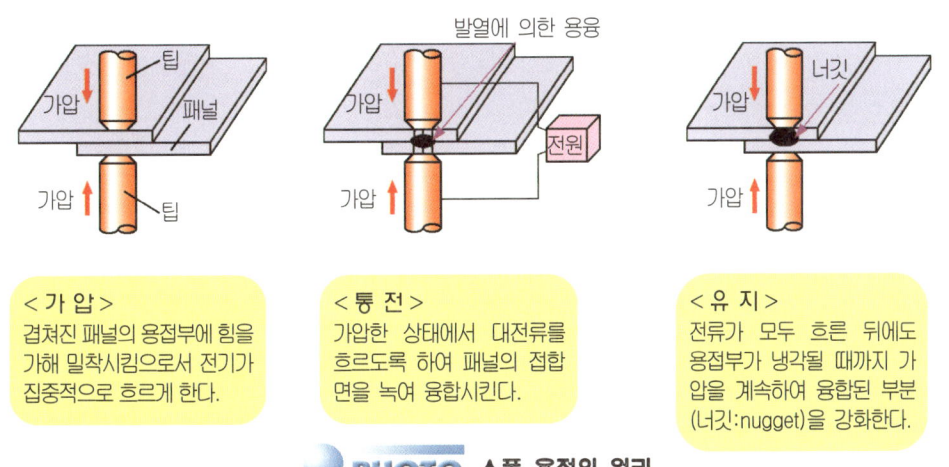

< 가 압 >
겹쳐진 패널의 용접부에 힘을 가해 밀착시킴으로서 전기가 집중적으로 흐르게 한다.

< 통 전 >
가압한 상태에서 대전류를 흐르도록 하여 패널의 접합면을 녹여 융합시킨다.

< 유 지 >
전류가 모두 흐른 뒤에도 용접부가 냉각될 때까지 가압을 계속하여 융합된 부분 (너깃:nugget)을 강화한다.

● PHOTO 스폿 용접의 원리

따라서 가하는 힘이 커지면 커질수록 좋다는 것은 아니다. 그 이유는 용접 부분이 좁아지기 때문이다.

가압하는 시점(時点)에서 스위치를 넣으면 큰 전기가 흐른다. 전기가 흐르는 시간은 0.1∼0.2초로서 아주 짧지만 흐르는 전기의 양은 자동차 생산라인에서 7,000∼10,000A(Amper), 보디 샵에서는 3,000∼5,000A로 대단히 크다. 그러나 용량이 큰 용접기를 보유한 공장에서 사용할 수 있는 최대 전력량이 부족한 경우에는 그 의미가 없다.

스폿 용접기를 설치하는 경우 자사(自社)의 전기 용량을 조사하여 용접기 제조사와 상담하는 것이 좋다. 또한 용접시의 전류는 가하는 압력이나 전극의 사이즈 등 용접의 조건에 따라서 다르기 때문에 항상 최대 전류가 흐르는 것은 아니다.

전류가 흐른 후 용접부가 냉각되기까지 잠시 압력을 가한 상태를 유지하는 것이 용접부의 강도를 높일 수 있다. 실제로 전기가 흐르는 것은 한순간으로써 곧 차가워지기 때문에 스위치를 넣고 곧 힘을 제거하지 말고 잠시 압력을 가한 상태를 유지하면 된다.

🔵 용접 작업 전에

스폿 용접기는 보다 큰 전류가 흐르도록 하는 것이 중요하다. 공장에 설비되어 있는 전원의 관리와 용접부의 사전 처리도 관련이 있다. 스폿 용접기에서 취급하는 전류는 크지만 전압은 10V 이하이다. 따라서 용접부에 전기가 잘 흐를 수 있도록 조치를 취하여야 하는데 구체적으로는 용접부에 이물질을 제거하고 도막을 벗기는 작업이 필요하며, 도막은 패널의 용접부 앞뒤에서 모두 벗겨야 한다.

용접기의 기종에 따라서 최초에 큰 전압을 가하여 도막을 태우는 기능을 갖춘 것도 있지만 도막의 두께와의 관계 및 열에 의한 주변의 영향 등을 테스트한 후 이용하는 것이 좋다.

부분적으로 도막을 벗기면 부식되기 쉬워지므로 용접부의 안쪽 부분에는 전용의 부식 방지제를 칠하는 것도 잊어서는 안된다.

용접기측도 암의 전극에 주의한다. 전극이 오염되어 있거나 변형되어 있으면 균일한 압력을 가할 수 없기 때문에 균일한 용접은 할 수 없다. 오염을 제거함과 동시에 변형을 수정할 수 있는 공구도 있으므로 부지런히 손질하여 둔다. 또한 일반적으로 암은 패널을 전극 사이에 끼워 넣은 상태에서 양쪽 전극이 일직선으로 되어 있어야 한다. 만약 서로 어긋나 있거나 규정의 각도를 벗어나 있으면 전극의 길이를 조정하여 맞추도록 한다.

기타 본체 쪽의 설정은 용접하는 패널의 두께나 종류(보통 강판, 아연 도금 강판 등)는 취급 설명서에서 확인하기 바란다.

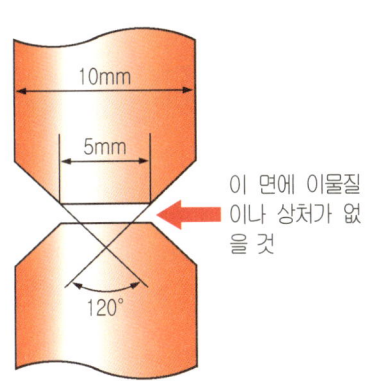

이 면에 이물질이나 상처가 없을 것

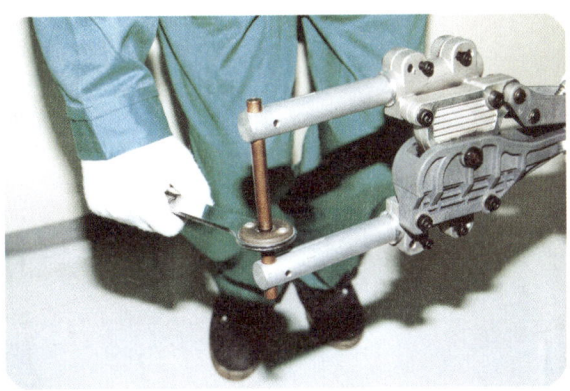

PHOTO 전극의 메인터넌스

스폿 용접의 부위

실제 용접작업은 간단하게 진행할 수 있고 에어식의 용접 암이면 더욱 편리하다. 물론 어디에서 무엇이든 끼워 넣고 스위치를 누르면 되는 것은 아니며, 먼저 스폿 용접하는 부분을 될 수 있는 한 용접하려는 플랜지 중앙부에서 분할한다.

플랜지 끝부분에 지나치게 집합되어 있거나 너무 안쪽으로 들어가지 않도록 하여야 하며, 스폿 용접부와 용접부 사이의 간격은 최저 15mm이상, 패널의 끝에서 5mm이상의 공간을 두어야 한다. 간격이 지나치게 좁으면 전류가 인접한 용접부로 흘러 용접이 잘 되지 않기 때문이다.

스폿 용접의 경우도 용접부를 끝에서부터 순서대로 작업하는 것은 아니고 최초에는 간격을 넓혀서 용접하고, 그 사이를 메우는 방법으로 필요한 용접부분까지 작업한다. 일반적으로 용접하는 부위는 외부 패널에서 새 차(新車)보다 1~2배 정도 증가시키고, 뼈대가 되는 구조물은 5배 정도 증가시킨다.

용접 부위가 많은 경우에는 일부분을 용접하고 잠시 후 다시 용접하는 방법으로 연속하여 작업하는 방법을 생각하여야 한다. 스폿 용접이 어느 정도 열의 영향은 적다고는 하지만 고열을 가하고 것이기 때문에 변화를 주지 않으면 용접기 본체측의 변압기도 연속작업에 의해 온도가 상승하면 효율이 저하된다.

잠깐 휴식을 취할 정도는 아니지만 용접부위가 많을 경우에는 5~6개의 장소를 용접할 때마다 2~3분 간격을 두고 작업을 계속하는 것이 좋다.

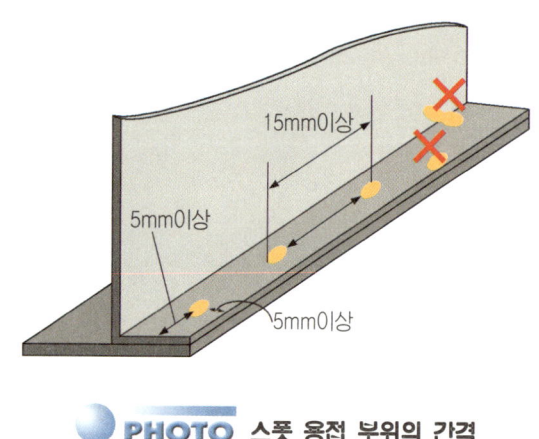

PHOTO 스폿 용접 부위의 간격

용접부의 확인

스폿 용접은 바깥에서 용접부의 상태를 판단하는 것은 어렵다. 스폿 용접한 장소는 약간 움푹 패인 둥근 형상의 스폿 흔적만 남기 때문이다. 이 흔적을 '너깃(nugget)'이라 하며, 너깃이 크거나 작으면 용접의 강도는 그다지 높지 않다. 너깃의 지름 3~5mm 정도를 표준으로 하면 된다.

강판의 조건이 동일할 경우 너깃이 작을 때는 용접 암으로 가하는 압력이 크고 필요한 만큼 용접 전류가 흐르지 않으며, 통전 시간이 짧은 것 등이 원인이다. 너깃이 너무 큰 경우는 별로 없지만 가하는 압력이 너무 작아 발생되며, 표면적이 큰 너깃이라도 용접의 강도는 불충분하게 되는 경우가 있다.

너깃(nugget)	작 다	크 다
가하는 압력 용접 전류 통전 시간	크 다 작 다 짧 다	작 다 크 다 길 다

※ 단, 어디까지나 크게 하거나 작게 할 수 있는 것은 아니고 일정 한도가 있다.

PHOTO 용접조건과 너깃의 크기

처음 사용하는 기종의 경우에는 본격적으로 용접의 강도를 테스트하는 것도 필요하다. 이 경우에는 테스트용의 외부 패널이나 뼈대가 되는 구조물(멤버 등)의 조각으로도 상관없기 때문에 될 수 있는 한 다양한 크기로 여러 개 준비하여 두께가 동일한 것으로 조건을 바꾸어 1개소씩 용접을 한 후 패널을 잡아 당겼을 때 너깃 부분이 찢겨져 구멍이 뚫리는 모양이 되면 용접의 강도는 양호하고, 너깃 부분이 양쪽으로 분리되는 경우에는 불량이다. 이때 양호한 경우의 용접 조건을 기록하여 두고 그것을 기본으로 작업한다.

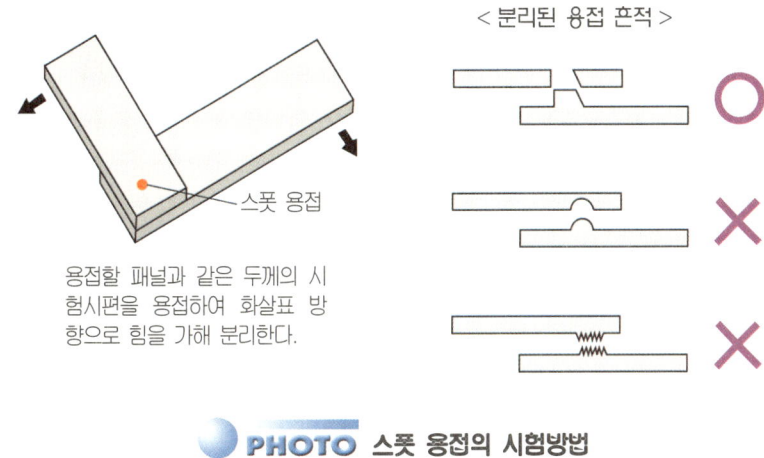

< 분리된 용접 흔적 >

스폿 용접

용접할 패널과 같은 두께의 시험시편을 용접하여 화살표 방향으로 힘을 가해 분리한다.

PHOTO 스폿 용접의 시험방법

그 외의 용접기

실드 용접기

용접기에는 여러 가지 종류가 있는데 보디 샵에서 일반적으로 사용되고 있는 것은 앞에서 설명한 바와 같이 마그 용접기이다. 그 외에 산업 분야에서는 자동 용접기, 고주파 용접기 또는 전혀 다른 원리의 용접기도 사용되고 있다. 앞으로는 알루미늄이나 스테인리스 등 강 이외의 소재를 사용한 보디는 그다지 없을 듯 하며, 이들의 금속 용접에는 마그 용접기와 한 그룹을 형성하는 실드 용접기가 필요한 경우가 있다. 또한 가스 용접기를 이용하고 있는 절단 작업을 다른 방법으로 할 수 있는 도구도 그다지 많지 않지만 이러한 특수 장비도 머지 않아 널리 보급될 전망이다.

알루미늄이나 스테인리스는 아르곤 가스를 사용하는 MIG 용접기를 이용하여 용접할 수 있는데 보다 깨끗하고 확실하게 용접하려면 TIG 용접기를 사용한다. 이것은 'Tangsten Inert Gas' 용접기의 약자이다. 전극은 자동으로 공급되는 와이어가 아니고 고정되어 있는 텅스텐제의 전극으로서 아크의 불꽃만 발생하고 별도의 용접봉을 사용하여 용접하며, 실드 가스는 아르곤이다.

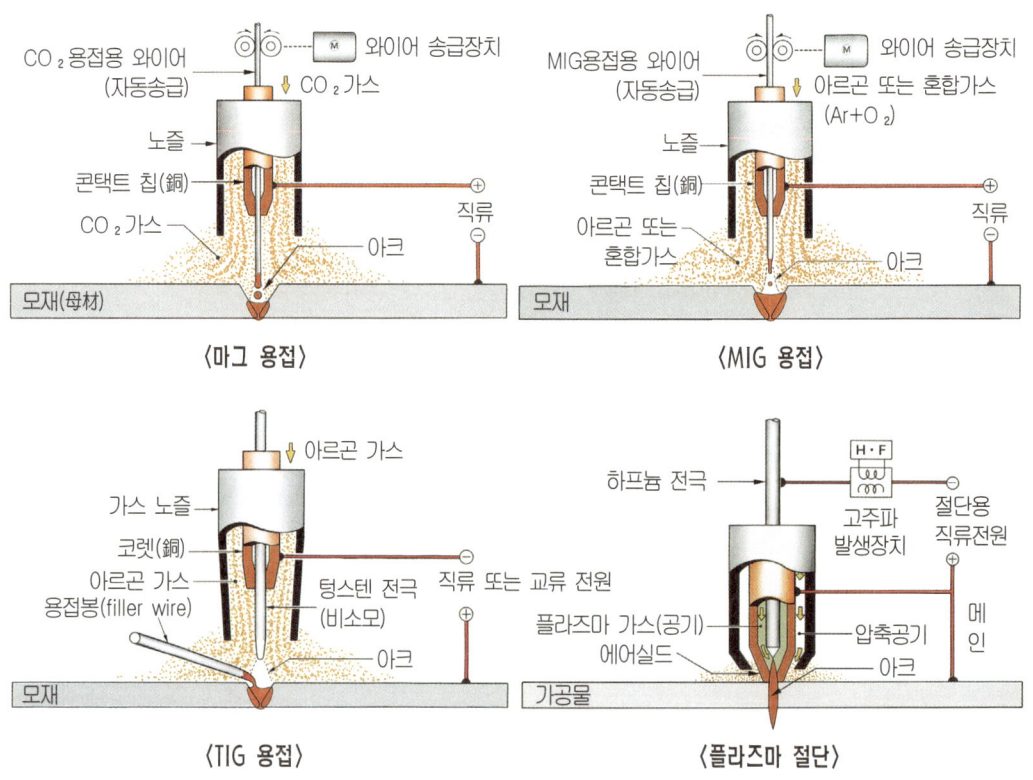

〈마그 용접〉 〈MIG 용접〉

〈TIG 용접〉 〈플라즈마 절단〉

PHOTO 각종 용접기의 구조

패널을 찌그러짐 없이 깨끗하게 절단하는 도구로서 새로운 플라즈마 절단기가 있다. 이것도 텅스텐제의 전극을 이용하여 발생된 아크의 불꽃으로 금속을 용융시키고 제트 기류의 압축 공기를 강하게 내뿜어 절단한다. 극히 좁은 범위에 열을 집중시켜 절단하므로 주변이 찌그러지는 경우가 없으므로 대단히 가늘고 깨끗한 라인으로 절단할 수 있는 것이 특징이다.

패널을 가공하는 도구

용접기 이외에 용접 작업에 필요한 공구나 도구는 몇 가지가 있다. 먼저 2장의 패널을 단순하게 맞대어 용접하는 경우는 용접부를 가공하지 않는 상태로도 가능하다. 그러나 단차(段差)를 붙여 2장을 겹치거나 가장자리를 접어 붙여서 용접하는 경우 또는 마그 용접기를 이용하여 플러그 용접하는 경우 등은 패널의 가공이 필요하다. 이 경우 해머나 돌리, 드릴을 이용하여 가공할 수 있지만 전용 공구가 있으면 작업도 빠르고 품질도 안정된다.

2장의 패널을 겹쳐 스폿 등으로 용접하는 경우 아래쪽의 패널을 위쪽 패널의 두께만큼 구부려 겹쳤을 때 단차가 생기지 않도록 가공하여야 하며, 이 작업을 '플랜지(feather edging) 가공'이라 한다. 도어의 아우터 패널을 이너쪽에 접어 붙인 모양처럼 바깥쪽 패널을 접어 안쪽 패널의 가장자리에 붙이는 작업을 '시밍(seming) 가공'이라 한다. 플러그 용접용의 구멍은 드릴이나 펀칭 공구를 사용한다. 각각의 작업에 필요한 전용 공구도 준비되어 있으며, 수동식도 있지만 에어식 툴을 사용하는 것이 신속하고 편리하게 작업할 수 있다.

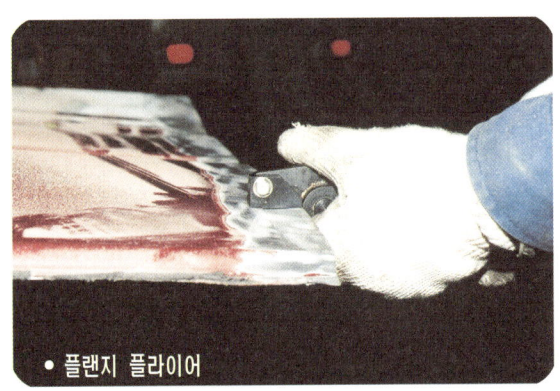
• 플랜지 플라이어

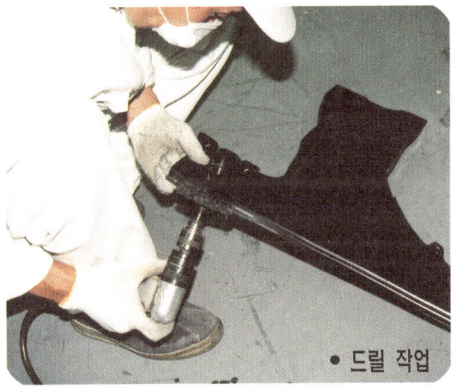
• 드릴 작업

PHOTO 패널의 가공작업

패널을 고정하는 도구

용접 작업이 가장 빈번한 패널의 교환 작업시에 가접(假接)은 용접이 완료되기까지 가능한 방법으로 정해진 위치에 확실하게 고정하여야 하기 때문에 용접용 클램프를 사용한다.

바이스 그립이나 바이스 클램프 등이라 불리는 용접용 클램프는 메이커마다 여러 가지 크기와 모양이 연구되어 모든 보디의 패널을 용접할 때 방해가 되지 않고 확실하게 고정할 수 있다.

용접용 클램프는 여러 가지 종류를 될 수 있는 한 많이 갖추는 것이 좋다. 그 이유는 작업시에 몇 가지 클램프를 가지고 여러모로 돌려가면서 사용하는 것도 좋지만 그 때문에 많은 시간이 소요되거나 작업중에 고정한 것이 해제되면 패널에 오차가 발생되는 경우가 생기기 때문이다.

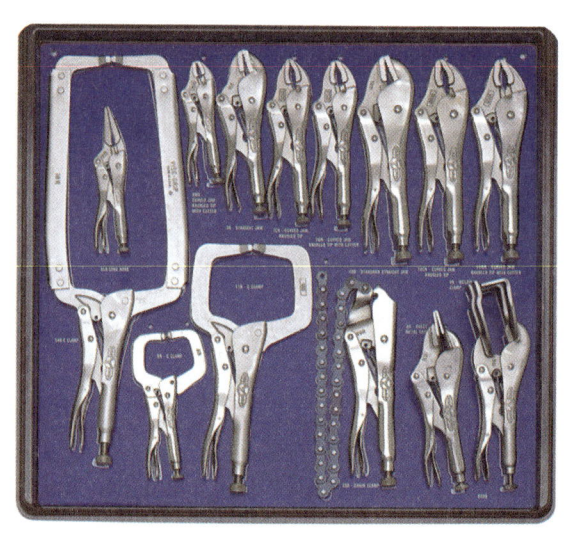

🔵 **PHOTO** 각종 용접용 클램프

🔵 열이나 빛의 보호구

용접 작업에서는 당연히 강한 빛과 높은 열이 부속물이다. 마그 용접의 아크 불꽃은 보호구 없이 직접 볼 경우 화상으로 인하여 눈에 통증이 유발되기 때문에 짙은 색의 차광유리가 부착된 핸드실드 또는 헬멧을 통하여 용접 상태를 확인하여야 하며, 스패터(spatter)가 비산될 때 얼굴을 보호하는 역할도 한다. 가스 용접기를 사용할 경우에도 헬멧이나 용접 안경이 필요하지만 그다지 스패터가 비산(飛散)되지 않으므로 용접용 안경으로도 충분하다.

마그 용접의 경우 상당히 넓은 범위까지 스패터가 비산되는 경우가 있다. 스폿 용접기에서도 도막이 남아 있으면 스패터가 발생된다. 이러한 스패터의 실체는 용융된 철 등이 주변의 패널이나 유리 등에 떨어지면 그을음이나 눌음이 생겨 복원이 매우 어렵다.

따라서 용접 작업을 할 때 용접에 관계없는 부위에는 난연성(難燃性) 시트 등을 씌워서 스패터로부터 보호하여야 한다. 전용의 스패터 차단 시트도 시판되고 있지만 캔버스 종이의 시트나 킬팅의 시트 등이 존재하는 재료로 만든 것도 관계없다.

PHOTO 안면 보호기의 사용

 용접패널 떼는 순서와 포인트

패널을 떼는 타이밍

용접 패널은 한번 설치할 경우 위치의 조정은 불가능하며, 떼어내고 다시 설치하는 것도 불가능하지는 않지만 매우 까다롭다. 그곳은 도어나 펜더 등의 볼트로 고정되어 있는 패널과 다르기 때문에 교환 작업은 보다 확실하고 신중한 작업이 요구된다.

용접 패널의 교환 작업은 대부분 보디 수정 작업의 연장으로 이루어지며, 보디 수정 작업에 따라서 각 부위의 치수가 복원되면 노화된 패널을 떼어내는 것으로서 이 타이밍이 익숙하지 못하면 매우 어렵다. 떼어내는 것이 너무 빠르면 견인 작업 과정이 어렵게 된다.

그렇다고 하여 모든 부분에서 완벽하게 치수가 복원되기까지 기다리고 있으면 시간도 걸리고 처음부터 완전히 복원할 수 있다면 패널을 교환할 필요가 없다.

관련 작업 등에 따라서도 다르지만 단순하게 정리하면 우선 보디의 센터 포인트를 정확하게 하는 것이 중요하다. 교환하는 패널의 용접부에 가장 중요한 포인트가 올바른 치수로 되어 있을 것, 이웃한 패널의 치수가 바르게 맞추어져 있는 것 등이 기준으로 되며, 미세한 부분은 신품의 패널을 맞추어가며 매우 섬세하게 조정하면 된다.

PHOTO 신품 패널에 의한 조정

대충 절단하여 시간을 단축한다

교환하는 패널은 원형을 유지할 필요가 없다. 나중에 스폿 용접부를 연마하기 쉽도록 관계없는 부분은 먼저 절단하여 제거하면 된다.

예를 들면 쿼터 패널을 떼어 내는 경우 바깥쪽 패널을 절개하여 제거하면 맞춤부분의 구조도 알기 쉽고 용접부의 뒤쪽에도 손을 넣을 수 있게 된다. 또한 다음에 설명하는 스폿 떼어 내기 전용 드릴의 사용 범위도 넓어진다.

주의사항으로는 패널 이외의 필요한 것까지 절단하는 것이다. 볼록한 부분에는 선루프(sun roof)의 드레인 파이프나 에어의 배관, 와이어 하니스 등이 통과하고 있는 것도 있다. 이들을 주의하지 않고 절단하면 나중에 번거롭게 된다. 보디 바깥쪽에서 보면 알기 어려우므로 자동차 메이커 등의 자료를 참조하여 확인하기 바란다. 이것은 나중에 설명하는 절단 공법에서 패널을 절단하는 경우에도 같다.

그다지 깊게 절단되지 않는 절단 공구를 이용하는 것도 그러한 위험을 방지할 수 있다. 구체적으로는 톱(saw) 타입의 절단 공구는 아니고 손 전동시어(shear)나 손 전동커터(cutter) 등 패널 면만 절단할 수 있는 공구를 사용하면 비교적 안전하다.

◉ PHOTO 쿼터 패널의 대충 절단한 예

스폿부의 가공

스폿 용접된 부분은 드릴 등으로 너깃부를 가공하여 떼어낸다. 단, 가공하는 것은 위쪽으로 되어 있는 패널뿐이며, 아래쪽 패널에는 될 수 있는 대로 상처를 내지 않도록 하여야 한다. 일반적인 드릴의 날은 앞이 뾰족하기 때문에 앞이 편평한 스폿 연마 전용의 날을 사용한다.

위쪽 패널만 연마하고 아래 패널을 남기는 것은 일반적인 드릴로는 상당히 어렵다. 스폿 떼기 전용 드릴이면 용접부를 클램프로 고정시키고 위치가 어긋나지 않도록 드릴 날이 들어가는 깊이를 조정할 수 있으므로, 간단하고 신속하게 작업할 수 있다. 용접용 클램프로 양쪽을 고정할 수 없는 장소에서는 사용할 수 없지만 대충 절단하는 것으로 거의 해결된다.

스폿 연마를 짧은 시간에 끝내는 요령은 될 수 있는 한 너깃의 위치를 정확하게 연마하는 것이다. 이것을 조절하지 못하면 나중에 스폿부의 패널 끝 부분에 부착된 너깃을 떼어 낼 때 고생하기 때문이다.

교환하는 패널의 아래쪽에 남아 있는 패널을 떼어내는 방식이 없으므로 드릴로 관통시켜 떼어 낸다. 3장 겹침에서 한가운데일 경우에는 가장 아래 패널에 상처 내지 않고 남겨둔다. 이러한 경우 남는 패널에 뚫린 구멍은 패널을 설치할 때 플러그 용접용 구멍으로 이용하면 된다. 대부분 스폿 용접기를 사용할 수 없는 장소가 많기 때문이다.

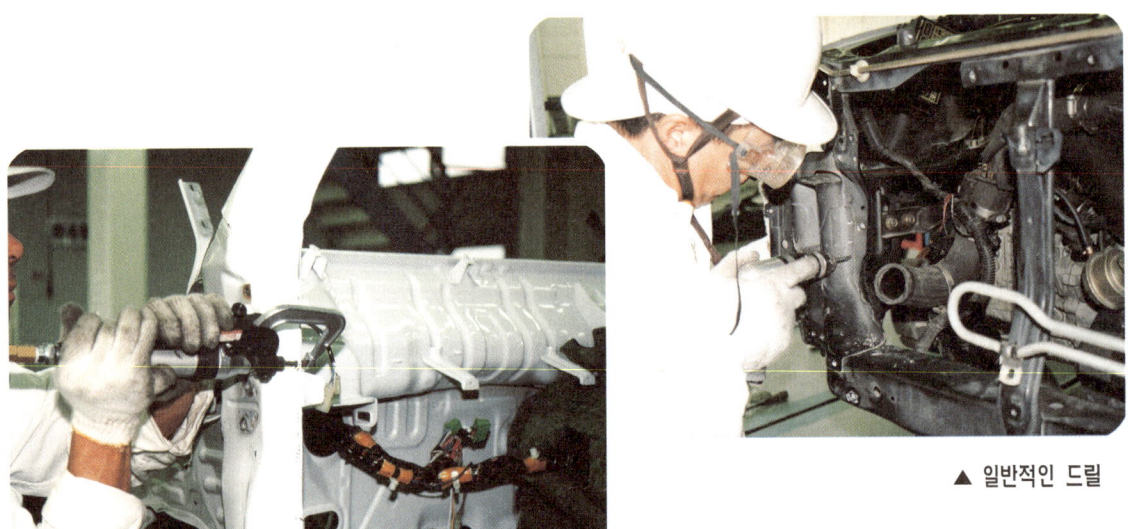

▲ 일반적인 드릴

▲ 스폿 떼어내기 전용 드릴

PHOTO 스폿 용접부의 가공

정(chisel)의 취급 방법

보디 샵에서 수 십년 동안 작업을 간단하게 하고 시간을 단축할 수 있도록 하는 여러 가지 새로운 공구가 시판되어 왔는데, 용접 패널을 떼어 내는 최종 작업에서 오래된 패널의 가장자리 부분을 떼는 작업은 예전 방법대로 정으로 조심스럽게 떼어낸다.

정은 날이 있으며, 얇게 되어 있는 쪽을 남아 있는 패널 쪽으로 향하여 대고 스폿 용접의 너깃을 정확하게 가공하면 그다지 힘을 들이지 않고도 가볍게 떼어 낼 수 있다. 너깃 가공이 불량하면 이 단계에서 시간이 걸릴 뿐만 아니라 남아 있는 쪽의 패널에 구멍을 뚫거나 하여 나중에 수정하는 것이 대단히 많게 된다. 굳어서 떼어 내기 어려운 부분이 있으면 무리하게 힘을 들일 필요는 없지만 한 번 더 너깃을 가공하고 손상이 없는지 확인한다.

최후에 해머와 돌리를 이용하여 용접부의 울퉁불퉁함을 수정한다. 너깃의 가공과 정에 의한 떼어내기 작업을 신중하게 하면 이 단계는 그다지 시간이 걸리지 않는다.

정

● PHOTO 정과 정작업

07 용접 패널의 설치순서와 포인트

가접(假接)에서 위치 맞춤까지

손상된 패널을 떼어 낸 다음 곧바로 신품 패널을 용접하는 사람은 없을 것이다. 치수도 (圖)에 따라서 설치되었다 하여도 패널과 패널의 간극을 가접하여 보면 잘 맞지 않는 부분이 있을 것이다.

그 이유는 치수도는 어디까지나 점과 점 사이의 거리를 나타낸 것으로서 기준값을 나타내고 있는 장소 이외의 오차는 찾아내기가 어렵다. 예를 들면 언더 보디의 기준 구멍과 구멍간에는 비교적 정확하게 측정하는 것은 쉽지만 보디의 옆면 등에서 패널의 측정 위치나 플랜지의 각(angle) 등을 기준 위치로 하는 경우 게이지의 측정 포인트 위치에 따라서도 오차가 발생된다.

따라서 최종적으로 신품 패널로 맞추어가면서 세밀하게 조정한다. 가접에서는 교환하는 패널뿐만 아니라 관련된 다른 패널, 이웃한 패널, 볼트 온 패널 등 모두 설치하여 보아 전체의 관계를 판단하는 것이 중요하다. 보디의 반대쪽도 참조하기 바란다.

패널을 떼어 낸 것에 의한 위치 변화도 고려하여야 한다. 주변의 패널에 찌그러짐이 남아 있어도 손상된 패널이 설치되어 있는 사이는 찌그러짐이 표면화되지 않았지만 패널을 떼는 것으로도 힘의 불균형이 발생되어 변형되는 경우도 있다. 이 경우 또 한번 치수를 측정하면 알 수 있을 것이다. 또한 엔진 룸 등에서는 엔진의 중량에 의해서 프런트 쪽이 내려갈 경우에는 엔진을 잭(Jack) 등으로 들어 올린 후 또 한번 측정하면 된다.

용접 부분이 손으로도 무리없이 남은 쪽의 패널과 딱 맞게 되면 볼트 온 패널 등을 설치해 보고 서로의 틈이 대략 맞으면 본격적으로 설치 작업을 한다. 이때 주위의 패널이 잡아당겨지면 지금까지 없었던 찌그러짐이 나타나는지 확인한다.

PHOTO 패널의 가접

용접 전에 필요한 작업

가접하여 위치가 맞으면 다시 한번 부위별로 모두 확인한 후 용접의 사전 처리를 한다. 신품 패널에는 산화부식 방지의 하지 프라이머 서페이서가 도장되어 있으므로 용접 부분은 앞뒤 모두 그 도막을 벗기며, 보디 쪽의 용접부도 마찬가지이다. 이 작업에는 연마부가 벨트 모양으로 된 벨트 샌더를 사용하면 편리하다.

마그 용접기를 이용하여 용접하는 부분은 위쪽으로 패널의 용접부에 지름 8mm 정도의 구멍을 뚫고 보디쪽과 신품쪽 모두 구멍보다 약간 넓은 범위로 도막을 벗겨낸다.

용접부분에 패널이 겹치는 안쪽은 용접용 산화 방지제를 칠한다. 또한 패널을 설치하기 전에 실링제를 도포하지 않으면 설치 후에는 도포할 수 없는 장소도 있으므로 떼어 낸 패널 안쪽을 세밀하게 점검한다. 또 신품 패널에 설치되지 않았던 작은 패널을 신품에 설치하는 것도 잊어서는 안된다. 떼어 낸 패널과 신품 패널을 비교하여 부족되는 부위를 확인하여야 하며, 특히 뒷면의 린포스먼트나 브레이스(brace)류 등에 주의하여야 한다.

모두 완료되면 다시 한번 관련된 패널을 포함하여 가접하고 떼어내기 전 상태로 복원되었는지 확인하였을 때 위치 맞춤의 수정이 잘 되어 있으면 아무런 문제가 없다. 그러나 잘 맞지 않을 경우에는 다시 한번 각 부분이 맞닥뜨린 상태를 점검한다.

 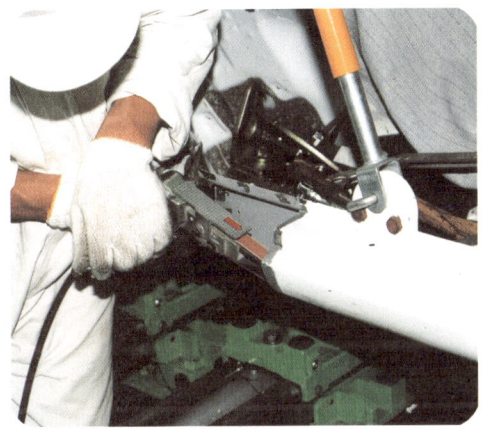

PHOTO 도장 벗기기 작업

용접중에 주의점

용접기의 스위치를 넣기 전에 주변의 패널이나 유리 등에 난연성 시트 등이 씌워져 있는 가를 확인한다. 스패터가 심하게 발생될 경우에는 용접기의 설정이 잘못되어 있을 가능성이 있으므로 용접기 본체의 설정 상태를 확인한다. 연속적으로 용접할 부위는 처음부터 끝까지 용접할 것이 아니고 간격을 띄워 용접하고, 그 후 간격을 메우는 방법으로 용접한다는 것은 앞에서 설명하였다. 신품의 패널 전체에서 생각해도 동일하다.

우선 중요한 포인트를 먼저 용접하여 패널이 서로 어긋나지 않게 되면 용접용 클램프를 모두 제거하고 필요한 부분을 용접한다. 스폿 용접의 경우, 외판(外板)은 새 차일 때의 1% 정도 증가하고 뼈대가 되는 구조물의 패널은 5% 정도 증가하여야 한다. 만일 용접 간격으로 인하여 용접점 수를 확보할 수 없을 경우에는 마그 용접기를 이용한 플러그 용접으로 바꾼다.

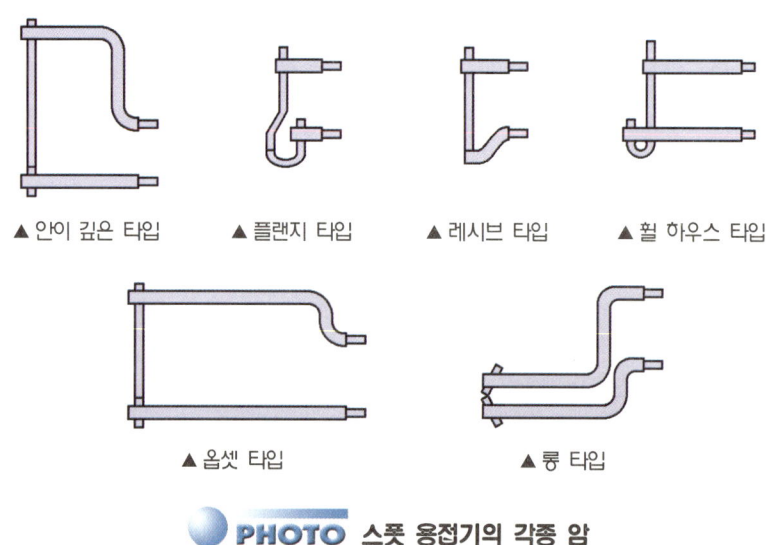

▲ 안이 깊은 타입　　▲ 플랜지 타입　　▲ 레시브 타입　　▲ 휠 하우스 타입

▲ 옵셋 타입　　　　　　　▲ 롱 타입

● PHOTO 스폿 용접기의 각종 암

스폿 용접기에는 여러 가지 교환용 암이 준비되어 있다. 롱 암, 안이 깊은 암, 휠 하우스용의 암 등등이다. 번거로움이 없도록 용접 부위에 맞추어 교환하면서 작업하는 것이 중요하다. 이것은 작업 시간의 단축과 안정된 용접의 품질을 확보할 수 있기 때문이다.

● 용접 후의 뒤처리(마무리)

모든 용접이 끝나면 다시 한번 각부의 치수를 측정해서 확인하여 둔다. 또한 용접에 따라서 용접부의 주변 등에 찌그러짐이 있는가도 확인한다.

플러그 용접의 흔적이 부풀어 오른 상태로 되어 있으므로 그라인더 등으로 정성껏 연마한다. 마그 용접기를 이용하여 용접한 장소도 마찬가지로 연마하고 필요에 따라서 해머로 수정한다. 이는 용접시 열에 의한 변형이 발생되기 쉬운 장소일수록 용접 후 수정작업이 필요한 부분은 수공구를 활용한다. 예를 들면 사이드 실 부위와 쿼터 패널을 교환하기 위해 작업한 상·하단 부위가 그러하다.

실링제의 도포도 잊지 않고 한다. 패널의 맞춤 부위에 빈틈이 없도록 확실하게 실링제로 메우고, 돋보임이 필요하면 그 후에 다시 한번 형체를 갖추면서 도포하고 볼록한 부분에는 부식방지제를 불어 넣어 골고루 도포되도록 한다. 완벽하게 작업을 완료한 상태에서도 용접 후에는 열에 의해 부식이 발생되기 쉬우므로 출고 상태의 자동차 이상으로 부식에 더욱 신경을 써야 한다.

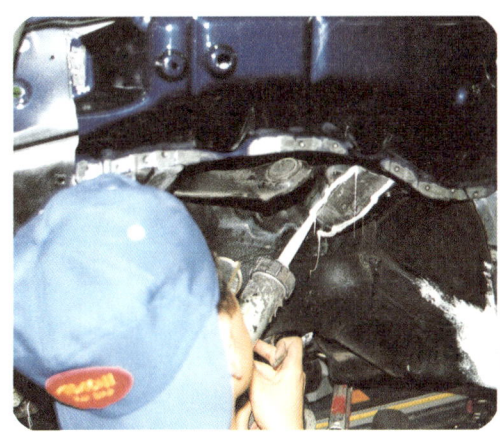
▲ 실러를 도포한다

▲ 용접 흔적을 정리한다

 PHOTO 용접작업의 마무리

 패널형태와 교환작업

어셈블리 교환과 절단 이어붙임 교환

패널을 교환할 경우에는 신품 패널의 형상에 반드시 구애될 필요는 없다. 용접부의 패널을 맞붙이는 상태에 따라서 부분적으로 절단하여 신품과 이어붙이는 방법으로 교환하는 경우도 있다. 신품 패널을 그대로 교환할 수 있는 방법을 '어셈블리 교환', 부분적으로 절단하여 교환할 수 있는 방법을 '절단 이어붙임 교환'이라 한다.

어느 패널을 교환할 때 어느 쪽을 선택하는가는 차종이나 구조, 손상 범위 등에 따라서 다르다. 그러나 주변 패널과의 용접부가 3중 이상 등의 복잡한 구조로 되어 있거나 더구나 아래쪽으로 들어갈 경우에는 그 주변에서부터 조금 떨어진 장소에서 절단하여 신품 패널과 이어붙이는 방법으로 교환한다. 교환하는 패널의 용접부가 위로 될 경우에는 어셈블리 교환이 좋다.

　구체적으로는 라디에이터 서포트나 펜더 에이프런 등은 어셈블리 교환, 쿼터 패널이나 사이드 실 패널, 센터 필러 등은 절단하여 신품의 패널과 이어붙이는 방법으로 교환하는 것이 많다. 단, 구조에 따라서는 절단하여 신품의 패널과 이어붙이는 방법으로 교환이 불가능하거나 절단하여 연결하는 부위가 자동차 메이커마다 정해져 있는 경우도 있으므로 자동차 메이커의 지침서 등을 참조하기 바란다.

　절단 이어붙임 부위의 결정 포인트는 패널의 코너부나 용접부로부터 50~100mm 정도로 떨어지게 하고 뒷면에 린포스먼트 등 작은 패널 등이 없는 것(신품 패널에서 확인한다), 절단 이어붙임 용접의 길이가 될 수 있는 한 좁은 장소를 선택하는 것 등이다. 이 장소도 자동차 메이커의 지침서 등을 참조하여, 절단 이어붙임 부위나 방법에 지정되어 있으면 그것에 따른다.

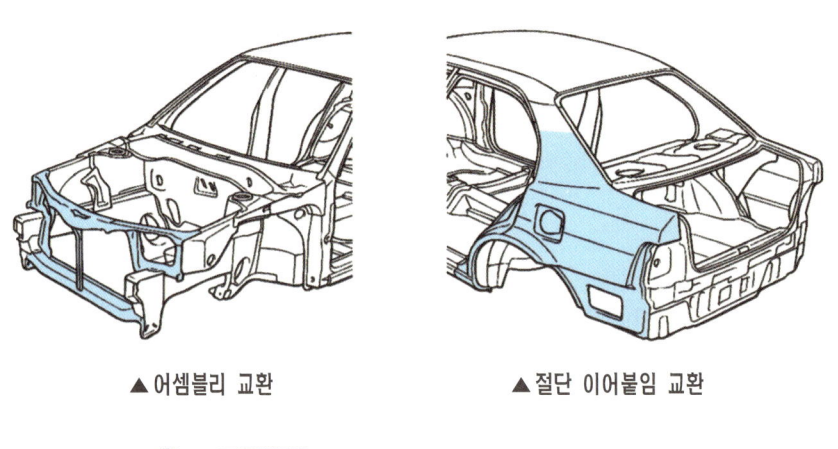

▲ 어셈블리 교환　　　　　▲ 절단 이어붙임 교환

PHOTO 어셈블리 교환과 절단 이어붙임 교환

절단 이어붙임 교환의 포인트

　절단하여 신품의 패널과 이어붙이는 방법으로 교환하는 부위는 맞대어 용접한다. 이 용접은 절단한 패널의 끝과 끝을 맞추어 그대로 용접하는 방법이며, 쿼터 아웃 패널 등 큰 힘이 가해지지 않는 장소를 이용한다. 사이드 실 패널이나 멤버 등 강도가 요구되는 부위에서는 절단하여 신품의 패널과 용접하는 부분에 보강판을 넣어 맞대어 용접한다.

절단한 신품 패널의 조각 등을 이용하여 폭 50mm 정도의 보강판을 만들고 절단하여 신품의 패널과 용접할 부분의 뒤쪽에 맞추어 먼저 보디 쪽에 용접한 후 신품 패널을 그 위에 덮어씌워 설치하면 된다. 사이드 실 패널이나 사이드 멤버를 절단하여 신품의 패널과 용접하는 방법으로 교환할 때는 보강판을 사용하여 강도를 확보한다.

맞대기 용접에서는 신품과 구품의 패널을 겹쳐서 한번에 자르면 위치 결정은 그다지 어렵지는 않다. 신품과 구품의 겹치기가 어려울 경우에는 올바르게 측정하여 맞추지 않으면 안된다. 너무 짧게 절단하면 패널의 간격이 크게 되므로 약간 길게 절단하여 조정할 수 있도록 한다.

〈맞대기 용접〉

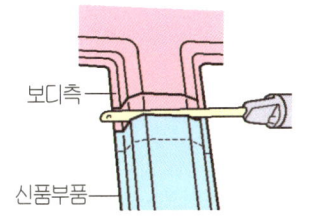

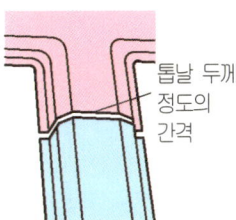

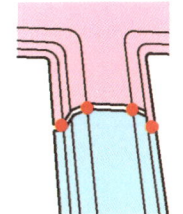

1. 신품과 구품의 패널을 겹쳐서 한번에 절단한다.

2. 커터 날 폭 정도의 간격을 남기고 위치를 정한다.

3. 몇 군데 포인트만 용접하고 나서 간격을 메우듯이 전체를 용접한다.

〈보강판을 넣은 맞대기 용접〉

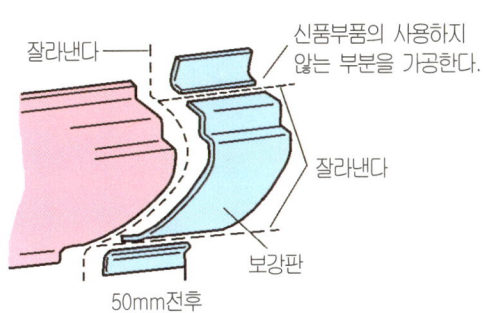

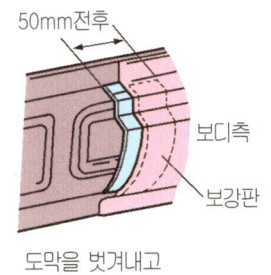

● PHOTO 맞대기 용접에 의한 절단 이어붙임 교환

절단 공법

어셈블리 교환에서는 신품을 그대로 교환하고, 절단하여 이어붙임 교환에서도 절단하는 것은 극히 일부이다. 이들에 대해서 실제의 손상 부분을 극히 좁은 범위에서 절단하고 절단된 범위를 신품으로 교환하는 것이 '절단 공법'이다. 이 방법은 패널의 교환에 수반하는 관련 부품의 탈착 등이 적어도 잘 되며, 작업 시간도 단축할 수 있다.

예를 들면, 쿼터 패널을 교환할 경우 어셈블리 교환이나 리어 필러 상부에서 절단하여 신품과 용접하는 방법으로 교환할 때 최저의 경우 리어 윈도우, 리어 시트, 가솔린 탱크, 리어의 트림 & 몰딩 등을 탈착하지 않으면 작업할 수 없다. 휠 아치의 뒤쪽에서 절단하여 교환하면 이러한 부품을 탈·부착할 필요가 없어진다. 단, 그러한 방법에 대응한 부품의 패널은 우리나라에서는 입수가 어려운 것, 절단 이어붙임 부분이 길어지고, 용접에 고도의 테크닉이 필요하게 되는 것, 위치의 맞춤이 어려운 것 등의 이유로 그다지 일반적이지 못하다.

▲ 절단하여 이어붙임 교환

▲ 절단 공법

 PHOTO 절단 공법이란

요즈음의 프런트 사이드 멤버의 경우에는 신형 차, 특히 전륜 구동차에는 사이드 멤버에 부품이 장착되어 있는 부분의 패널 구조가 복잡하고 요구되는 강도도 크다. 손상 범위가 내부까지 크게 영향을 미치지 않는 경우 자동차 생산 라인에서 강도를 유지한 상태로 손상부분만 교환하는 쪽이 안전하기 때문이다. 단, 프런트 사이드 멤버는 충격 흡수 구조로 되어 있으며, 내부에 부분적인 보강을 위한 작은 패널 등이 배치되어 있는 것이 많다.

또한 교환 위치를 결정하는데도 상당히 정밀한 측정이 필요하다. 따라서 이 방법을 사용할 경우 신품 패널이며, 멤버 안쪽의 구조를 확인하고 작은 패널류를 피한 장소에서 절단하여 첨가한다. 위치 결정을 기준으로 하는 작업 구멍이나 부품의 설치 구멍 등을 될 수 있는 대로 많이 설정한다. 반드시 보강 판을 넣든가, 플랜지를 가공하여 겹쳐 용접하는 등의 주의가 필요하다.

접착제에 의한 패널의 교환

접착제에 의한 패널 접합

접착제에 의한 패널의 교환 방법은 1980년대에 이미 제안되어 공구나 재료도 준비되어 있었는데 일반화되지 않다가 2000년경부터는 수리비 저감의 방책으로서 다시 주목을 받게 되었다.

자동차 생산 라인에서도 접착제는 패널을 결합하는 방법의 하나로서 사용되고 있다. 그 가운데서도 구조용 접착제라고 하는 타입은 자동차만 아니고 항공기나 선박, 전자 기기 등에서도 널리 사용되고 있다. 이들은 주로 에폭시계 접착제가 중심으로 되어 있다.

접착제에 의한 접합은 응력이 균일화되고, 접합부가 변형하지 않으며, 수밀성·기밀성이 우수한 다른 소재와의 접합도 쉬운 장점 등이 있다. 그 반면에 내열성이나 재접합성은 그다지 좋지 않고 접착 효과가 나오기까지에 시간이 걸리는 등의 어려운 점도 있다.

접합 강도는 접착제의 종류에 따라서 다르지만 스폿 용접 등에 비하면 결코 뒤지는 것은 아니다.

▲ 접착부의 플랜지 가공

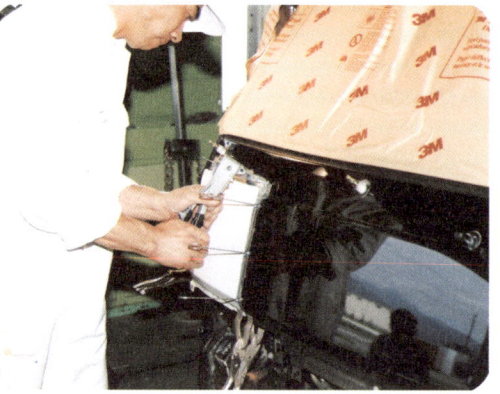

▲ 접착부의 가접(假接)임시작업

● PHOTO 접착제에 의한 패널 교환작업

접착제에 의한 패널 교환의 포인트

접착제에 의한 패널의 교환 방법은 맞대는 부분의 구조나 가접(假接)의 방법 등에 따라서 몇 가지로 분류된다. 맞대어 연결하는 부분은 맞대는 뒷면에 보강재를 설치하는 방법과 플랜지를 가공하여 겹치는 2가지 방법이 있다.

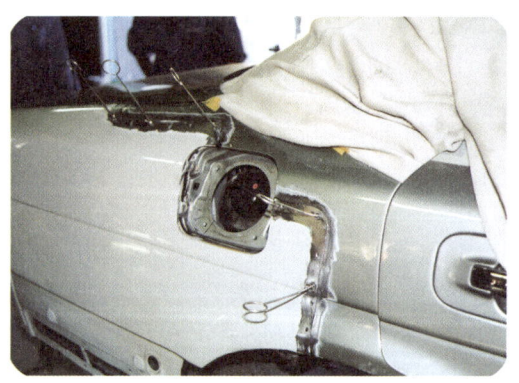

● PHOTO 접착제에 의한 패널 교환 작업

보강재를 설치하는 방법은 작업공정이 증가하여 약간 시간이 걸리는데 접합 장소를 선택하지 않아도 되고, 작업도 어렵지 않다. 이에 비하면 플랜지 가공의 경우에는 접합 장소에 따라서 깨끗한 플랜지를 가공하기 위하여 능숙한 솜씨가 필요하다는 문제가 있다.

가접은 접착제가 경화되기까지 어긋나지 않도록 눌러 두는 방법인데 스폿 용접과 리벳의 편성, 특수 고정용 클램프 사용, 스폿 용접부와 접착 접합의 편성 등의 방법이 있다. 이것은 접합 부위나 현재 보유하고 있는 도구 등의 관계를 고려하여 선택하게 된다.

접착제에 의한 패널 교환 작업의 포인트는 패널의 위치 결정을 정확하게 하는 것과 접착제가 경화되기까지 시간이 걸리므로 그 사이에 확실하게 누르는 방법을 선택하는 것이다.

6. 보디수정작업과 수정장치

THE body work

6. 보디수정작업과 수정장치

01 여러 가지 보디 수정장치

🔵 보디 수정장치의 조건

사고에 의해서 프레임이나 모노코크 보디의 구조가 변형되었을 경우 해머와 돌리로써 수정할 수 없다는 것은 누구라도 알 수 있을 것이다. 이러한 변형일 경우에 사용되는 것이 보디 수정장치로서 '프레임 수정기'라고도 한다. 보디 샵에 관계되는 현재의 자동차는 대부분 모노코크 보디 구조로서 보디와 프레임을 분리할 수 없기 때문에 여기서는 '보디 수정장치'라 불리고 있다.

보디 수정장치란「자동차를 고정하고, 프레임의 구부러짐이나 비틀림 등의 점검·수정·검사를 할 수 있는」프레임 교정장치나「자동차를 고정 또는 수정기를 유지 기구에 의하여 자동차에 고정시켜 보디의 변형을 검사·수정할 수 있는」차체 수정기로서 이 책에서는 이들을 알기 쉽도록 하기 위해 실제 보디 샵의 설비 상황으로 볼 때 아래의 3가지를 보디 수정장치의 구비조건으로 본다.

① 언더 보디를 4곳 이상 튼튼하게 고정할 수 있어야 한다. 고정은 보디 수정작업의 기본으로서 확실하게 고정할 수 없는 경우 수정작업이 불가능하다.

② 측정시스템이 부속되어 있어야 한다. 변형의 확인이나 수정작업은 보디의 측정없이는 진행할 수 없기 때문이다.

③ 견인장치가 있어야 한다. 물론 견인장치가 없으면 보디를 수정할 수 없다. 가능한한 다른 두 방향 이상으로 동시에 견인 작업할 수 있으면 보다 효과적이다.

즉, 하나의 제품에 3가지의 조건이 모두 갖추어 있지 않으면, 보디 수정장치라 할 수 없다. 이 정의는 보디 수정장치의 이미지를 최소한의 범위로 규정한 것으로서 시판되고 있는 제품의 구성 내용과는 관계없다. 바꾸어 말하면 이 책에서 '보디 수정장치'라 서술한 경우에는 적어도 앞에서 설명한 3가지 조건을 만족시키는 기계장치의 편성이라는 의미이다. 일부 부족한 상태로 편성된 기계장치의 그룹을 '간이식 수정장치'라 표현할 경우도 있다.

고 정	언더 보디를 4곳 이상 고정할 수 있을 것
측 정	측정의 기준이 되는 평면이 있고 보디의 변형을 측정할 수 있을 것
견인 작업	견인 방향이나 견인되는 수에 커다란 제한이 없을 것

※ 개념으로서의 장치를 말할 뿐이지 개개의 제품이 갖는 능력과는 관계없다.

▲ 수정장치의 조건

보디 수정장치의 구조

보디 수정장치는 사고 등으로 인하여 변형된 보디의 뼈대가 되는 구조물의 패널을 복원 수리하기 위한 것이다. 뼈대가 되는 구조물의 변형된 패널을 수정하려면 사고에 대응할 수 있는 큰 힘이 필요하기 때문에 일반적으로 유압 유닛이나 체인블록(chain block) 등을 이용하여 힘을 가한다.

보디 수정작업에서 힘을 가할 경우 대부분 당기는 것이지만 때로는 내리누르거나 들어올리는 경우도 있다. 이들을 모두 '견인 작업'이라 한다. 견인하는 힘의 성능을 높이기 위해서는 자동차를 튼튼하게 고정시켜야 한다. 고정이 불충분한 경우 견인작업의 힘이 손실되거나 견인방향이 올바르게 되지 않는 경우도 있다. 때로는 예상 밖의 방향으로 힘이 작용하여 본래보다 심한 상태로 변형되는 경우도 있다.

정상적인 상태에서 어느 정도 변형되어 있는가, 어느 방향으로 얼마만큼 당기면 복원되겠는가, 생각한 대로 원래의 상태로 정상 복원되었는가 등은 이들 모두 측정장치 없이는 알 수 없다. 측정장치에는 단순한 구조에서부터 컴퓨터를 이용하는 복잡한 시스템까지 여러 가지가 있으나 측정장치는 다음에 설명하기로 한다.

그 외 자동차의 고정이나 점검을 쉽게 하기 위해 리프트가 편성되어 있거나 측정의 기준으로서 독립된 베이스가 준비되어 있는 등 여러 가지 어태치먼트나 옵션이 준비되어 있다.

보디 수정장치를 모양 면에서 분류하면 바닥식, 받침대식, 벤치식의 3종류로 나눌 수 있다.

	바 닥 식	받침대식	벤 치 식
보디 고정	바닥면의 레일 또는 앵커	작업대 위(승차한 채)	벤치
견인기구의 고정	바닥면의 레일 또는 앵커	본체에 부속	벤치
측정장치	각종 편성이 가능	각종 편성이 가능	벤치 자체가 측정장치
비사용시	통상 바닥면과 거의 동일	타 작업에는 사용하기 어렵다	통상의 바닥면과 거의 동일
세 팅	장치의 조립이 필요	차를 작업대에 올리기만 한다	장치의 조립이 필요
측정기준면	바닥면 공사가 필요	작업대가 기준면이 된다	벤치가 기준면이 된다
리프트 병용	작업중엔 불가능	작업중엔 불가능	작업중에도 가능

▲ 수정장치의 분류

바닥식 수정장치

앵커나 레일이 바닥면에 묻혀 있는 타입의 수정장치로서 사고차나 견인장치, 측정장치 등을 고정된 앵커나 레일에 따라서 취급하며, 바닥면의 수평이 정확하면 측정용의 베이스로도 이용할 수 있다. 수정장치를 설치할 때 규모가 큰 공사가 필요하지만 수정작업에 사용하지 않을 경우 일반적인 공장의 작업공간으로서 자유롭게 활용할 수 있으므로 공장이 협소하여도 설치할 수 있다.

보디 수정장치로 사용할 경우 여러 개의 고정장치나 견인장치의 조립이 필요하고 약간의 시간이 소요되며, 한번 고정하면 높이를 변경할 수 없다. 바닥의 중앙에 리프트를 설치한 타입은 고정작업이나 수정작업 전후에 점검 등을 쉽게 할 수 있는 것으로서 견인작업중에는 이용할 수 없다.

앵커나 레일을 어떻게 설치하는가에 따라서 견인작업의 포인트 수나 방향은 비교적 자유롭게 결정할 수 있다.

측정장치는 모든 타입과 편성이 가능하지만 뒤 설치식의 경우 사고차와의 사이에 수평을 유지시키는데 약간의 시간이 소요되는 경우도 있다.

 PHOTO 바닥식 수정장치

받침대식 수정장치

자동차에 직접 승차하고 진입할 수 있는 튼튼하고 편평한 받침대(주행면)가 설치된 수정장치로서 견인장치나 측정장치가 받침대에 설치되어 있는 것이 많다. 공장의 작업 공간을 점유하기 때문에 어느 정도 넓은 공간이 필요하다.

받침대 위에 사고 차량을 진입시키는 방법으로서 본체 전체를 비스듬하게 진입하는 타입, 진입용 경사로를 이용하는 타입, 공장의 바닥면을 파내고 받침대를 공장의 바닥면과 동일한 면으로 하는 타입 등이 있으므로 설치 방법도 선택할 수 있다.

기본적인 견인장치는 받침대에 편성되어 있기 때문에 견인장치의 수를 추가하여 설치하는 것은 어렵다. 그러나 받침대 위에 설치된 앵커 등을 이용하여 견인작업의 포인트를 추가하는 것은 가능하다. 또한 수정장치 전체를 상하로 이동시키는 경우를 제외하고 한번 고정하면 바닥식과 같이 높이를 변경할 수 없다.

작업중에는 받침대 위와 공장의 바닥면을 오르내리는 것이 빈번하면 피로도가 심하기 때문에 계획성 있는 작업이 필요하며, 굴러 떨어지지 않도록 주의하여야 한다.

● PHOTO 받침대식 수정장치

벤치식 수정장치

벤치란 지그 벤치(jig bench - 상세한 내용은 측정장치에서 설명하겠지만 측정용 도구이다.)에 사고차를 고정하는 장치와 견인장치를 추가하여 편성시킨 벤치식 수정장치이다.

본체는 철과 알루미늄제의 프레임에 캐스터(caster) 등을 설치하여 이동시킬 수 있으며, 리프트와 일체화시켜 바닥면에 파묻는 방법으로도 설치할 수 있다. 그 때문에 수정장치를 분해하면 공장의 작업공간을 확보할 수 있지만 사용할 경우 조립하는 시간이 증가된다.

리프트와 지그 벤치의 편성은 견인작업 중에도 자유롭게 높이를 변경할 수 있는 점이 편리하다. 실제 작업에서는 리프트를 상승시킨 상태에서 작업하고 어퍼 보디의 견인작업에서는 낮은 위치로 하강시켜 작업을 계속할 수 있다.

벤치의 측면에 자동차가 진입할 수 있는 판을 설치하여 받침대식과 같이 사고차에 승차하여 진입한 후 고정하고 자동차의 진입판을 떼어내는 타입도 있다.

견인장치도 벤치에 고정하여 이용하는데 설치하면 받침대식과 같이 자유롭게 이동시킬 수 없기 때문에 견인방향을 잘 파악한 후 설치하여야 한다. 또한 벤치도 자동차가 은폐되는 정도의 크기이므로 추가적인 고정이나 견인작업의 포인트 설치가 장소에 따라서 어려울 때도 있다.

지그 벤치는 측정 장치의 일종이므로 바닥식이나 받침대식과 편성하여 사용하는 것도 가능하다.

PHOTO 벤치식 수정장치

능률적인 보디 수정 작업을 위해서

능률적인 보디 수정작업을 위해서 보디 수정장치를 빼놓을 수 없지만 실제로 보디에 힘을 가하여 견인하는 작업시간은 그다지 길지 않다. 오히려 보디 수정장치의 조립, 사고차의 고정, 견인장치 설치, 견인 방향을 생각하는 등의 시간이 차지하는 비율이 높다. 견인 방향을 생각하는 시간을 제외시켜도 그 외의 시간은 보디 수정장치와 깊은 관계가 있다. 단, 어느 타입의 수정장치와 어느 기종이 능률적인 것인가는 공장의 크기나 레이아웃, 대상차종이나 사고의 상태 등에 따라서 바뀌게 된다.

따라서 수정장치를 선택할 경우에는 단지 견인작업 할 때의 취급 방법만 아니고 공장 전체, 차체수리 작업 전체의 흐름 중에서 생각하게 될 것이다. 또한 현재 이용하고 있는 수정장치의 능률을 최대로 활용하고 있는지 생각하기 바란다.

극단적인 예이지만 대형 사고차의 입고가 극히 적고, 공장도 협소한데 비해 대형 받침대식 수정장치를 설치하였다면 받침대 위에는 작업 대기차의 대기 장소나 부품류를 보관하는 장소가 되는 결과가 된다. 만일 그렇다면 약간의 비용은 들겠지만 받침대식 수정장치를 바닥과 동일한 높이로 묻어서 다른 작업도 할 수 있도록 하거나 작은 손상의 자동차도 받침대식으로 능률 좋은 작업 방법을 연구하는 것이 바람직하다. 아니면 대형 사고차를 불러들이는 영업능력을 키워야 할 것이다. 즉, 공장의 상황이나 작업 전체의 흐름을 생각하여 수정장치를 선택하거나 수정장치에 적합한 작업 선택이 필요하다는 것이다.

▲ 바닥식 수정장치   ▲ 벤치식 수정장치

● PHOTO 보디 수정장치의 세트작업

02 보디를 측정하는 장치

지그의 기능

지그는 고정하는 기구이다. 부품을 조립하여 어떤 것을 생산할 때 플라스틱 모델처럼 부품에 구멍과 돌기 부분 등이 있으므로 서로를 끼워 맞추어 보아 위치를 측정한다. 그리고 지정대로 조합할 때 어떤 방법으로든 고정하고 있어야 맞붙게 된다.

예를 들면 용접 패널의 교환처럼 …… 조립하는 제품이 1개만이라면 좋지만 여러 개를 동일한 작업을 할 경우 대단히 번거롭고 시간이 걸린다.

여러 개의 부품을 결정한 위치에 고정할 수 있는 보조 기구가 있으면 제품을 만들 때 한 번만 위치를 맞추고 보조 기구를 이용하면 이후부터는 손쉽게 동일제품을 만들 수 있다.

보조기구는 제품의 부품으로 사용하는 것이 아니라 부품의 위치를 맞추는 것으로 이용하는데 그 기능을 담당하는 것이 지그이다.

지그는 자동차의 생산 라인에서도 많이 사용되고 있다. 예를 들면 펜더 에이프런에 라디에이터 서포트를 용접할 경우 그 때마다 치수를 측정하거나 위치를 맞추는 것은 아니다. 소정의 지그를 이용하여 펜더 에이프런을 고정하고 마찬가지로 라디에이터 서포트를 고정하면 자동적으로 올바른 위치가 형성되기 때문에 다음부터 용접하는 공정만으로도 가능하다.

보디의 수정에서 사용하는 지그도 처음에는 자동차 생산 라인의 지그와 동일한 구조로 되어 있었다. 자동차 생산라인과 달라도 동일한 차종만 취급하는 것은 아니기 때문에 조립식으로 되어 있으며, 베이스가 되는 받침대(이것이 지그 벤치) 위에 차종에 따라 준비된 어태치먼트를 조립한다. 어태치먼트는 보디 패널을 정해진 위치에 고정할 수 있도록 되어 있으므로 세밀하게 위치를 맞추지 않아도 신품 패널의 위치가 정해져 있는 구조이다.

PHOTO 보디 수정용 지그

2종류의 지그

차종에 따라서 어태치먼트를 조립하는 지그는 '브래킷 지그'라 한다. 우리나라에는 특정한 차종을 취급하는 딜러(O.E.M)공장에서 사용하며, 유럽에서는 즐겨 사용하는 사람도 많다. 차종에 따른 어태치먼트는 렌틀(rental) 방식으로서 필요한 차종의 세트가 필요할 경우 임대하는 구조이다. 지그의 공급원을 '지그 뱅크'라고도 한다.

자동차 생산 라인에서는 패널을 맞추는 것만으로도 조립되기 때문에 지그의 설계도 즐겁지만 차체수리의 경우에는 그렇지 않으므로 이 종류의 지그는 취급하기 어려운 경우도 있다. 또한 차종에 따른 어태치먼트를 그 때마다 임대하는 것은 시간 및 경제적으로 손실이 크다. 따라서 길이나 굵기, 모양이나 각도 등을 조정할 수 있는 보통의 어태치먼트를 차종마다 차체수리 지침서에 따라서 세트로 사용할 수 있는 지그도 있다. 이것이 '유니버셜 지그'이며, 차종의 수가 많은 국내에서는 유니버셜 지그가 주류를 이룬다.

유니버셜 지그의 어태치먼트는 앞 끝부분의 모양이 다른 여러 가지 종류가 있는데 특정한 부위를 지시하는 것, 구멍 속에 들어가도록 되어 있는 것, 볼트와 함께 죌 수 있는 것 등이 있다. 차체수리 지침서에 명시되어 있는 부분이라도 확실하게 맞붙일 수 있는 장소는 변형이 없는 부분이며, 맞붙일 수 없는 경우는 맞붙도록 할 수 있는 방향으로 견인작업을 하여 위치나 구멍, 볼트가 맞으면 올바른 치수가 된다.

유니버셜 지그는 많은 차종에 대응할 수 있도록 되어 있기 때문에 브래킷 지그 정도로 단순하게 패널의 위치를 결정할 수 없다. 여러 가지 어태치먼트를 차체수리 지침서에 따라서 조립하는 것을 귀찮게 생각하는 사람도 있다. 어퍼 보디 패널의 위치를 결정할 수 없는 것은 아니지만, 한계가 있다.

▲ 유니버셜 지그

▲ 브래킷 지그

 PHOTO 2종류의 지그 벤치

새로운 지그

종래의 지그와는 전혀 다른 원리에 의해서 측정하지만 모양이 비슷한 지그 벤치를 이용하므로 지그의 종류에 포함시켜도 될지는 모르겠지만 이것은 컴퓨터를 이용하여 측정하는 새로운 타입의 지그 벤치이다.

▲ 암식

▲ 레이저식

◗ PHOTO   컴퓨터 측정 시스템

컴퓨터를 사용하는 지그에는 측정 방법이 다른 몇 가지의 종류가 있는데 우선, 자유자재로 움직이는 암을 이용하여 측정 포인트 사이의 치수를 측정하는 타입이 있다. 이 시스템은 먼저 손상이 없는 부분을 이용하여 측정의 베이스를 결정한 후 암의 끝이 측정 포인트에 해당하기 때문에 암을 측정부위까지 계속 내보내는 길이나 각도에 따라서 컴퓨터가 계산하여, 치수를 산출하는 구조로 되어 있다.

어태치먼트를 조립하지 않고도 측정이 가능하므로 취급하기 쉽고, 전용의 차체수리 지침서가 불필요하며, 일반적인 보디 치수도를 이용할 수 있다. 보디 치수도의 데이터를 컴퓨터에 입력시켜 두면 정상적인 치수와 손상된 경우의 치수를 비교하는 것도 간단하게 할 수 있는 방법이다.

또 하나는 레이저 광선이나 초음파를 이용하는 타입으로서 이들은 미리 측정 포인트에 레이저 광선이나 초음파를 반사하는 표적을 설치하여 둘 필요가 있다. 레이저 광선이 발사되어 표적에 맞아 되돌아 온 각도나 시간에서 치수를 계산하는 구조로 되어 있다. 손상 전후의 데이터를 비교하는 것도 간단하게 할 수 있다.

컴퓨터를 이용한 측정 기술은 더욱 확산될 전망이며 진보 또한 빠르게 지속될 것이다. 이 책의 '보디를 측정하는 장치'에는 이미 새로운 측정 시스템이 앞으로 인기가 있을 가능성이 있다는 것을 미리 예고하고 있다.

지그 벤치 이외의 측정 시스템

지그 벤치 이외에도 여러 가지 타입의 측정 시스템이 보디 수정장치와 세트 또는 단독으로 시판되고 있다. 레이저 광선의 직진성을 이용하는 측정 시스템은 현재의 컴퓨터와 연동되어 있는 것 이외에 보디에 설치한 아크릴제 게이지에 레이저 광선을 비추고 그 때의 게이지 값을 읽어 들여 보디의 고장을 측정하는 타입이 오래전부터 이용되고 있었다. 레이저 광선을 발사하는 유닛은 보디의 앞 뒤 또는 좌우 방향으로 이동할 수 있도록 되어 있다.

어퍼 보디의 측정용에 보디를 에워싸서 측정하는 유니버셜 게이지도 이용되고 있다. 이것에는 지그 벤치의 특정 장소에 설치하여 사용하는 고정식과 보디 고정부 부근의 축을 중심으로 회전 또는 이동하여 보디 윗면을 자유롭게 측정할 수 있는 타입이 있다. 이 종류의 측정장치는 지그 벤치나 레이저 측정장치와 같이 차종에 따른 차체수리 지침서에 따라서 어태치먼트를 조립하는 번거로움은 없지만 측정은 게이지 등의 값을 읽어들여 변형을 판단하므로 보디 치수도 등의 자료가 별도로 필요하다.

▲ 유니버셜 게이지 시스템

▲ 레이저 광선 시스템

 PHOTO 지그 이외의 측정 시스템

보디 측정용 게이지류

각종 보디 측정 시스템의 보조기구로서 사용하는 측정용 게이지도 여러 가지 종류가 있다. 가장 많이 사용되고 있는 것이 트램 게이지(tram gauge)일 것이다. 트램 게이지는 길이가 일정한 범위로 자유롭게 조정할 수 있는 게이지부와 직각 방향으로 설치된 2~3개의 측정 포인트로 구성되어 있으며 측정 포인트의 길이도 변화시킬 수 있도록 되어 있다.

사용방법으로는 측정 포인트의 2점에 측정 포인트가 수직으로 접촉되도록 게이지부의 길이를 조정하고 그 때에 표시되는 게이지 값을 읽는다. 게이지부의 신축(伸縮)은 나사 등으로 고정할 수 있도록 되어 있기 때문에 일정한 길이를 유지하여 좌우 대칭부의 비교나 대각선의 확인도 할 수 있다.

대부분 게이지부와 함께 신축되는 줄자가 세트로 되어 있으며 측정 포인트 사이의 거리를 표시하도록 되어 있는데 디지털식의 표시부가 있는 것도 있다. 또한 게이지를 생략하고 일정한 길이를 유지하는 것으로서 측정되는 간이형도 있다.

트램 게이지와 같이 오래전부터 사용되고 있는 보디 측정용 게이지의 한 종류로서 센터링 게이지가 있다. 이 게이지는 센터라인을 눈으로 보고 알 수 있도록 표시하는 게이지로서 보통 5~6개가 세트로 되어 있으며 훅이나 체인 등으로 언더 보디에 좌우 대칭의 구멍에 설치한다. 세팅이 잘 되었으면 설치된 게이지를 언더 보디의 센터라인을 따라서 배열한다.

🔵 PHOTO 트램 게이지에 의한 측정

그러므로 보디의 센터가 변형되지 않는 경우에는 설치된 게이지가 일직선상으로 정렬되기 때문에 쉽게 판별할 수 있다. 게이지부가 좌우로 차이가 있거나 경사져 있다면 센터라인도 변형되어 있다고 판단할 수 있다.

단순하고 취급하기 쉬운 게이지인데 멀리까지 한 눈에 볼 수 있는 요령이 있어야 하며, 변형량을 눈대중으로 밖에 알 수 없는 등 아날로그 형태의 게이지이다. 따라서 어느 정도 익숙한 작업자가 아니면 판단이 어려운 면도 있다. 따라서 한 눈에 볼 수 있는 것을 감안하는 만큼 신뢰할 수 없기 때문에 레이저 광선을 이용하는 진보된 타입도 시판되고 있다.

03 보디를 고정하는 장치

보디 수정의 기본은 고정

효율을 충분히 발휘할 수 있는 보디의 수정 작업을 하기 위해서는 보디가 확실하게 고정되어야 하는 것이 첫째 요건이다. 고정이 불충분하면 견인 작업의 힘이 보디에 충분하게 전달되지 않는다. 어느 정도 큰 힘을 발휘할 수 있는 견인작업의 도구가 있어도 고정되는 힘 이상으로 발휘할 수 없다. 또한 고정이 불충분하면 견인하는 힘이 생각하지 못한 방향으로 작용하여 관계없는 부위를 파손시키는 경우도 있다.

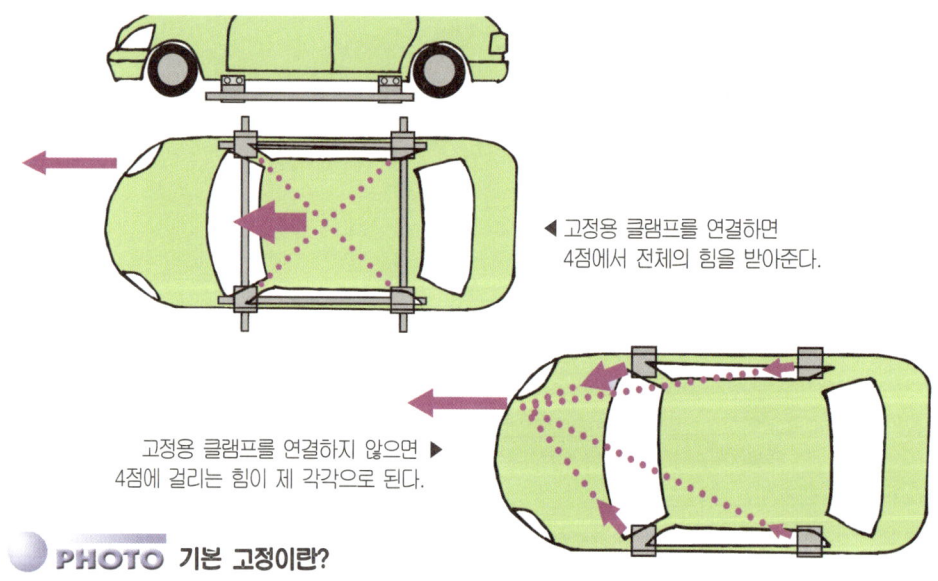

◀ 고정용 클램프를 연결하면
4점에서 전체의 힘을 받아준다.

고정용 클램프를 연결하지 않으면 ▶
4점에 걸리는 힘이 제 각각으로 된다.

PHOTO 기본 고정이란?

기본적인 고정은 언더 보디의 플랜지 4개 부분을 고정용 언더 보디 클램프를 사용하여 고정한다. 그리고 각각의 클램프를 우물 정(井)자 모양으로 더욱 고정한다. 보디의 점이 아닌 4개의 부분이 일체화된 면에서 지탱하기 때문이다. 4개 부분의 클램프가 일체화되지 않으면 견인작업의 힘은 각각의 클램프에 다른 방향으로 가하기 때문에 보디를 변형시키는 경우가 있다.

고정부를 일체화시키면 각 클램프에는 거의 동일한 방향으로 동일한 크기의 힘이 가해지기 때문에 안심하고 견인작업을 할 수 있다. 물론 벤치식이나 받침대식 등 구조적으로 언더 클램프가 연결되어 있는 것과 동등한 수정장치는 연결하지 않아도 되는 경우가 있다.

기본 고정의 변화

기본 고정은 어쨌든 보디 수정작업에서 기본 작업으로서 수정장치에 보디를 세팅 즉, 보디를 고정한다는 의미이다. 보디 수정작업을 할 경우 무조건 기본 고정을 하여야 한다. 그렇지만 그 중에는 사이드 실 밑면에 플랜지가 없어 언더 보디 클램프를 설치할 수 없는 차종도 있다. 이러한 경우 우선 사이드 실 윗면의 플레이트를 떼어내고 그 아래에 플랜지가 보이면 상하 반대로 사용하여 고정한다. 또한 고정하고 싶은 장소에 얇은 판 등을 용접하고 그 곳에 클램프를 설치하여 고정하는 방법도 있다. 가장 좋은 것은 각 수리장치 메이커가 고정이 어려운 차종용으로 개발하여 판매하는 어태치먼트를 이용하는 것이다.

옆면의 충돌이나 손상에 의한 파급 상태에 따라서 기본적으로 고정하는 부분이 손상을 받은 경우가 있다. 따라서 고정부에 손상이 파급된 경우 우선 고정할 수 있는 장소만 고정하고 다음에 설명하는 보조 고정을 추가하여 수정 작업을 진행하여 고정할 수 있는 상태가 될 때까지 수정한 후 고정장치를 세팅한다.

측면 충돌은 어려운 작업으로서 고정에 멈추지 않고, 보디 수정만으로도 대단히 난이도가 높은 작업이 된다. 보디의 앞뒤, 좌우 모든 장소가 견인 작업의 대상이 되기 때문에 고정 장소도 단순하지 않다. 기본적으로 앞뒤, 좌우에서 견인하는 힘을 가하고 있기 때문에 주로 견인하는 쪽과 반대쪽의 요소를 고정하고 견인 작업의 장소나 방향에 따라서 보조 고정을 추가하는 순서로 된다.

원 박스 차도 고정이 어려운 차종의 하나이다. 전체가 하나의 박스(box)로 되어 있기 때문에 기본 고정만으로는 보디에 비틀림이 발생되거나 고정하는 장소가 없어져 고생이 많다. 수정장치 메이커에 원 박스 차 고정용 어태치먼트가 있으면, 그것을 이용하는 것도 좋은 방법이 될 것이다. 또 센터 부근을 확실하게 고정하고 있기 때문에 이후는 견인작업에 따라서 보조 고정을 추가하면서 진행하는 방법도 있다.

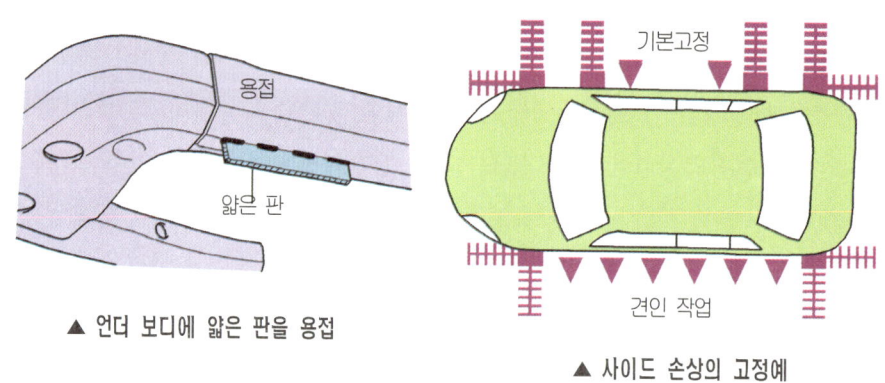

용접

얇은 판

▲ 언더 보디에 얇은 판을 용접

기본고정

견인 작업

▲ 사이드 손상의 고정예

PHOTO 기본고정의 변화 예

보조 고정이란

손상이나 수정작업의 내용에 따라서는 기본 고정 이외에 고정을 추가하는 방법이 좋은 경우도 있다. 예를 들면 구부러진 파이프를 바르게 고정하는 경우 파이프 양쪽 끝에 힘을 가하여 교정하는 방법과 구부러져 있는 부분에 힘을 가하여 교정하는 방법 중 어느 쪽이 교정하기 쉬울까? 보디도 동일하며, 가능한한 손상부에서 가까운 장소를 고정하거나 견인작업을 하는 방법이 가장 효율적인 작업방법이다. 또한 견인작업의 힘은 추가하여 고정한 장소보다 안으로 가해지지 않기 때문에 과도한 견인에 의한 패널의 손상이나 용접부의 끊어짐도 방지할 수 있다. 즉, 견인작업의 힘이 파급되는 범위를 한정되도록 한다.

견인작업의 힘은 직접 패널에 가하는 힘으로만 끝나는 것은 아니다. 예를 들면 왼쪽 사이드 멤버를 왼쪽방향으로 견인하는 경우 견인작업의 힘은 엔진룸 전체를 왼쪽방향으로 비틀리게 하는 힘으로 작동한다. 전체가 오른쪽으로 균형잡힌 경우는 좋지만 오른쪽 사이드 멤버가 정상인 경우에 오른쪽 사이드에 영향이 미치지 않게 하려면 오른쪽 사이드 멤버를 체인 등으로 오른쪽 방향으로 고정한다. 그러면 견인작업의 힘은 왼쪽 사이드의 손상을 복원시키기 위한 힘으로만 작동한다. 큰 힘을 가할 때 반대쪽에서 잡아당길 수 없도록 하는 것도 보조 고정이다.

일반적으로 힘을 가하는 방향, 힘을 가하는 장소, 지점(고정점)을 연결하였을 때 이들이 일직선상에 배열되어 있지 않으면 모멘트(moment)라고 하는 회전력이 생긴다. 이 힘의 3요소인 3점을 일직선상에 배열되는 방향으로 작동한다. 기본 고정의 4개 부분을 연결하는 것은 모멘트가 발생되지 않도록 하기 위함이다. 단, 좌우 방향이나 상하 방향, 보디의 높은 장소를 견인작업할 때 등은 모멘트가 발생하기 때문에 사전에 그것을 예상하고 견인 방향을 결정하거나 모멘트를 제거하는 방향으로 보조 고정을 추가한다.

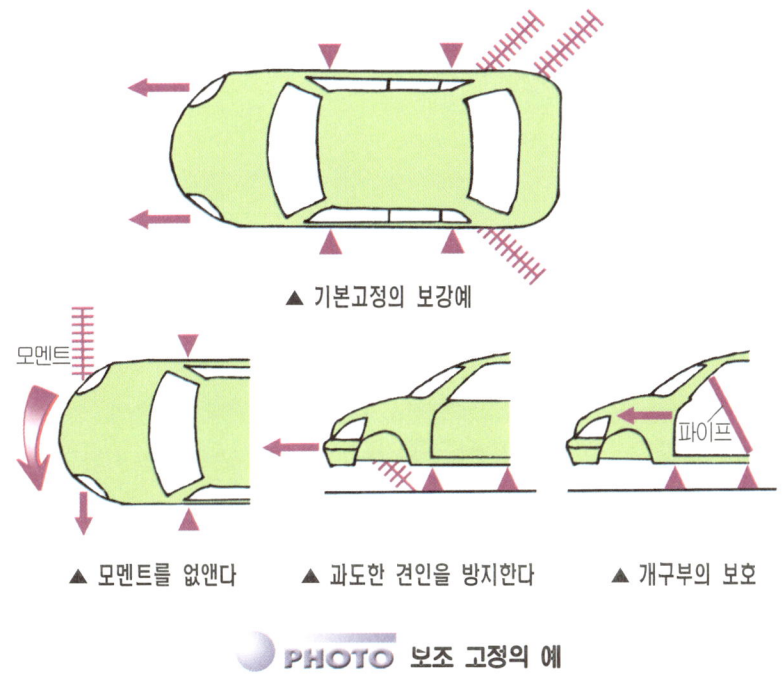

▲ 기본고정의 보강예

▲ 모멘트를 없앤다   ▲ 과도한 견인을 방지한다   ▲ 개구부의 보호

 PHOTO 보조 고정의 예

04 보디를 수정하는 장치

보디에 힘을 가하는 도구

보디 수정에서는 튼튼한 골격계 패널의 복원이 대부분이므로 사람의 힘만으로는 불충분하기 때문에 유압 유닛이나 배력 기구 등 큰 힘을 발생할 수 있는 도구를 이용한다. 견인작업의 힘을 가하려면 보디 쪽에 클램프라고 하는 발판을 설치하여 체인으로 연결하는 방법

이 일반적이다. 힘의 근원으로는 유압의 램이 많이 사용되며, 유압의 동력원은 공장의 압축 공기를 이용할 수 있는 에어 펌프식으로 되어 있다. 참고로 유압 유닛은 5톤 또는 10톤 등 중량의 단위로 분류되는데, 이것은 그러한 힘이 발생할 수 있는 것은 아니고 그 크기의 부하를 가할 때 유지할 수 있는 능력을 의미이다.

유압 램 이외에 많이 사용되는 것은 배력 기구를 내장한 체인 블록이 된다. 이것은 체인을 감는 것으로 견인작업의 힘을 발생시키며, 체인을 감는 부분은 배력 구조로 되어 있다.

견인 작업에서 힘을 가하기 위해 사용하는 도구는 유압 램을 사용하는 타입, 램을 내장한 타워를 사용하는 타입, 체인 블록 등은 주요한 곳에서 사용되며 아래의 용도로 분류할 수 있다.

	유압램	틸트 타워	타 워	체인 블록
주요 수정장치	바닥식	벤치식	작업대식	바닥식
견 인 력	중(中)	대(大)	대(大)	소(小)
동 력	유압	유압	유압 또는 전동	인력(人力)
설 치	조립이 필요	벤치에 세팅이 필요	이동시켜 세팅한다	지지점이 필요
설 치 수	다량 배치 가능	동일 장소는 2개 정도	동일 장소는 2개 정도	다량 배치 가능

 PHOTO 견인장치의 특징

유압 램으로 견인 작업한다

보디와 바닥면 또는 벤치 위에 앵커를 체인으로 연결하고 유압 램을 그 도중에 설치한다. 유압이 가해져 램의 피스톤이 신장되면 체인에 대응하는 보디쪽을 견인하는 힘으로서 작용한다. 램의 피스톤이 신장되면 견인하는 방향까지도 변화되는 느낌이지만 그 정도만큼 램이 앵커쪽으로 기울어져 있기 때문에 안정된 방향으로 힘이 가해진다. 단, 세팅하였을 때 체인의 느슨함이 크면 견인하는 방향이 그만큼 변화된다. 이러한 현상을 방지하기 위해서 될 수 있는 한 체인을 어느 정도 팽팽하게 세팅하여야 한다.

램에 유압을 공급하기 위해 에어 펌프가 사용되며, 구성 부품이 간단하고 각각의 부분품도 취급하기 쉽기 때문에 보디의 여러 장소도 동시에 견인 작업을 할 때 위력을 발휘한다.

또한 체인이나 램을 고정할 수 있으면 어느 타입의 수정 장치에서도 이용할 수 있다.

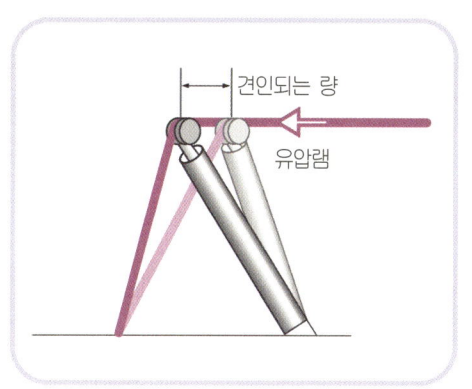

PHOTO 유압 램의 견인작업

타워가 기울어져 힘을 발생한다

기울어지는 양이 약간 큰 타워가 보디와 반대쪽으로 기울어지는 것으로 견인작업의 힘을 발생한다. 타워와 보디 사이를 체인 등으로 연결하고, 타워가 기울어질 때 보디를 잡아당기는 것이다. 이 타입은 타워의 어느 위치에 체인을 고정시키는가에 따라서 힘이 가해지는 쪽이 변화된다. 타워의 위쪽에 체인을 고정하면 견인되는 힘은 약하지만 견인되는 길이는 커진다. 타워의 하단쪽에 고정하면 그 반대로 된다. 타워를 기울이기 위하여 에어 펌프식의 유압 램이 사용되며, 지그 벤치와 조합되는 경우가 많다.

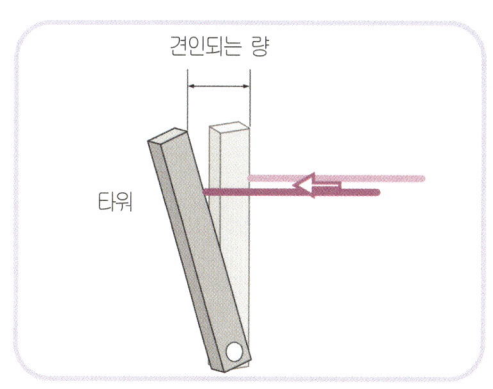

PHOTO 벤치식 수정장치의 타워

타워식 견인 장치

타워를 고정시키고 타워에 내장된 체인을 감아서 견인작업의 힘을 발생시키는 타입도 있다. 체인을 감기 위해서는 전동 모터나 유압의 램이 이용된다. 체인의 높이는 타워의 어느 위치에서 인출하는가로 조정하고 견인하는 방향은 타워 전체를 이동시켜서 변경한다. 구조가 복잡하고 중량이 무겁지만 견인하는 힘의 크기나 견인작업 길이의 이용범위가 크다. 받침대식 수정장치에 타워를 설치하여 받침대의 주위를 자유롭게 이동할 수 있는 타입과 독립적인 견인장치로서 바닥식에서 사용하는 타입이 있다.

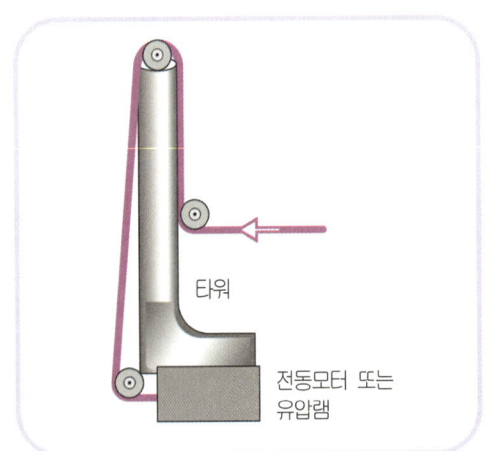

 PHOTO 타워식 견인장치

여러 개의 체인블록을 이용한 견인작업

체인 블록은 너무 큰 힘을 가하는 작업에는 사용할 수 없으며, 장소를 가리지 않고 취급도 간편하므로 여러 개를 배열하여 조금씩 견인 작업할 때 편리하다. 큰 힘으로 한번에 견인작업 하는 편이 빠르다는 기분도 있지만 그 경우 견인방향을 매우 조심하여 정하지 않으면 보디가 수정되는 것이 아니라 보디가 파괴된다. 따라서 체인 블록은 보디의 변화되는 모양을 보면서 조금씩 힘을 가하여 수정한다. 어느 쪽이 좋은가는 작업자의 생각하는 방향이나 경험 등에 의해서 판단할 것이다.

체인 블록을 이용하여 견인작업을 하려면 반대쪽의 받침대도 필요하다. 단, 공간적인 면으로는 다른 견인장치에 비해 가장 좁은 범위에서 작업할 수 있다. 보디 쪽에 극히 좁은 범위로 몇 곳에 견인작업하는 포인트를 만드는 것도 가능하다. 주로 바닥식에서 사용되지만 사용하는 방법에 따라서 어떤 타입의 수정장치에서도 이용할 수 있다.

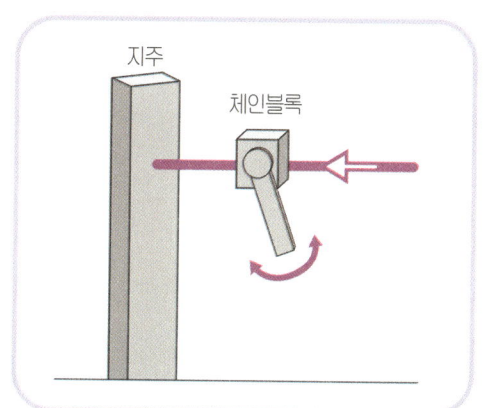

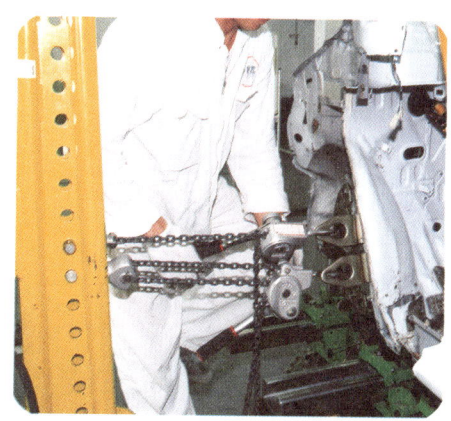

PHOTO 체인블록의 견인작업

견인작업시 클램프의 역할

견인작업을 위해 체인을 패널에 직접 고정할 수는 없다. 따라서 체인과 패널을 연결하는 방법은 몇 가지 있는데 일반적으로 클램프를 많이 사용한다.

클램프는 패널에 끼워 확실하게 고정하는 부분과 체인을 거는 부분, 이들을 통합하는 베이스 부분으로 구성되어 있다. 패널에 고정하는 부분은 조(jaw)가 있기 때문에 패널을 조에 끼워서 볼트를 조이면 패널 면에 톱니 부분이 접촉되어 미끄러질 수 없도록 되어 있다. 또한 조의 반대쪽은 쐐기 모양의 구조로 되어 있으므로 견인하는 힘이 증가되면 증가될수록 조가 확실하게 맞물리도록 하는 구조로 되어 있다.

클램프는 보디의 어떤 부분에서도 설치가 가능하도록 크기나 모양이 여러 가지로 준비되어 있다. 사이드 멤버 한 쪽만이나 드립레일(drip rail)에 설치할 수 있는 작은 것에서부터 패널의 끝을 크게 돌아 들어가 안쪽 부위에 고정할 수 있는 큰 아름의 모양 등 여러 가지가 있다. 될 수 있으면 많은 종류를 골고루 갖추어 장소에 따라서 잘 선택하여 사용하기 바라며, 종류뿐만 아니라 수량도 많은 것이 좋다. 견인작업의 장소나 방향을 변경할 때마다 클램프를 설치 및 제거하면 시간이 걸리고 이러한 작업을 빈번히 하게 되면 노화되어 클램프의 설치가 점점 헐거워지기 때문이다.

　클램프의 형상에 따라 분류하면 표준형, 내부가 깊은 만력형(万力型), 견인을 여러 방향으로 동시에 할 수 있는 만능형(万能型) 등이 있으며 그 외에 특정한 부위를 견인할 때 사용하는 전용형(專用型)도 있다. 전용형에는 스트럿 타워용이나 대시 패널용 등이 있으며, 고정용의 언더 클램프도 전용형의 일종에 포함된다.

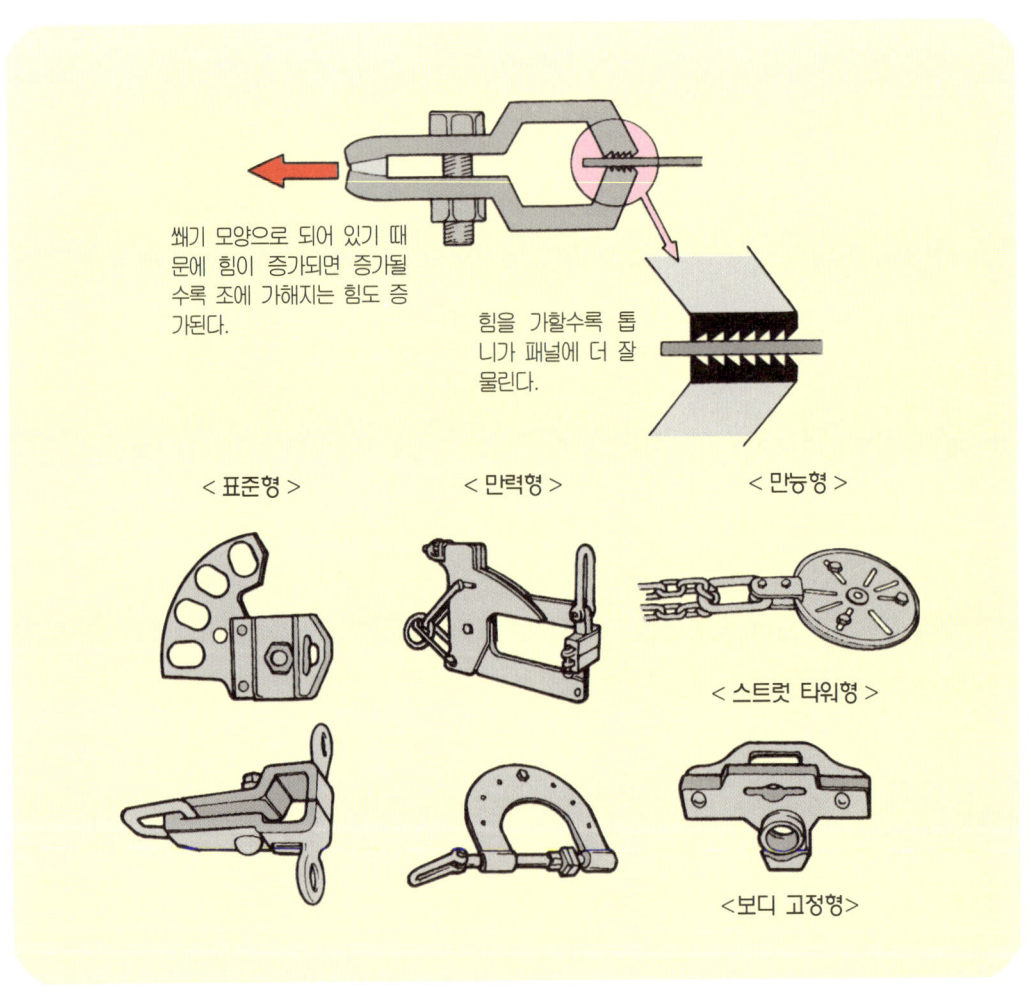

쐐기 모양으로 되어 있기 때문에 힘이 증가되면 증가될수록 조에 가해지는 힘도 증가된다.

힘을 가할수록 톱니가 패널에 더 잘 물린다.

< 표준형 >　　< 만력형 >　　< 만능형 >

< 스트럿 타워형 >

<보디 고정형>

🌕 PHOTO 클램프 구조와 종류

양호한 클램프의 조건

보디 수정 작업의 도구로서 클램프가 위력을 발휘하려면 구조적으로 다음과 같은 조건이 만족되어야 한다. 먼저 견인방향은 될 수 있는 한 3방향(앞뒤 방향, 위아래 방향, 좌우 방향)이 가능할 것. 이 경우 단지 체인을 걸 수 있을 뿐만 아니라 패널을 끼우는 조(jaw)의 톱니 중심으로부터 체인을 건 장소, 체인이 늘어나는 방향이 일직선상으로 있어야 한다. 그렇지 않으면 앞에서 설명한 모멘트가 발생하여 체인이 벗겨지거나 패널이 변형된다.

조의 톱니는 견인작업의 힘에 대항할 수 있는 방향으로 패널에 파고 들어가는 구조이다. 따라서 한 방향으로만 파고 들어가는 클램프를 사용할 수 있는 범위도 한정되어 있다.

앞에서 설명한 바와 같이 견인작업의 힘이 클램프의 쐐기에 가해지면 조(jaw)를 더욱 강하게 닫히도록 하기 때문에 쐐기의 구조도 준비하기 바란다.

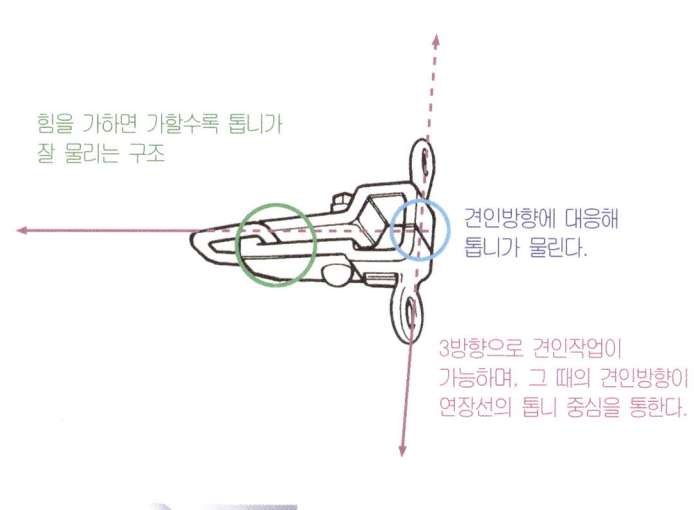

힘을 가하면 가할수록 톱니가 잘 물리는 구조

견인방향에 대응해 톱니가 물린다.

3방향으로 견인작업이 가능하며, 그 때의 견인방향이 연장선의 톱니 중심을 통한다.

PHOTO 양호한 클램프 조건

클램프의 취급 방법

양호한 클램프는 견인방향의 연장선이 조의 톱니 중심을 통하는 구조로 되어 있는데, 이것은 어떤 견인작업을 하여도 자동적으로 그렇게 되는 것은 아니다. 견인방향을 결정할 때는 연장선이 반드시 조의 톱니 중심을 통하도록 견인 도구를 세팅하여야 한다.

구조가 복잡하지 않기 때문에 클램프는 올바르게 정비하면 사용기간이 연장되지만 무엇보다도 작업의 능률을 높일 수 있다.

클램프 정비에서 중요한 것은 보디를 파고 들어가는 조의 톱니이다. 오랫동안 사용할 경우 도막이나 금속의 분말이 톱니 사이에 축척되어 톱니의 효과가 상실된다. 그렇게 되면 힘을 가하였을 때 미끄러져 벗겨지기 때문에 대단히 위험하다. 따라서 작업 후에는 항상 조의 톱니를 깨끗하게 청소하는 습관을 들여야 한다.

톱니를 교축(絞縮)시키는 볼트 부분도 주의를 요한다. 볼트 부위에 이상이 있으면 조가 확실하게 닫히지 않기 때문에 고정이 헐겁게 된다. 또한 임팩트 렌치 등을 이용하여 단숨에 조이는 것도 손상되기 쉬운 부분이다. 따라서 이 부분도 작업 후에 가볍게 오일을 바르고 점검하여 상처나 비틀림 등이 발견되면 신속하게 교환한다.

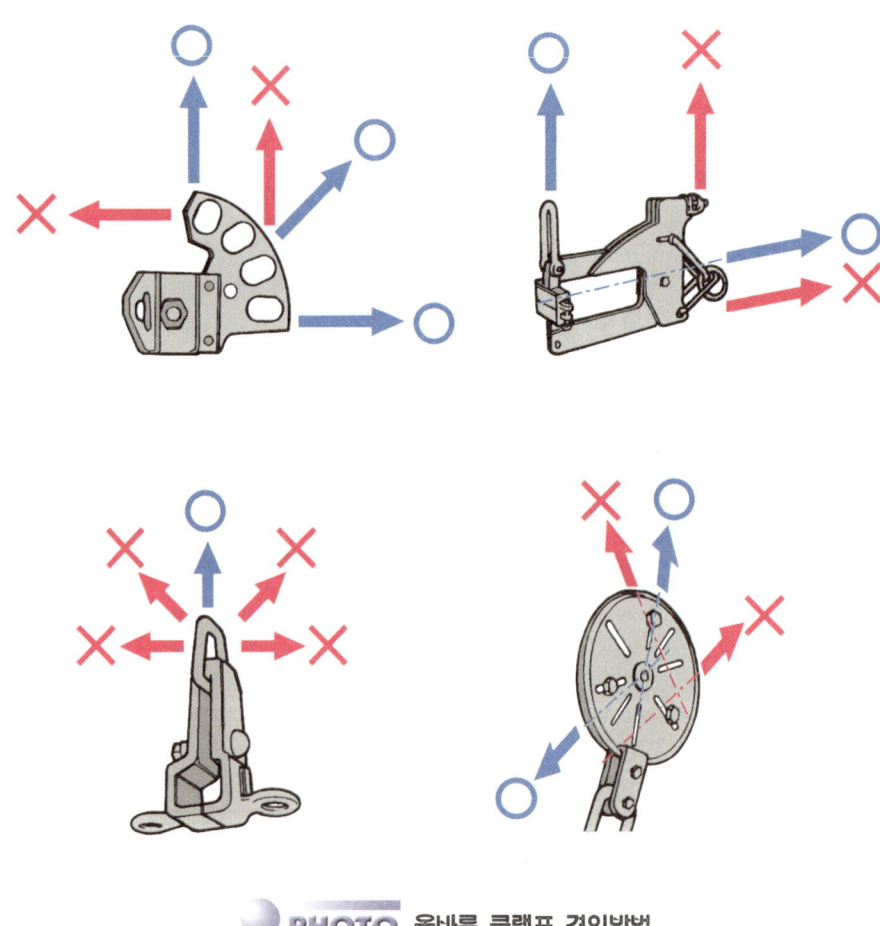

● PHOTO 올바른 클램프 견인방법

체인의 취급 방법

견인작업의 힘을 전달하는 체인도 소홀히 취급하여서는 안된다. 동일하게 보아도 체인에는 복잡한 규격이 있으며, 견인작업에 사용하는 도구를 새롭게 만들어도 힘의 크기에 따라서 세팅되어 있다. 그러므로 모양이 다른 종류의 체인을 사용하면 체인이 끊어지는 현상이 발생된다.

체인의 취급에도 주의가 필요하고, 체인이 뒤틀어진 상태로 견인작업을 하면 체인의 수명이 단축된다. 또 상처가 생기거나 녹이 발생되면 강도가 떨어지고 심한 경우는 사용할 수 없게되므로 일상적으로 점검하여 오일을 바르는 등의 손질을 하여야 한다.

◀ 체인은 뒤틀림이 없도록 한다

클램프 톱니의 청소 ▶

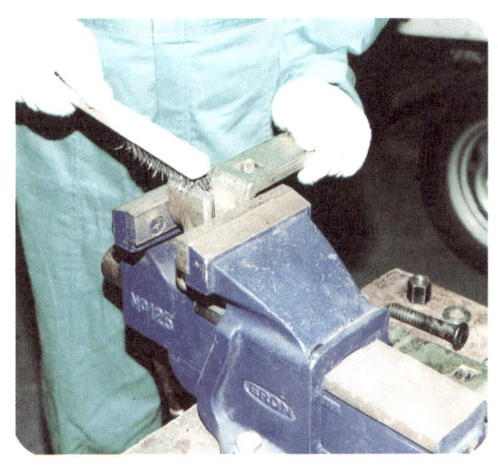

PHOTO 클램프와 체인의 정비

05 보디 치수도

보디 치수도란

사고로 차체의 패널이 변형된 자동차를 복원 수리할 경우, 원래의 상태가 어떻게 되어 있는가 알 수 없으면 수리할 수 없다. 좌우의 길이를 고루 갖추거나 대각선의 비교 등으로 대충은 알 수 있지만 자세한 부분은 어떻게 할 수가 없다. 지그 벤치와 차종마다 차체수리 지침서가 있으면 언더 보디는 원래의 상태로 복원시킬 수 있다. 그러나 어퍼 보디쪽은 그렇게 되지 않는다. 보디의 각 부분에 측정용의 기준 위치를 설정하여 그 사이의 길이를 정리하여 표시된 것이 보디 치수도이다. 복원·수정한 보디 각 부분의 치수가 보디 치수도에 기록되어 있는 것과 치수가 동일하면 원래의 상태로 복원되었다고 할 수 있다.

보디 치수도는 새 차를 발표할 때 자동차 메이커에서 제작되어 정비지침서 등과 함께 시판되고 있다. 발행 형태는 메이커에 따라서 차이가 있으며, 치수도만 단독으로 발행되고 있는 경우나 보디용의 차체수리 지침서에 포함되어 있는 경우도 있다. 새 차를 발표할 때만 발행하는 메이커도 있으며 1~2년에 한번 판매되고 있는 모든 차종의 치수도를 정리하여 발행하는 메이커도 있다. 이러한 치수도를 메이커별로 모두 갖추고 있는 것은 대단하며, 일반 보디 샵에서는 입수하기 어려운 경우도 있다.

보디 치수도를 읽는 방법

보디 치수도는 보디 수정작업의 기술을 가지고 있는 사람을 전제하에 제작하기 때문에 잘 이용하려면 어느 정도의 예비지식이 필요하다. 동일한 차종에서도 몇 개의 도면이 분리되어 있는 경우도 있으며, 어느 도면이 관계되는가를 판단하려면 자동차의 형식이나 구조의 지식도 필요하다.

보디수리 지침서(body repair manual)는 일반 사항, 보디 구조, 교환 부품, 보디 치수도, 보디 패널 수리 절차, 보디 실링위치, 부식 방지 등으로 편성되어 있으며, 동일한 차종에서도 보디가 달라서 도면이 나누어져 있는 경우는 그 내용이 기재되어 있다.

4WD나 2WD나 세단과 웨곤, 밴 계통에는 적재함의 모양이나 롱 보디 또는 쇼트 보디

등으로도 분류되어 있다. 또한 분류 표시가 없이 동일한 차종의 동일한 도면이 2장 이상으로 나누어져 있는 경우는 모두 해당되는 도면이다.

측정 기준 위치와 기준값

측정 기준 위치는 메이커나 차종에 따라서 다르므로 확인하려고 하면 어려운 경우도 있다. 언더 보디나 엔진 룸의 도면에서는 많은 부품의 설치 구멍이 있었다거나 측정용 기준 구멍으로 대체적인 위치와 구멍의 크기로 찾아 낼 수 있다.

이것이 사이드 보디일 경우 패널의 맞춤이 중요한 곳이나 패널 코너부와 같은 부분에는 표현이 증가하여 약간 어렵게 된다. 차종에 따라서는 기준 위치 부근의 확대도가 별도로 기재되어 있으므로 그것을 참고로 한다. 동일한 메이커에서 동일한 표현일 경우에는 위치도 동일하기 때문에 다른 차종의 경우도 참고로 할 수도 있다.

	AE	EE	CE
길이(mm) *1	658	680	685
길이(mm) *2	1277	1250	1280
길이(mm) *3	928	940	930

※ Cc간의 기준값이 3종류 있는 것을 나타낸다.

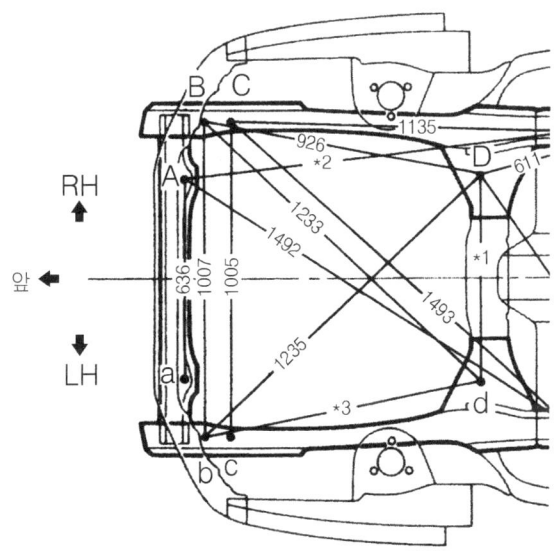

PHOTO 치수도 읽는 법
- 기준값

기준값은 측정하는 기준 위치와 연결하는 선 사이에 기재되어 있는 경우와, 별도로 정리하여 기재되어 있는 차종 및 그 혼합형 등 메이커의 사양에 따라서 기재하는 방법은 일정하지 않다. 같은 도면에서도 차종의 사양에 따라서 치수가 다른 경우는 (   )안에 표시하고, 도면 내에 그 내용을 기재하고 있다. 예를 들면 「(   ) 안은 4WD 차」라고 기재되어 있을 경우에는 (   ) 안에 4WD 차의 기준값을 나타낸 것이며, (   )의 바깥쪽 숫자가 그 외의 차종이라는 의미가 된다. 또 기준값을 별도 기재하고 있는 경우 기준값 뒤의 (   )의 표기로서 구별할 수 있다. 이것은 측정 기준 위치의 경우도 동일하다.

직선거리 치수와 평면 투영 치수

치수도에는 직선거리 치수와 평면 투영 치수의 2종류가 있다. 직선거리 치수도는 측정 기준 위치와 기준위치 사이를 직선으로 측정한 길이로서 트램 게이지 등에서 직접 표시되어 읽을 수 있다. 치수도에서도 이 방식의 도면이 중심이며, 대부분의 도면은 직선거리 치수도로 표시되어 있다.

평면 투영 치수도는 주로 언더 보디의 치수도에 사용되고 있다. 측정을 위한 가상 평면이라는 생각을 하지 않으면 이해하기 어렵다. 이미지(image)적으로는 바닥면과 수평으로 유지되어 있는 보디를 바로 위에서 빛을 비추면 바닥면에 자동차의 그림자를 그릴 수 있다. 그 그림자 위에 측정 기준 위치 사이의 거리를 표시한 것이 평면 투영 치수도의 기준값으로 된다. 즉, 높이의 차이를 무시한 기준이라는 것이다. 바닥에 비친 그림자를 생각하면 높이의 차이가 없는 측정 기준 위치라면 평면 투영 치수도와 직선거리 치수도의 기준값은 동일하다. 또한 높이의 차이가 있을 경우에는 반드시 평면 투영 치수도의 기준값은 짧게 된다.

측정을 위한 가상 평면은 바닥면만이 아니고 옆면이나 앞면(뒷면)에도 존재한다. 따라서 좌우 대칭이 아닌 폭 방향의 치수, 보디의 센터 라인과 평행이 아닌 앞뒤 방향의 치수는 어느 것이라도 평면 투영 치수도와 직선거리 치수도의 기준값은 다르다.

평면 투영 치수도를 잘 이용할 수 있는 것은 측정 기준선을 설정할 수 있는 측정 시스템이다. 언더 보디 쪽에서 보디의 전체 길이에 이르는 직선 게이지가 설치되어 있는 시스템이다. 이 게이지가 나타내는 치수와 게이지 표면에서 수직으로 설치된 보조 게이지라면 평면 투영 치수도의 기준값으로서 그대로 읽을 수 있다. 또한 지그 벤치, 받침대식 수정장치, 수평면 위에 나와서 설치된 바닥식 수정 장치에서도 줄자 등을 이용하여 측정할 수 있다.

　　평면 투영 치수도의 높이 기준값은 사이드 실의 플랜지를 제거한 아래 면이나 거기부터 일정한 거리를 둔 가상 기준선에서의 치수로 되어 있다. 보디를 고정하는 높이는 수정 장치나 손상의 상태에 따라서 변화되기 때문에, 보통은 정상인 부분에서 도면의 기준값과의 차이를 산출하여 그 차이를 모든 기준값에 가산하여 읽는다.

　　예를 들면 가상 기준선이 사이드 실 아랫면으로 된 차종의 경우 보디를 고정한 시점에서 게이지나 고정 면에서 사이드 실 아랫면의 높이가 50cm였다면 높이의 기준값에 500mm를 플러스하여 읽으면 된다.

　　평면 투영 치수도의 표기에서는 직선거리 치수도와 마찬가지로 측정 기준 위치 사이의 길이를 기재하고 있는 경우와 앞뒤 방향의 차체 중심선에 수직인 기준 라인을 설정하고 거기서부터의 거리에서 폭 방향의 차체 중심선에서의 거리로 기재되어 있는 두 가지 도면이 있다. 평면 투영 치수도의 사용 방법에서는 폭 방향의 차체 중심선에서의 거리를 표시하는 방법이 취급하기 쉽기 때문에 어느 것은 폭 방향의 차체 중심선에서의 거리를 표시하는 방법이 통일되는 것 같다.

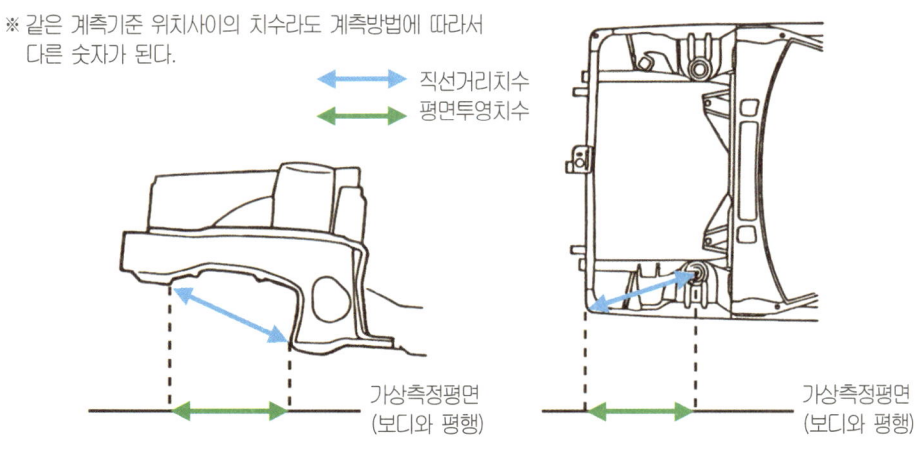

※ 같은 계측기준 위치사이의 치수라도 계측방법에 따라서
　다른 숫자가 된다.

직선거리치수
평면투영치수

가상측정평면
(보디와 평행)

가상측정평면
(보디와 평행)

PHOTO 치수도 읽는법(평면투영 치수도와 직선거리 치수도)

보디 치수도의 신뢰성

　　보디 수정 작업중에 생각하여도 이 기준값의 차이가 너무 길거나 너무 짧은 경우가 간혹 있다. 왜 그런 식으로 되는 것일까?

원인으로 생각되는 것은 몇 가지가 있는데, 첫째 자주 있는 경우가 직선거리 치수와 평면 투영 치수의 혼동이다. 평면 투영 치수의 기준값을 직선거리 치수도에 적용하면 짧아지는 경우가 많다.

둘째 측정 기준 위치의 오인이다. 언더 보디에서는 측정 기준 위치의 주변에 비슷한 구멍 등이 있는 경우 다른 장소에서 측정하면 기준값과 맞지 않는다. 또한 측정용 게이지가 고장 인 경우도 있다.

치수도의 수치가 실제 자동차와 다른 경우도 있다. 현재는 새로 개발된 자동차의 발매와 거의 동시에 보디 치수도가 준비되어 있지만 치수도의 제작과 새로 개발된 자동차의 발매 개시와의 사이에 설계가 변경되어 기준값의 오차가 발생되는 경우도 있다. 또, 자동차는 시 계와 같은 정밀 기계는 아니므로 생산상의 오차가 있다. 1~2mm 정도이면 허용 오차의 한계 범위 내에 속하며, 사이드 보디에서는 측정 방법에 의해서도 차이가 생기기 때문에 기 준값대로 되지 않는 경우도 있다.

보디 치수도는 설계도에도 작업 지시서에도 없다. 어디까지나 보디 수정 작업의 참고 자 료로서 활용하기 때문에 항상 치수도에 맞추기만 하면 안심이라고 무작정 진행하는 경우는 깊이 생각해 볼 일이다. 보디를 복원 수리하는 것은 작업자의 기술이며, 보디 치수도는 그 것을 보조하는 것이라 인식하면 될 것이다.

 PHOTO 보디 치수도를 사용한 측정작업

자동차의 성질과 보디 수정작업

관성(慣性)의 작용

  자동차를 사람의 힘으로 밀어 움직이고자 하면 움직임의 시작은 상당히 큰 힘이 필요하지만 일단 움직이기 시작한 후에는 작은 힘이라도 자동차는 이동한다. 자동차를 멈추고자 할 경우에는 충분한 힘이 필요하게 된다. 이것은 물체가 관성이라는 성질을 가지고 있기 때문이다. 대부분 세상에 존재하는 모든 것은 관성을 가지고 있다. '관성'이란 정지되어 있는 물체는 계속 그 상태에서 정지하고자 하고, 움직이고 있는 물체는 계속 그 상태에서 움직이고자 하는 성질이 있는 것이다. 이 성질은 무거운 것일수록 커진다.

  자동차는 주행을 위한 것이라면 움직이고 있을 때의 저항은 될 수 있는 한 작아지도록 만들고 있다. 한번 움직이기 시작한 자동차라면 한 사람의 힘으로도 계속해서 편안히 밀 수 있는 정도이다(지면이 평탄하다면…). 자동차와 무게가 동일한 철의 덩어리가 지면에 직접 놓여 있으면, 아무리 해도 자동차와 같이 되지 않는다. 자동차를 밀기 시작하거나 정지시킬 때 큰 힘이 필요하게 되는 것은 1톤 정도의 무게를 가지는 자동차의 관성이 작용하기 때문이다.

무거운 것일수록 움직이기 어렵고, 한번 움직이기 시작하면 정지시키는데 큰 힘이 필요하게 된다.

● PHOTO 관성의 작용

  동일한 크기의 힘에서도 조금씩 가하면 그 힘은 천천히 전체에 분산되며, 그 동안에 관성을 극복하고 상대를 움직이도록 작용한다. 순간적인 힘을 가하면 관성은 일시적으로 고정시키는 작용을 하기 때문에 그 힘은 좁은 범위에 가해져 그 부분을 파괴시킨다. 엄밀히 말하면 조금 다를지도 모르겠지만 이미지적으로는 대개 그런 느낌이다.

사고의 힘은 순간적으로 가해진다. 그 때문에 자동차가 고정되어 있지 않아도 보디를 변형시키는 힘으로 작용된다. 보디 수정 작업의 힘은 천천히 가해지는 힘이다. 따라서 고정되어 있지 않는 자동차에는 작용이 잘 되지 않는다. 또한 힘이 가해지는 방향도 비교적 넓은 범위에 분산되어 가해진다.

슬라이드 해머로 패널을 수정할 경우 해머의 슬라이드를 사용하지 않고 해머 전체를 손으로 잡아당기도록 하면 패널의 넓은 범위가 끌려 나온다. 또한 슬라이드에 힘을 충분히 발휘할 수 있도록 뒤쪽의 스톱퍼에 세게 내려치면 극히 범위가 좁은 상태로 끌려나오게 된다. 이것도 '관성의 작용'이다.

벡터(vector)란

보디에 대해서 힘이 어떻게 가해지는 것인가, 힘은 눈에 보이지 않기 때문에 쉽게 알 수는 없다. 체인으로 당기고 있는 방향으로 힘이 가해지고 있었다고 단순하게 생각하면 되지만 실제는 그렇지 않은 경우가 많다. 상자처럼 되어 있는 모노코크 보디에 힘을 가할 때 한 곳에 가해진 힘은 상자의 면을 따라서 분산된다. 각각의 상자의 면, 즉 차체의 패널에 어떻게 힘이 가해지는 것인가, 이미지적으로 파악하려면 벡터를 생각하면 될 것이다.

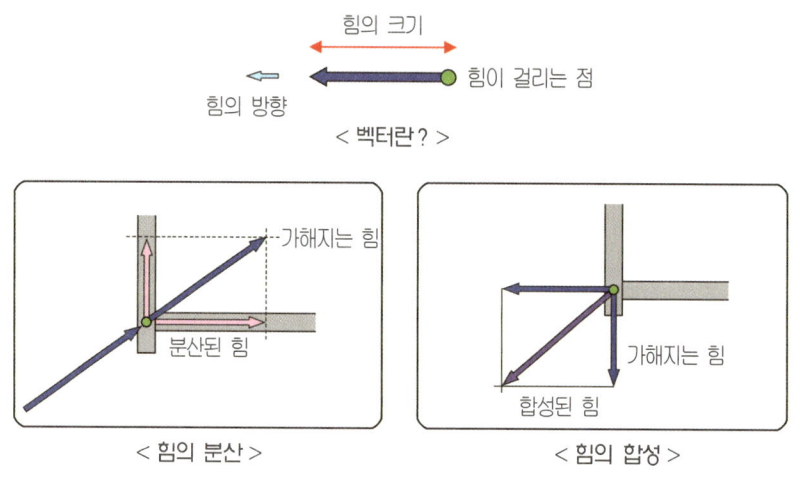

< 힘의 분산 >　　< 힘의 합성 >

PHOTO 벡터의 사고방식

벡터란 방향과 크기를 동시에 나타내는 개념이다. 그러면 왜 그런지 어려운 것 같은데 힘(크기와 방향), 속도(진행 방향과 속도), 바람(방향과 풍속) 등 벡터로 표현되는 내용은 많이 있다. 벡터는 화살표를 사용하여 표현된다. 힘의 경우 화살표의 방향이 힘의 방향을 나타내며, 화살표의 길이가 힘의 크기를 나타낸다.

보디 수정 작업에 왜 벡터가 필요한 것인가? 그것은 벡터를 사용하면 하나의 힘이 어떻게 분산되어 전해지는 것인가, 여러 개의 힘이 어떻게 합성되는 것인가, 그것을 쉽게 알 수 있기 때문이다.

예를 들면 보디의 코너부에 힘을 가함으로써 라디에이터 서포트쪽에 힘의 효과와 펜더 에이프런 쪽에 힘의 효과와의 비율이 견인 방향 각도에 따라서 어떻게 변화되는가, 벡터를 이해하면 쉽게 알 수 있다.

응력의 집중

바깥에서 가해진 힘이 물체 속에 전달될 때 물체의 모양이나 면적, 재질 등이 변화되고 있는 장소에는 힘이 집중되어 작용한다. 구체적으로는 굵었던 것이 급격히 가늘어졌다든지, 구멍이 뚫려 있다든지, 급격히 구부러져 있는 것 등의 부위이다. 전체가 균일한 강판의 조각을 손으로 구부리면 어디가 구부러지는가는 잡는 방향이나 힘을 가하는 방향에 따라서 때때로 달라진다.

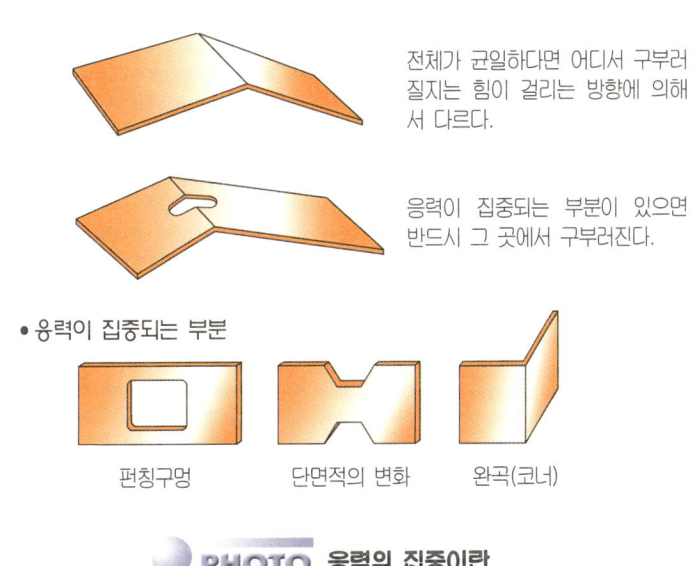

전체가 균일하다면 어디서 구부러질지는 힘이 걸리는 방향에 의해서 다르다.

응력이 집중되는 부분이 있으면 반드시 그 곳에서 구부러진다.

• 응력이 집중되는 부분

펀칭구멍   단면적의 변화   완곡(코너)

PHOTO 응력의 집중이란

그러나 이 강판의 일부에 구멍을 뚫어 두면 대부분 그 구멍 부위에서 구부러진다. 이것이 '응력의 집중'이다. 모노코크 보디의 충격 흡수 구조는 이 원리를 이용하고 있다.

차체의 패널에서 뼈대가 되는 구조물에는 의도적으로 응력이 집중될 수 있는 부분을 만들어 충격을 흡수하는 것이다. 반대로 그렇지 않은 부분에 응력이 집중되는 장소를 만들어서는 안된다. 패널 교환에서 용접 패널의 용접부 위치를 코너부 및 이너와 아우터쪽의 3부분이 서로 일치되지 않도록 간격을 두고 설정한 것은 좁은 범위에 응력이 집중되는 장소를 증가시키지 않기 위함이다.

🔵 모멘트의 낭비

물체의 성질을 생각할 때 그 물체의 무게가 모두 1점에 집중되어 있다고 생각하여도 되는 점이 있다. 이것을 '중량의 중심(重心)'이라 하며, 균일한 재료라면 대부분 물체의 중심(中心)점이 된다. 물체에 힘을 가할 때 중량의 중심(重心), 힘을 가하는 점, 힘의 방향이 일직선에 있지 않으면 힘을 가한 방향과는 다른 방향의 힘이 발생된다. 이것을 '모멘트'라 한다. 일반적으로 모멘트는 중량의 중심(重心)이 물체의 중심(中心)점으로 하는 회전력이 된다. 또 물체가 고정되어 있을 경우 고정된 장소가 모멘트의 중심이 된다. 기본 고정을 파이프 등에서 일체화하는 것은 견인작업의 힘을 전체에서 받아 흡수하여 모멘트의 발생을 될 수 있는 한 적게 하기 때문에 고정부의 손상을 방지한다.

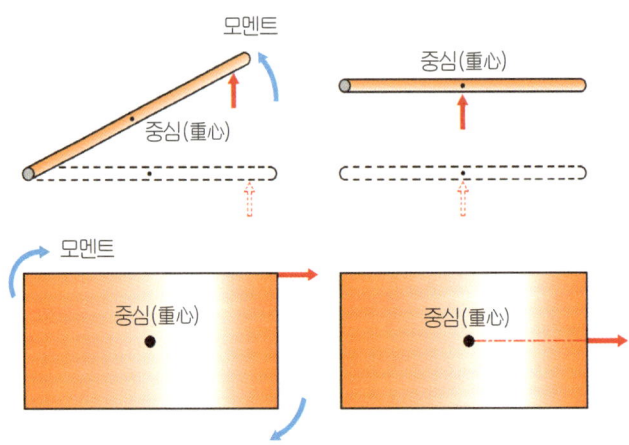

※ 중심(重心)을 벗어나 힘을 가하면 모멘트가 발생하여 회전시킨다.

 PHOTO 모멘트의 발생

손상부의 확인

충격 흡수부를 조사한다

보디의 어느 부분이 어느 정도 손상을 받고 있는가? 그것을 알 수 없으면 보디의 수정 작업은 할 수 없다. 숙련이 되면 사고 보기만 해도 상세한 부분의 손상까지 알 수 있도록 되지만 차종마다 보디 구조의 차이나 사고의 상항 등에 따라서 숙련된 기술자라도 때로는 못보는 경우도 있다. 역시 정확하게 측정하여 각 부위를 점검하면서 확인하는 것이 기본이다.

충격 흡수 구조의 모노코크 보디는 특정한 부위에 응력을 집중시켜 충돌의 힘을 흡수하도록 되어 있으며, 그러한 충격을 흡수하는 부위를 차례로 추적하면 손상의 범위를 파악할 수도 있다. 즉, 사이드 멤버의 굴곡부, 린포스먼트의 구멍, 패널의 겹침 부위이다.

패널과 패널의 틈새에서도 손상의 상태를 알 수 있다. 좌우로 비교하여 보고 틈새의 크기가 확실하게 다르면 어느 쪽인가에 손상이 미치고 있는 것이 된다. 또 단차(段差)가 있거나 틈새의 폭이 일정하지 않을 경우에도 무엇인가의 충격에 의한 영향이라 생각하여도 된다.

쉽게 지나칠 손상

해머로 정(釘)을 타격할 때처럼 직선 모양의 사이드 멤버에 곧장 힘을 가하면 멤버 자체는 그다지 변형되지 않고, 대시 쪽의 설치부에 변형이 생길 경우도 있다. 실제로 사이드 멤버에 상처가 없다는 것은 있을 수 없지만 힘을 가하는 방향에 따라서 갑자기 근본의 충격 흡수부에 손상이 발생될 경우도 있다.

사이드 멤버나 필러 등 아우터와 이너에서 상자(box)와 같은 구조로 되어 있는 부위가 구부러져 있을 경우 구부러짐의 바깥쪽은 쉽게 구별되지 않지만 안쪽에 주름이 발생되어 있다. 또한 구부러짐이 보이지 않아도 어딘가에 주름이 발생되어 있다면 그 주변에 변형이 있다는 증거이다.

손상의 중심에서 상당히 떨어진 장소에 변형이 발생된 경우도 있다. 예를 들면 프런트 주변에 사고로 인하여 센터 필러 상부의 루프가 조금 움푹 패여 있는 경우이다. 이렇게 움푹 패여 있는 것은 손상의 영향이 그 부분까지 파급되었다는 증거로서 프런트 필러가 변형된 경우이다. 단, 이와같이 상당히 떨어진 부분에서 움푹 패인 것은 일반적으로 탄성 변형이며, 손상 쪽의 변형에 의해서 발생된 것이다. 따라서 올바르게 보디를 수정하여 변형이 없어지면 자연스럽게 원래의 상태로 복원된다. 반대로 보디의 수정이 완료된 후 할 수 있었다고 생각하여도 예를 든 것과 같이 움푹 패인 부분이 없어지지 않고 남아 있다면 아직 어디엔가 변형부가 남아 있다는 증거이다.

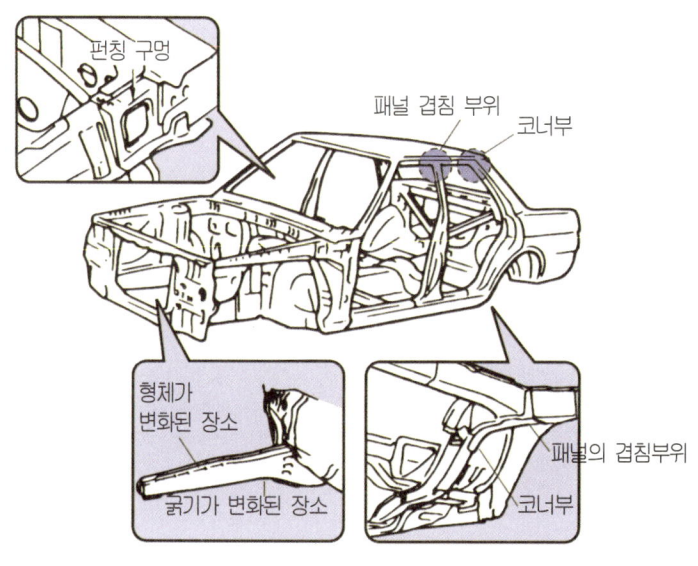

PHOTO 손상이 나타나기 쉬운 장소

2차적인 충격에 의한 손상

사고시에 자동차가 변형되는 것은 사고의 충격뿐만은 아니다. 엔진이 밀리거나 하물이 튀어나가 사고와는 전혀 관계없는 부위를 손상시키는 경우도 있다. 이러한 손상을 '2차 손상' 또는 '간접 손상' 등이라 한다.

엔진이나 변속기는 철이나 알루미늄의 재료로서 구성되어 있기 때문에 충격을 받았을 때 파손되어 충격을 그다지 흡수하지 못한다. 단, 앞쪽에서 가해지는 힘에 의해서 밀려 이동하는 경우가 있다. 그 경우 엔진이나 변속기를 보디에 고정하고 있는 마운트부에 손상이 발생되며, 머플러나 라디에이터 등의 설치부에서도 손상이 발생될 가능성이 있다.

밀려서 이동한 상태라면 비교적 발견하기 쉽지만 이러한 장소는 부품과 보디 사이에 고무를 넣고 설치되어 있는 것이 많기 때문에 고무의 탄성 범위라면 곧 원래의 위치로 복원되지만 마운트부는 고무만큼 탄력이 없기 때문에 변형은 남게 된다.

사고의 대부분은 주행중에 발생되며, 주행중 자동차에는 운전자를 비롯하여 승객이 승차하고 하물도 적재되어 있다. 이러한 승객이나 하물이 사고의 충격에 의하여 관성으로 자동차에 손상을 입히는 경우도 있으며 프런트 유리, 인스트러먼트 패널(instrument panel), 시트나 트림, 트렁크 룸 등이 손상과 무관하지 않다.

그 외에 에어백이 작동되었다면 못보고 빠뜨릴 경우는 없겠지만 에어백 작동과 동시에 자동으로 감기는 시트 벨트 등은 발견하기가 쉽지 않다. 이러한 종류의 시트 벨트는 한번 작동하면 다시 사용할 수 없기 때문에 찾지 못하고 넘기지 않도록 하여야 한다. 또한 사고 자동차를 견인할 경우 레커(wrecker) 등으로 끌어올린다면 변형될 수 있다. 수정 작업할 때의 고정 부분도 변형되거나 도막이 벗겨지는 경우도 있으므로 나중에 수정하여야 한다.

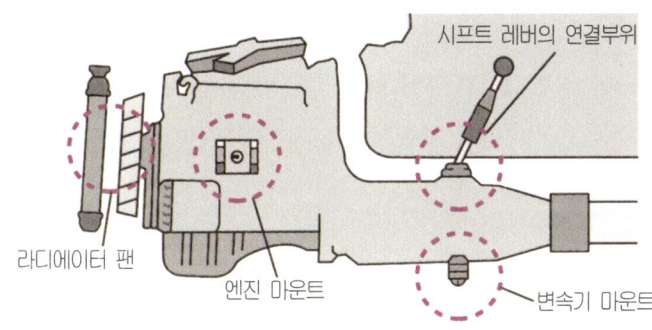

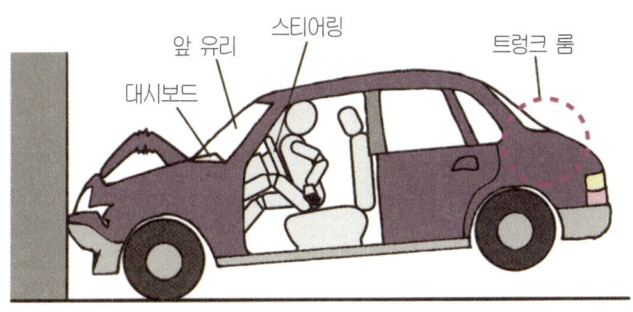

PHOTO 2차 손상이 나타나는 장소

08 견인 작업 순서

확실한 고정이 견인 작업의 포인트

확실히 고정되어 있지 않으면 몇 번이나 반복되는 견인작업 및 계측작업도 잘 안된다. 반대로 말하면 고정이 어려운 차종이나 손상은 그만큼 수정 작업도 어렵다고 생각하는 편이 좋을 것이다.

기본 고정의 장착 작업은 수정장치의 타입이나 기종에 따라서 다르기 때문에 제작사의 설명에 따르는 것이 좋다. 일반적으로 언더 보디 클램프를 먼저 보디에 고정한 후 수정장치에 세팅하는 것이 빠를 것이다. 또한 바닥면이나 수정장치의 수평이 유지되어 있어도 고정할 때 보디의 수평유지에 실패가 있으면 보디가 기울어진 상태로 세팅되므로 주의하기 바란다.

보조 고정은 체인이나 그 외의 어태치먼트류 등을 사용하여 고정하지만 확실하게 팽팽한 상태를 유지하지 않으면 의미가 없다. 또 고정하는 방향은 견인작업의 방향과 될 수 있는 대로 정반대가 되도록 설정한다. 단, 모멘트를 방지하기 위한 고정은 모멘트가 발생하는 방향과 반대 방향으로 한다.

🔵 PHOTO 4점을 연결한 기본 고정

정확한 측정이 보디 복원의 지름길

카메라라면 그 장소에 있는 것을 그대로 묘사할 수 있지만 사람의 눈은 그렇게 되지 않는다. 사람은 눈으로 물건을 보고 있는 것이 아니라 머리로 보고 있는 것이므로 간단하게 속임을 당하는 것이다. 별로 어려운 말은 아니다. 이른바 눈의 착각이라는 것을 알고 있으면서도 누구나 쉽게 잊고 있는 것이다. 똑바른 선이 구부러져 보이거나 동일한 길이의 선이 달라져 보인다.

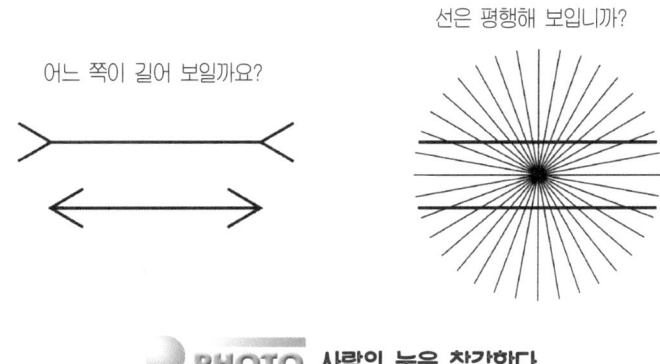

어느 쪽이 길어 보일까요?

선은 평행해 보입니까?

PHOTO 사람의 눈은 착각한다

그러나 한번 측정용 자를 설치해 보면 그러한 착각은 없어지고 정확한 길이를 알 수 있다. 단순한 선에서도 그러므로 평면, 입체와 복잡함이 증가되면 착각의 요소도 증가된다. 입체물인 보디의 상태를 알려면, 측정용 자를 대어 보는 것이 좋을 것이다. 물론 선의 길이를 측정할 때와 동일한 자로는 보디의 변형을 알 수 없다.

보디의 측정용 자에 해당하는 것이 각종 계측장치이다. 센터링 게이지나 트램 게이지는 간단하게 취급하지만 눈대중의 요소가 많기 때문에 그들만으로는 불충분하게 되는 경향이 있다. 센터링 게이지는 보는 각도에 따라서 달라져 보이는 것이 있으며, 익숙하지 못하면 알기 어려운 면도 있다. 보다 정확함을 요구한다면 설치 위치의 높이에 따라서 체인이나 암의 길이를 조정하고 전체가 동일한 높이로 설치하는 것, 설치 구멍에 변형이 없는가를 점검하는 것 등이 포인트가 된다.

트램 게이지는 대부분의 경우 측정 포인터가 부착되어 있으므로 측정 포인터 간의 치수를 직접 읽을 수 있다. 장소에 따라서 측정 포인터를 측정 위치에 설치하는 방법에서 오차가 발생되는 경우가 있지만 거의 정확한 치수를 측정할 수 있다. 단, 본체의 비틀림이나 측정 포인터의 구부러짐·기울어짐 등은 오랫동안 사용하면 있을 수 있는 것이므로 항상 점검하는 것도 중요하다.

지그 벤치나 그 외의 측정 시스템은 최초에 세팅하는 시간이 걸리는 경우도 있지만 세팅까지 하면 보디의 변형을 이해하기 쉬운 모양으로 나타내 준다. 컴퓨터를 이용한 것이면 더욱 취급하기가 간단하다. 단, 각각의 기종에 따라서 취급방법이 다르기 때문에 제작사와 상담하여 이용하기 바란다.

견인 작업의 진행방법

견인작업은 사고 발생시에 받은 힘과 동일한 크기의 힘을 반대 방향으로 견인 작업하면 복원할 수 있다고 말하는 경우가 있다. 그러나 실현은 불가능하다. 1톤 전후의 자동차가 시속 수십 킬러미터로 충돌하였을 때의 힘은 너무 커서 재현할 수 없다. 사고 발생시보디의 변형이 오로지 관성에 의해서 유지되고 있는 것과 비교하면 보디 수정에서는 보디를 확고하게 고정하여 힘을 가하기 때문에 그 전달 방법도 달라진다.

어찌 되었던 한번 소성 변형된 보디 패널은 이 책의 앞쪽에서 설명한 바와 같이 가공 경화를 일으키고 있기 때문에 동일한 힘을 가하는 방법으로는 원래대로 복원되지 않는다. 보디 수정에는 보디 수정의 힘을 가하는 방법이 있다.

차체수리 작업시에 익숙하지 않은 동안에 우선 호감이 가는 것은 어디에서부터 어떠한 방법으로 수정작업을 하는 것이 알맞는가이다. 대형 사고 자동차의 경우에는 각각의 패널들이 여러 방향으로 무리하게 찌그러지거나 비틀려 구부러져 있다. 최초에 어디를 어느 방향으로 견인하면 좋은지 망설이게 된다. 연륜이 깊은 숙련자라면 보디 전체에 힘이 들어온 방향을 확인하고 짧은 시간에 견인작업을 하겠지만 이것은 조금 더 앞선 이야기이다. 따라서 망설일 필요없이 작업을 시작하기 위하여 우선 차체를 구성하는 언더 보디의 센터를 확실하게 나타나도록 견인작업을 한다. 이 경우 어퍼쪽 보디는 잠시 잊는 것도 좋다.

프런트 사고일 경우는 어쨌든 앞 방향으로 견인한다. 그리고 어느 정도 모양이 나타나면 측정 시스템에서 좌우 편차를 확인하면서 센터를 통과하도록 하여 높이도 합한 후 언더 보디에 맞추어 어퍼 보디를 수정한다. 다소 시간이 걸리지만 견실(堅實)하게 수정 작업을 진행할 수 있다.

◀ 견인세팅작업

측정 작업 ▶

PHOTO 보디 수정작업

경사지게 혹은 일직선으로 견인하는가

동일한 크기의 힘이라면 패널에 대하여 일직선으로 힘을 가하는 것이 가장 효과가 좋다. 즉, 라디에이터 서포트라면 바로 옆으로, 펜더 에이프런이면 바로 정면에서 견인작업을 하는 것이 효율적이다. 그러나 사고 손상은 대부분 경사진 방향으로 힘을 받고 있기 때문에 일직선으로 가하는 힘만으로는 원래의 상태로 복원되지 않는다.

큰 힘으로 급격히 견인작업을 하고자 할 경우 견인하는 방향은 충돌한 방향과 거의 반대 방향에서 경사지도록 견인작업을 한다. 이 경우 견인작업의 힘은 라디에이터 서포트와 펜더 에이프런의 두 방향으로 분리되어 작용한다. 어느 쪽의 방향으로 어느 정도의 비율로 힘이 작용하는가는 앞에서 설명한 벡터를 생각하면서 예상해 보기 바란다.

견인작업의 각도를 바꾸면 두 방향에 분배되는 힘의 크기 비율도 컨트롤 할 수 있다.

작은 힘으로 조금씩 견실하게 수정하려면 충격의 방향이나 보디의 변형방향을 무시하고 펜더 에이프런이나 사이드 멤버에 대해서는 앞에서부터 일직선으로 하고 라디에이터 서포트는 바로 옆에서 견인작업을 할 수 있도록 클램프를 세팅한 후에 두 방향은 경우에 따라서 각각 어퍼쪽과 언더쪽에 2개 층으로 설치하여 4방향으로부터 일직선으로 조금씩 보디의 상태를 보면서 견인작업을 한다.

● PHOTO 2방향에서 당기기 작업

경사지게 견인작업을 하거나 일직선으로 견인작업을 하여도 패널에 대해서 가해지는 쪽의 힘은 동일하다. 경사지게 급격히 견인작업하는 쪽이 빠르지만 견인방향의 각도에 따라서 패널에 가해지는 힘의 크기를 조정할 필요가 있으며, 유압 유닛의 에어 펌프를 회전시키지 않고서는 작업할 수 있는 것은 없다.

두 방향에서의 견인작업은 클램프를 최소 2개 이상 세팅하여야 하며, 서로 다른 방향으로 각각 힘을 가할 때 견인 각도의 설정에 망설이지 말고 보디의 상태를 보면서 어느 쪽을 어느 정도로 견인작업을 하면 알맞은지 비교하면서 작업을 하면 이해하기 쉽다. 어느 쪽이 좋다고는 할 수 없지만 작업자의 기량이나 수정장치의 특성 등에 따라서 결정하면 된다.

경우에 따라서는 분할하여 견인한다

큰 힘을 가하면 가할수록 짧은 시간에 견인작업을 완료시킬 수 있을 것 같지만, 실제로는 패널이 견인작업의 힘에 견딜 수 있는 크기는 그렇게 크지 않다. 따라서 패널이나 용접부를 큰 힘으로 견인하여 뜯겨지면 그것은 수정 작업이라기보다 파괴 작업에 가깝다.

자동차에 사용되고 있는 강판의 인장 강도가 $1mm^2$ 당 보통 강판은 30kg, 고장력 강판은 50kg 정도인 것이다. 또, 패널에 힘을 전달하는 클램프도 전달되는 힘의 크기는 한계가 있으므로 그 이상의 힘을 받으면 클램프가 이탈된다.

일반적으로 클램프가 견딜 수 있는 힘은 톱니의 면적에 비례한다. 그러나 견인작업의 부위에 따라서 큰 클램프가 설치되지 않는 경우도 있다. 그런 때는 동일한 장소에 몇 개의 클램프를 분할하여 설치한 후 견인하는 방법도 있다. 또한 경사지게 견인할 경우 한 점으로 견인하기 보다는 동일한 클램프를 바로 정면과 옆면으로 분할하여 교대로 견인작업을 하는 방법도 있다.

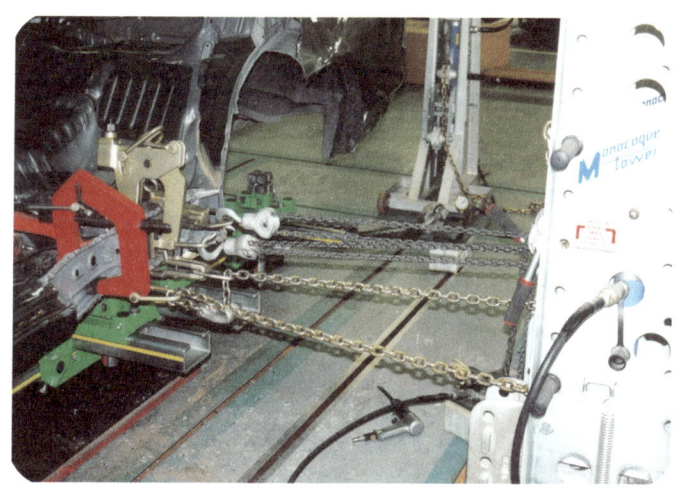

PHOTO 힘을 분산시킨 견인작업

예를 들면 사이드 멤버를 견인작업하는 경우 멤버의 1개 부위만이라면 작은 클램프밖에 설치할 수 없기 때문에 견인작업을 할 수 있는 힘도 작아진다. 따라서 멤버의 상자 모양의 단면에 조금 더 작은 클램프를 2~3개의 부위로 분할하여 설치하면 1개의 부위에 클램프를 설치한 경우에 비해서 3배까지는 안되지만 비교도 되지 않을 정도의 큰 힘을 가할 수 있다.

견인작업의 성질을 연구

견인작업의 도구는 클램프만이 아니다. 훅을 사용하면 작업중에 장해물을 극복하고 상당히 깊숙한 곳에 힘을 가할 수 있다. 단, 훅이 직접 접촉되는 장소에만 힘이 집중되지 않도록 하기 위하여 두꺼운 고무 시트, 굵은 각재(角材) 등을 대고 견인할 수 있도록 준비한다.

또한 견인작업에 있어서 작업용이나 부품 설치용의 구멍을 사용하거나 체인을 감는 등 견인작업을 쉽게 할 수 있도록 여러 가지 방법을 연구하여야 한다.

아무 것도 없으면 얇은 강판의 조각을 용접한 후 클램프를 설치하여도 된다. 처음에 시행하는 견인작업은 센터가 표출될 정도로 한 후에 세밀한 수정을 가하게 되면 필요한 견인의 장소 및 견인 방향이 나타난다. 이 때 차후에 동일한 방법의 작업이 발생될 경우를 대비하여 모든 견인작업의 작은 기술이라도 습득하여 두기 바란다.

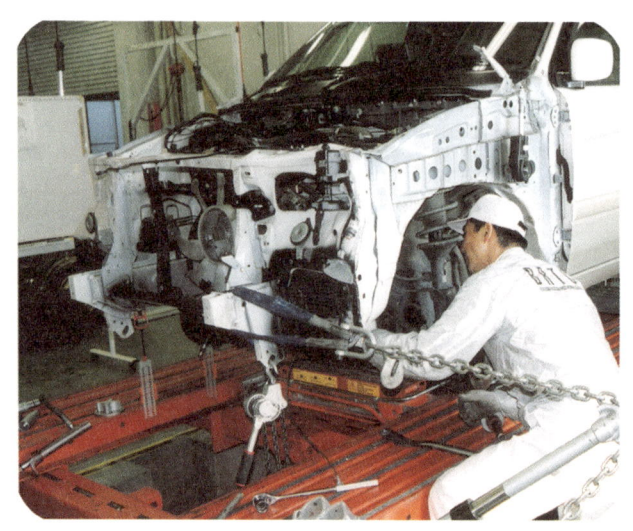

PHOTO 클램프를 사용하지 않는 견인작업

어느 정도 견인작업을 하여도 원래 상태로 복원되지 않는 치수를 복원시키는데 많은 시간이 소요되는 등 곤란한 경우의 원인은 대부분 금속의 탄성에 대비한 여유 치수를 생각지 못하여 견인량이 충분하지 않은 경우가 많다. 보디 패널은 탄성이 있기 때문에 필요한 부분까지 견인작업을 하면 원래의 상태로 복원된 것과 같이 보여도 가하는 힘을 제거하면 보디 패널은 탄성에 의해 어느 정도 되돌아간다.

따라서 원래의 위치보다 좀 많을 정도로 견인할 필요가 있는데 기술이 숙련될 때까지는 이 여분의 양이 문제가 되어 약간 적게 되는 경향이 흔하다.

그런데 자동차는 간단하게 파손되지 않기 때문에 기술이 숙련되기 전까지는 본래의 위치보다 조금 크게 견인하게 되면 견인 작업시간을 단축시키는 포인트가 된다.

드문 경우이지만 견인작업을 하는 도중에 클램프가 이탈되는 경우가 있다. 클램프의 유지·보수가 올바르게 되어 있으면 설치방법이나 견인작업 방향이 잘못되어 있지 않는 한 이탈되지 않는다. 그러나 그 점에 관해서는 사람의 힘이 작용하여 물체를 움직이게 하거나 어떠한 부분이 충분히 갖추어지지 않은 경우가 있을 수도 있다.

그리고 클램프가 이탈되면 견인작업의 힘에 의해서 강하게 날아가 타격하는 점이 잘못되면 생명에도 위험하다. 따라서 견인작업을 하는 동안 클램프가 이탈되어 날아갈 수 있는 범위에는 사람이 접근하지 않도록 하는 것이 중요하다. 또한 와이어 등으로 클램프와 보디를 연결하여 고정시키고 견인작업의 체인에도 안전고리 등을 체결하는 안전대책도 잊지 말고 실행하면 사고와는 연관되지 않기 때문에 견인작업의 위험 부담이 감소되어 작업에 큰 도움이 될 것이다.

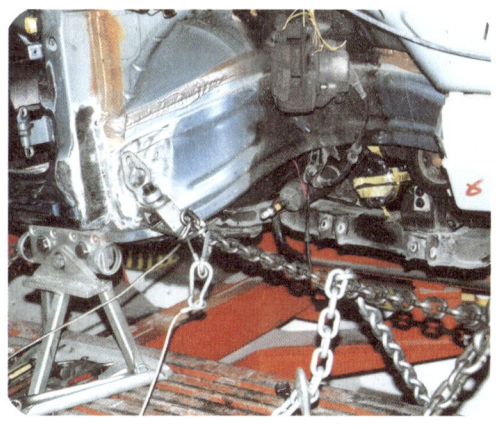

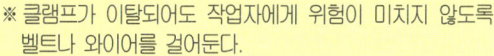

※ 클램프가 이탈되어도 작업자에게 위험이 미치지 않도록 벨트나 와이어를 걸어둔다.

PHOTO 견인작업의 안전대책

09 보디 수정작업의 실제

SUV의 왼쪽 프런트 손상

　　대상 자동차는 96년식 혼다 [CR-V]이다. 범퍼식 코너부를 중심으로 한 충격으로서 왼쪽 사이드의 손상이 심하다. 벤치식 수정장치를 이용하여 수정한다. 이너의 교환 패널은 휠 하우스 어퍼 멤버, 휠 하우스 거싯, 프런트 사이드 벌크 헤드, 벌크 헤드 어퍼 프레임, 로어 브래킷 등이다.

　PHOTO 왼쪽 범퍼쪽으로 손상을 입은 CR-V

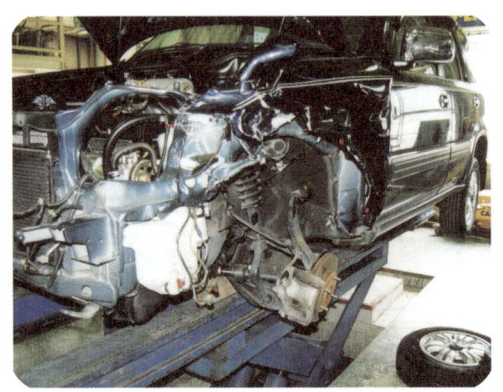

　PHOTO 프런트 사이드 벌크 헤드, 펜더, 휠 하우스의 손상이 눈에 두드러진다.

　PHOTO 오른쪽으로 펜더가 위로 돌출되어 있어, 충격이 파급된 것을 알 수 있다.

PHOTO 사이드 실 아래의 플랜지가 없는 차종을 위해 혼다 전용의 고정 클램프를 이용한다.

PHOTO 전방과 우측면에서 견인작업을 하여 프런트 보디 치수를 대충 복원한다.

PHOTO 컴퓨터 측정장치로 각 부분의 치수를 체크하여 보디 복원상태를 확인한다.

PHOTO 하체와 관련된 부분은 얼라인먼트를 하기 쉽도록 더욱 정확한 수치로 복원한다.

PHOTO 앞방향 견인작업으로 프런트 보디 전체의 편차를 수정하며, 도어 이음부의 간격도 확인

PHOTO 보디 치수의 체크가 끝나면 이너쪽 교환부품을 순차적으로 탈착한다.

PHOTO 휠 하우스 익스텐션은 용접장소가 많기 때문에 판금수정한다.

PHOTO 신품 패널을 임시 조립해 위치를 결정 하고, 치수를 체크한 후 스폿 용접으로 장착한다.

PHOTO 프런트 필러 아랫부분의 변형은 스터드 이용과 견인하여 판금으로 수정한다.

PHOTO 모든 작업이 완료되면 보닛이나 펜 더 등을 조립하여 이음부의 간격을 체크한다.

PHOTO 판금작업이 완료된 상태

경자동차의 프런트 필러 교환

대상 자동차는 98년식 스즈키 「웨건 R」이다. 왼쪽 타이어가 어떤 장애물에 걸려 얹혀서 프런트 필러가 연결되어 있는 부근이 강하게 부딪힌 것이다. 이 충격으로 프런트 필러 아래 부분이 변형됨과 동시에 프런트 보디 전체가 들어 올려져 오른쪽으로 기울어지고 있는 프런트 필러는 사이드 실 앞쪽으로 절단하여 이어 맞춤 방식으로 교환한다. 지그 벤치에 지그를 세팅하면서 수정작업을 한다.

● PHOTO 프런트 필러 연결 부근이 충격으로 손상된 웨건 R

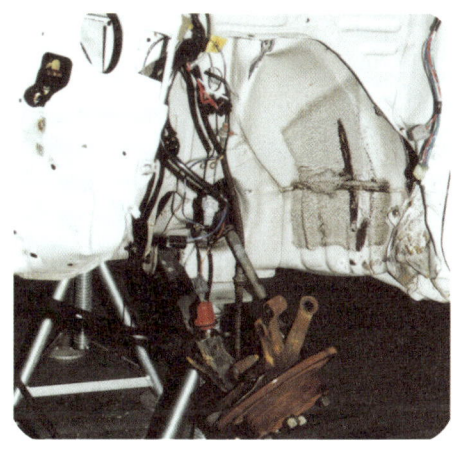

● PHOTO 외장부품 등을 떼어내고 본 충격상태. 상당히 큰 변형을 볼 수 있다.

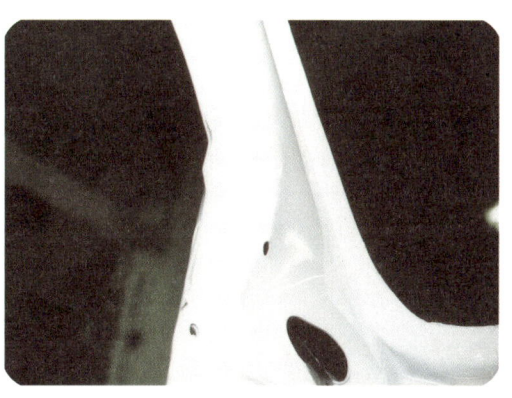

● PHOTO 프런트 필러 상부의 이너쪽에 변형이 생겨, 왼쪽 프런트 도어는 완전하게 닫히지 않는 상태

PHOTO 지그 벤치에 보디를 세팅한 뒤 견인 작업을 하면서 지그를 세팅한다.

PHOTO 드라이브 샤프트가 지나는 공간에 체인 을 통과시켜 아래방향으로 견인작업을 한다.

PHOTO 유압 램으로 아래에서 밀어올리면서 앞 방향으로 견인작업을 해 보디의 비틀림을 복원한다.

PHOTO 강성이 높은 대시와 필러의 설치부 근은 견인하는 부분을 증가시켜 조금씩 견인한다.

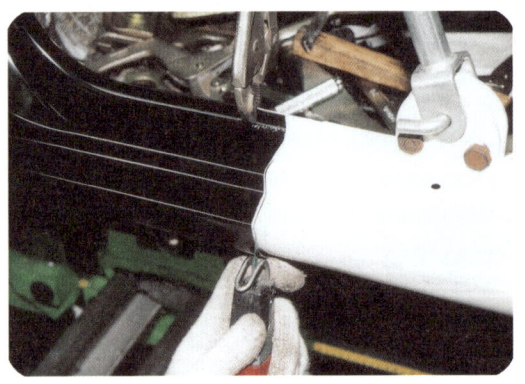

PHOTO 치수가 복원되면 잘라 붙이는 위치에 신품의 맞춤 위치를 정한 뒤 구 패널을 절단한다.

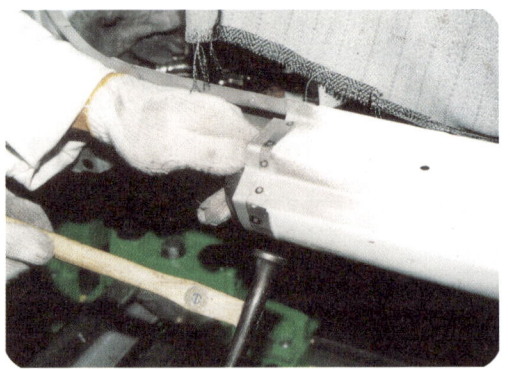

PHOTO 잘라 붙이는 부분은 신품 패널의 나머 지 조각으로 보강판을 만들어 안쪽에 삽입하여 용접한다.

● **PHOTO** 도어를 임시 붙여 각 부분의 간격을 확인하면서 최종적인 위치를 결정한다.

● **PHOTO** 램프 서포트 패널을 임시 붙이고 엔진 룸 치수를 체크한다.

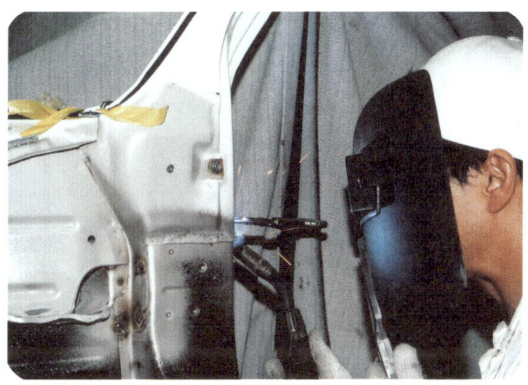

● **PHOTO** 모두 정상이면 스폿과 마그를 조합시켜 신품 패널을 용접한다.

● **PHOTO** 마지막으로 램프 서포트 패널을 용접하고 그 이외의 손상부를 판금수정한다.

● **PHOTO** 판금작업이 완료된 상태

10 휠 얼라인먼트

보디 얼라인먼트와 휠 얼라인먼트

얼라인먼트(alignment)란 정렬 상태 또는 일렬로 되는 것이라는 의미인데 차체수리의 세계에서는 위치 관계를 나타낸다. 보디 얼라인먼트란 보디 각 부의 치수를 파악한 후 보디 얼라이닝이라고 칭하는 보디 수정작업에서 보디 각 부의 치수를 복원하는 것이다. 이것에 따라 휠 얼라인먼트는 타이어의 정렬 상태 또는 설치 상태를 의미한다.

타이어를 포함하여 자동차의 휠은 4개가 평행하게 설치되어 있는 것은 아니다. 장난감 자동차라면 4개의 휠이 평행하게 설치되어 있어도 관계는 없지만 실제 자동차인 경우, 만일 4개의 휠이 평행하면 주행중 항상 핸들을 억누르면서 직진 상태를 유지하고 선회한 후에는 핸들을 원래의 상태로 정확하게 센터까지 손으로 되돌려주어야 한다. 센터 보다 조금 더 되돌리면 반대방향으로 선회하게 되므로 이러한 자동차는 누구라도 승차하고 싶지는 않을 것이다. 실제로 어느 정도라면 핸들에서 손을 뗀 상태에서도 직진상태로 주행할 수 있고 선회한 후 핸들을 의식적으로 되돌리지 않아도 스스로 정위치에 복원된다. 이러한 기능은 모두 휠 얼라인먼트의 작용 때문이다.

휠 얼라인먼트의 항목

휠 얼라인먼트는 몇 가지 항목이 있으며, 그의 편성에 의해 성립되어 있다. 일상의 작업에서는 거의 관계없는 항목도 있지만 일반적으로 널리 알려져 있으며 실제로 점검·조정할 필요성이 있는 것은 아래와 같은 항목이다.

① **토**(toe)

좌우의 휠을 위에서 보면 앞부분이 뒷부분보다 좁게 설치되어 있다. 좌우 타이어 중심 사이의 앞뒤 거리의 차이가 '토'이다. 일반적으로 앞쪽이 좁게 되어 있으므로 '토인'이라고도 한다. 단위는 mm로 나타내는데 자동차의 센터라인과 타이어의 설치 각도로 나타내는 경우도 있다. 어느 경우나 앞부분의 좁은 상태가 플러스(+) 값, 반대로 앞부분이 넓은 상태는 마이너스(−) 값이 되는데 앞뒤 바퀴에 모두 설정되어 있는 경우가 많다.

② 캠 버(camber)

토(toe)는 타이어를 위에서 보았지만 캠버는 타이어를 앞에서 보는 것이 된다. 캠버는 타이어 & 휠의 윗부분이 바깥쪽으로 기울어져 있는 상태로 설치되어 있다. 지면에 대한 수직선과 앞에서 보았을 때의 타이어 설치 각의 관계가 '캠버'이며, 그 상태의 각도로 나타낸다. 타이어의 윗부분이 바깥쪽으로 기울어진 상태를 플러스(+) 값(positive camber), 아랫부분이 바깥쪽으로 기울어진 상태는 마이너스(−) 값(negative camber)으로 된다. 앞뒤 타이어에 모두 설정되어 있는 경우가 많다.

③ 캐스터(caster)

캐스터는 휠 & 타이어의 각도가 아니라 휠이 설치되어 있는 각도이다. 타이어를 옆에서 보았을 때 휠의 중심과 서스펜션 또는 보디에 설치되어 있는 부분을 직선으로 연결하였을 때 휠의 중심선에 대하여 윗부분이 뒤쪽으로 기울어지는 각도로 설치되어 있다. 지면에 대한 수직부와 휠의 중심에서 설치부에 대한 직선의 각도가 '캐스터'이다. 위쪽이 뒤쪽으로 기울어진 상태를 플러스(+) 값, 위쪽이 앞쪽으로 기울어진 상태가 마이너스(−) 값이 된다. 4WS(4륜 조향) 자동차를 제외한 모든 자동차는 앞바퀴에만 설정되어 있다.

휠에 캠버가 설정되어 있으면 좌우의 휠이 바깥쪽을 향하여 벌어지려고 하는 힘이 작용한다. 또한 토인이 설정되어 있으면 안쪽을 향하여 좁혀지려는 힘이 작용한다. 이에 따라 양쪽의 힘이 평형을 유지하여 휠에 무리한 힘이 가해지지 않고 항상 타이어 & 휠의 방향을 직진상태로 안정시키는 힘으로서 작용한다. 캐스터는 선회한 후 핸들을 놓았을 때 원래의 직진 상태로 복원시키려는 힘으로 작용한다.

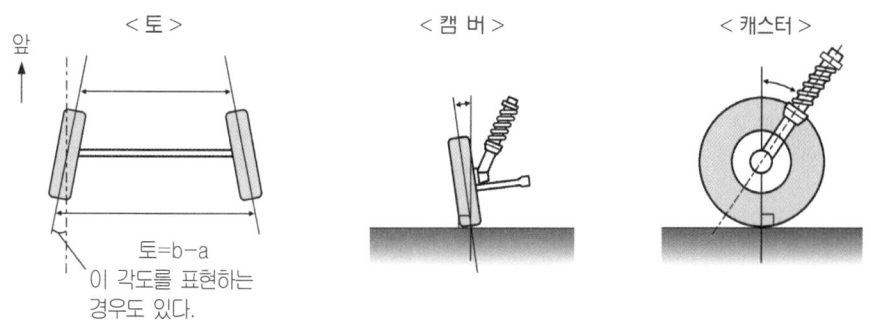

         PHOTO 휠 얼라인먼트의 항목(1)

④ **사이드 슬립**

캠버에 의해 바깥쪽으로 벌어지려는 힘과 토에 의해 안쪽으로 좁혀지려는 힘이 거의 상쇄될 수 있도록 설정되어 있는데 그 차이가 한계 이상으로 커지면 휠의 설치부에 무리한 힘이 가해진다. 이러한 경우는 토나 캠버에 결함이 있다는 증거이다. 토와 캠버에서 상쇄시키고 잔류하는 힘에 의해서 타이어가 지면을 안쪽 또는 바깥쪽으로 밀어내는 힘을 측정한 것이 '사이드슬립'이다.

사이드 슬립은 자동차가 1m를 진행하는 동안에 지면을 어느 정도 밀어 내려는 힘이 작용하는가로 나타내며, 단위는 mm이다. 차종에 따라서도 약간의 차이가 있으나 일반적으로 0±3~5mm 정도가 기준이 된다.

아래의 휠 얼라인먼트의 항목은 생소한 것도 있고 호칭방법도 다른 경우도 있지만 결코 무시하여서는 안되는 항목이다. 특히 4륜 전체의 정합성(整合性)을 고려한 올 휠 얼라인먼트(all wheel alignment)에서는 중요한 항목도 있다.

① **킹핀 경사각**

캐스터는 타이어를 옆에서 보았을 때 휠의 중심과 설치부의 각도지만 킹핀 경사각은 타이어를 앞에서 보았을 때 휠의 중심과 설치부의 각도가 된다.

킹핀이란 일체 차축 서스펜션 타입의 자동차에서 차축에 휠을 설치하기 위한 핀으로서 핸들을 회전시키면 휠은 킹핀을 중심으로 회전한다. 원래는 킹핀의 설치 각도였지만 현재의 승용차에는 킹핀이 없기 때문에 타이어가 방향을 변환할 때 축선(軸線)의 기울기가 킹핀 경사각도가 된다.

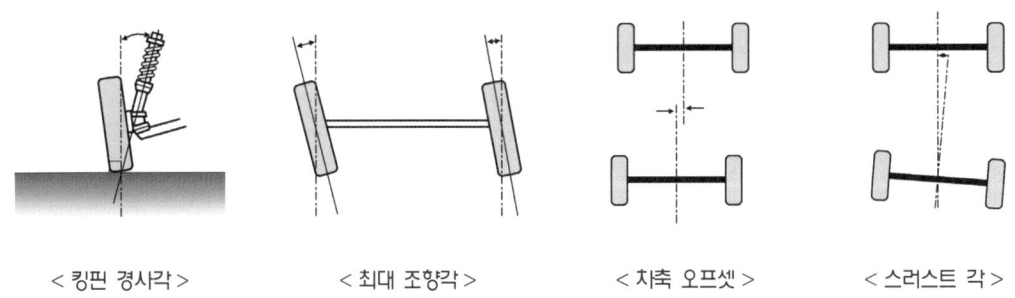

< 킹핀 경사각 >   < 최대 조향각 >   < 차축 오프셋 >   < 스러스트 각 >

PHOTO 휠 얼라인먼트의 항목(2)

② **최대 조향각**

오른쪽 또는 왼쪽으로 핸들을 최대로 회전시켰을 때 휠이 어느 정도 회전하고 있는가를 나타낸다. 조향기구의 관계상 바깥쪽과 안쪽 휠의 조향각도가 다르며 '회전 반경각' 또는 '터닝 레이디어스' 라고도 한다.

③ **차축 오프셋**

앞 차축과 뒤 차축이 각각 중심과 일치되지 않으면 자동차가 기울어지는 상태에서 앞으로 진행하게 된다.

④ **스러스트 각**

좌우 뒷바퀴가 차축에 평행하지 않고 어느 한쪽으로 각도가 설정되어 있으면 자동차는 도로를 일직선으로 주행할 수 없다. 이 각도가 '스러스트 각'이다.

휠 얼라인먼트의 측정

휠 얼라인먼트에서 길이는 밀리미터 단위, 각도는 3도 30분 또는 마이너스 1도 20분 등 매우 미세한 각도이므로 눈으로 확인하거나 각도기 등으로는 측정할 수 없다. 각각의 항목에 전용 측정 게이지가 준비되어 있는데 익숙하지 못한 사람에게는 취급이 어렵다.

그러나 1980년대에 등장한 컴퓨터와 광학 기기를 이용한 휠 얼라인먼트 측정 시스템을 사용하면 누구라도 간단하게 휠 얼라인먼트를 정밀하게 측정할 수 있다. 취급 방법이나 측정 범위 등은 기종에 따라서 다르므로 취급 설명서를 자세히 읽거나, 제작사의 교육을 확실히 받는 것이 필요하다. 그러나 기준 데이터가 컴퓨터에 입력되어 있으므로 측정한 시점에서 어느 정도 오차가 있을 수 있다.

어느 정도 빈틈없는 컴퓨터 계측 시스템에서도 기본 부분에서 데이터 입력에 오류가 있으면 정확한 측정은 할 수 없다. 먼저 중요한 것은 자동차의 높이이다. 대부분의 서스펜션은 상하로 작동하면, 타이어의 각도도 변화된다. 따라서 기준값과 비교할 경우 그것이 설정된 상태와 자동차와 동일한 높이로 측정하지 않으면 의미가 없다. 메이커에 따라서 휠 얼라인먼트의 기준값과 함께 기준 자동차 높이의 데이터도 준비되어 있는데, 그것이 없을 경우는 「공차 상태」를 기준으로 한다.

「공차 상태」란 주행에 필요한 오일, 냉각수, 연료를 규정으로 탑재하고 타이어도 규정의 공기압을 유지한 상태에서 승차하지 않고 하물(荷物)도 적재하지 않으며, 트렁크 룸은 예비 타이어, 잭과 OVM공구만이 탑재되어 있는 상태이다. 또한 전체의 수평에도 주의하기 바란다. 휠 얼라인먼트의 수치는 어느 것이나 매우 작으므로 약간의 기울기에도 영향을 받는다.

타이어 공기압의 불균일, 서스펜션의 결함, 실내나 트렁크의 하물 등에 의해서 영향을 받는 경우도 있다. 이러한 조건이 4바퀴에 균일하게 가해지고 있다면 기울어짐이 없이 자동차의 높이만 변화되는데 현실적으로는 거의 불가능하다. 공차 상태에서 수평이 유지되고 있으면 큰 문제는 없다고 할 수 있다.

또 하나 휠 얼라인먼트에 크게 영향을 주는 것은 휠 & 타이어 그 자체이다. 휠이나 타이어도 규격품 이외의 것으로 교환되어 있다면 휠 얼라인먼트의 기준값은 의미를 상실한다.

● PHOTO 휠 얼라인먼트 측정작업

● 보디 수정과 휠 얼라인먼트

모노코크 보디의 서스펜션은 직·간접적으로 보디에 설치되어 있는 경우가 많다. 보디의 치수에 오차가 발생되어 서스펜션의 설치 위치가 변경되면 휠 얼라인먼트도 변화된다. 따라서 변화가 크면 당연히 주행성에도 영향을 받기 때문에 그 의미에서 보디 얼라인먼트와 휠 얼라인먼트는 일체가 된다. 또한 반대로 말하면 휠 얼라인먼트가 기준값에서 오차가 클 경우 보디 얼라인먼트에도 오차가 있을 가능성이 크다.

그 이유는 휠 얼라인먼트는 자동차를 일반적으로 사용할 경우 거의 변화되지 않기 때문이다. 그러므로 휠 얼라인먼트의 오차가 클 경우에는 무엇인가에 의해 충격 등을 받아 보디나 서스펜션의 구성 부품, 휠이나 그와 관련된 부품이 변형·손상되어 있는 것에 의한 원인이 많다. 보디에 비틀림이 있을 경우에는 「휠 얼라인먼트의 수정＝보디 얼라인먼트의 수정」이 된다.

보디의 수정작업은 외관의 복원만이 아니고 차체의 패널도 정확하게 복원시켜야 하는 이유는 휠 얼라인먼트를 올바르게 유지하기 때문이다. 다만, 자동차는 시계와 같은 정밀 기계가 아니기 때문에 어느 정도의 오차는 영향을 받지 않도록 설계되어 있다. 그렇지 않으면 생산라인에서 양산할 수 없기 때문에 어느 정도의 오차 범위가 설정되어 있다. 보디 쪽에서 어느 정도라는 것은 서스펜션의 형식 등에 따라서도 변화되기 때문에 확실하게 말할 수 없다. 적어도 휠 얼라인먼트의 기준값이 오차 범위에 들어가는 정도라면 문제는 없다고 할 수 있다.

보디 비틀림＼휠 얼라인먼트		킹핀 경사각	캠 버	캐스터
서스펜션 멤버의 설치위치 (로암 설치위치)	① 좌우방향	●	●	
	② 상하방향	●	●	
	③ 전후방향			●
스트럿 설치위치	① 좌우방향	●	●	●
	② 상하방향	●	●	●
	③ 전후방향			●
프런트 보디 전체의 비틀림		●	●	●

●는 영향을 받는 휠 얼라인먼트

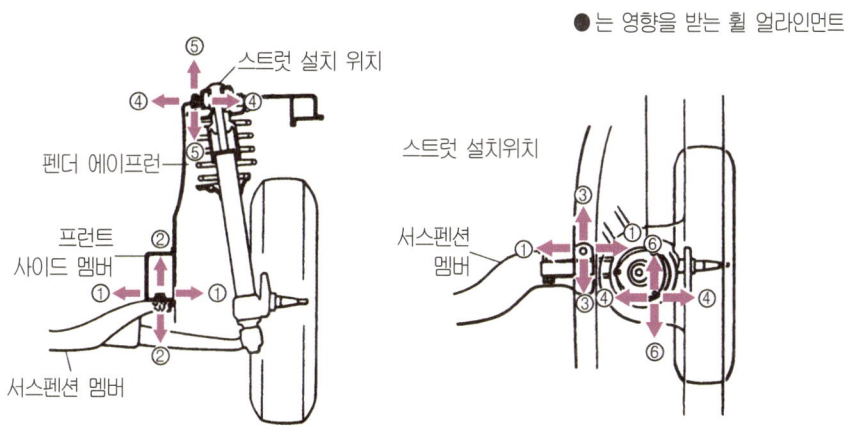

⑤ 스트럿 설치 위치
펜더 에이프런
프런트 사이드 멤버
서스펜션 멤버

스트럿 설치위치
서스펜션 멤버

🔵 PHOTO 보디의 비틀림과 휠 얼라인먼트

휠 얼라인먼트의 기준값

휠 얼라인먼트에 결함이 있으면 타이어가 한 쪽만 마모된다고 자주 이야기한다. 그러나 이것은 엄밀히 말하면 옳지 않다. 휠 얼라인먼트가 설정되어 있다는 것은 타이어 & 휠이 기울어져 설치되어 있다는 것이므로 타이어를 균일하게 마모시킬 수 없기 때문에 어느 쪽인가 하는 정도의 문제이다. 또한 휠 얼라인먼트의 기준값은 그 수치가 올바른 해답이며, 기준값 이외에 자동차가 정면으로 주행할 수 없거나 허용오차 범위를 벗어나면 극단적으로 타이어가 한쪽만 마모된다는 성질은 아니다. 따라서 기준값이 허용오차 범위에 있다면 차종의 성질상 주행성이나 안정성 등이 권장할 수 있는 상태라고 하는 수준이다.

스포츠성이 강한 자동차에서는 직진성을 희생하고 선회성, 즉 코너링 성능을 향상시키는 얼라인먼트로 설정되어 있는 경우도 있다. 물론 직선 주행을 하지 않는 자동차는 없기 때문에 타이어의 성능이나 스티어링 계통을 튜닝 등에 의해서 직진성을 보완하는 것으로 설정되어 있다. 이렇게 극단적인 휠 얼라인먼트를 채용한 자동차가 많거나 적거나 타이어는 한쪽으로 편마모된다.

일반적인 차종에 스포츠성이 강한 자동차와 같이 극단적으로 휠 얼라인먼트를 설정하면 안전성에 문제가 발생되기 때문에 메이커의 기준값 내에 있도록 설정하는 것이 좋다. 그러나 기준값은 허용 오차의 범위가 넓다. 따라서 구동방식이나 차종마다 5′ 단위로 세밀하게 설정되는데 허용 오차의 범위는 ±1° 라는 예도 드물지 않다. 타이어나 휠을 교환한 경우 규정값에서 더욱 벗어나는 것도 있으나 그것은 휠 얼라인먼트가 좋은 것은 아니다. 허용 범위가 넓다고 하여도 1° 또는 45′ 이라고 하는 대단히 미세한 수치이다. 또한 좌우간의 오차에 의해서도 운전성이나 안전성에 영향을 미친다. 좌우 오차의 허용 범위는 지정되어 있지 않은 경우도 있는데 일반적으로 30′, 즉 1°의 1/2 정도로 되어 있다. 좌우의 차이가 크면 주행중에 핸들이 쏠리거나 오른쪽과 왼쪽의 타이어가 마모되는 방향이 서로 다르게 나타나는 등의 현상이 발생된다. 이렇게 되면 저마다의 취향이나 차종의 성격 등이라 할 수 없다.

7. 퍼티와 퍼티작업

THE body work

7. 퍼티와 퍼티작업

01 퍼티의 종류와 취급법

🟢 판금과 도장의 경계

　차체 수리 과정 중에서 판금과 도장의 범위를 어디서 어떻게 나눌 것인가에 대해서는 작업장마다 여러 가지 생각을 가지고 있다. 판금은 강판을 돌리와 해머로 이용하여 수리할 수 있는 부분만으로 기초작업(밑바탕 작업) 이후는 모두 도장이라는 공장도 있으며, 프라이머 서페이서(프라서페)까지 판금 담당자가 처리하는 공장도 있다. 한편 보험회사에서는 도장지수가 설정하고 있는 경계선은 최후 1회의 퍼티 작업 이후가 도장이라고 구분하고 있다.

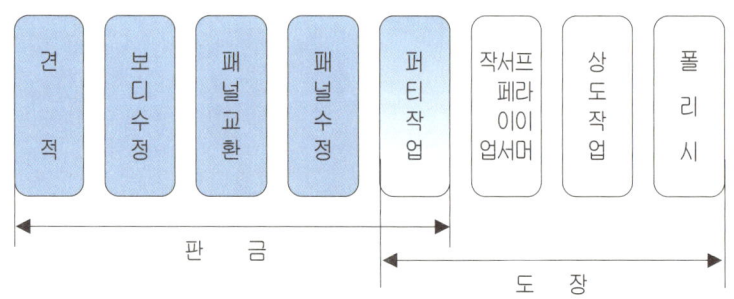

▲ 판금과 도장의 경계선

　사용하고 있는 설비나 기재·재료 등에 따라 어디까지 구분하면 가장 합리적인가는 바뀔 수 있다. 또한 어떤 손상 차량의 입고가 많은가에도 바뀔 것이다. 그래서 제안하자면 어디를 확실하게 구분하지 말고 판금 담당자는 퍼티의 마무리 작업까지, 도장 담당자는 퍼티를 도포하는 곳에 겹치는 부분을 만들어 두고 입고 상황이나 일의 정체 상태 등에 따라서 임기응변으로 바꾸는 것이 좋을지도 모르겠다. 따라서 이 책에서도 퍼티의 연마까지를 판금의 범위로 취급하기로 한다.

숙련된 도장 기술자라면「판금 작업장에서 퍼티를 도포할 수 있으면」하고 말할지도 모르겠지만 하지작업(손상부위 복원작업)은 차체수리의 전체 공정 중 가장 많은 시간이 소요되는 작업이 퍼티이다. 많은 작업을 할 수 있는 기술을 보유하는 것도 나쁠 것은 없다.

퍼티의 종류

보디 샵에서 사용되고 있는 퍼티의 종류는 대단히 많다. 하나의 공장에서도 3~4종류는 있을 것이며, 차체수리 세계 전체에서 자세하게 분류하자면 몇 십 종류에 이를 것이다. 단, 상당히 특수한 용도에 사용되는 퍼티도 있고, 수지 부품용이나 알루미늄 등 소재에 따라 구분하면 일반적으로 사용되는 퍼티는 다음과 같이 4종류가 된다.

① 판금 퍼티

깊이 30mm 정도로 깊은 홈을 메울 수 있도록 두껍게 도포하는 퍼티이다. 표면은 약간 거칠며, 건조 후에는 매우 단단하여 낮은 번수의 페이퍼로 연마하는 경우에는 시간이 걸리며, 그대로 프라이머 서페이서를 도장하는 것은 곤란하다. 또한 건조 중에 왁스의 성분이 표면에 떠오르므로 먼저 왁스 성분을 연마하지 않으면 완전 건조되지 않는다.

판금 퍼티가 유행한 시대도 있었으며 그 당시는 깊은 홈을 수정한 후 퍼티로서 마무리, 그것도 패널 1장 전면에 퍼티를 도포하는 작업으로 이루어졌다. 그러나 연마중에 누출된 왁스 성분에 의해서 도막의 결함을 발생하거나 재사고 등에서 퍼티가 모두 벗겨져 떨어지는 등 바람직하지 않은 현상이 발생되었기 때문에 그다지 사용되지 않게 되었다.

퍼 티	2액	폴리에스텔 퍼티	판금 퍼티		최대 50mm 정도의 홈을 메운다. 건조 후엔 상당히 딱딱해져 연마성은 떨어진다. 직접 프라이머 서페이서로 진행하는 것은 불가능하다.
			중간 퍼티		10~30mm정도의 홈에 대응. 판금 후 패널 면의 홈을 메워 비틀림을 수정한다.
			폴리 퍼티	두꺼운 타입	
				일반 타입	정밀한 마무리의 금속면이나 퍼티면의 비틀림 수정에 사용한다. 막 두께는 5mm정도까지
				소프트 타입	퍼티나 프라이머 서페이서 면의 스크래치(scratched)나
	1액	래커 퍼티			작은 손상을 수정한다. 도막 두께는 0.5~1mm정도

▲ 퍼티의 종류와 특징

② 폴리 퍼티

　　현재의 폴리에스텔계 수지를 주성분으로 하는 퍼티는 이 종류의 퍼티에서부터 시작되었다. 폴리 퍼티라고 하는 명칭은 원래 어느 메이커의 상품명인데 이미 일반적인 명칭으로 되어 많이 사용되고 있다. 건조 후의 표면은 매우 매끄럽고 낮은 번수의 페이퍼로도 연마할 수 있으므로 표면 만들기 연마를 하여 프라이머 서페이서를 도장할 수 있다. 단, 도막의 두께는 최대 3mm 정도이기 때문에 이 퍼티만으로 마무리를 하기 위해서는 상당히 정밀한 판금의 마무리가 요구된다.

③ 중간 퍼티

　　중간 퍼티라는 명칭 자체가 옛날의 산물인지 모르겠지만 지금은 단지 퍼티라고 하면 중간 퍼티를 지칭하는 것이 일반적이다. 그리고 널리 사용되고 있을 정도로 변형물도 많고 연마가 손쉬운 타입, 표면을 매끄럽게 할 수 있는 타입, 비교적 깊은 홈까지 대응할 수 있는 타입 등 동일한 메이커 중에도 많은 종류의 제품이 시판되고 있다.

● 퍼티의 성분과 그 외의 퍼티

　　보디 샵에서 이용되는 퍼티의 대부분은 폴리에스텔계 수지를 경화제로 반응시켜 도막이 된다. 상도(上塗)나 그 외의 도료(paint)에 비하여 도포하는 것은 체질 안료로서 탄산칼슘이나 텔크(talc) 등이 혼합되어 있기 때문이다. 퍼티에 따라서는 속이 빈 유리볼이나 글래스 파이버, 알루미늄 분말 등을 혼합한 것도 있다. 이 가운데서 글래스 파이버나 알루미늄 분말이 혼합되어 있는 타입은 대단히 견고한 도막을 형성하므로 패널의 구멍 메우기나 부식(녹)으로 인하여 너덜너덜하게 된 부분의 보수 등에 사용한다. 속이 빈 유리 볼이 혼합되어 있는 타입은 두껍게 도포하였을 때 퍼티의 중량을 가볍게(경감)할 수 있는 타입이다.

　　폴리에스텔 이외는 래커(lacquer)계 도료와 동일한 섬유 원료, 아크릴 등을 사용한 래커 퍼티가 이용된다. 이것은 깊은 홈을 메우기보다 퍼티나 프라이머 서페이서의 면(面) 위에 스크래치(scratched)나 미세한 기공을 메우기 위해 사용한다. 단, 하지(下地)에서부터 상도까지 2액형 도료를 적용하고 있는 현재는 퍼티나 프라이머 서페이서 표면의 정도(精度)가 향상되어 래커계 퍼티의 사용이 점차 감소되고 있다.

스프레이 건으로 도포하는 퍼티도 있으며 2액형과 1액형을 '스프레이 퍼티'라고 한다. 유럽 등에서는 많이 사용되고 있는 것 같지만 우리나라에서는 소개되어 있지 않다.

수 지	폴리에스텔	2액형 퍼티
	아크릴, 원료	1액형 퍼티

안 료	탄산칼슘, 탤크	일반적인 퍼티의 안료
	속이 빈 유리 볼	경량 타입에 추가된다.
	글래스 파이버	수지부품, 부식(녹)된 홈 보수용
	알루미늄	부식(녹)된 홈, 결손부(缺損部) 보수용

용 제		

PHOTO 퍼티의 성분

퍼티 작업에서 사용하는 도구

퍼티 작업에 필요한 도구는 퍼티를 덜어내거나 주제와 경화제를 골고루 섞이도록 반죽하거나 패널 면에 도포하기 위해 사용하는 스푼(주걱)이다. 스푼은 주로 플라스틱제가 사용되고 있지만 고무제나 금속제도 있으며, 숙련자라면 나무조각을 깎아 만들어 사용하는 경우도 있다. 일반적인 플라스틱 스푼의 손잡이나 두께 등을 깎아서 사용하기 쉽게 하는 사람도 적지 않다. 또한 퍼티의 주제를 교반(攪拌)하기 위한 전용 스푼이 준비되어 있다.

퍼티는 캔에서 퍼티 받침대에 덜어내고 경화제를 넣어 골고루 섞이도록 반죽하여 사용한다. 퍼티 받침대는 주로 플라스틱제나 금속제로서 표면이 매끄럽게 되어 있다. 공장에 있는 나무판이나 골판지를 잘라서 사용하는 공장에 있지만 퍼티의 성분을 흡수하는 것도 있으므로 주의가 필요하다. 사용 후에는 퍼티 받침대의 표면을 깨끗하게 청소하고 남아 있는 퍼티는 폐기한다.

PHOTO 퍼티 받침대와 퍼티 스푼

02 연마공구의 종류와 취급

 에어 샌더의 종류

건조·경화된 퍼티의 연마는 에어 샌더가 주로 사용된다. 에어 샌더는 압축 공기의 압력을 이용하여 에어 모터를 회전시키고 연마재(페이퍼)가 부착된 패드를 회전시킨다. 샌더에 의해 연마하는 힘은 고속 회전하는 패드의 회전력에 의한 것이기 때문에 연마면에 강하게 눌러 접촉시키지 않는 것이 중요하다.

보디 샵에서 사용하는 샌더는 여러 가지 있는데 퍼티 작업에서는 더블 액션 샌더나 오비털 샌더 중 어느 하나를 주로 사용한다.

더블 액션 샌더는 원형의 패드 자체가 회전하면서 다시 한번 편심 축을 중심으로 회전한다는 복잡한 2중 회전을 한다. 이런 복잡한 운동 덕분에 연마 자국이 눈에 띠지 않고 깨끗하게 마무리된다. 단, 연마력(研磨力)은 비교적 강하고 빠른 작업이 가능한데 익숙하지 못하면 너무 깎아서 정교한 표면 만들기를 할 수 없는 경우도 있다. 에어 샌더는 편심축의 편심 정도에 따라서 여러 종류가 있다.

오비털 샌더는 직사각형의 패드가 타원(오비털)의 궤적을 그리며 운동한다. 성격은 더블 액션의 반대이며, 연마력은 약하기 때문에 초심자도 취급하기 쉽다. 패드의 사이즈에 따라서 쇼트, 롱, 와이드 등의 종류가 있다.

▲ 더블 액션 샌더

▲ 오비털 샌더

▲ 롱 오비털 샌더

PHOTO 더블 액션 샌더와 오비털 샌더

기타 샌더 · 연마용구

퍼티 작업 이외에도 판금 공정 중에는 몇 개의 샌더를 사용한다. 잘 알다시피 도막 벗기기에 사용하는 디스크 샌더이다. 디스크 샌더는 페이퍼가 부착된 패드가 단순하게 회전할 뿐이므로 연마 자국이 눈에 띄기 쉽지만 거친 번수의 페이퍼 또는 전용의 연마재와 서로 보강하여 강력한 연마력을 갖게 된다. 일반적으로 1분 동안에 1만 회전 전후의 고속형이 사용되지만 2천 회전 전후의 저속형도 있고, 디스크 샌더는 퍼티의 범위가 넓을 때 거친 연마나 강판에 손상이 없이 도막을 벗길 때 등에 사용한다.

벨트 샌더는 여러 가지 용도로 사용할 수 있는데 판금 작업 중에서 스폿 용접전에 도막을 벗기는 작업에 많이 이용되고 있다. 벨트 폭의 사이즈만큼 극히 좁은 범위에서 연마할 수 있으므로 편리하다.

그라인더는 숫돌이 1분 동안에 2만 회전도 한다. 연마라고 하기보다는 연삭이 될 것이다. 퍼티나 도막을 연마하기에는 너무 강력하다. 주로 마그 용접 등에서 비드를 연삭하여 평탄한 표면 만들기에 사용된다.

스트레이트 라인 샌더는 어느 정도 가늘고 긴 직사각형의 패드가 앞뒤로 운동하는 샌더이다. 약간 특이한 도구이므로 선호도가 다르지만 프레스 라인 부분의 연마나 비교적 평면의 퍼티면을 연마하는데 이용하면 작업이 빠르고 깨끗하게 마무리되어 좋아하는 사람도 있다.

더블 액션 샌더는 패드 양쪽에 일정 이상 연마되지 않도록 하는 가이드가 설치된 굴곡수정의 전용 샌더도 있다. 퍼티의 면적이 좁으면 사용하기 곤란하지만 일정 범위의 굴곡 수정이 빠르고 간단하게 할 수 있는 특징을 가지고 있다.

퍼티의 범위가 좁은 경우나 최종 마무리 단계에서는 샌더를 사용하지 않고 손으로 연마하는 것도 있다. 이 경우 페이퍼를 손 작업용의 패드나 손잡이가 설치되어 있는 핸드 파일에 설치하여 작업한다. 시판되는 현품만으로는 연마가 고르게 되지 않기 때문이다. 또, 프라이머 서페이서의 마무리 연마 등에서 하는 물 연마는 퍼티의 경우 사용하지 않는다. 퍼티는 수분에 그다지 강하지 않기 때문이다.

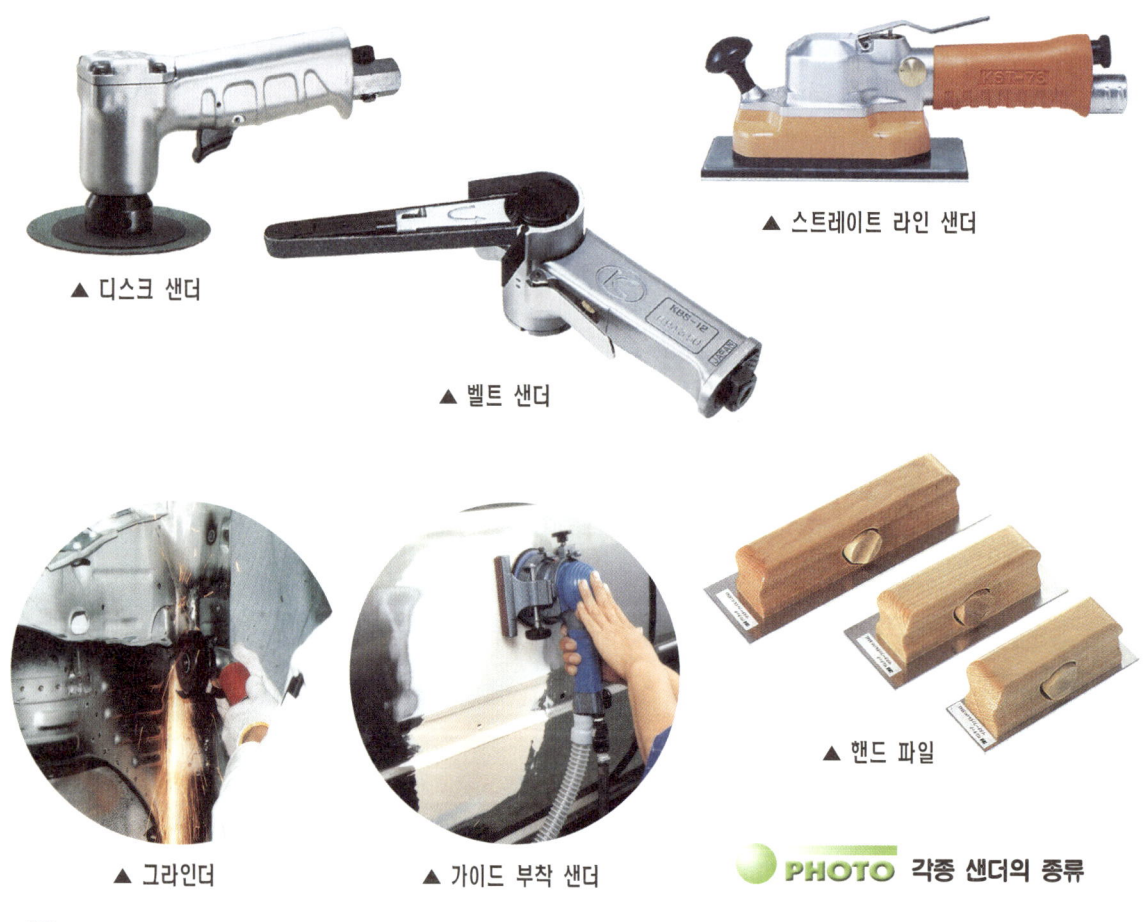

▲ 디스크 샌더

▲ 벨트 샌더

▲ 스트레이트 라인 샌더

▲ 그라인더

▲ 가이드 부착 샌더

▲ 핸드 파일

PHOTO 각종 샌더의 종류

샌더와 패드의 선택 방법

퍼티의 거친 연마에서 프라이머 서페이서의 마무리까지 1대의 더블 액션 샌더를 이용한다. 페이퍼의 번호만 바꾸면서 작업하는 사람도 있지만 본래, 샌더는 사용 목적에 따라서 잘 선택하여 사용하는 편이 좋다. 샌더는 동일한 더블 액션 샌더나 오비털(orbital) 샌더도 편심 축의 편심 정도(오빗 다이어라고도 한다)에 따라서 3~4종류 정도 준비되어 있다. 오빗 다이어가 큰 것은 연마력이 강하므로 거친 연마용이며, 작은 것은 마무리용이다. 패드의 크기는 퍼티의 면적에 따라서 잘 선택하여 사용하여야 한다.

페이퍼를 부착하는 패드도 여러 종류이며, 단단한 것은 연마력이 강하므로 거친 연마용, 부드러운 것은 마무리용이 된다. 또한 페이퍼의 설치 방법에는 스티커나 실(seal)과 같이 뒷면에 풀이 발라져 있는 타입과 매직 테이프를 이용하는 것이 있으며, 풀 타입은 거친 연마, 매직 테이프 타입은 마무리용에 적합하다. 그러나 이쯤되면 용도와 적성보다 기호에 따라서도 바뀌기 때문에 취급하기 쉬운 타입을 사용하면 될 것이다.

	단단한 패드	부드러운 패드
가해지는 힘	그대로 전달된다.	일부 흡수되어 전달된다.
페이퍼 자국	깊다	얕다
세밀한 요철	깎아낸다.	변형되면서 지나간다.
곡면 연마	연마 오버	R을 따라 연마한다.
용 도	거친 연마, 퍼티의 표면만들기 연마	프라이머 서페이서의 스크래치 연마

기 종	패드의 작용	무부하회전수 (RPM)	타 입	오빗 다이어(mm)	주요 용도
디스크 샌더	단순 원회전	8,000~15,000	고속회전	–	도막제거, 녹제거
		1,500~3,000	저속회전	–	도막제거, 퍼티의 거친 연마
더블 액션 샌더	이중편심 회전	6,000~8,000	–	5	프라이머 서페이서의 스크래치 연마
		8,000~10,000	–	7	퍼티의 표면 만들기, 페더 에지(단 낮추기)
		9,000~12,000	–	10	퍼티의 거친 연마
오비털 샌더	타원회전	8,000~9,000	미니	3	좁은 범위의 마무리 연마
		7,000~8,000	쇼트	5	퍼티나 프라이머 서페이서의 스크래치 연마
		6,000~7,000	와이드	5~7	퍼티의 표면 만들기
		5,000~6,000	롱	5~7	넓은 범위의 퍼티 표면 만들기
스트레이트 라인 샌더	직선운동	–	–	–	평면부의 퍼티 표면 만들기

▲ 샌더와 패드의 종류와 구분

03 퍼티의 도포와 연마

퍼티의 준비와 혼합

퍼티는 성분이 분리되기 쉽기 때문에 사용 전에 캔(통) 내에 퍼티를 성분이 균일하게 되도록 잘 교반한 후 덜어낸다. 퍼티는 건조가 빠르기 때문에 한번에 많은 양을 덜어내는 것은 아니고 조금씩 나누어 덜어내어 사용하는 것이 좋다. 기온이 높은 시기에는 퍼티를 도포하는 사이에 건조되어 굳는 것도 있기 때문이다.

주제와 경화제의 비율은 100 : 2 로서 상도의 도료일수록 정밀하게 계측할 필요는 없지만 매우 많거나 적으면 견실한 도막이 되지 않기 때문에 주의하여야 한다.

반죽할 때 퍼티를 골고루 섞이도록 하고 공기가 유입되지 않도록 하는 것이 중요하다. 주제와 경화제를 퍼티 받침판 위에서 스푼 등으로 눌러 넓히고, 넓혀진 퍼티를 중앙으로 다시 집결시키는 것을 반복하면서 반죽한다.

주제와 경화제는 색이 서로 다르기 때문에 완전하게 섞이면 균일한 색이 된다. 색에 얼룩이 있을 경우에는 반죽한 것이 불충분하다는 증거이다. 또한 완전하게 섞였을 때의 색은 견본의 라벨로서 캔의 뚜껑 등에 붙여 출시되는 제품도 있다. 색을 비교하는 것으로 주제와 경화제의 비율이 어느 정도인가도 확인할 수 있다.

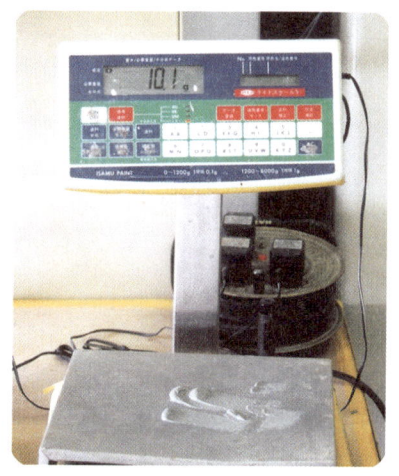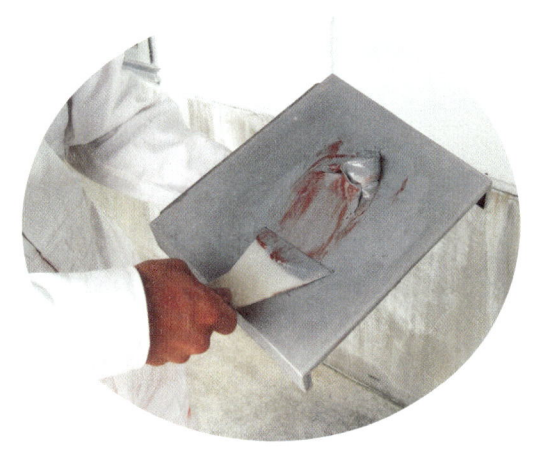

🟢 **PHOTO** 퍼티의 조합과 혼합

🟢 퍼티의 도포

준비가 된 퍼티는 조금씩 필요한 장소에 스푼으로 도포한다. 이 때 한번에 대량으로 도포하지 않도록 하며, 처음에는 강판 위에 문질러 극히 얇게 도포한다. 스푼은 세우는 자세로 약간 힘을 주어 도포한다.

2회째 이후에는 2~3회 정도 나누어 필요한 양으로 도포하며, 스푼의 각도는 35~45° 정도로 하고 그다지 힘을 들일 필요는 없다. 도포하는 범위는 처음에는 좁게 도포하고 이후에는 조금씩 넓혀 나간다.

마지막에는 극히 소량의 퍼티를 가지고 스푼은 눕히는 자세로 표면이 깨끗하게 되도록 정리한다. 될 수 있는 한 표면을 깨끗이 하면 뒷 공정인 연마작업이 쉽다. 단, 필요 이상으로 반복하여 표면을 문지르면 공기가 유입되어 스크래치가 발생되기 쉽기 때문에 주의하여야 한다.

퍼티를 도포하는 장소는 언제나 평탄한 면에만 한정되어 있지 않다. 따라서 도포하는 장소의 상태에 따른 테크닉도 필요하다. 먼저 곡면이 완만한 부분은 평탄한 장소와 동일하여 좋지만 중앙부분에는 퍼티가 부족되는 경향이 있으므로 주의한다. 곡면이 심한 부분은 부드러운 스푼이나 고무 스푼을 이용하여 아래에서부터 위쪽으로 도포하는 것이 작업요령이다. 이러한 방법으로 퍼티를 도포하는 것이 표면을 만들기 쉽다. 또한 프레스 라인이 포함되어 있는 장소는 프레스 라인에서 2곳으로 분할한다고 생각하면 각각 도포하는 방법이 목적한 상태로 마무리 할 수 있다. 이 경우 프레스 라인부는 마스킹 테이프 등으로 구분하면 된다.

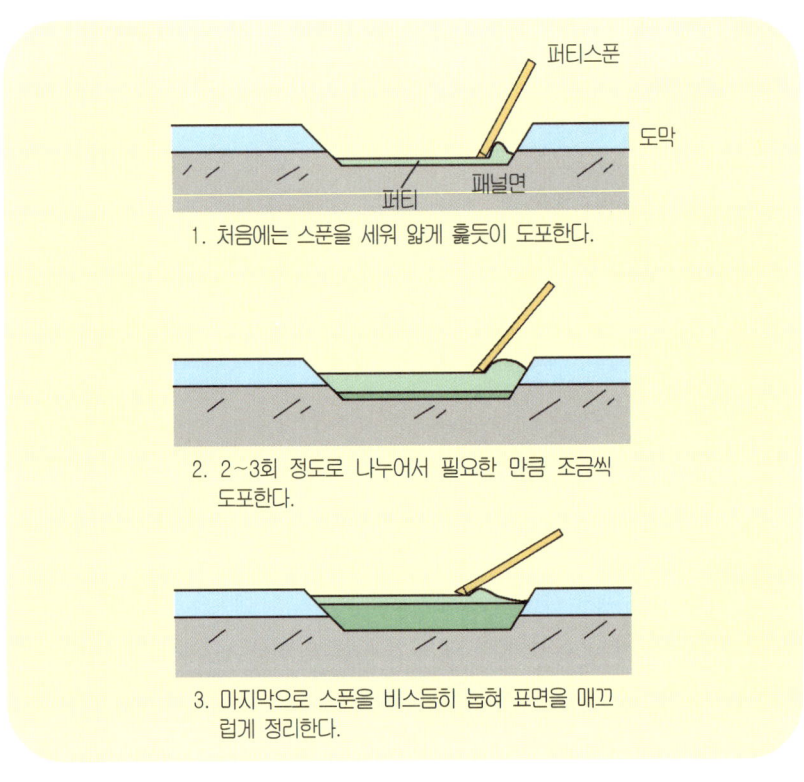

PHOTO 퍼티 도포의 순서

퍼티의 건조

퍼티의 건조·경화는 마치 등비급수(等比級數)와 같이 가속도적(加速度的)으로 진행한다. 또한 주제와 경화제의 반응에 따라서 열이 발생하여 더욱 반응을 가속화한다. 이렇게 퍼티는 급속히 경화되는데 역시 기온이 낮은 때는 반응이 진행되지 않는다.

20℃ 정도라면 20~30분 정도에서 연마할 수 있지만 10℃ 이하의 조건에서는 1시간이 경과되어도 경화되지 않는 경우도 있다. 기온이 낮은 시기에는 적외선 건조기 등으로 열을 가하는 것이 필요하다.

퍼티는 경화의 구조상 건조·경화는 퍼티의 양이 많은 장소일수록 빠르게 진행한다. 일반적으로 생각하는 것과 반대이므로 주의가 필요하다. 퍼티의 건조가 가장 늦은 것은 퍼티 주변에 도장량이 적은 장소이므로 경화되었는지의 확인도 주변의 도막이 얇은 장소에서 한다. 몇 회에 나누어 얇게 반복하여 도포해야 하는데 건조가 빨라지는 것을 착각하여 한번에 두껍게 도포하여서는 안된다.

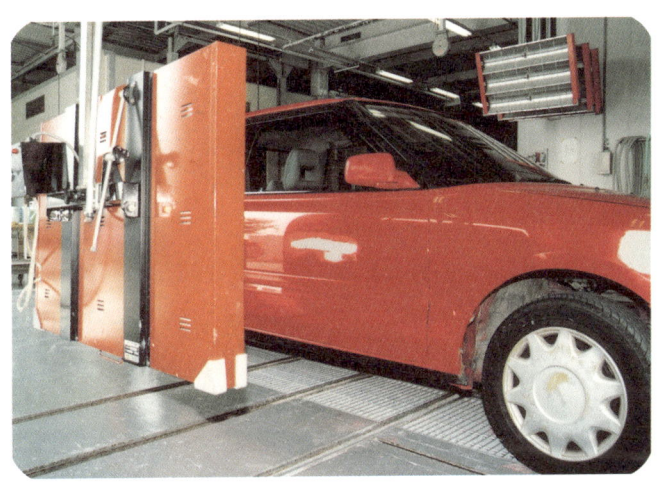

● PHOTO 퍼티의 강제건조

퍼티의 연마

퍼티의 연마는 거친 연마, 표면 조성 연마, 마무리 연마 등 3회 정도로 나누어 한다.

① 거친 연마

퍼티는 스푼으로 도포하기 때문에 스프레이 건으로 도장하는 도료와 같이 평탄한 도포면을 만드는 것이 어렵다. 어떻게 하여도 스푼의 자국이 남고, 도포하는 양이 많고 적음에 따라 요철(凹凸)이 생긴다. 이 때문에 먼저 처음에는 스푼의 자국을 고르게 하기 위하여 많이 도포된 퍼티를 연마하여 평탄하게 만드는 것부터 시작한다. 퍼티를 도포할 때 표면에 스푼 자국을 매끄러운 상태로 도포하면 이 단계의 연마도 빨라진다. 그러나 스푼 자국이 매끄러운 상태가 되도록 퍼티의 마무리까지에는 많은 시간이 걸리므로 어느 쪽을 선택하는 가는 작업자의 습관 및 퍼티면의 상태 등에 따라서도 바뀔 것이다. 또한 거친 연마를할 때의 샌더는 더블 액션 타입으로서 페이퍼는 80번 정도가 적합하다. 퍼티의 면적이 넓을 때나 표면에 요철이 많을 경우에는 거친 번수의 페이퍼를 사용한다.

② **표면 조성 연마**

패널 면의 형상에 맞추어 퍼티의 표면을 조성하는 공정으로 각종 연마작업 중에서 난이도가 높은 작업이며, 작업에 소요되는 시간도 많이 걸린다. 표면 조성이 어려운 이유는 퍼티 표면의 확인을 손바닥의 감각에 의존하므로 객관적인 기준이 없어 작업자의 숙련도에 따라서 다른 결과가 나오기 때문이다.

공 정	연마 방법	페이퍼 번수
거친 연마	더블 액션 샌더	80
	오비털 샌더	80
	손연마	80
표면 조성	더블 액션 샌더	180
	오비털 샌더	180
	손연마	180
마무리	더블 액션 샌더	320
	오비털 샌더	320
	손 연마	320

※ 표는 선택의 예로서 실제 작업에서는 퍼티 메이커나 연마용 공구이름, 지정된 자동차에 주의한다.

▲ **퍼티의 연마공정**

강판의 탄력성과 샌더의 진동 등에 의해서 연마면이 균일하고 매끄럽지 않은 경우가 있다. 연마가 부족한 상태인데도 표면이 완전하게 만들어진 것으로 착각하거나 너무 연마하여 몇 번이나 중복하여 퍼티를 다시 도포하는 등 초보자는 숙력되기까지에는 고통스러운 작업이다. 더블 액션 또는 오비털 샌더에 부착시키는 페이퍼는 180번을 사용한다.

초심자는 오비털 샌더를 선택하는 것이 취급하기 쉬울 것이다. 어려운 작업을 만났을 때 생각하는 것은 누구라도 피하고 싶은 마음일 것이며 퍼티의 표면 조성이 손쉽다라는 문구가 있는 제품도 많이 출시되고 있다.

예전부터 이용하는 방법으로서 검정색의 도료를 얇게 도장하여 더블 액션이 아닌 롱 사이즈의 오비털이나 스트레이트 샌더를 사용하여 전체를 균일하게 연마한 후 요철을 탐색하는 방법도 있다.

③ 마무리 연마

프라이머 서페이서를 도장하기 위한 준비 작업이며, 이 단계에서 표면 조성 연마가 이루어지지 않은 상태에서는 안된다. 더블 액션 또는 오비털 샌더를 사용하고 페이퍼의 번수는 320번 정도이다. 단, 표면 조성 연마일 때의 페이퍼가 180번 이하의 경우는 먼저 180번, 다음에 320번의 순서로 작업한다. 될수록 페이퍼의 번수를 건너뛰지 않는 것이 좋은 연마의 요령이다. 이 단계는 연마하기보다 퍼티의 면 전체가 균일하고 연마 자국이 남지 않도록 항상 주의한다. 일단 더욱 섬세하게 퍼티를 겹쳐 도포한 경우는 이 공정을 생략하여도 된다.

탈지와 청소

판금 작업하는 동안은 걱정되지 않지만 역시 퍼티는 도장 공정의 일부로서 퍼티를 포함하여 도료는 기름의 성분으로 오염을 겸한다. 이 때문에 퍼티를 도포하기 전과 마무리 연마 후에는 표면을 매우 조심하여 청소하고, 오염이나 기름 성분을 제거하는 것도 중요하다.

판금 직후의 패널 면은 작업중에 부착된 여러 가지 기름의 성분에 의한 오염이나 더러움, 도막의 파편 등이 부착되기 쉽다. 이들을 깨끗하게 하기 위해서는 먼저 전체를 디스크 샌더로 가볍게 연마하고, 상태에 따라서는 물로 닦아낸 후 탈지제와 깨끗한 타월(waste) 2장을 준비하여 먼저 탈지제를 포함한 타월로 패널 면을 닦고 다음에 마른 타월로 또 한번 닦아낸다.

연마 직후의 퍼티 면도 샌더에서 나온 기름의 성분이나 퍼티의 분진 등으로 오염되어 있다. 그래서 먼저 더스터 건으로 에어를 분출시켜 퍼티의 분진을 청소한 후 깨끗한 타월로 구석구석까지 닦아 낸다. 다음에 퍼티를 도포하기 전과 마찬가지로 탈지제와 2장의 타월로 퍼티 면에 기름 성분이나 왁스 성분이 남아 있지 않도록 청소한다. 이것을 마치면 다음의 공정으로 넘겨 줄 수 있다.

    탈지제는 용해력이 약한 시너의 일종이다. 오염물을 용해시킬 뿐만 아니라 건조 후에 불순물이 남지 않도록 설계되어 있다. 시너라면 어느 것이나 된다는 것은 아니다. 또한 더스터 건은 압축 공기만을 분출시키는 스프레이 건으로서 주로 청소용에 사용한다. 차체수리의 공정중에서 활약하는 장소는 많다.

PHOTO 탈지제에 의한 청소

8. 녹 방지방법

THE body work

8. 녹 방지 방법

01 녹과 부식을 방지하는 방법

왜 자동차는 녹이 발생되는가

자동차의 주재료인 철은 일반적인 상태로는 대단히 불안정한 금속으로서 순수한 철은 자연 상태에서는 존재하지 않는다. 모두 산소 등과 결합된 철광석의 상태로 되어 있으며, 이것을 사람이 캐내어 용광로 속에서 철광석과 결합된 산소를 제거하여 점차적으로 철이 되는 것이다. 그러나 자연은 이러한 사람의 개입을 원하지 않는 환경에서 철에 산소를 가하여 철광석으로 되돌아가려는 것을 목표로 한다. 이러한 현상을 '녹' 또는 '부식'으로 호칭한다. 철 뿐만 아니라 동(銅)에서는 녹청(綠靑)이 철의 녹에 해당하며, 알루미늄이나 아연도 부식된다. 부식되지 않는 대표적인 금속은 금(金)이다.

철의 재료에서 니켈이나 크롬의 합금인 스테인리스강은 녹이 발생되지 않는 철이다. 단, 스테인리스는 가격이 고가이고 가공도 어렵기 때문에 자동차 보디에는 사용되지 않으며, 스테인리스는 우리 주변의 생활도구나 철도차량, 스프레이 건의 노즐 등 넓은 분야에서 이용되고 있다.

PHOTO 철의 상태

녹이 발생하는 상황

철이나 강을 그대로 대기중에 방치하면 산소와 결합하여 녹이 발생된다. 도장의 도막은 산소가 직접 철에 접촉되지 않도록 차단하여 녹의 발생을 방지한다. 그러나 도막은 완벽하게 산소를 차단하는 것이 아니기 때문에 조건이 나빠지면 녹이 발생된다. 만일 도막이 완벽하고 공기에 의해 건조된 상태라면 현재의 자동차는 거의 녹이 발생되지 않을 것이다. 그러나 실제는 완벽한 도료는 없으며, 주행중에 튀는 돌이나 먼지 등의 영향에 의해서 도막의 성능이 저하된다. 따라서 철은 수분과 접촉되면 녹이 발생되기 쉽다.

산소만 접촉되어 발생되는 녹은 진행 속도가 느리기 때문에 별로 문제가 되지 않는다. 그러나 수분이 가해지면 순조롭게 진행되어 철을 낱낱이 흩어져 떨어지도록 하는 붉은 색의 녹이 발생되며, 철과 산소와 물이 결합된 수산화화합물이다. 따라서 녹의 발생을 방지하는 기술은 물이 접촉되지 않도록 방지하는 기술이다.

산소와 물에 염분을 가하면 녹의 발생이 더욱 심한 상태가 된다. 철을 소금물(塩水)에 담그면 철이 소금물 속에 이온의 형태로 용해된 후 물이나 산소가 들어가면 붉은 색의 녹을 발생한다. 사실은 보통의 수분에서도 동일한 현상이 발생되는데 염분이나 기타의 산·알칼리계통의 약품 속에 있으면 녹의 발생이 대단히 빠른 속도로 진행된다.

해안선을 많이 주행하는 자동차에서 녹이 많이 발생되는 것은 이러한 현상 때문이다. 또한 도로의 빙결 방지제는 주성분이 염분(소금)이기 때문에 추운 지역의 자동차에서도 역시 녹이 발생되기 쉽다.

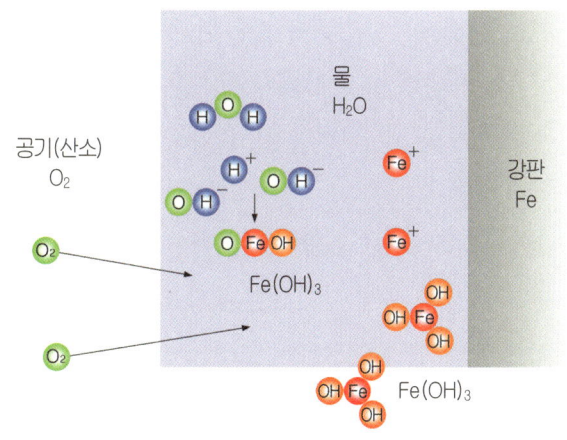

강판에 수분이 접촉되면 철의 이온에 의해서 수중으로 용해되어 물의 OH이온과 결합해 수산화제1철($Fe(OH)_2$)이 된다. 더 나아가 산소가 결합되면 수산화제2철($Fe(OH)_3$)이 된다. 이것이 적색의 녹이 된다.

🟡 **PHOTO** 녹이 발생되는 원리

녹이 발생되기 쉬운 장소와 방지법

모노코크 보디는 여러 가지 패널로 편성하여 구성되고, 맞대거나 겹쳐서 용접한 부위가 온갖 장소에 있다. 이러한 연결 부위는 보디 중에서도 녹이 발생되기 쉬운 장소이다. 따라서 이러한 장소는 실링제나 방청도료로 보호되고 있다.

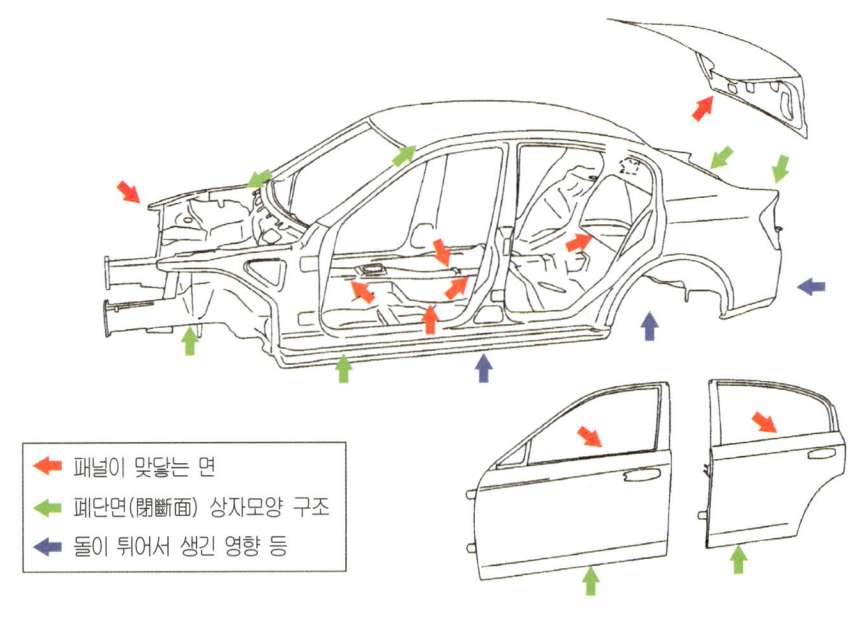

◀ 패널이 맞닿는 면
◀ 폐단면(閉斷面) 상자모양 구조
◀ 돌이 튀어서 생긴 영향 등

● PHOTO   녹이 쉽게 발생되는 장소

사이드 실이나 필러 등 폐단면(閉斷面)의 상자형 구조로 된 부분은 외부에서 침입된 수분이 빠져나오기 어렵기 때문에 온도의 변화 등으로 내부에서 수증기가 응결, 즉 안쪽에서 물방울이 되어 녹이 발생된다. 아연 도금한 강판과 방청도료의 병용으로 녹의 발생을 방지한다.

주행중에 튀는 작은 돌 등이 보디에 부딪혀서 도막이 벗겨지면 그 부분에서부터 녹이 발생된다. 눈에 보이거나 보이지 않는 미세한 돌에 부딪히는 방향에 따라서 도막이 손상된다. 이 때문에 보디의 밑 부분은 언더 코트나 내치핑 도료로 코팅되어 있다.

새 차의 방청 처리

1980년대까지 생산된 국산차는 녹에 대해서 그다지 강하다고 말할 수 없었다. 새 차로서 출시된 후 4~5년 정도의 자동차에서도 보디 샵에 입고하여 윈도 주변의 몰딩이나 사이드 실의 가니시(garnish)를 떼어내면 녹이 진행되어 너덜너덜하게 되어 있는 경우가 드물지 않았다. 이렇게 녹에 의해서 너덜너덜한 부분을 절단하고 별도의 강판을 맞대어 보수하는 작업이 자주 이루어졌다. 그러나 현재의 자동차는 상당히 조건이 나쁜 경우 예를 들면 해안선이나 석유 콤비네이트 내를 자주 운행하는 자동차 등을 제외하면 녹이 발생되어 너덜너덜한 자동차는 별로 없으며 대부분의 많은 차종은 녹에 대비하여 방청처리가 되어 있다.

새 차의 방청 즉, 녹의 발생을 방지하는 기술은 상당히 발전되었으며, 다음의 3가지 방법으로 접근할 수 있다. 우선, 도료의 성능을 높이고, 강판 자체를 녹에 대하여 강하게 하고, 녹의 발생이 어려운 구조를 채용하는 것 등 3가지이다.

도료의 성능 향상에는 도료 자체에 방청력을 강화하는 것은 물론이고 새로운 타입의 채용도 있으며, 도장 방법의 변경도 관련이 있다. 강판에서는 앞에서 설명한 바와 같이 방청력이 강한 아연 도금 강판의 채용을 들 수 있다. 당초 용접이나 도장 등에서 약간의 문제도 있었지만 지금은 거의 보통 강판과 변함없는 취급을 할 수 있다. 또한 녹이 발생되기 어려운 구조란 예를 들어 몰딩을 끼워 넣는 형식에서 접착형식으로 변경하여 물이 고이기 쉬운 부분을 없애는 등 수분이 잔류하기 어려운 구조로 한 것이다.

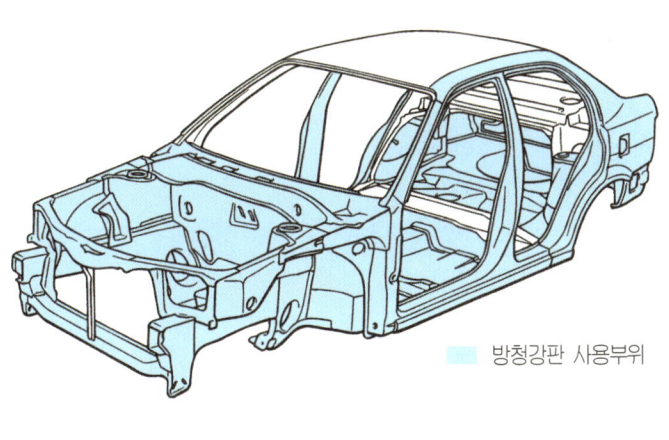

■ 방청강판 사용부위

PHOTO 방청강판 사용부위 예

여러 가지 방청도료

섀시 블랙과 언더 코드

대부분 자동차의 언더 보디는 검정색으로 도장되어 있는데 이것은 단지 검정색의 도료뿐만 아니라 방청력이 강한 언더 코트용의 도료이다. 자동차의 검사과정 등에서 스프레이 도장이나 검정색 니스라고도 불리는 이것이 '섀시 블랙'이다.

최근의 자동차는 검정색일 뿐만 아니라 약간 두꺼우며, 표면이 부드러운 도료로 도장되어 있다. 이것이 '언더 코트'이다. 언더 코트란 영어로는 일반적으로 하지도료를 나타내지만 여기에서는 방청 도료의 일종인 것이다. 언더 코트는 건조되어도 표면이 경화되지 않고 탄력성을 유지하여 주행중에 튀는 돌 등이 언더 보디면에 부딪칠 경우 충격을 흡수하기 때문에 단단한 도막과 같이 갈라져 떨어지는 사례가 없다. 휠 하우스 뒷면에 도장되어 있는 경우가 많았는데 최근의 차종에는 언더 보디면 전체에 도장한 예도 있다.

섀시 블랙은 일반적인 스프레이 건으로도 도장할 수 있는데 최근에는 수용성이 중심이 되어 전용의 도장 시스템으로 이용된다. 언더 코트는 점도가 높기 때문에 전용의 도장기구나 도장 시스템에서 분사시켜 도장한다.

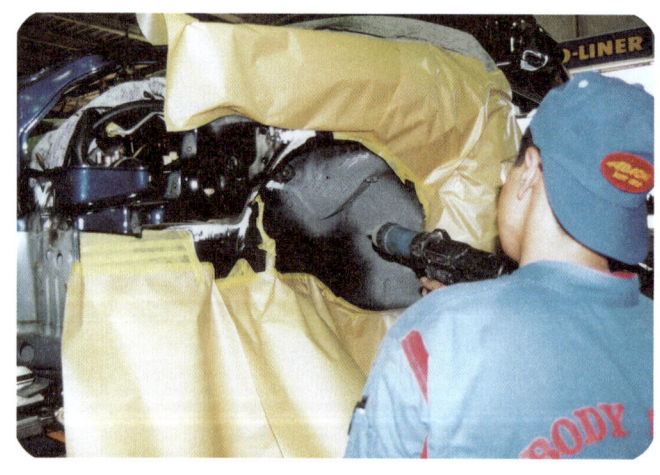

🟡 **PHOTO** 언더 코트 작업

내(耐) 치핑 페인트

기계적으로는 언더 코드와 동일하며, 탄력성에 의해서 주행중에 튀는 돌(치핑 : chipping)에 부딪혀도 보디의 손상을 방지한다. 언더 코트와 같이 부드럽지 않지만 즉시 위에 상도용 도료를 도장할 수 있기 때문에 사이드 실 측면이나 도어의 아랫부분과 외관을 나타내는 부분에 이용한다. 다른 부분과는 변형상태 즉, 오글오글한 비단 모양의 표면으로 되어 있으므로 도장 부위를 알 수 있다.

섀시 블랙, 언더 코트, 내치핑 도료는 방청도료의 3대 세력이라고도 할 수 있는데 엄밀하게 구분되어 있는 것은 아니고, 언어상으로는 뭉뚱그려 사용된다.

■ 내치핑 도료의 도장 범위

🟡 **PHOTO** **내치핑 도료의 도장 예**

방청 처리용 도료

자동차 메이커는 어떤 장소에서도 사용할 수 있도록 새 차를 설계하는데, 역시 극단적인 환경에서는 녹이 발생되기 쉽다. 예를 들면 해안선이나 석유 콤비네이트 속에서 오랜 시간 운행하는 자동차 또는 동절기에 동결 방지제가 대량으로 산포되어 있는 지역 등에서는 새 차나 중고차도 자동차 메이커의 표준적인 내용 외에 추가적인 방청처리를 하는 경우도 있다.

추가 방청처리에는 주로 2종류의 도료가 사용된다. 하나는 언더 코트와 마찬가지로 표면이 고정되지 않고 쿠션의 역할을 하는 도료이다. 이것은 보디의 밑 부분 등 새 자동차의 처리만으로는 불충분한 장소에 도포되며 '외부 방청 방지제'라고도 한다. 또 하나는 점도가 낮은 건조한 모양의 도료로서 좁은 틈 사이에 유입될 수 있기 때문에 녹의 발생을 방지한다. 이들은 사이드 실의 패널이나 도어의 내부 등 폐단면의 상자형 구조로 된 부분에 분사시켜 도장하며, 이들은 '내부 방청제'이다.

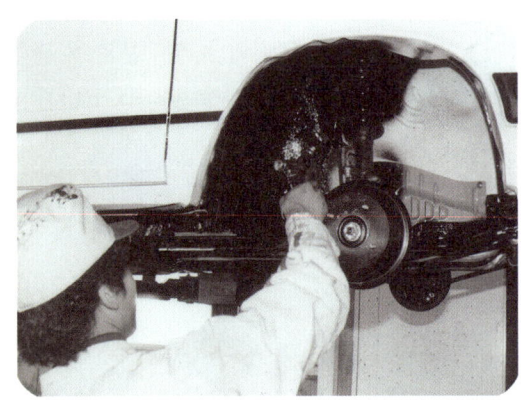
▲ 외부 방청도료

▲ 내부 방청도료

● PHOTO 2종류의 방청도료

실링제와 스폿 용접용 방청제

실링제는 직접 녹의 발생을 방지하는 기능의 도료는 아니지만, 용접부의 패널과 패널의 틈을 밀봉시켜 수분 등의 침입을 방지하면 결과적으로 녹의 발생을 억제시켜 보디를 보호한다. '코팅제'라고도 하며 원통 모양의 케이스에 넣은 백색의 끈적끈적한 재료이다.

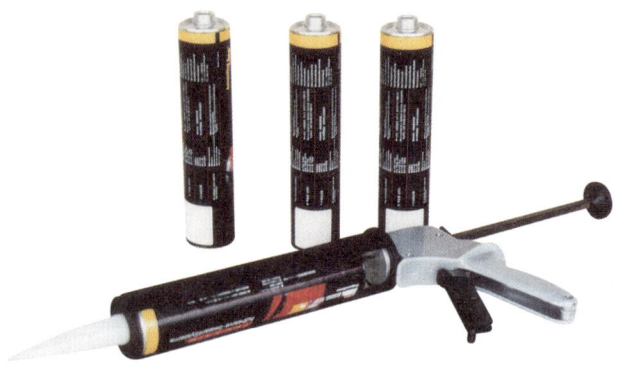
● PHOTO 실링 건과 실링제

전용의 건을 이용하여 접착제의 튜브를 눌러 유출시켜 도포하는 것과 튜브에서 직접 짜내어 사용하는 간편한 것 등이 있다. 이것도 건조된 후 단단하지 않기 때문에 주행중에 발생되는 진동 등에 의해서 틈새가 벌어지지 않도록 세심한 주의가 필요하다.

스폿 용접을 할 때 사전에 겹쳐지는 부분에 도포하면 스폿 용접용 방청제(防錆劑)가 된다. 이것도 방청도료와는 다르지만 스폿 용접부에 녹의 발생을 억제시켜 보호하는 기능을 갖는다.

차체수리와 방청(녹 방지)

녹이 발생되기 쉬운 공정

차체 수리, 특히 판금작업에서는 도막을 벗기거나 용접 및 절단 등은 고온을 이용하기 때문에 녹의 발생을 촉진시키는 조건이다. 철에서 녹이 발생되는 현상은 다른 화학반응과 동일하며, 온도가 높을수록 촉진된다. 강판을 가스 용접기 등에 의해 적색으로 될 때까지 가열한 후 2~3일 동안 대기중에 방치하면 수분이나 염분의 도움 없이도 적색의 녹이 발생된다. 따라서 차체를 수리한 후 그 장소에서 녹의 발생을 방지하기 위한 작업이 필요하다.

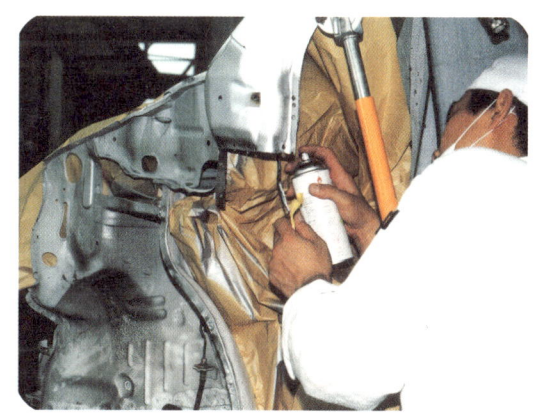

 PHOTO 용접 전의 방청작업

용접작업은 판금의 공정 중에서 녹의 발생에 대한 위험이 가장 크다. 용접작업에서는 우선 고열을 이용하여 도막을 벗기기 때문에 온도 변화에 의해서 수분이 생긴다. 패널의 표면이나 용접봉 등의 불순물에 의해 산성·알칼리성의 가스가 발생하는 등 녹이 발생되기 쉬운 요소를 모두 갖추고 있다. 이들의 현상이 전혀 없도록 하면 녹의 발생을 방지할 수 있지만 이러한 조건에서는 용접을 할 수 없다. 따라서 최소한의 조건이 되도록 하는 작업방법을 생각하여야 한다.

열에 관해서는 철을 용해시키지 않는 한 용접이 되지 않으므로 그 열이 될 수 있는 한 좁은 범위에 가해지도록 한다. 용접할 때 열이 전달되는 범위는 가스 용접, 마그 용접, 스폿 용접의 순서로 작아지며, 패널의 교환에서 스폿의 용접을 추천하여 장려하는 것은 열의 전달 범위가 적기 때문이다. 물론 녹의 발생을 방지하는 것만이 아니고 열에 의한 패널의 변형을 방지하는 의미도 크다.

열이 전달되는 범위를 좁히는 것으로서 수분의 발생도 억제되며, 용접부의 오염물을 제거하고 도막을 신중하게 벗겨내는 것도 가스 발생이 억제된다. 마그 용접기에서는 탄산가스로 용접부를 보호하고, 스폿 용접에서는 기본적으로 용접부가 외기(外氣)와 접촉되지 않도록 한다.

녹을 방지하기 위한 작업

일반적인 작업을 하고 있는 한 강판을 대기중에 노출시킨 상태에서 1~2일 정도 방치시킨다고 하여 곧 녹이 발생되는 것은 아니다. 물론 도막을 벗기는 시간은 될 수 있는 대로 짧은 것이 좋지만 작업의 준비나 흐름에 따라서 다소의 차이가 있을 수 있다. 단, 작업중 발생된 녹에 주의하지 않고 그대로 퍼티에서부터 프라이머 서페이서 도장을 진행하면 상황에 따라서 작업 직후 작업중에 발생된 녹이 점차 진행되어 심하게 되면 도막을 들뜨게 하는 도막의 결함으로 진행한다. 따라서 마무리 단계에서는 신중하게 강판의 표면을 연마하고 눈에 보이지 않는 작은 녹의 종류도 깨끗하게 연마하여 제거하여야 한다.

여러 번 이 책에서 설명한 용접작업과 조금 더 범위를 넓혀 패널의 교환작업은 녹이 발생되는 온상이다. 차체수리가 포함된 경우 반드시 용접 부위에서 녹이 발생되기 때문에 수리의 보증이 요구되는 이 시대에 이것이 문제가 된다. 패널의 교환 작업 등 용접 공정을 포함한 작업은 특히 절차를 생략하지 않고 기본을 충실히 하여 작업한다.

녹의 발생이 없는 패널 교환 작업을 하기 위해서는 먼저 용접부의 오염이나 도막을 신중하게 연마하여 깨끗한 상태로 한다. 작업 간격의 공백이 있을 때 녹이 발생되거나 용접작업 중에 여분이 남아 있는 부분에 영향을 미치는 경우도 있기 때문이다.

용접은 될 수 있는 대로 스폿 용접기로 한다. 스폿 용접은 용접부가 외기와 접촉하지 않기 때문에 녹의 발생에 대한 위험은 적지만 완전 밀폐된 상태로 된 것은 아니다. 겹쳐지는 부분의 도막도 벗겨져 있으므로 겹쳐진 부분의 안쪽에 전용의 방청제를 도포한다.

실링제를 확실하게 도포하는 것을 잊어서는 안되며, 도포하는 장소 부위에 따라서 다르지만 어느 경우에도 단지 보이는 부분만을 복원할 것이 아니라 겹쳐지는 부분에 수분이 침투되지 않도록 하는 본래의 목적을 잊지 않는 것이 중요하다. 구체적으로 패널이 겹쳐지는 부분 위에 신속하게 형상을 만들 수 있을 뿐만 아니라 틈새에 실링제가 충분히 스며들 수 있도록 정성들여 도포한다.

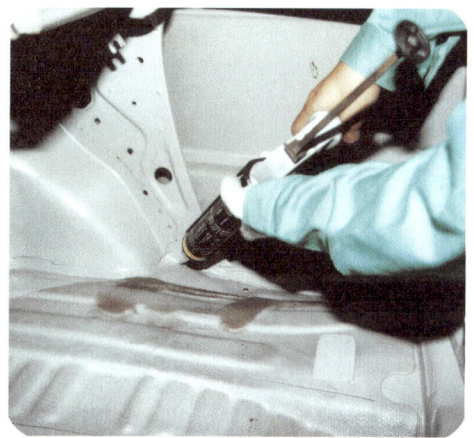

🟡 PHOTO 실링제의 도포

🔴 방청 처리를 추가한다

메이커의 생산라인과 같이 대규모인 설비를 이용하여 규격에 따라서 조립하는 작업에 비하면 보디 샵의 패널 교환 작업은 역시 녹의 발생에 대한 대책이 허술하게 노출되어 있다. 새 차일 경우에는 강력한 방청 효과를 갖는 아연 도금 강판도 표면을 연마하면 도금 층이 벗겨지므로 방청력은 보통 강판과 같이 된다. 그리고 패널을 교환하였을 경우 추가의 방청

처리를 하여야 한다.

　새 차나 중고차에 대한 추가 방청은 시스템과 프랜차이즈식으로 되어 있는 제품이 눈에 띄지만 도료와 도장기기만을 사용하는 제품들도 있다. 패널을 교환하는 경우 사이드 실 패널이나 필러 등의 상자형 구조로 된 장소에는 내부 방청제를, 언더 보디 등에는 외부 방청제를 정해진 양으로 분사시켜 도장한다.

공　정	대　책
도막 제거	장시간 방치하지 않는다.
용　접	용접용 방청제의 도포
패널 교환	실링제의 도포
퍼티 작업	충분한 청소

▲ 녹방지 작업공정

9. 보디의 구조와 조립

THE body work

9. 차체수리 공장의 설비

01 자동차를 운반하는 도구

● 사고차를 운반하는 차

보디의 수정 작업이 필요한 사고 자동차의 경우 대부분 자력으로 주행하는 것이 불가능하다. 이러한 자동차를 보디 샵으로 운반하기 위해서는 자동차 운반차, 레커 차, 간이 레커 등을 사용한다.

 자동차 운반차

레커 차

 PHOTO
자동차를 운반하는 자동차

운반차는 '캐리어 카'라고도 한다. 소형이면 차 1대, 대형이면 4~6대를 동시에 운반할 수 있다. 보디 샵에서는 1대를 싣는 경우도 있다. 하대(荷台)의 뒤쪽이 슬로프로 되어 있어서 자주식(自走式)으로 싣거나 설치되어 있는 윈치로 잡아당겨 적재한 후 와이어 등으로 고정한다. 최저 2톤 롱 클래스 트럭 +알파로 되어 고가이지만 가장 안전하게 사고차를 운반할 수 있다.

레커 차는 상당히 널리 보급되어 있는 운반 방법이다. 보통은 하대에 간단한 크레인으로 손상쪽을 들어올리고 그 상태로 견인한다. 다른 차를 뒤에 매달아 운반하므로 익숙하지 못하면 위험한 경우도 있고, 장거리 운반은 어렵다. 4륜이라도 전혀 움직이지 않는 경우에는 대차(台車)에 사고차를 싣고 운반할 수도 있다. 4WD나 후륜 구동차의 프런트 손상 등으로 4륜이라도 들어 올려서 운반하는 것이 바람직하다.

간이 레커는 손상쪽을 들어 올려서 운반하기 위한 일종의 대차로서 견인하는 쪽 자동차의 가공은 최소한으로 되기 때문에 값이 싸다. 운반차나 레커 차도 거의 전용차가 되지만 간이 레커는 승용차로 견인할 수도 있다. 단, 레커만큼 안정을 바라지 않기 때문에 너무 긴 거리는 피하고 견인할 때의 속도도 그다지 높이지 말아야 한다.

안전하게 사고차를 운반하려면

어떤 차의 운반 방법을 이용하더라도 각각의 구조를 맞춰 운반되는 사고차를 확실하게 고정하는 것이 중요하다. 일반 도로상에 사고차를 운반하는 것은 견인 차량이나 사고 차량 모두 부담스러운 것이 사실이다. 도로의 요철(凹凸)이나 급브레이크 등 예상치 못한 경우가 있으므로 확실하게 고정하여야 하며, 만일 고정부분이 풀어지게 되면 상당히 심각한 결과가 초래된다.

그 외에 기본적인 사항으로 운반차의 경우에는 핸드 브레이크를 작동시키고 매뉴얼 자동차는 기어를 로 또는 후진 위치로 하며 오토매틱 자동차는 P(주차)의 위치로 한다. 핸들의 위치는 만일을 생각하여 오른쪽이나 왼쪽으로 완전히 돌려둔다. 레커 차나 간이 레커에서는 모두 반대로 핸드 브레이크를 해제하고, 매뉴얼 자동차 및 오토매틱 자동차의 기어는 중립 위치로 한다. 또한 리어쪽을 들어올려 견인할 경우에는 핸들을 센터로 하고 움직임이 없도록 고정한다. 단, 4륜이라도 들어올려서 운반할 경우에는 차량 운반차와 동일하다.

사고차의 이동은 어느 것을 이용하여 운반하여도 위험이 수반되기 때문에 인간의 기억이나 육감에 의지하는 것은 안되며, 각각의 방법에 맞춘 체크 시트 등을 만들어 그 때마다 확인하도록 한다.

차량 운반차
〈차 밖〉
☐ 배터리의 마이너스를 뗀다.
☐ 움직이기 쉬운 부품 등을 고정
☐ 오일이나 가솔린 누출은 없는가
〈차 안〉
☐ 핸드 브레이크를 작동시킨다.
☐ 기어를 후진 위치로 넣는다.
☐ 핸들 위치를 오른쪽 끝까지 돌린다.

레커 차
〈차 밖〉
☐ 배터리의 마이너스를 뗀다.
☐ 움직이기 쉬운 부품 등을 고정
☐ 오일이나 가솔린 누출은 없는가
〈차 안〉
☐ 핸드 브레이크를 해제시킨다.
☐ 기어는 중립
☐ 핸들을 센터로 고정(리어 견인인 경우)

🔴 **PHOTO** 견인작업 체크 시트 예

🔴 4WD 차의 견인 방법

자동차의 구조상, 운반 방법에 주의하지 않으면 안 될 경우도 있다. 차 운반차에 싣거나 대차를 사용하여 4륜이라도 들어올려서 운반할 경우에는 불안하지 않지만 한쪽만을 들어올려서 견인하는 경우 4WD 차에서는 주의할 점이 있다. 먼저 4WD와 2WD로 변환할 수 있는 형식의 4WD 차인 경우 반드시 2WD로 변환하여야 하며, 보통 구동하는 쪽이 어느 쪽이라도 관계없다.

문제는 변환을 할 수 없는 풀타임 4WD 차이다. 이 경우 앞뒤 어느 쪽인가의 타이어가 회전하면 반대쪽의 타이어도 회전하고자 하므로 기계적으로 부하가 가해진다. 반대쪽은 대차 등에 싣고 운반하는 4륜이라도 회전하지 않는 상태에서 운반하는 것이 안전하다. 만일 이것을 할 수 없을 경우에는 드라이브 샤프트를 떼는 등의 추가작업이 필요하다.

로프로 견인(주행계통에 손상이 없는 경우)

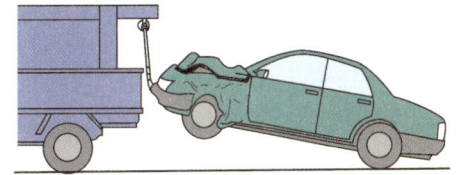

앞바퀴를 들어 올린다(앞바퀴가 자유롭게 회전할
수 있다는 것이 전제되어야 한다).

운반차로 운반

간이 레커로 견인하면 안된다.

● PHOTO 풀 타임 4WD차의 견인

02 작업을 돕는 장비

자동차를 들어올리는 장비

차에 싣는 펜더그래프 잭에서부터 층계(계단)를 이동할 수 있도록 하는 대형 리프트까지 자동차를 들어올리는 장비는 여러 가지이다. 크게 분류하면 차재(車載) 잭, 가레이지 잭, 판금용 리프트, 리프트가 있다.

차에 싣는 잭은 본래의 역할과 조금 다르지만 준비하면 대단히 편리한 장비이다. 용도는 보디 수정장치에 세팅한 사고차의 일부분만, 주로 엔진 등을 지지하고 좁아진 패널이나 부품끼리의 간격을 넓히는 등 점차로 다양해지고 있다. 물론 어디까지나 보조적인 역할밖에 사용할 수 없다.

가레이지 잭은 수정장치에 세팅할 때 유용하다. 이 외에도 간편하게 사용할 수 있으므로 조금 들어올릴 때 편리하다. 또 공장 안에서 사고차를 이동시킬 때 사용되는 경우도 많다. 단, 어느 정도 편리하여도 가레이지 잭만으로 지지되어 있는 자동차 아래로 들어가서는 절대 안된다. 흔히 있는 예로서 유압이 풀려 내려앉는 경우가 발생되기 때문이다. 가레이지 잭은 유압이 작동되어 큰 암을 상하로 이동시켜 자동차를 들어올린다. 기종에 따라서 에어 펌프가 내장되어 있는 것도 있다.

판금용 리프트는 작업하기 쉬운 위치에 자동차를 들어올리는 리프트이다. 수정장치에 세팅할 때나 보디 아랫부분의 판금 등 부자연스러운 자세를 강요하는 작업에서는 위력을 발휘한다. 이것도 역시 들어올린 자동차 아래로 들어가서는 안된다. 언더 보디의 작업이나 점검 시에 자동차 아래로 들어가도 될 경우라면 다음에 설명하는 리프트뿐이다.

리프트는 자동차 아래로 들어가서 작업해도 되는 도구이다. 따라서 여러 가지 안전장치가 골고루 갖추어져 있다.

형식적으로는 1주(柱) 타입, 2주 타입, 4주 타입이 있으며, 자동차 아래에서의 작업성은 기둥수가 많을수록 좋다.

차체수리에서는 리프트 단독으로 사용하는 경우는 드물고 대부분 수정장치 특히 지그 벤치와 조합시켜서 사용된다.

▲ 리프트(1주 타입)

▲ 판금 리프트

▲ 가레이지 잭

 PHOTO 자동차를 들어올리는 장비

🔴 자동차를 유지하는 도구

리프트 없이 자동차의 아래에 들어가서 작업할 경우는 리지트랙으로 유지시킨다. 리지트랙은 말(馬)이라고도 하는데, 높이를 조정할 수 있는 받침대로서 보통은 4개 1조로 사용한다. 단, 어느 곳이나 유지시킬 수 있는 것은 아니며, 일반적으로 잭업 포인트로서 설정되어 있는 장소에 사이드 실 플랜지를 끼워 유지시킨다. 장소는 차종에 따라서 다르지만 플랜지에 톱니형이 만들어져 있는 것이 많다.

리지트랙의 높이 조정은 키 구멍에 막대를 끼워 넣거나 래칫식의 구조를 채용하고 있다. 어느 경우도 사용 전에는 확실하게 고정되어 있는가 확인하며 모두 동일한 높이에서 사용하는 것이 원칙이다. 또한 플랜지와 랙의 이빨이 확실하게 맞물려 있는지도 확인한다.

차체수리에서는 리지트랙만으로 유지되고 있는 상태는 그다지 볼 수 없다. 수정장치를 세팅하기 전후나 바닥식의 경우 언더 보디 클램프를 연결한 파이프 등을 유지하여 고정하기 위해서 이용하는 경우도 있다. 또한 손상의 상황에서 기본 고정의 부분이 올바르게 고정할 수 없는 경우 잠시 유지하기 위해 사용하는 경우도 있다.

🔴 **PHOTO** 리지트랙에 의한 차량의 수리

작업 환경을 조절하는 장비

없어도 작업할 수 있지만 있으면 능률이 대단히 향상되는 설비·장비류도 있다. 에너지 박스는 그 하나로서 압축 공기, 100V 전원, 200V 전원, 산소와 아세틸렌가스 등이 일체화되어 있으며, 내장의 호스나 코드를 인출하면 바로 옆에서 모든 동력원을 자유롭게 사용할 수 있다.

PHOTO 호스(에어) 릴과 코드(전기) 릴

바닥면에 호스나 전기코드가 흩어져 있으면 시각적인 면에서도 너저분하게 보일뿐만 아니라 작업중에 걸린다든지 끊어져 예상치 못한 안전사고의 원인이 될 수 있다. 모두 일체화되어 있는 에너지 박스는 공장 내의 배관 등도 필요하기 때문에 고가이다. 그러나 천장에 매다는 식의 호스 릴이나 코드 릴이면 비교적 싼 값으로 이용할 수 있다.

퍼티의 연마 작업에서는 연마되는 퍼티의 분진이 많이 발생된다. 흡진 타입의 샌더를 사용하여도 완전하게 빨아들이지 못한다. 도막의 샌딩이나 그라인더 연마에서는 금속의 가루가 사방으로 날리고 용접 작업에서는 소량의 가스가 발생되는 경우가 있으므로 작업장의 환경과 작업자의 건강을 생각한다면 반드시 흡진(吸塵)장치를 설치하여야 한다.

03 안전 위생의 장비

신체를 보호하는 장비

　판금작업에서는 중량물, 튀는 불꽃, 고온의 불길 등 위험한 요소가 많다. 필요 이상으로 염려할 필요는 없지만 정확한 안전조치를 하지 않으면 가벼운 상처를 입거나 큰 사고로 연결될 수 있다. 대부분의 경우 안전조치는 귀찮은 것이지만 익숙해짐에 따라 습관화되고, 자기 자신이나 주위 사람들에게 위험 요소를 없애기 위해 필요하다.

　사람의 신체 중에서 가장 무방비되는 부분은 눈이다. 피부라면 미약한 화상이나 찰과상 정도가 대부분이지만 가끔 안전사고가 안구 부위에 발생하였다면 그 결과는 상당한 피해를 준다. 해머를 사용하거나 견인작업으로 힘을 가하는 작업 및 정(釘)으로 연삭하는 상황에서 금속의 파편이 비산될 가능성이 높다. 물론 샌더나 그라인더로 도막이나 금속을 절삭하는 경우의 위험도 비약적으로 증가한다.

보안경

안전모

방진마스크

방진마스크　　장 갑　　장 갑

● PHOTO　판금용 보호기구의 종류

이러한 작업을 할 경우에는 보안경으로 눈을 보호한다. 보안경은 투명한 폴리카보네이트 제의 렌즈를 갖는 고글(goggle)로서 금속이나 도료 등의 파편으로부터 눈을 보호하여 준다.

용접 작업시에서 강한 빛으로부터 보호함과 동시에 용융금속이 비산될 때 얼굴도 방호할 필요가 있다. 마그 용접에서는 얼굴 전체를 커버하고 눈의 부분에는 짙은 색의 차광렌즈가 부착되어 있는 헬멧을 사용한다. 가스 용접은 양손을 사용하기 때문에 색이 있는 용접 안경을 사용한다. 단, 용접 안경은 보호용이라기보다 용접부를 관찰 및 점검하기 위해서 사용하는 성질이 강하다. 가스 용접은 마그 용접과 같이 얼굴을 용접부에 가까이 하지 않기 때문에 용접안경으로 충분하다고 할 수 있지만 마그 용접은 얼굴 전체를 덮어씌우는 용접 마스크라면 양손을 구속됨없이 이용할 수 있다.

퍼티의 연마시에 흡진장치를 사용하여도 어느 정도의 분진이 발생하므로 흡진 마스크는 필수품이라 생각해야 한다. 흡진 마스크는 감기시에 마스크처럼 귀에 거는 것만으로도 안 되고, 끈의 길이, 코 부분의 형상 등 얼굴에 꼭 밀착되도록 조정한다. 틈이 있으면 소용이 없다.

안전한 공장을 위한 설비

판금시에 직접 관계는 없지만, 도장 부스는 도장 작업의 능률을 높일 뿐만 아니라 유기 용제로부터 작업자를 보호하는 역할도 담당하고 있다. 또한 유기 용제를 주변에 확산되지 않도록 하는 것도 무시할 수 없다. 특히 주변에 주택가가 있는 공장에서는 용제에 의한 악취를 비롯하여 피해를 방지하는 것은 보디 샵의 의무라고도 할 수 있다.

일상적으로 필터 등의 보수·관리를 올바르게 하는 것이 중요하다. 집중 흡진장치도 마찬가지로서 주위에 퍼티 가루나 용제를 그대로 배출시키는 공장은 앞으로 영업할 수 없게 된다.

설비라 해서 대규모적인 장치를 설비하거나 기계제품만 국한한 것이 아니다. 예를 들면 공장 안에 단차를 없애는 것도 작업중에 안정성이 향상된다. 앞에서 설명한 호스 릴이나 코드 릴을 사용할 때 바닥 면의 호스나 코드를 없애는 것도 효과면에서는 크다. 이런 것까지 하지 않아도 공장 안을 정리 정돈하여 바닥 면에 널브러진 장비나 부품 등을 흩트려 놓지 않을 정도라면 안전도는 높아진다.

　일상적인 작업중에는 안전에 관한 의식이 마비되는 경향이 있다. 그러나 사고의 위험은 이 가운데서 돌발될 수 있으며, 본인뿐만 아니라 주위 사람들과 함께 사고가 발생되는 것을 미연에 방지하기 위해서는 각오뿐만 아니라 구체적인 안전대책을 갖추는 것이 중요하다.

🔴 **PHOTO** 안전의 기본은 정리정돈

10. 차체수리 전개도

※ 이 책에 수록한 내용은 국산 자동차로서
수출용 자동차의 제원을 기준하였습니다.

그
랜
저
XG

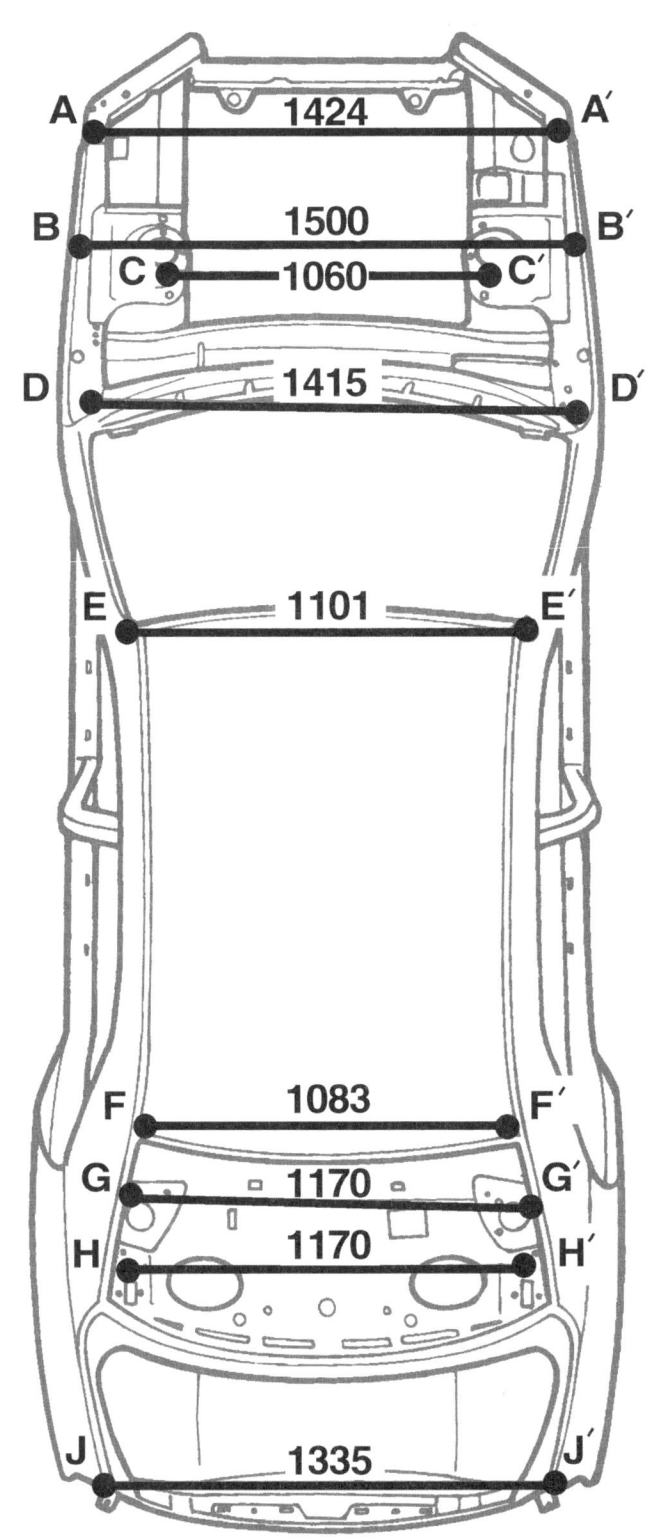

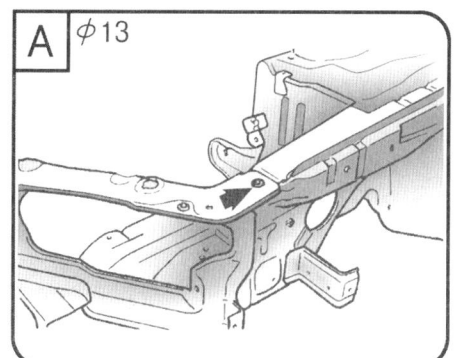

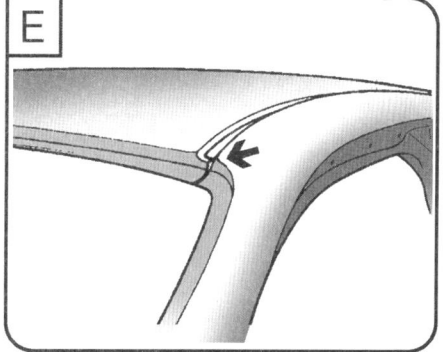

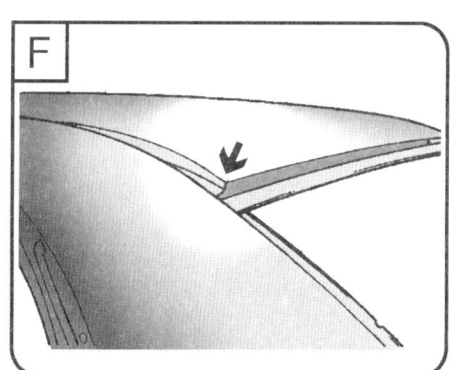

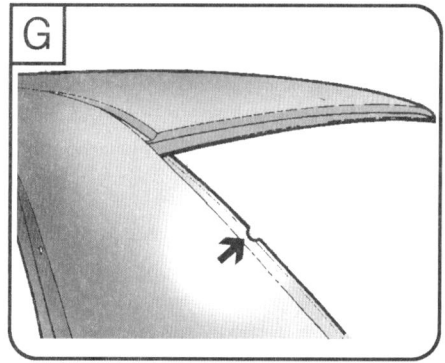

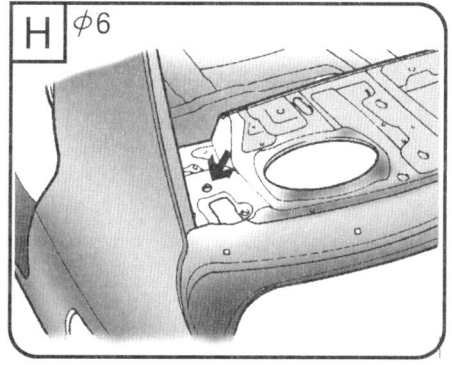

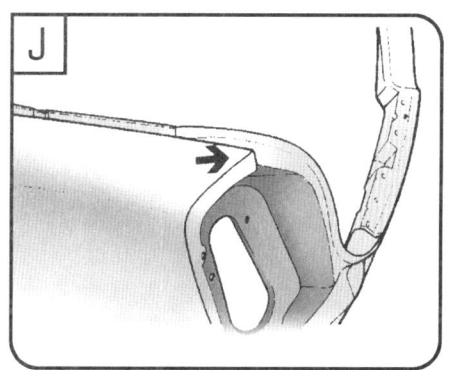

상부보디 (upper body)

그
랜
저
XG

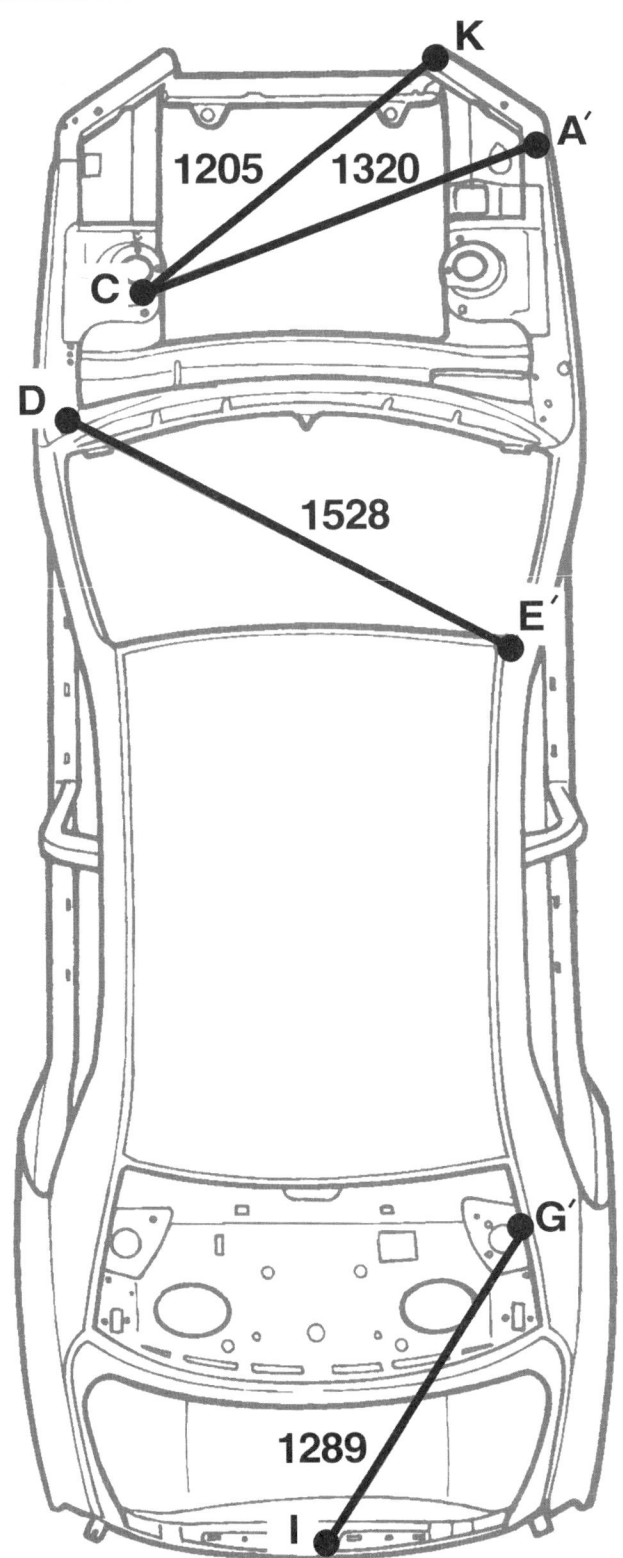

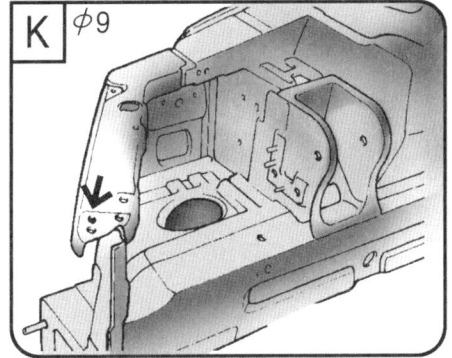

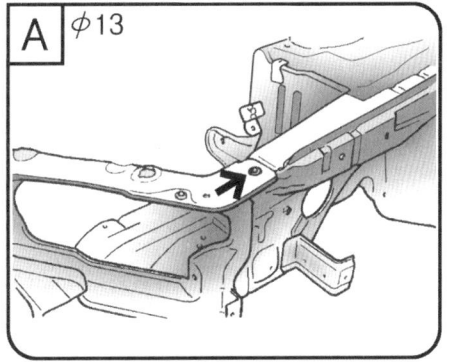

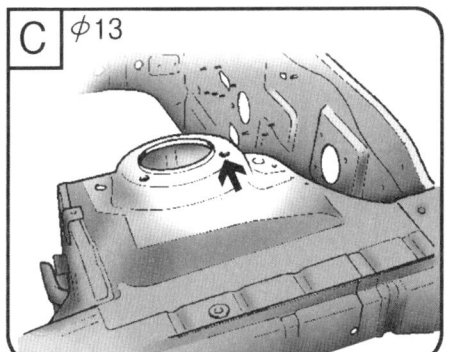

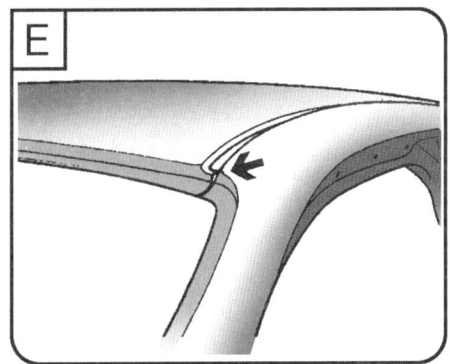

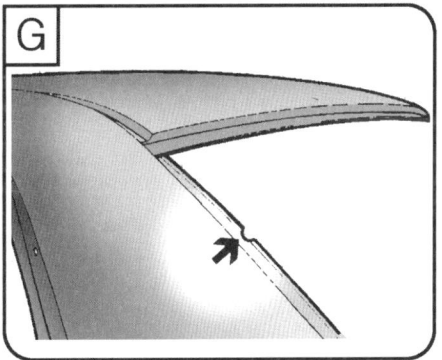

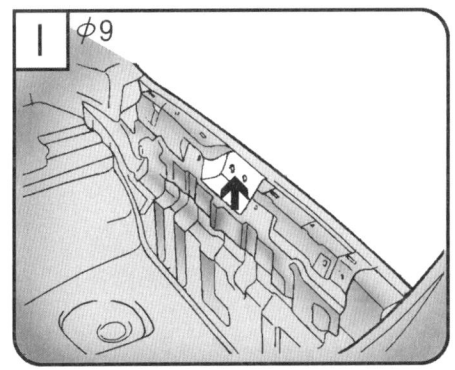

사이드보디 (side body)

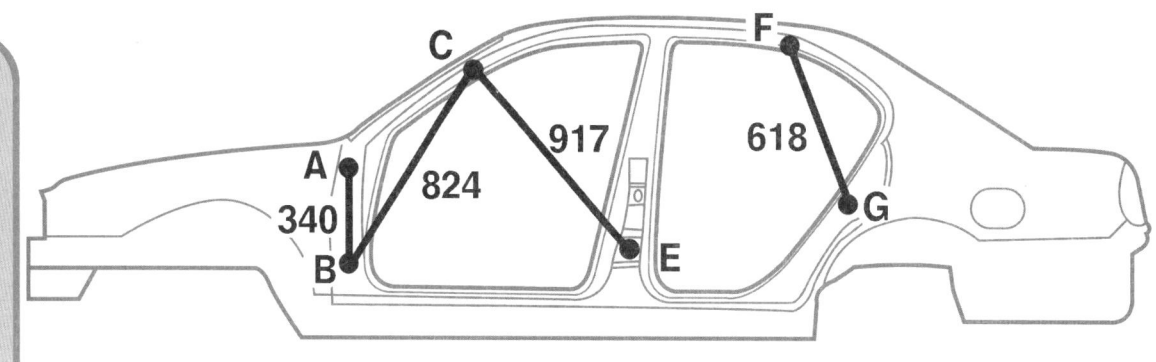

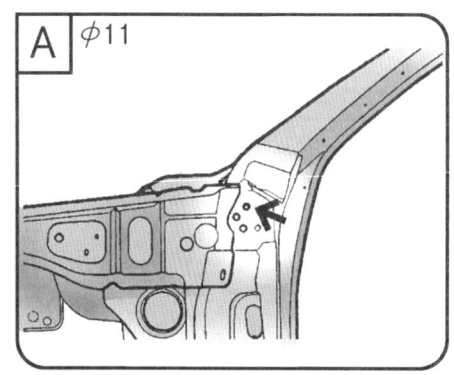

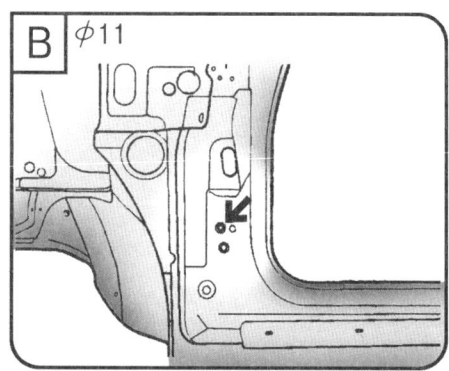

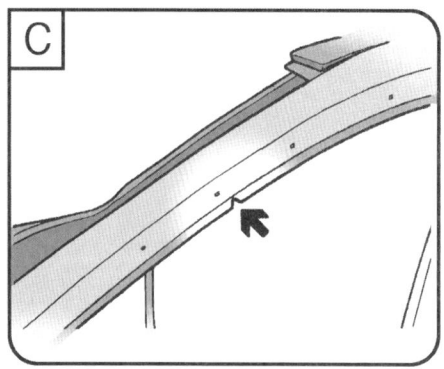

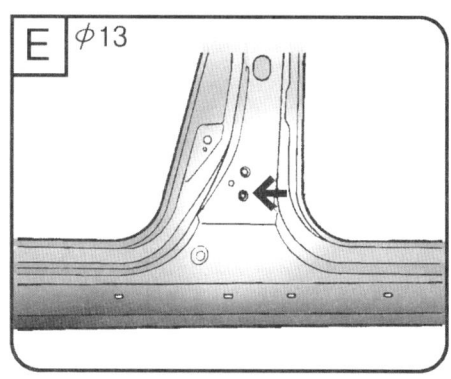

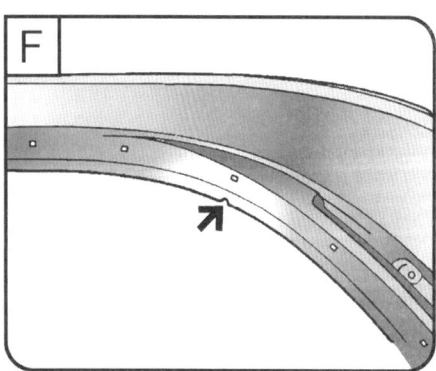

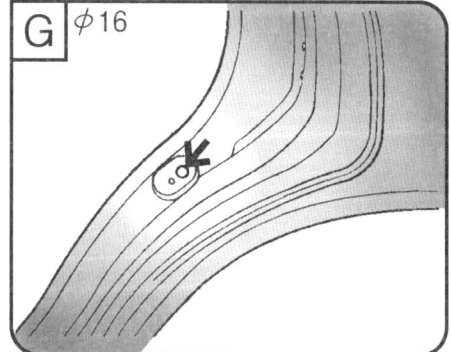

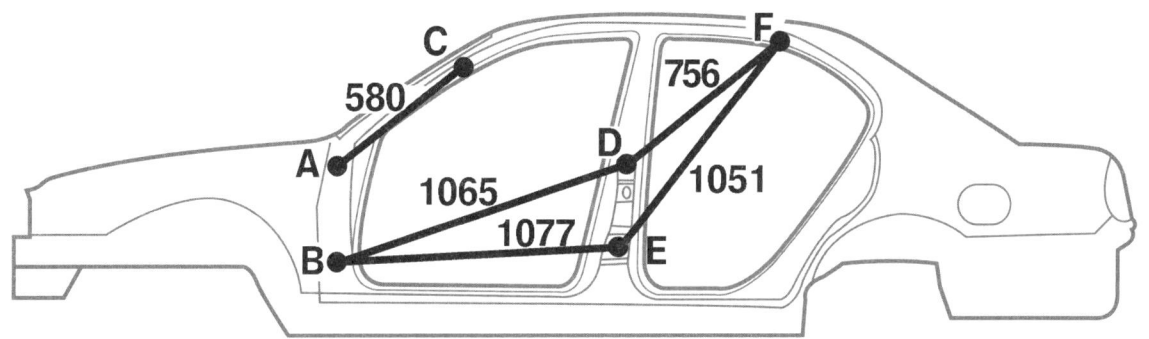

580

756

1065

1077

1051

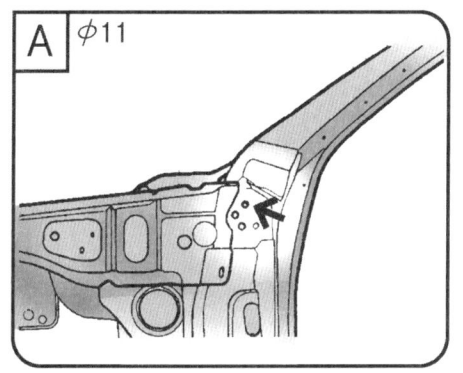

A ϕ11

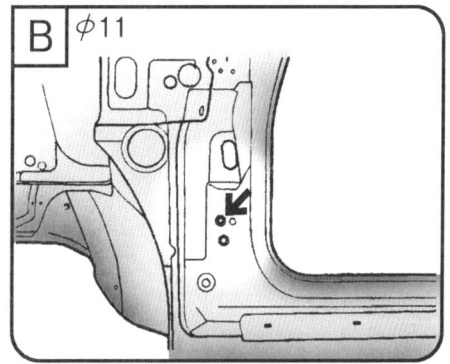

B ϕ11

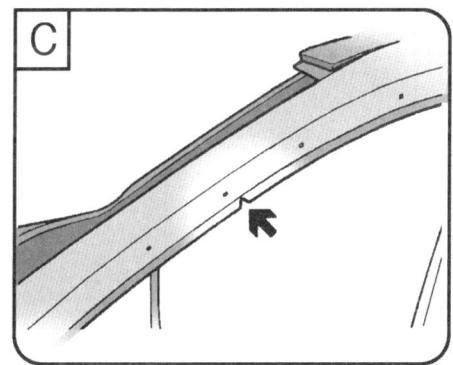

C

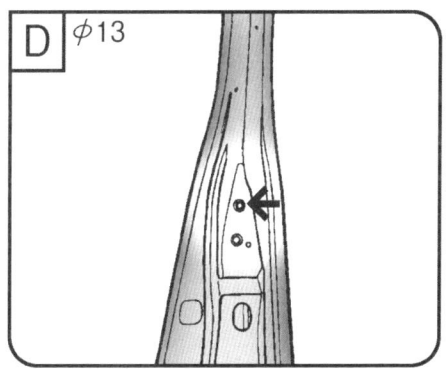

D ϕ13

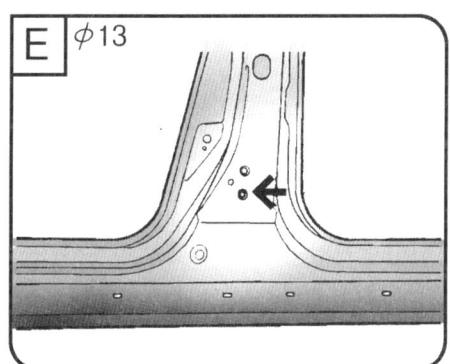

E ϕ13

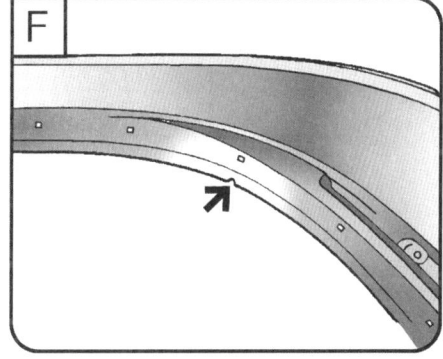

F

사이드보디 (side body)

그
랜
저
XG

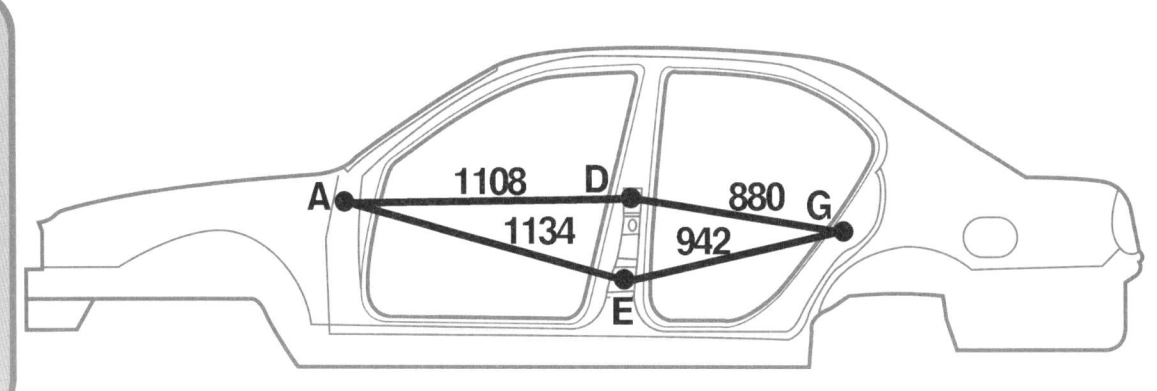

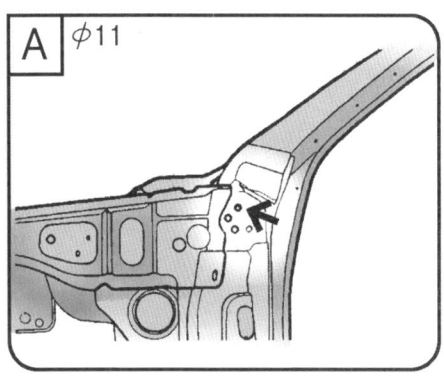

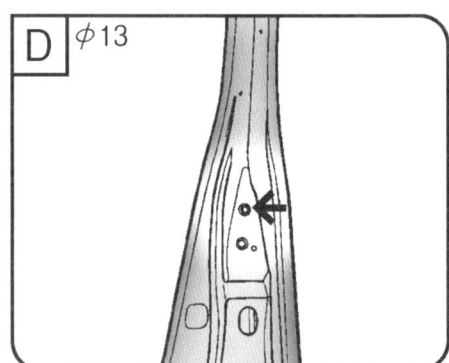

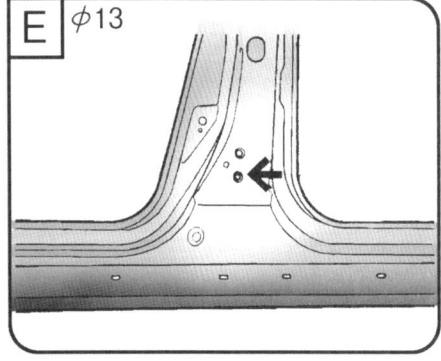

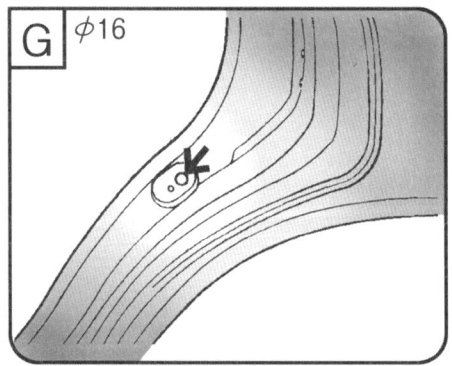

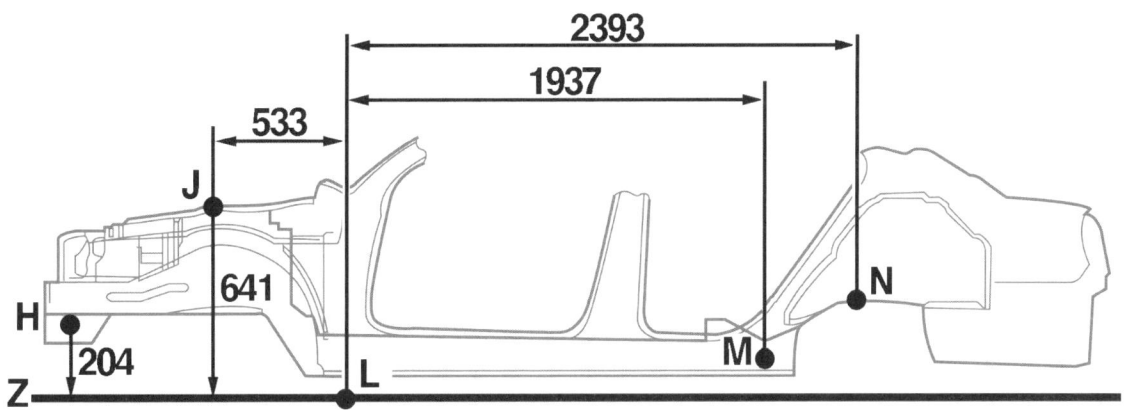

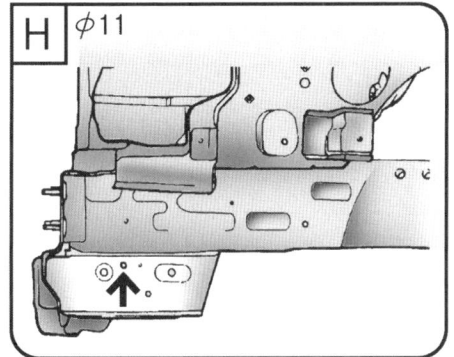

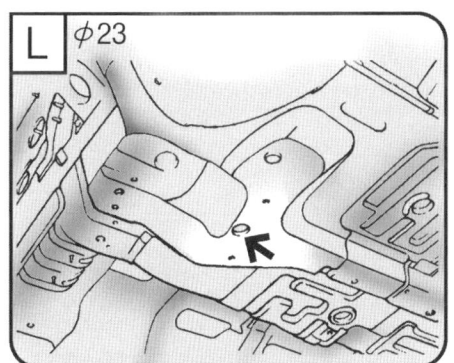

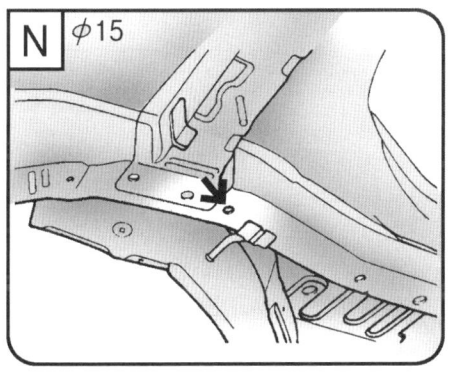

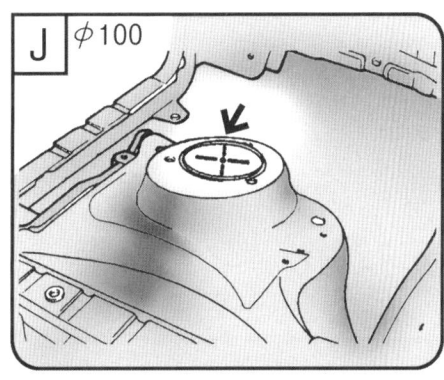

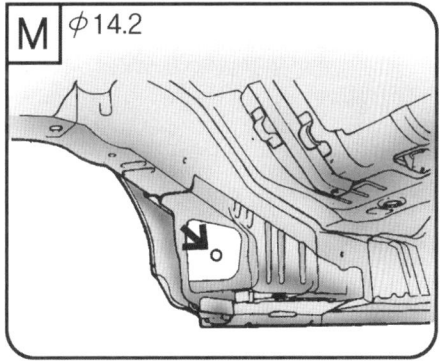

사이드보디 (side body)

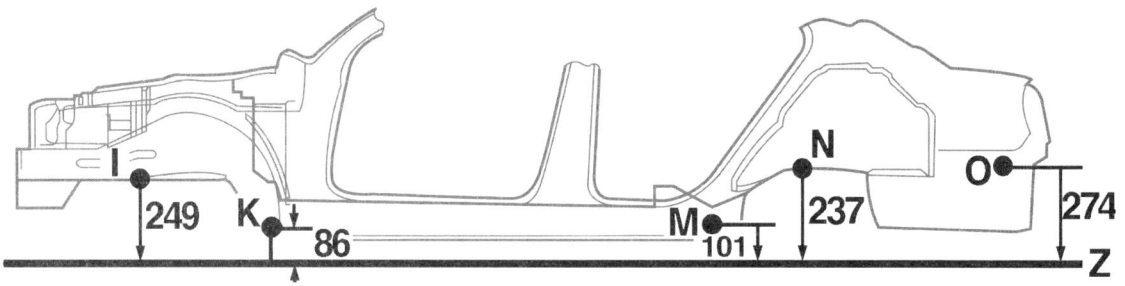

I 249 K 86 M 101 N 237 O 274 Z

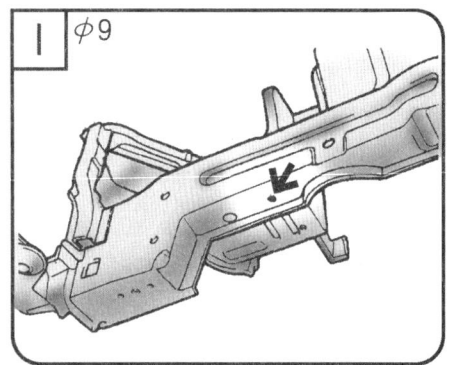

I φ9

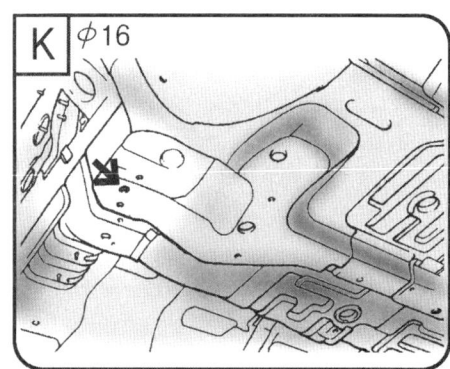

K φ16

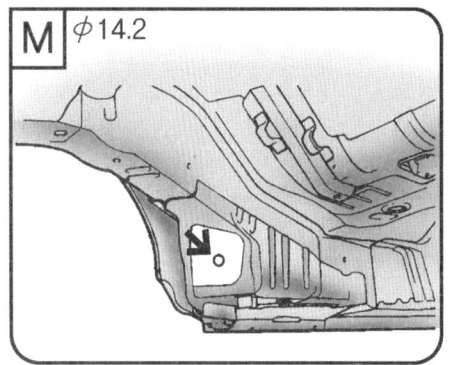

M φ14.2

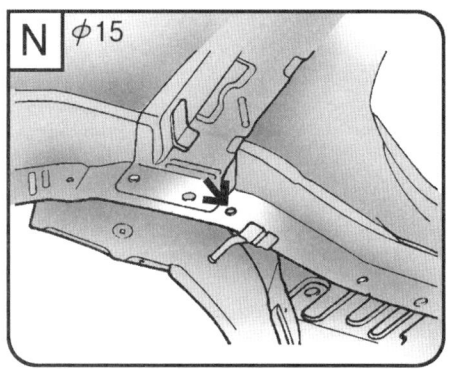

N φ15

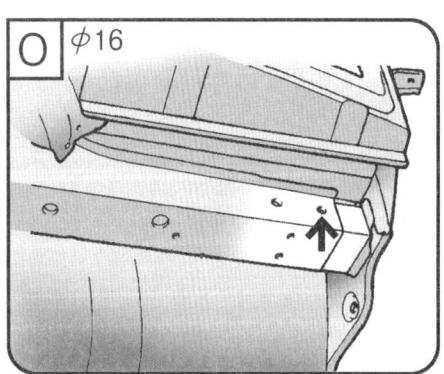

O φ16

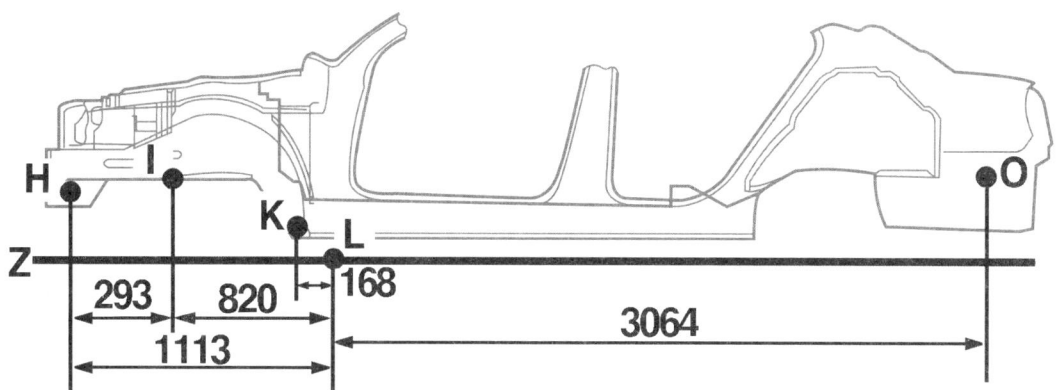

H | $\phi 11$

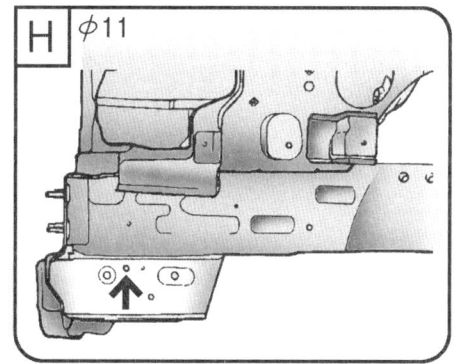

I | $\phi 9$

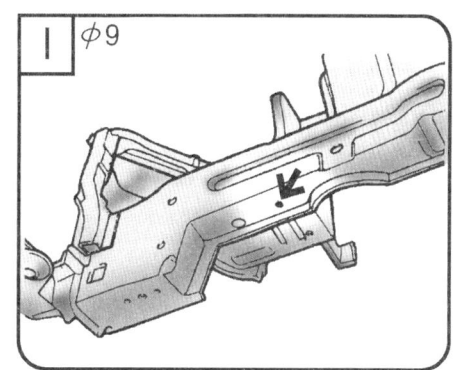

K | $\phi 16$

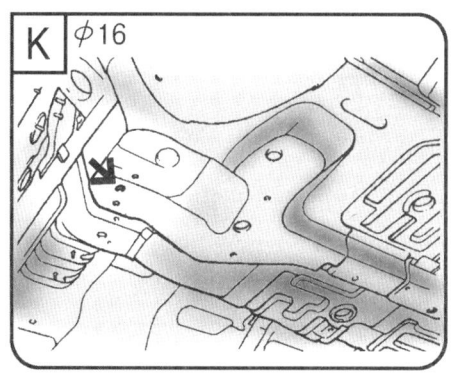

L | $\phi 23$

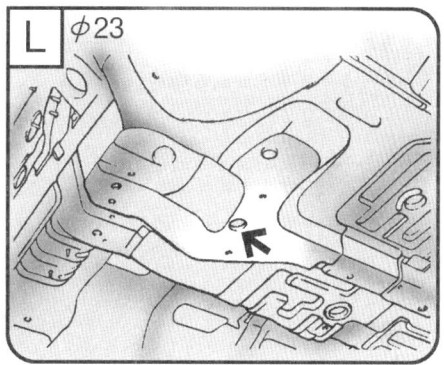

O | $\phi 16$

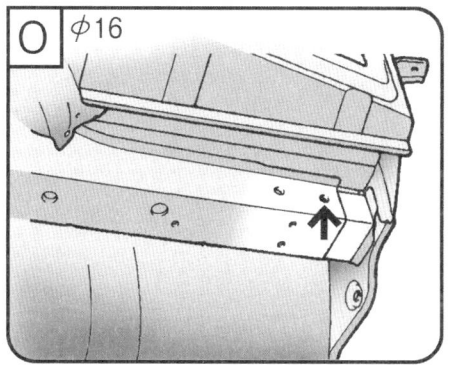

실내 (interior)

그
랜
저
XG

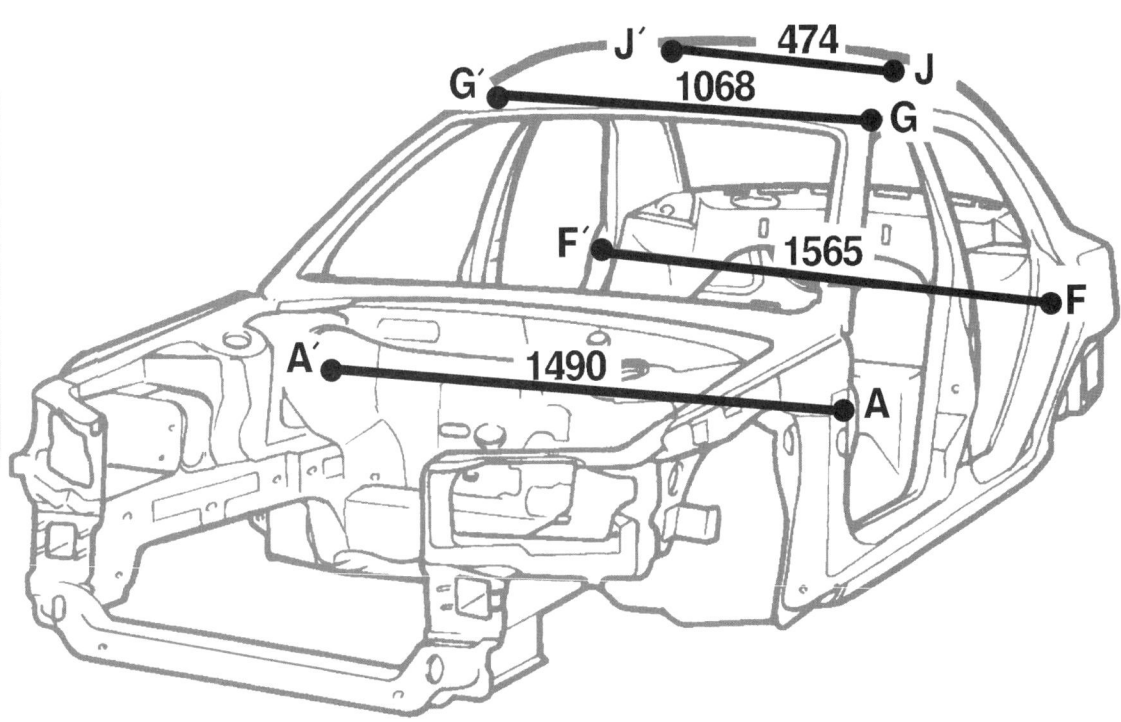

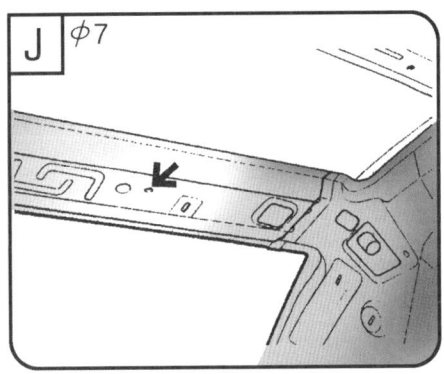

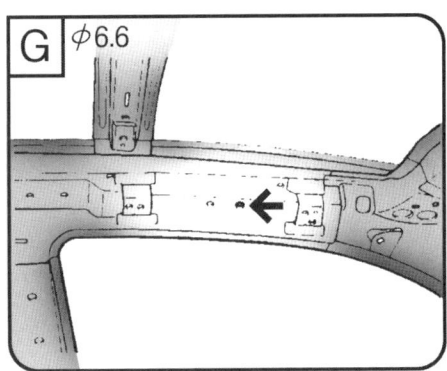

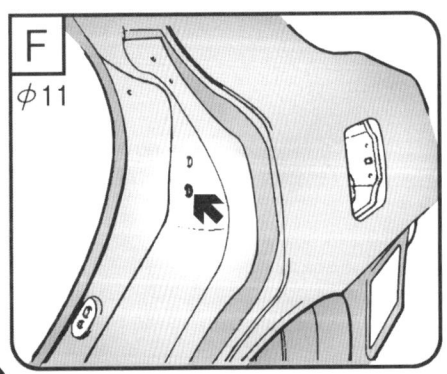

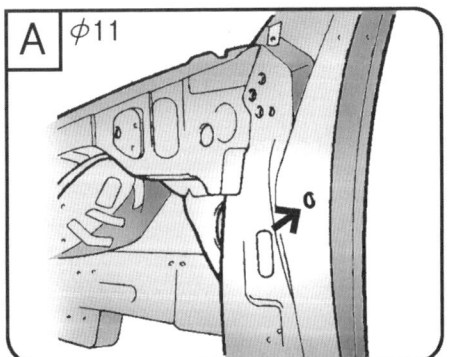

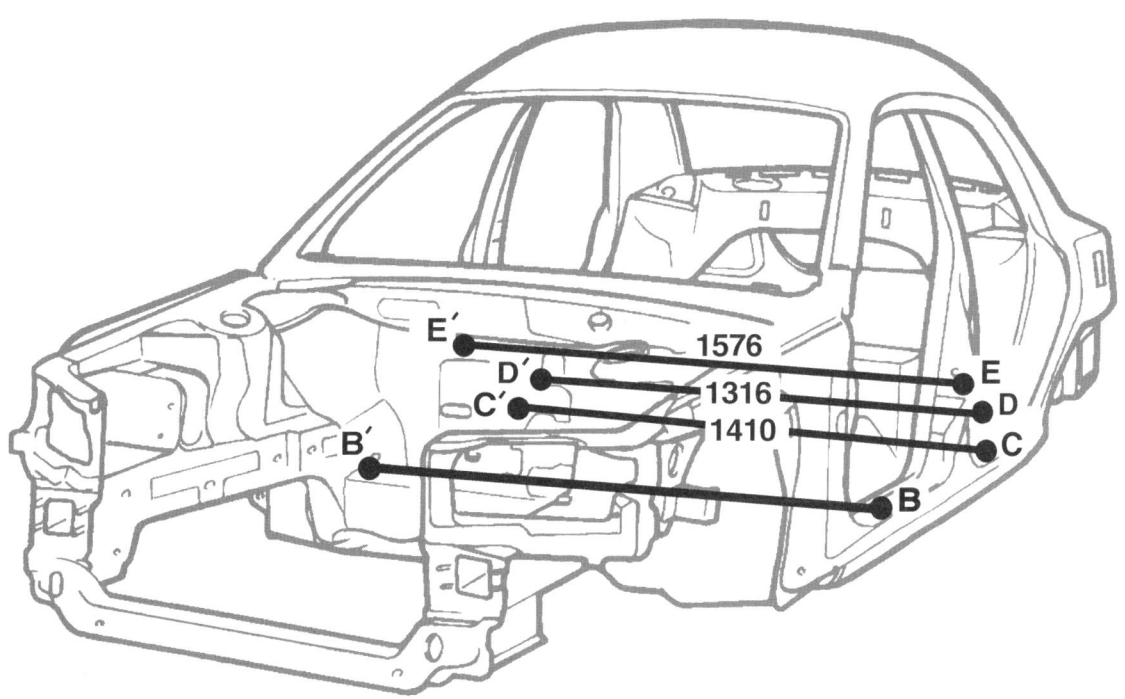

1576

1316

1410

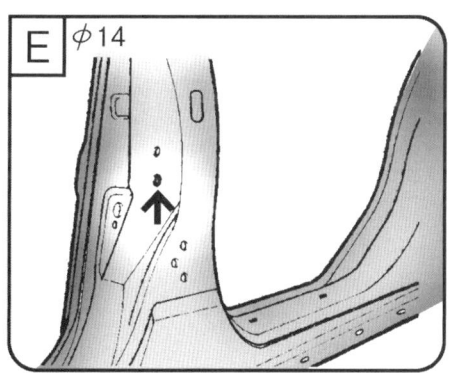

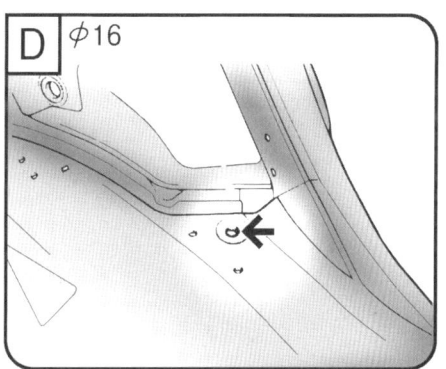

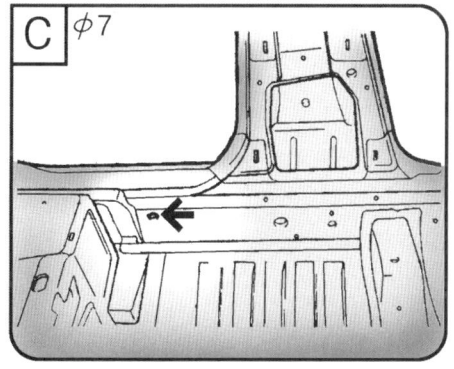

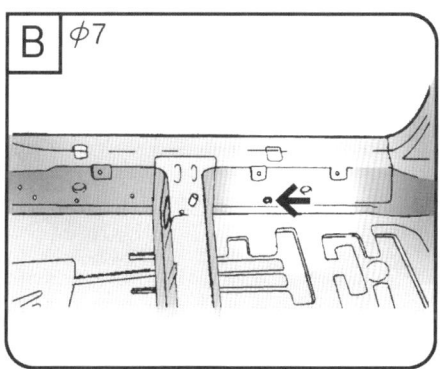

그
랜
저
XG

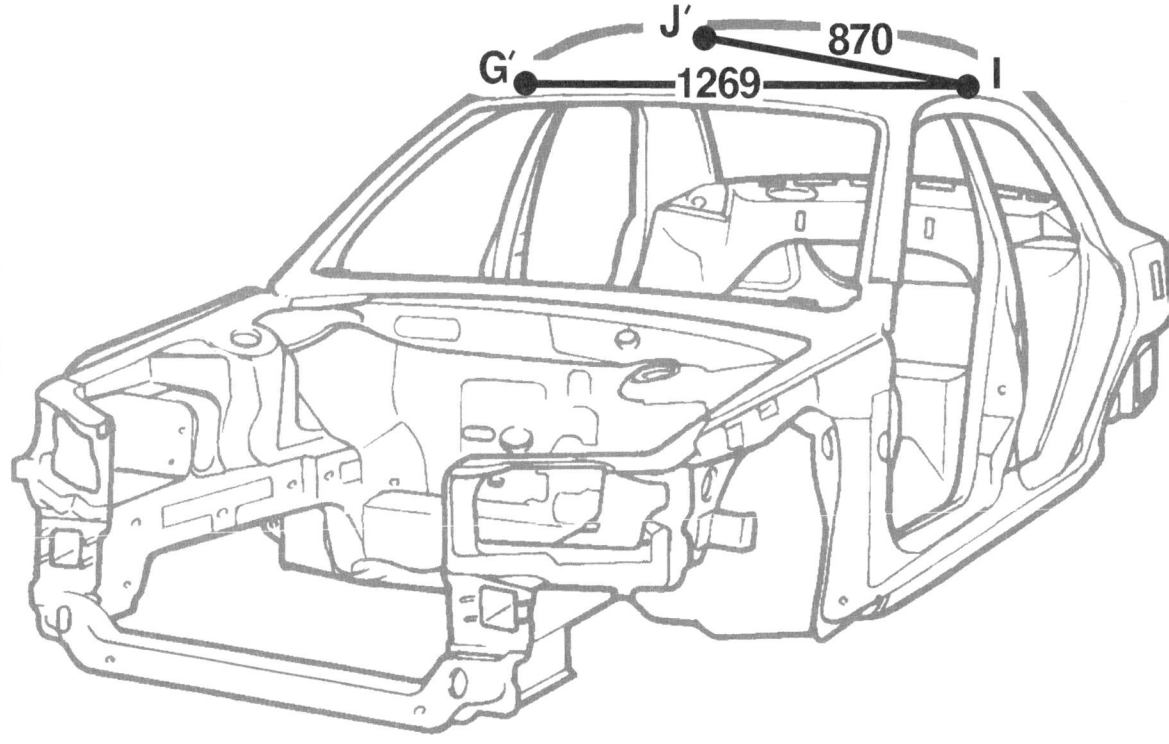

J' 870

G' 1269 I

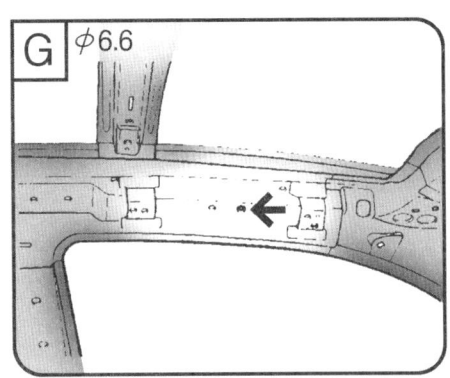

G φ6.6

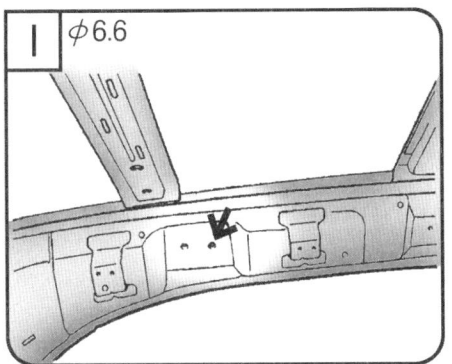

I φ6.6

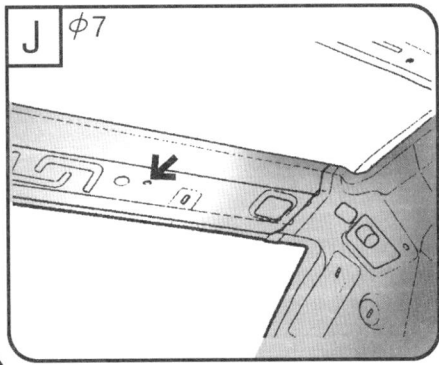

J φ7

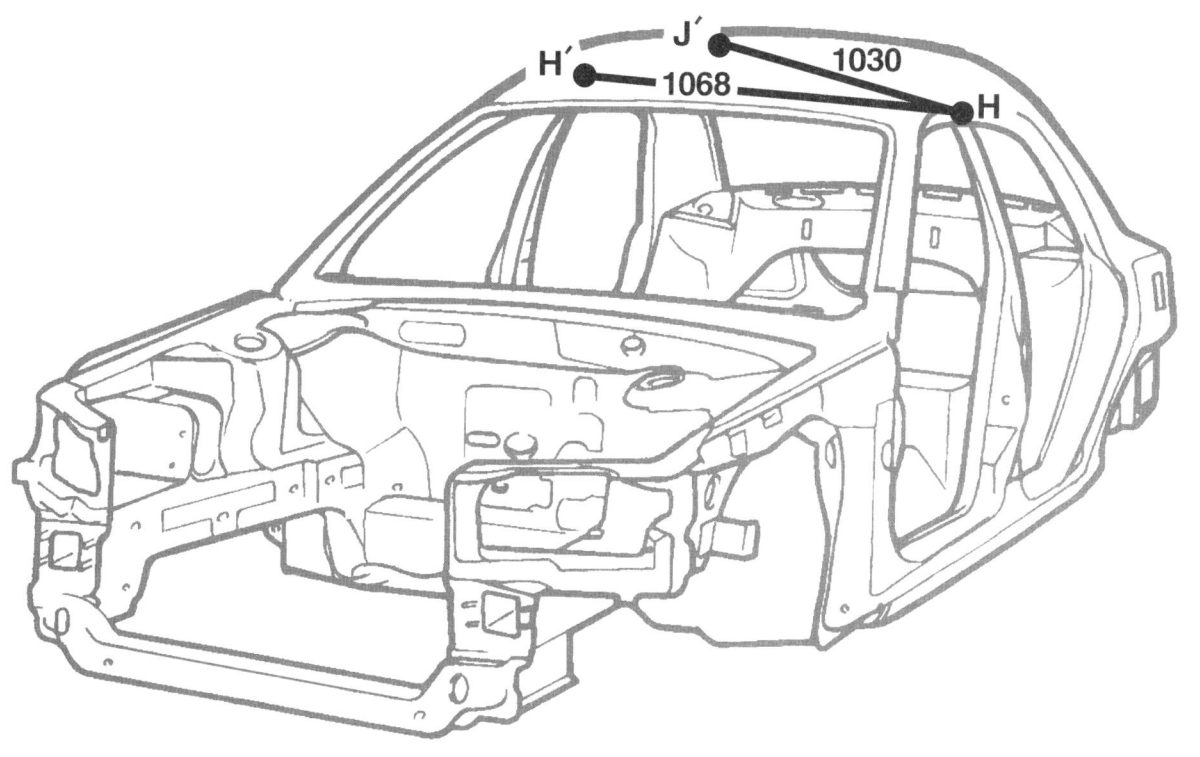

1030

H´ — 1068 — H

J´

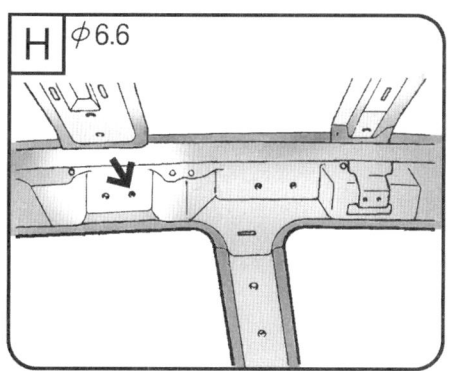

H $\phi 6.6$

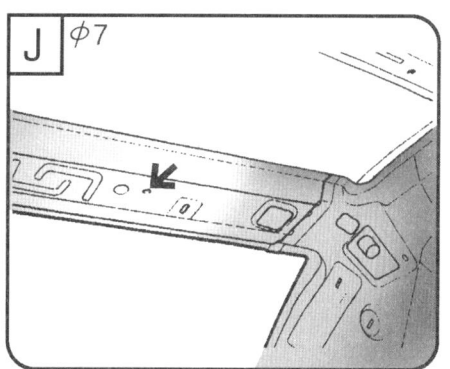

J $\phi 7$

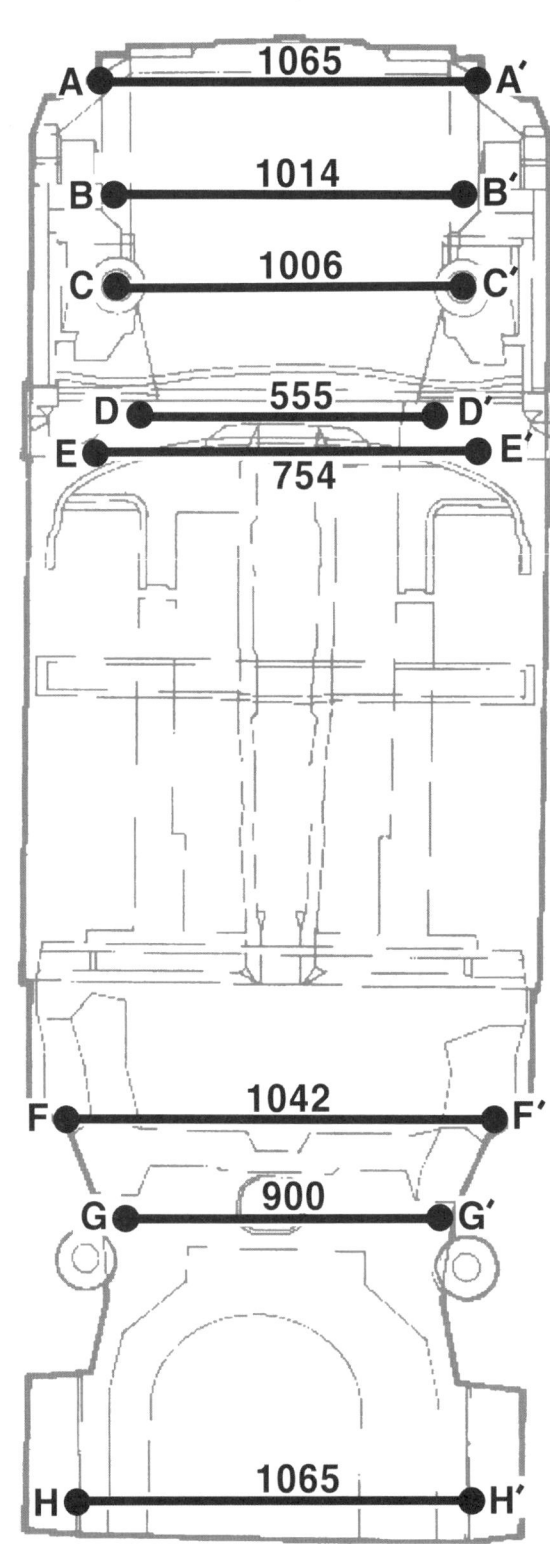

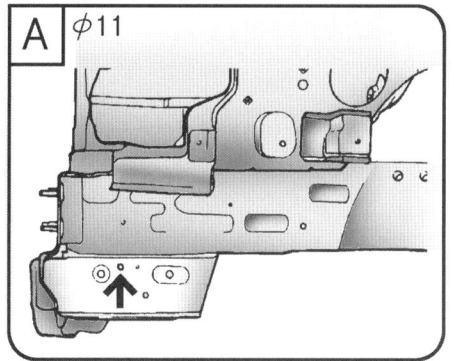

A φ11

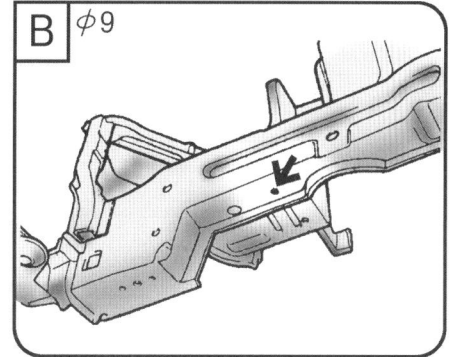

B φ9

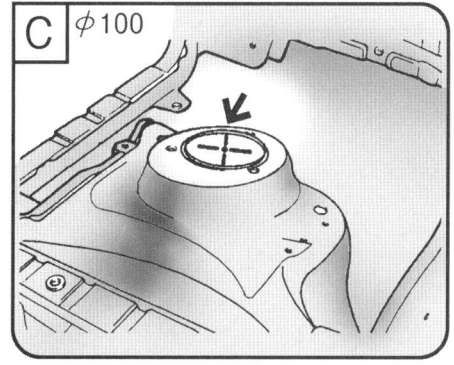

C φ100

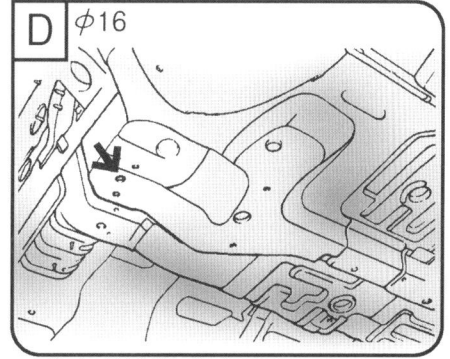

D φ16

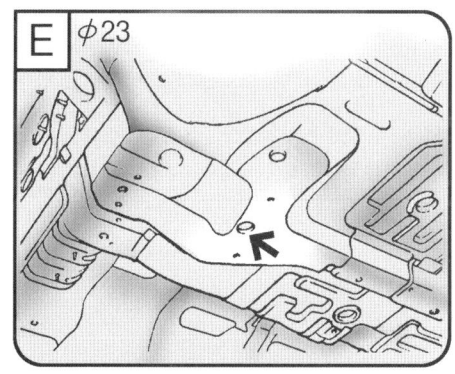

E φ23

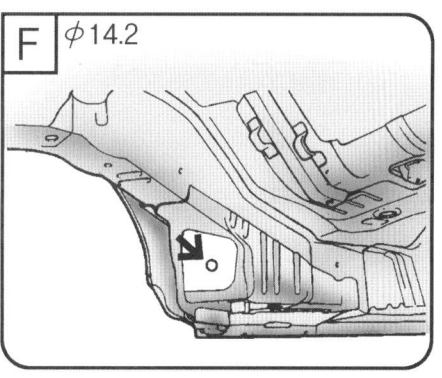

F φ14.2

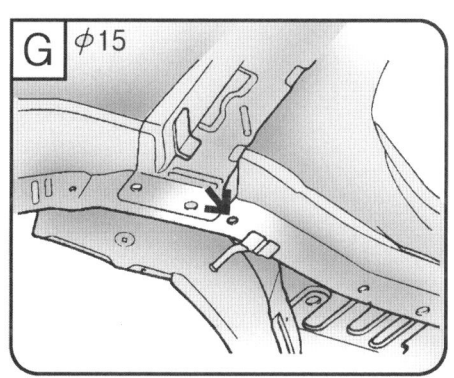

G φ15

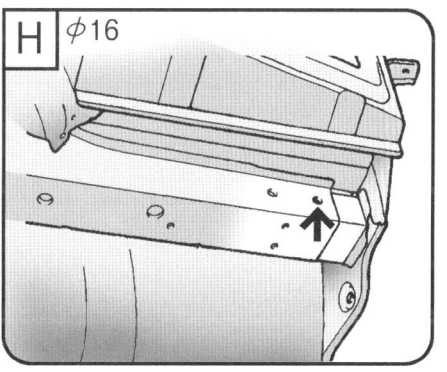

H φ16

언더보디 (under body)

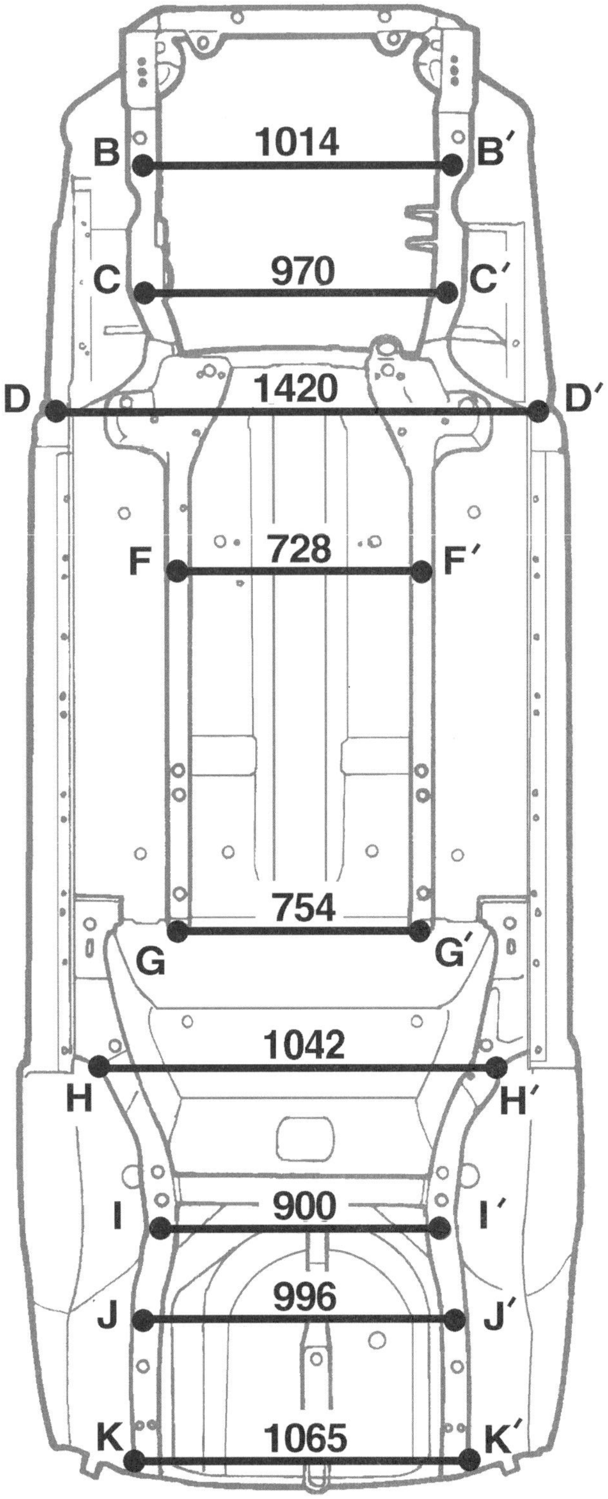

그
랜
저
XG

B 1014 B′

C 970 C′

D 1420 D′

F 728 F′

G 754 G′

H 1042 H′

I 900 I′

J 996 J′

K 1065 K′

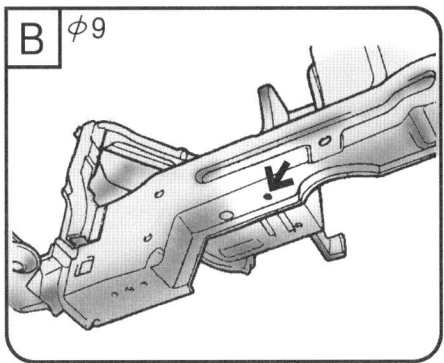

B | $\phi 9$

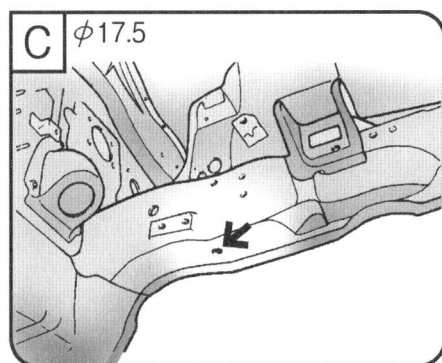

C | $\phi 17.5$

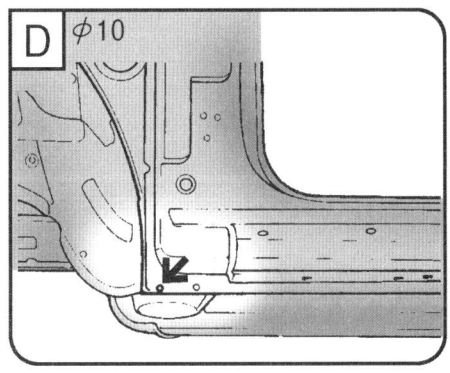

D | $\phi 10$

F ⌀27
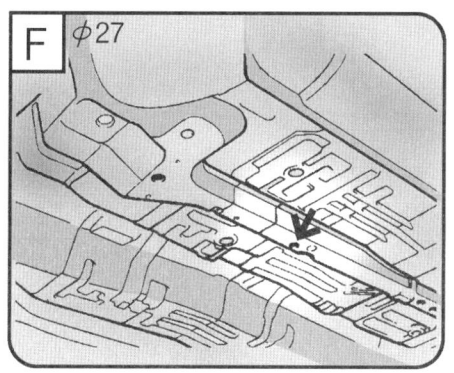

G ⌀9
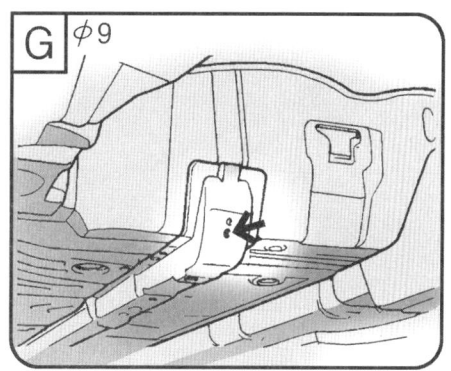

H ⌀14.2
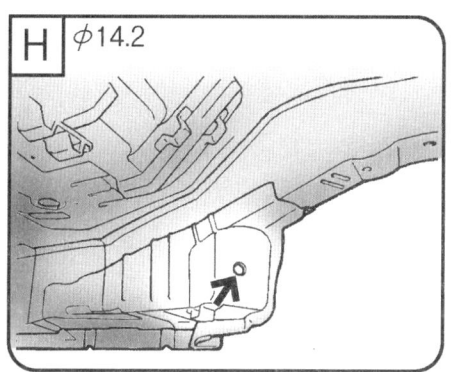

I ⌀15
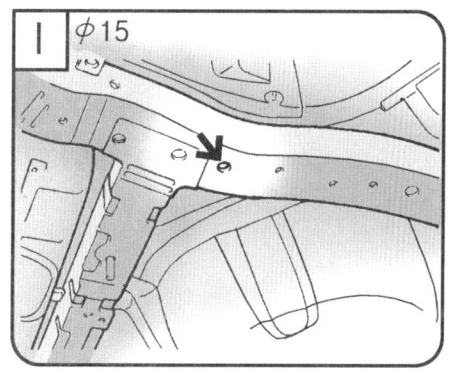

J ⌀16
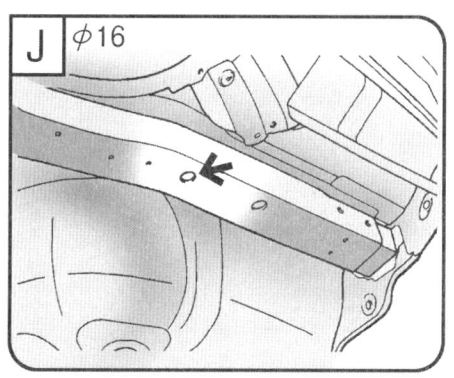

K ⌀16
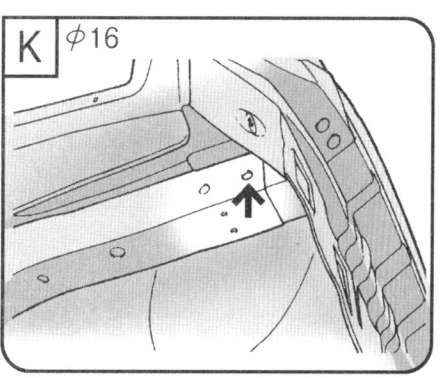

그랜저 XG

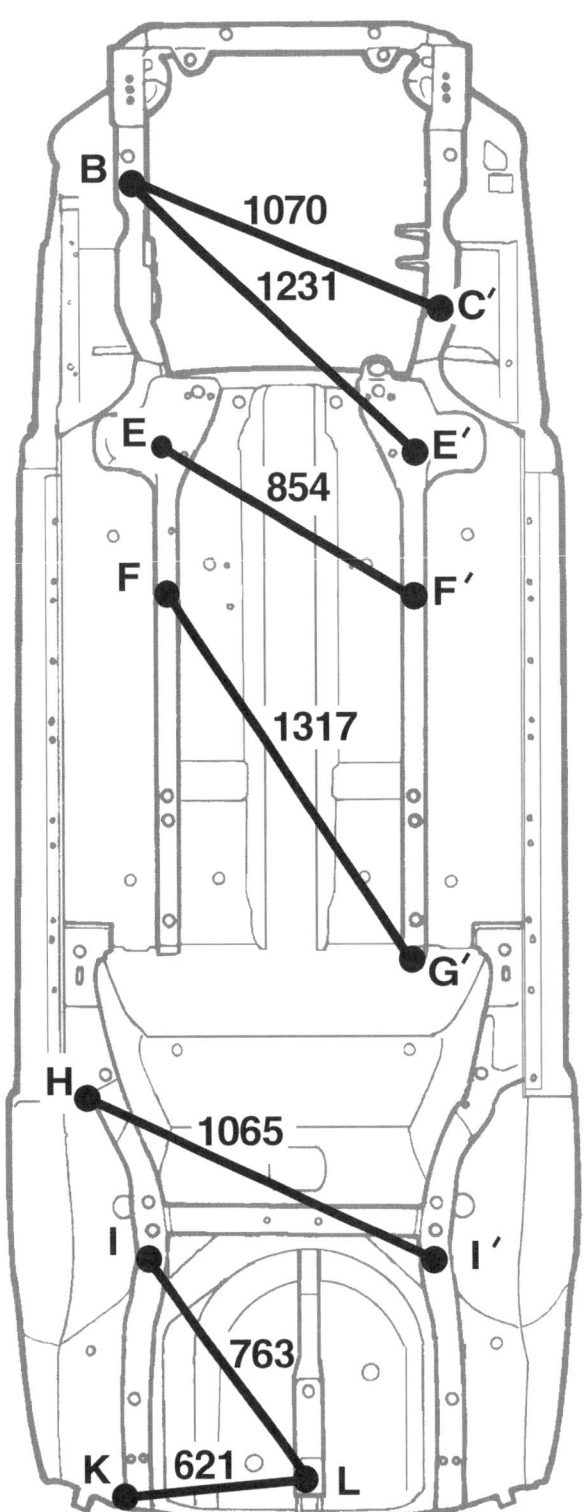

B 1070
1231
C′
E′
E
854
F′
F
1317
G′
H
1065
I′
I
763
K 621 L

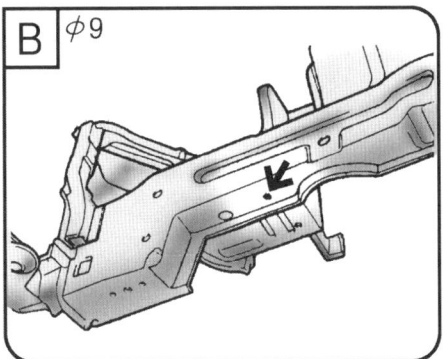

B ⌀9

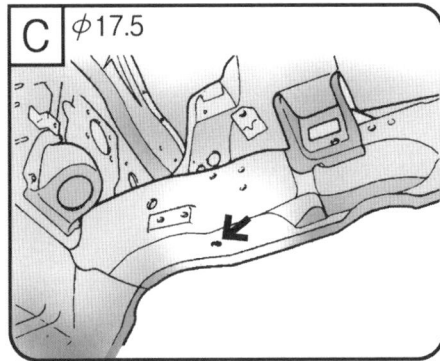

C ⌀17.5

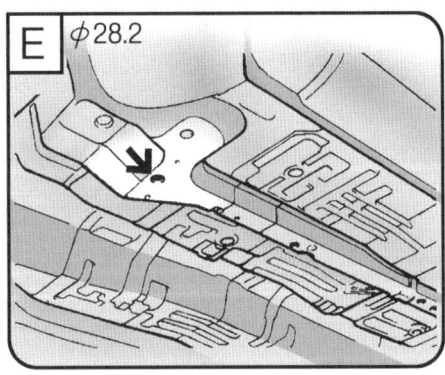

E ⌀28.2

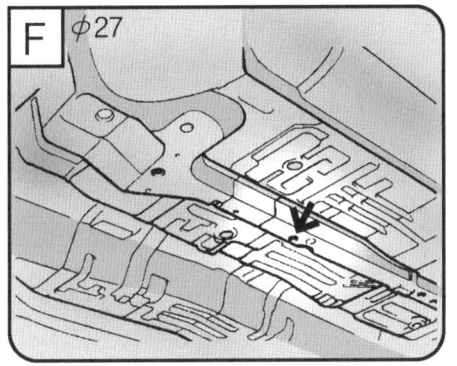

F ⌀27

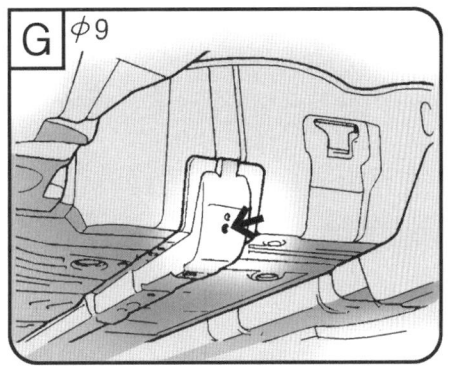

G ⌀9

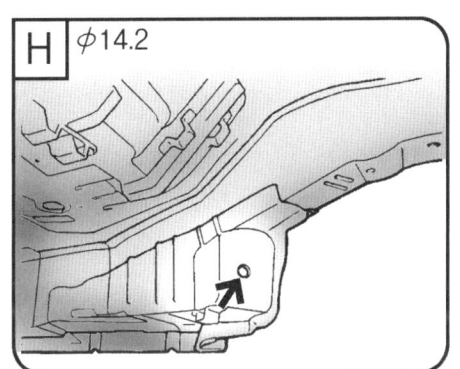

H ⌀14.2

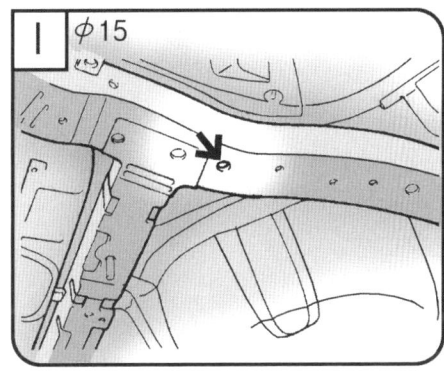

I ⌀15

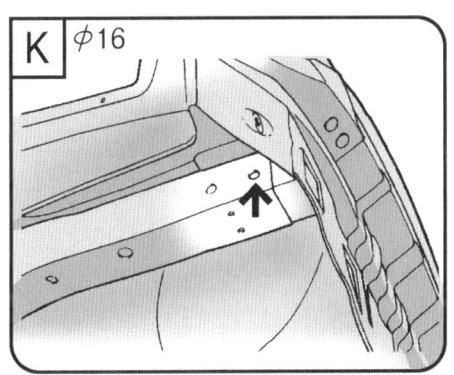

K ⌀16

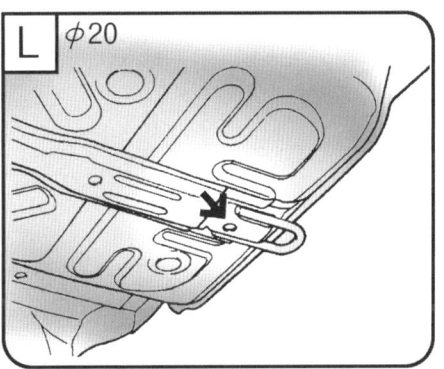

L ⌀20

그
랜
저
XG

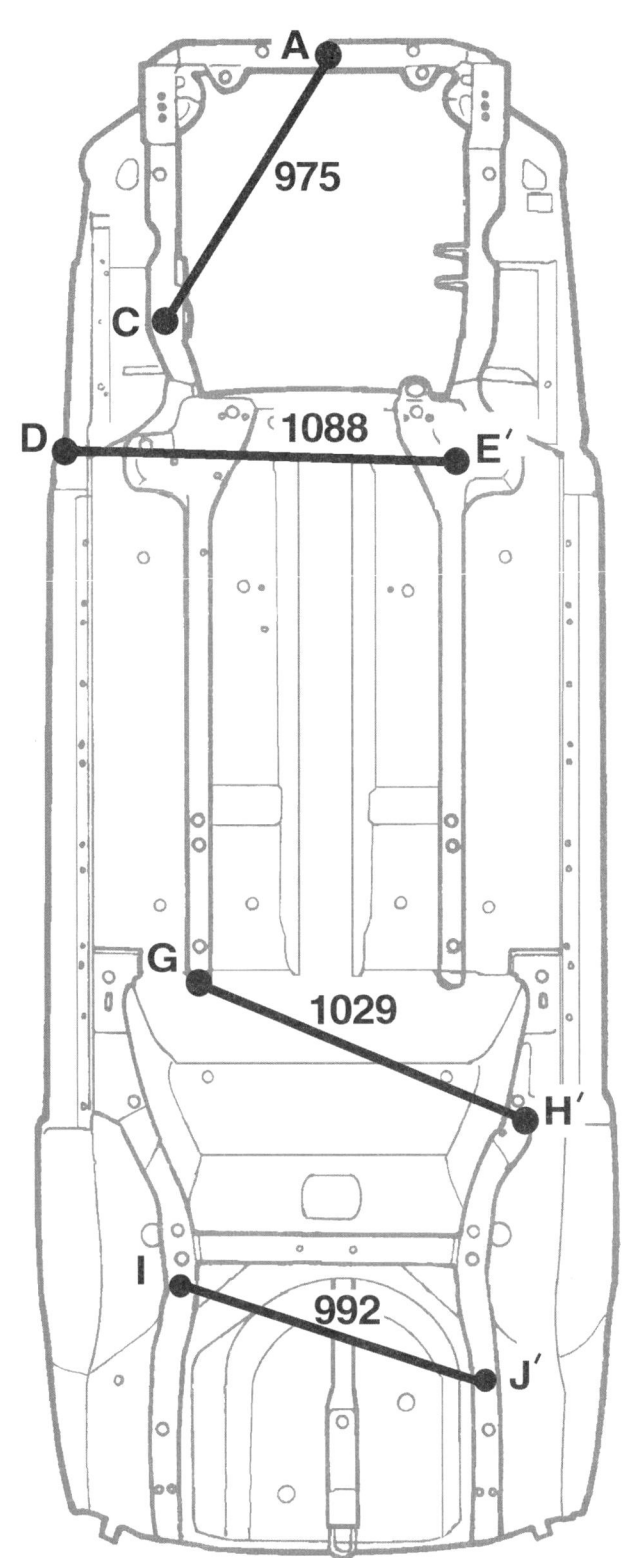

A $\phi 6.6$
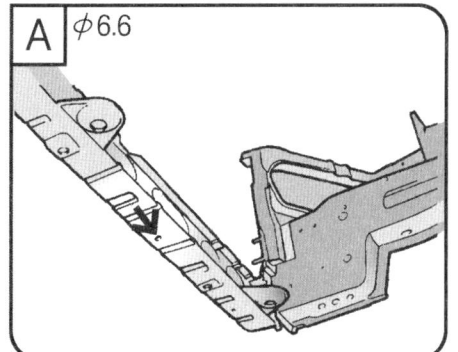

C $\phi 17.5$
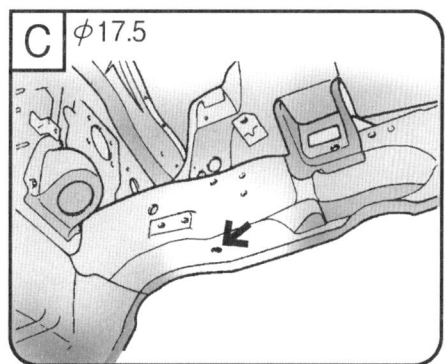

D $\phi 10$
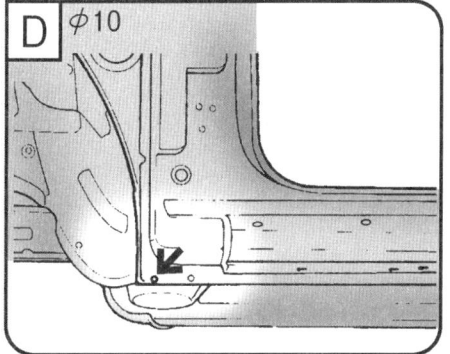

E $\phi 28.2$
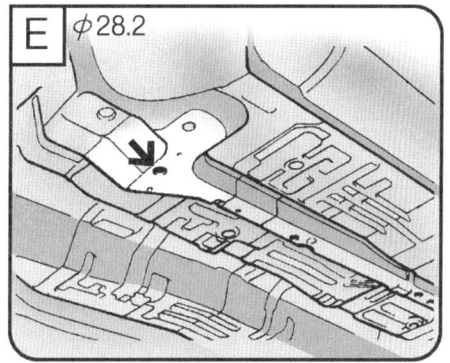

G $\phi 9$
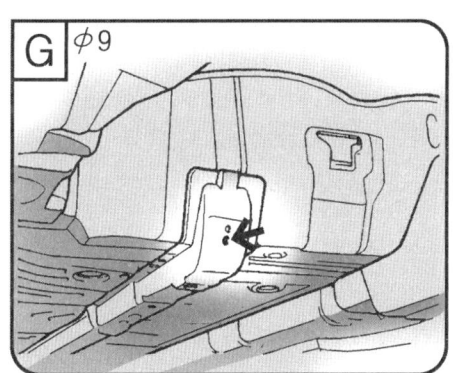

H $\phi 14.2$
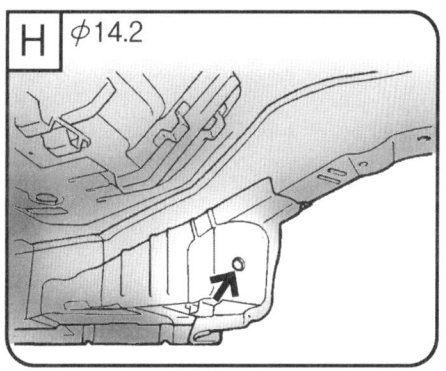

I $\phi 15$
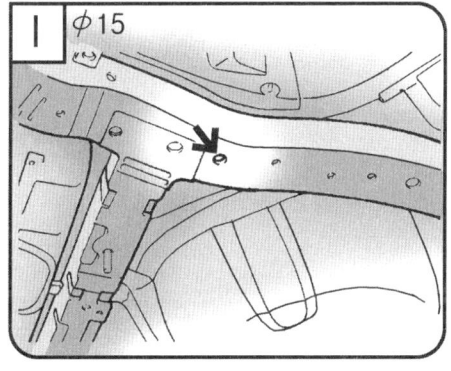

J $\phi 16$
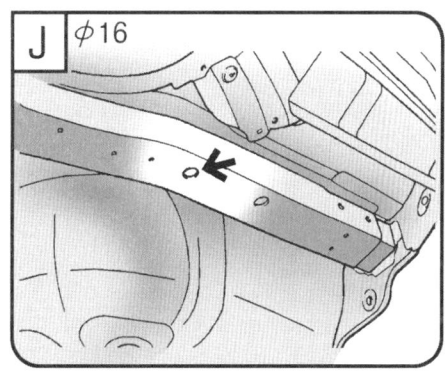

엔진룸 (engine room)

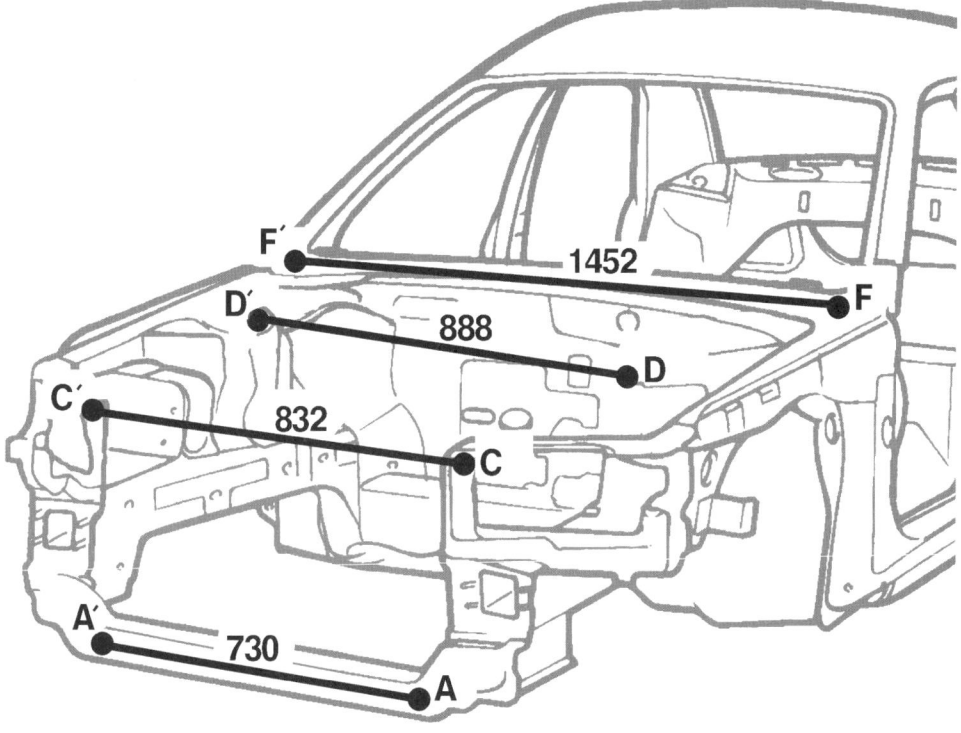

F′ — 1452 — F

D′ — 888 — D

C′ — 832 — C

A′ — 730 — A

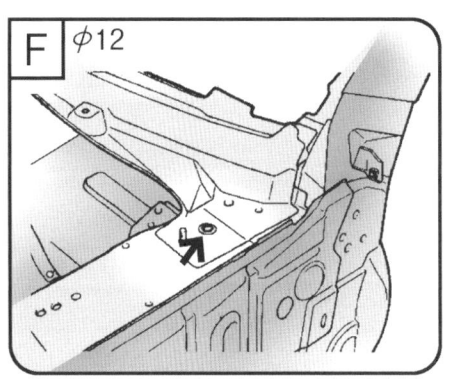

C φ8

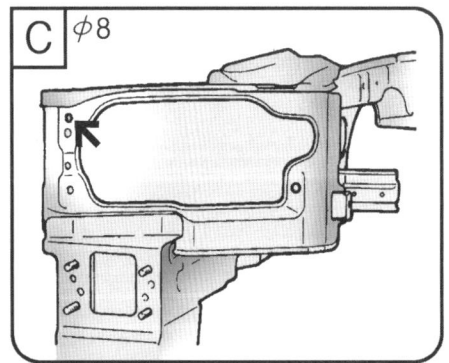

F φ12

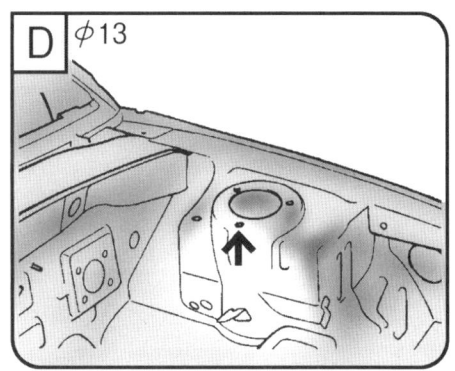

D φ13

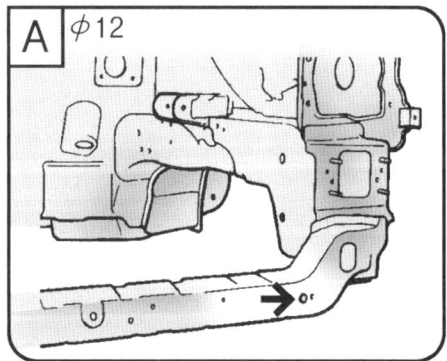

A φ12

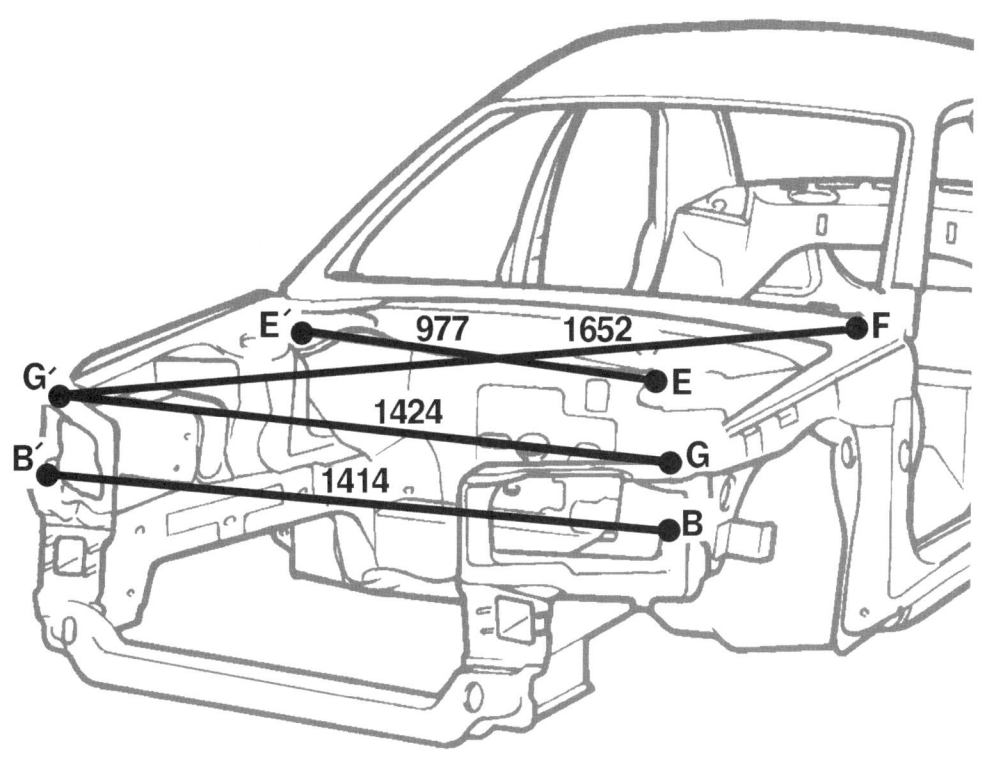

977   1652

1424

1414

F ϕ12

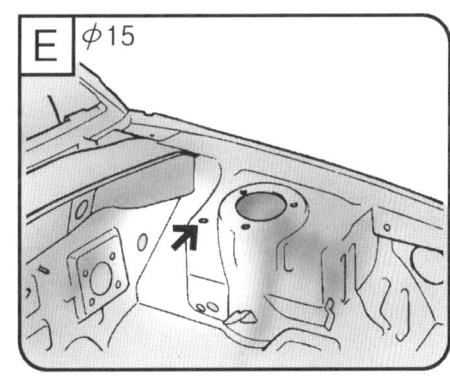

E ϕ15

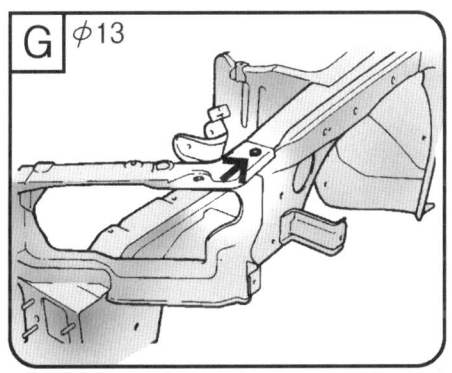

G ϕ13

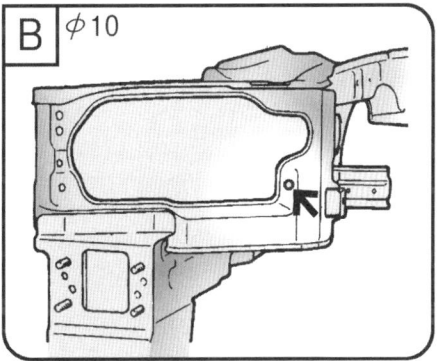

B ϕ10

트렁크 (trunk)

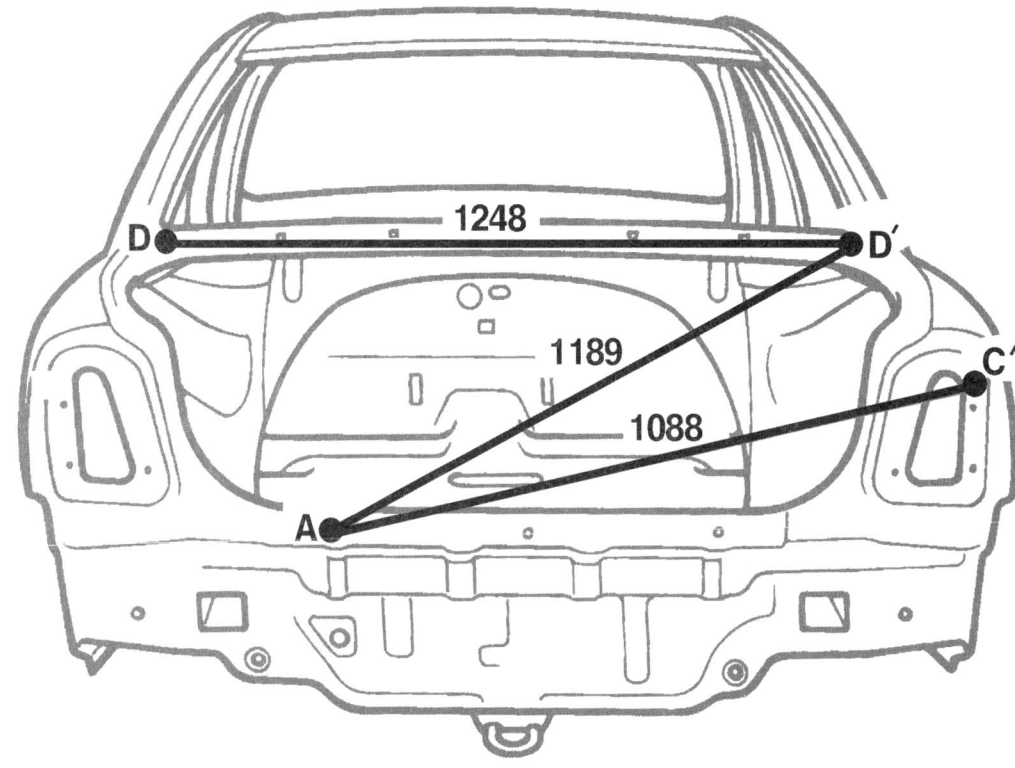

1248

1189

1088

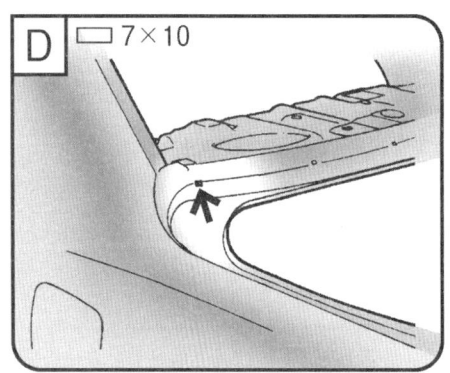

D ▭ 7×10

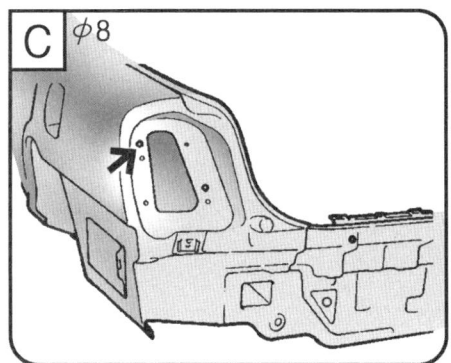

C ⌀8

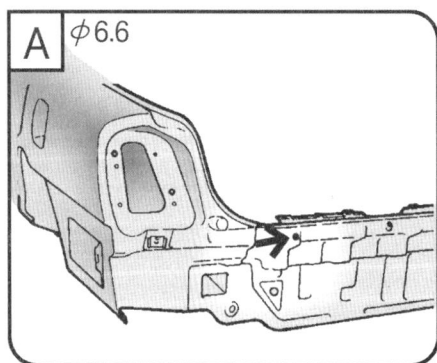

A ⌀6.6

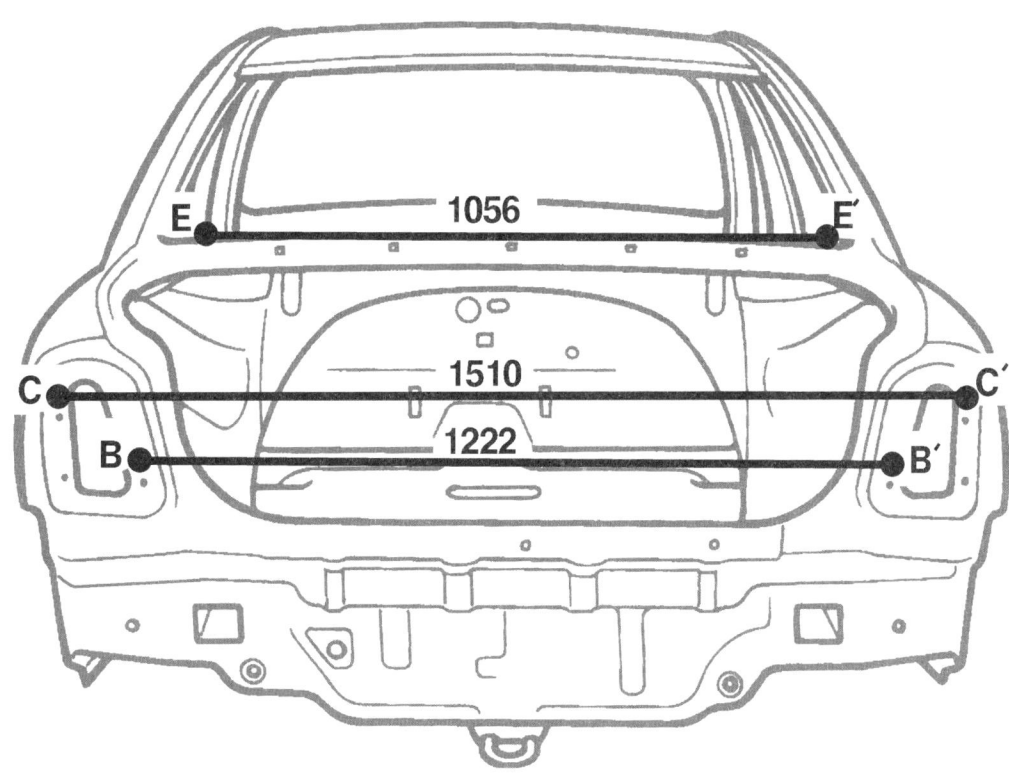

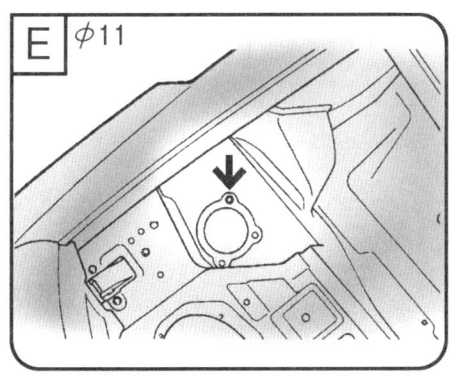

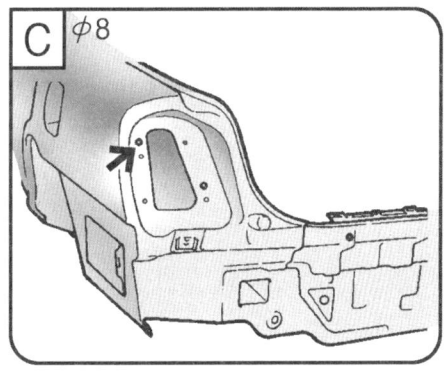

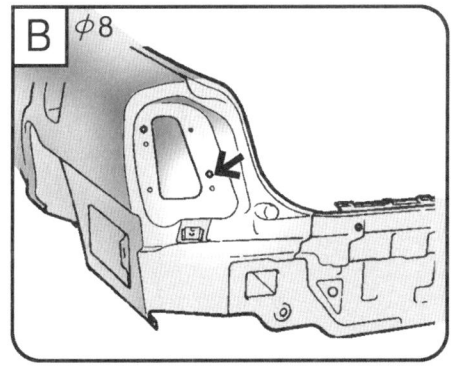

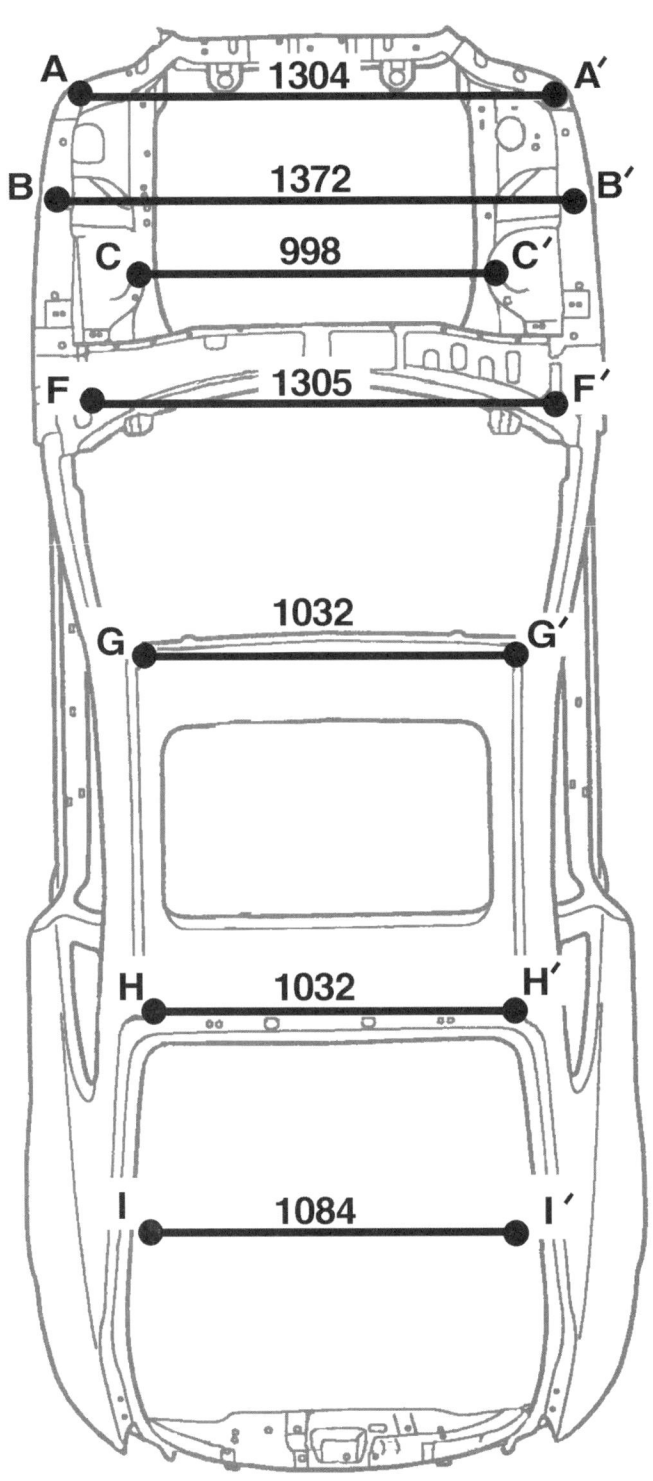

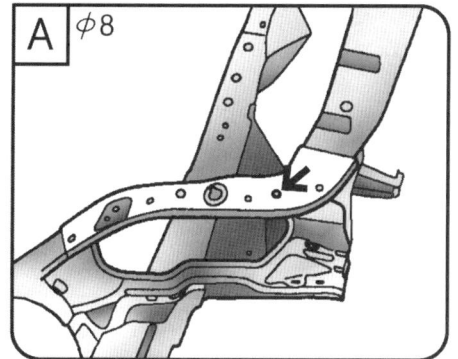

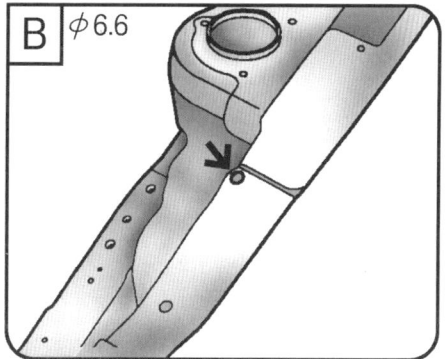

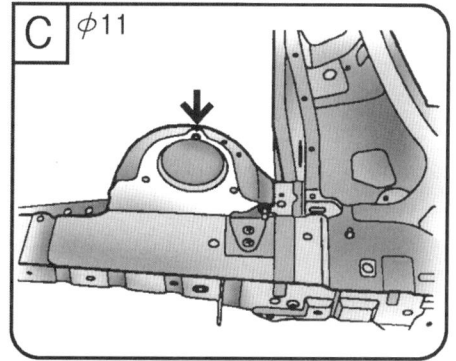

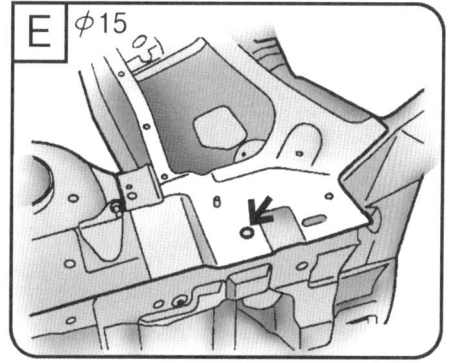

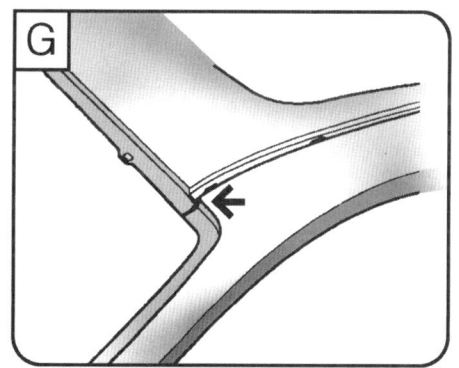

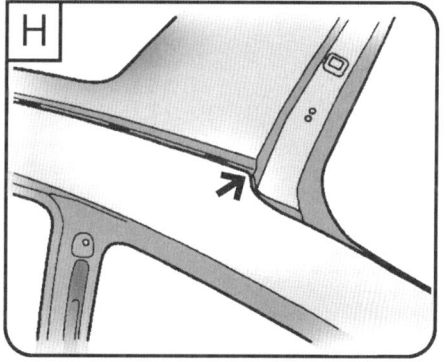

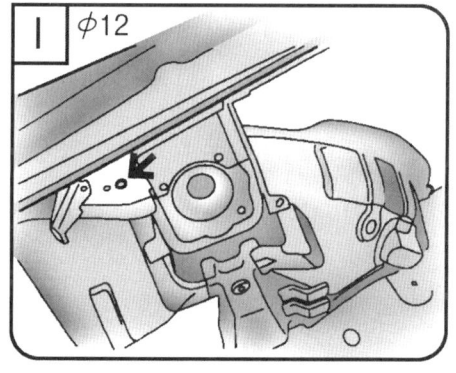

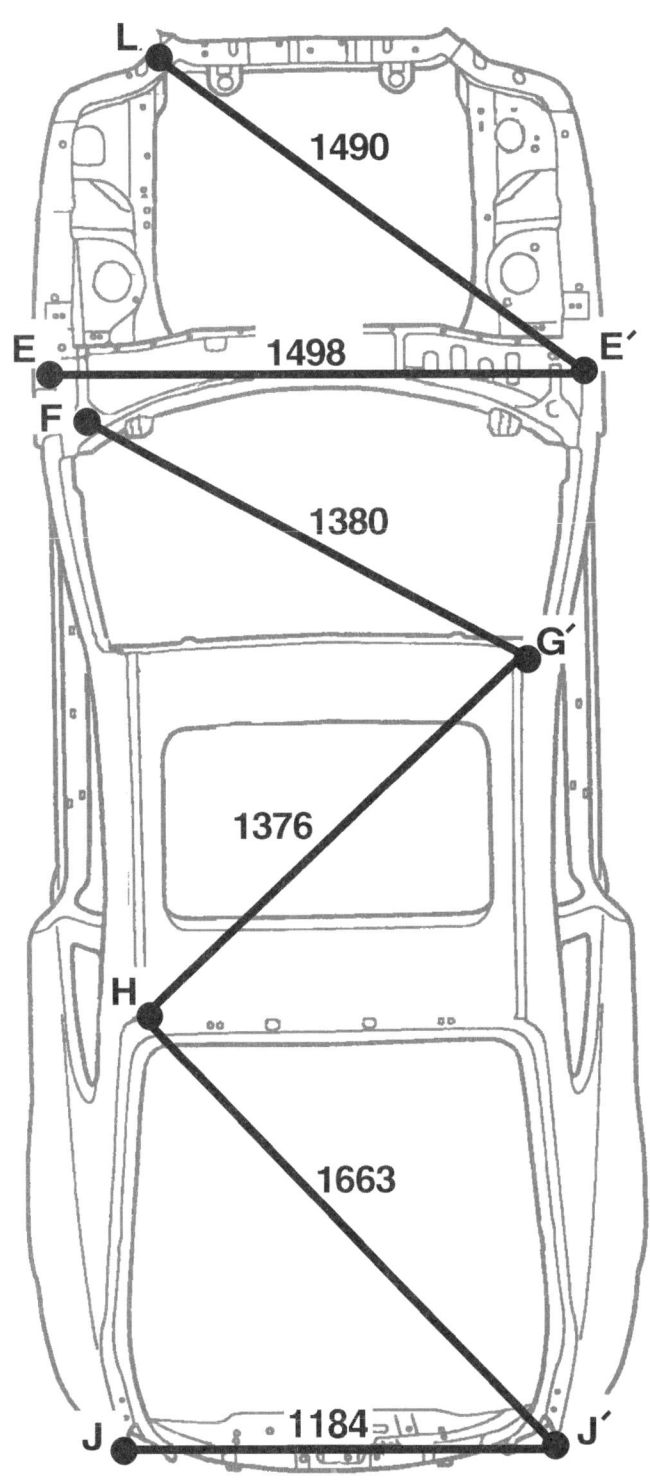

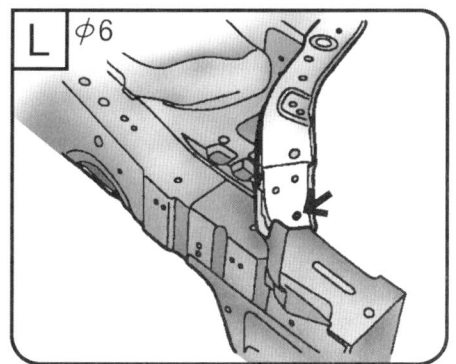

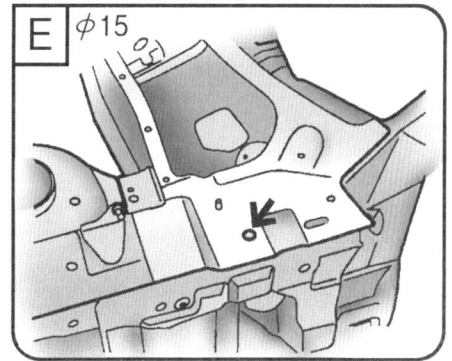

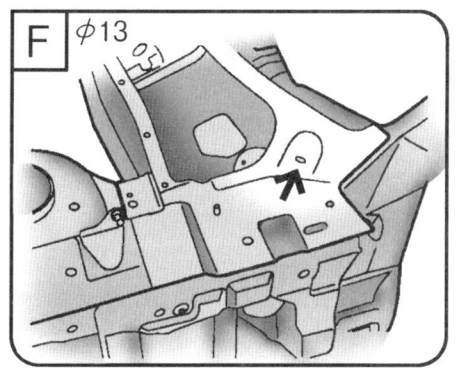

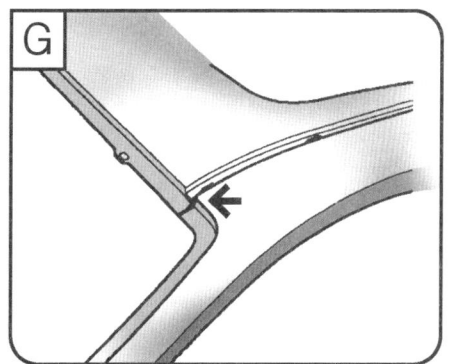

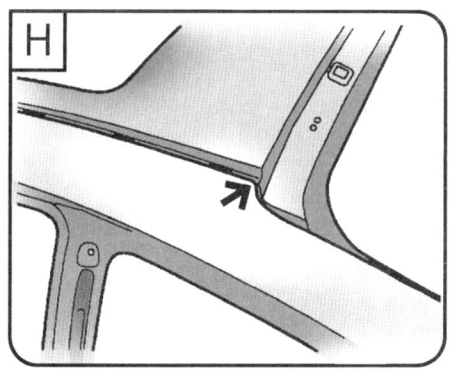

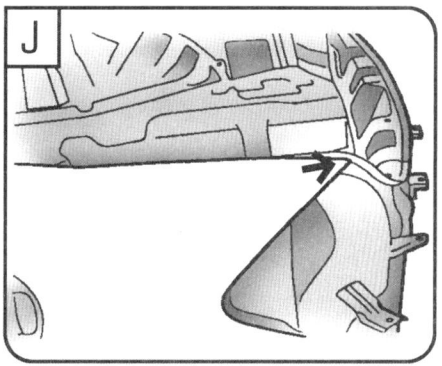

티
뷰
론

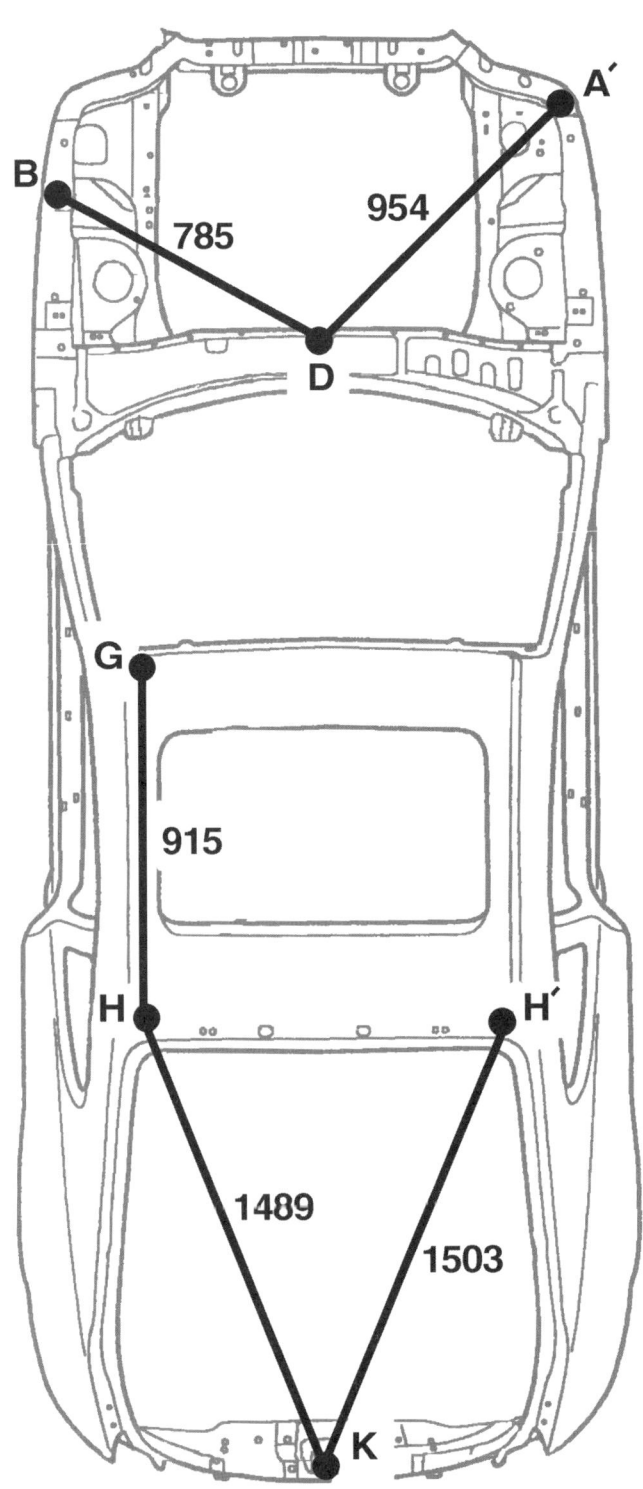

A $\phi 8$
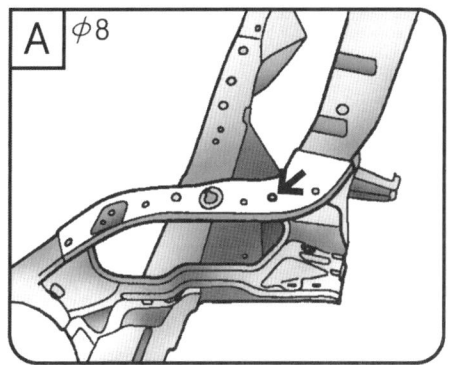

B $\phi 6.6$
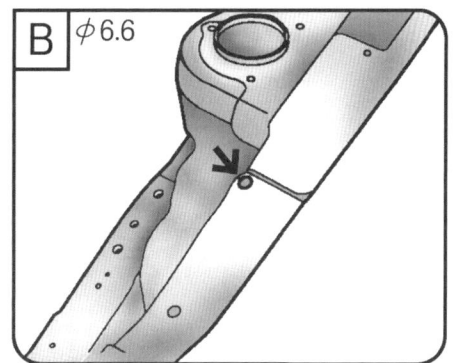

D $\phi 7$
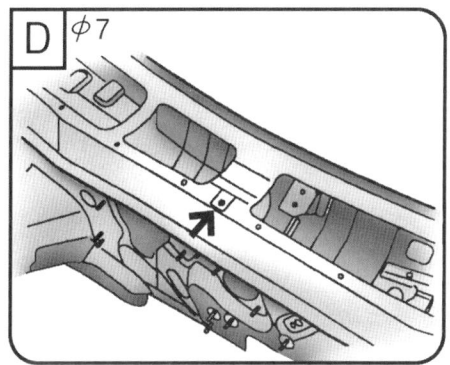

G
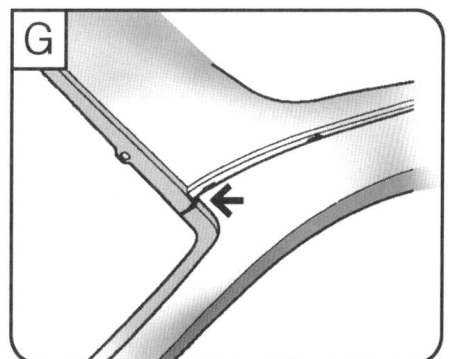

H
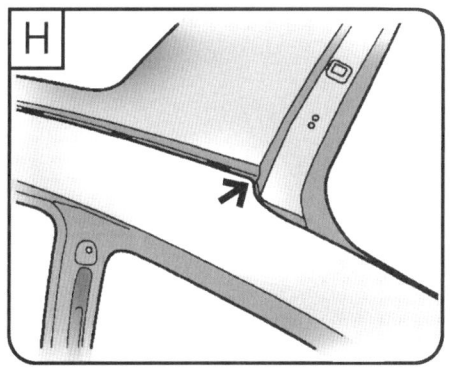

K $\phi 14$
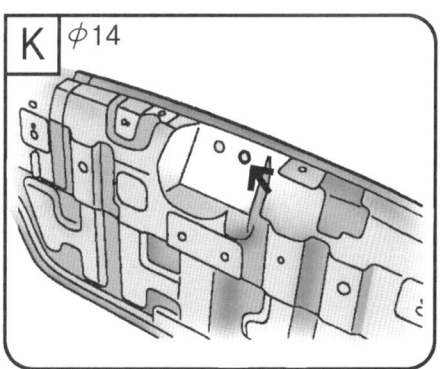

사이드보디 (side body)

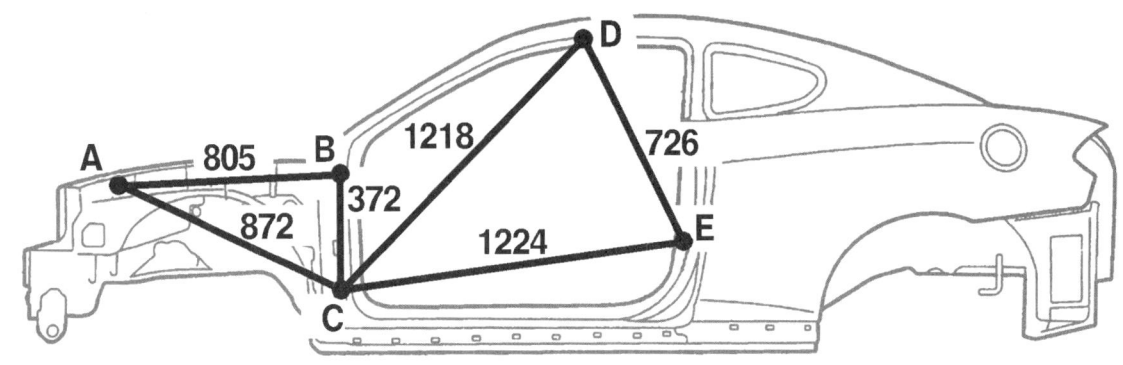

805   1218   726
872   372   1224

A φ15

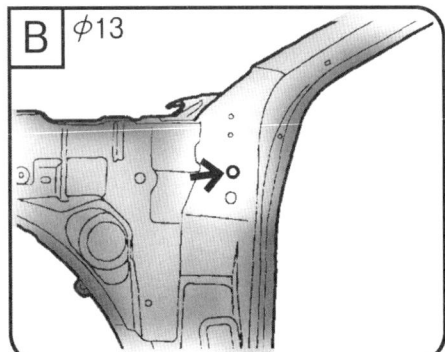

B φ13

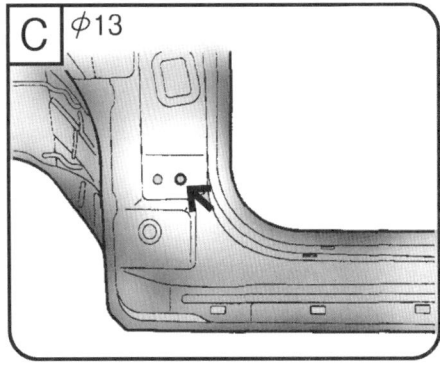

C φ13

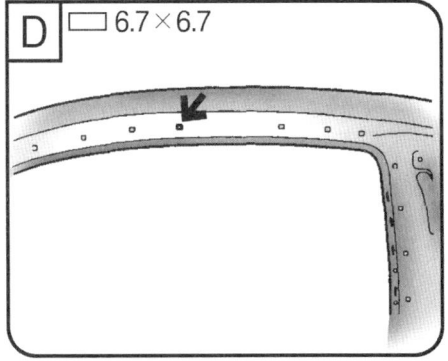

D ☐ 6.7×6.7

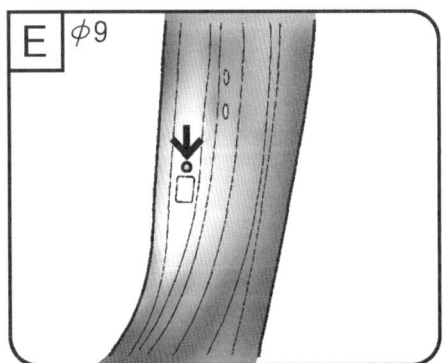

E φ9

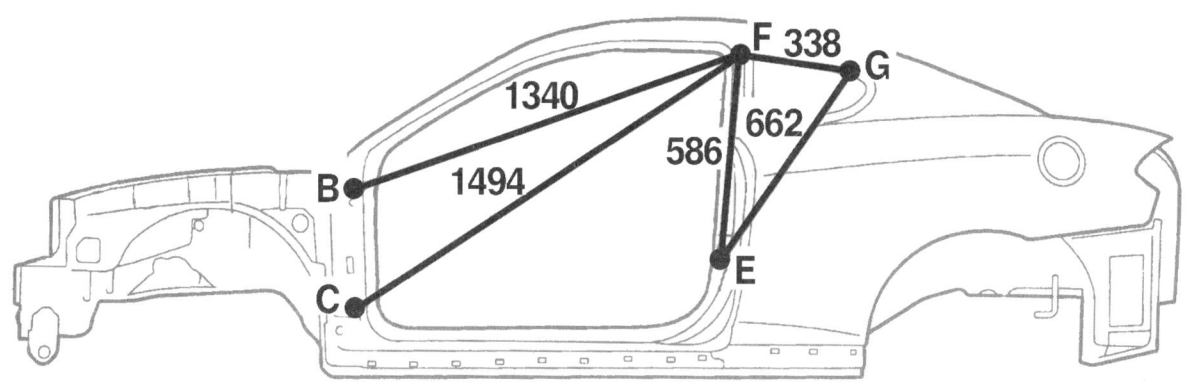

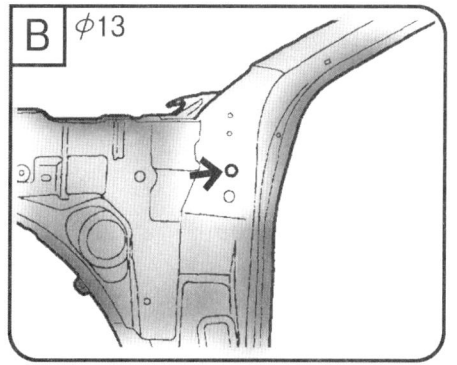

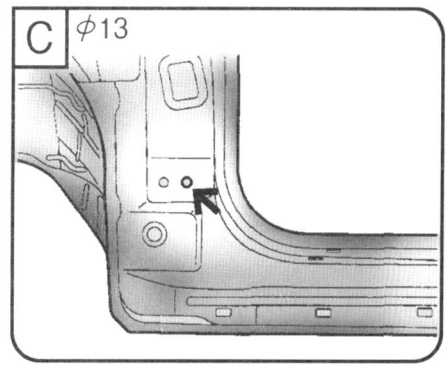

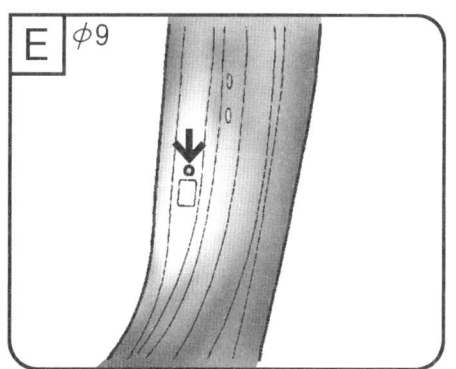

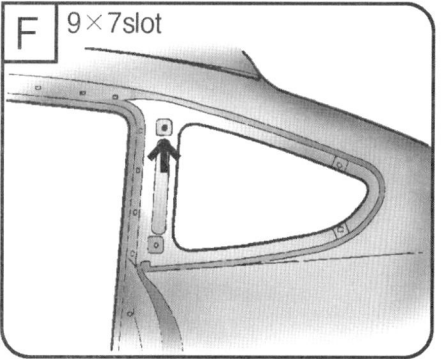

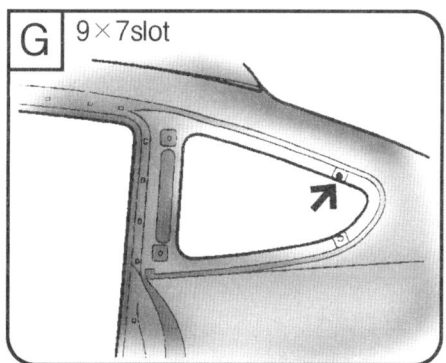

사이드보디 (side body)

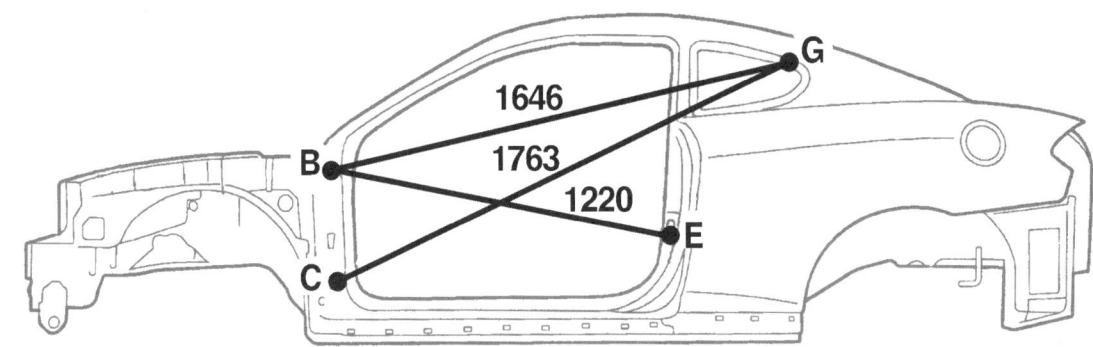

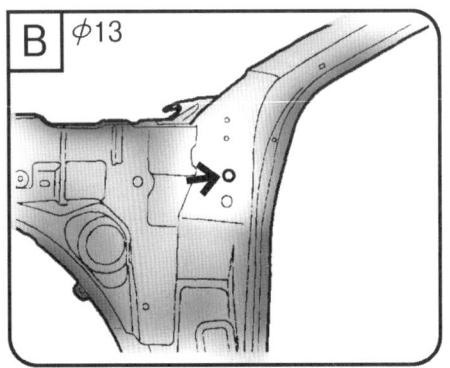

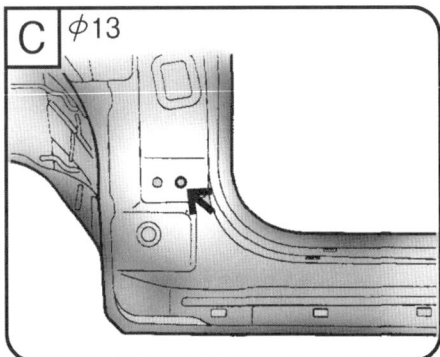

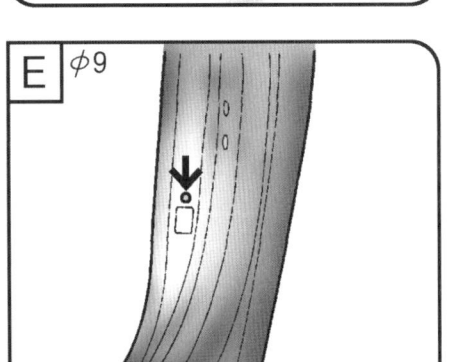

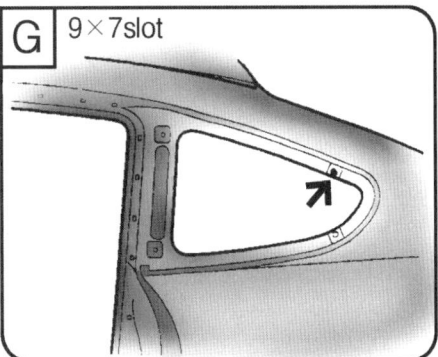

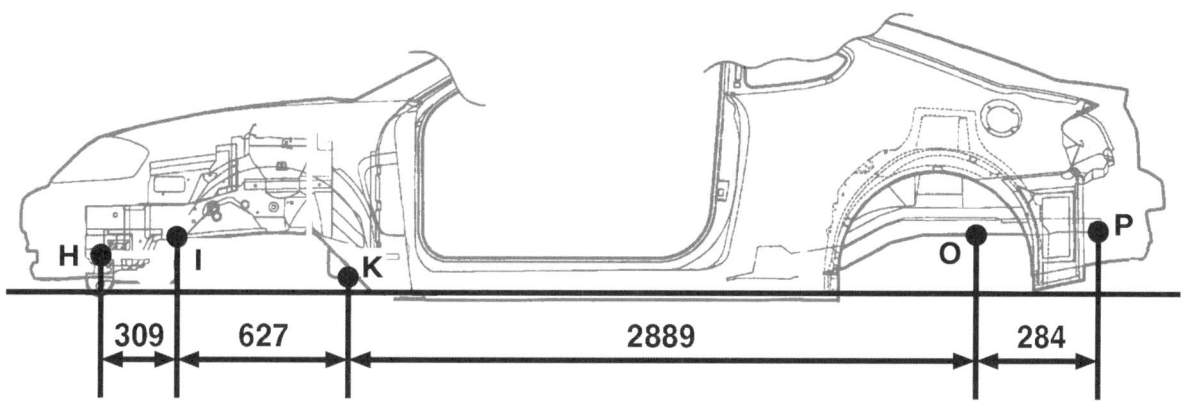

309   627   2889   284

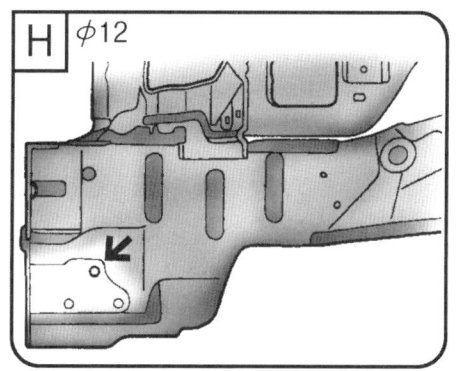

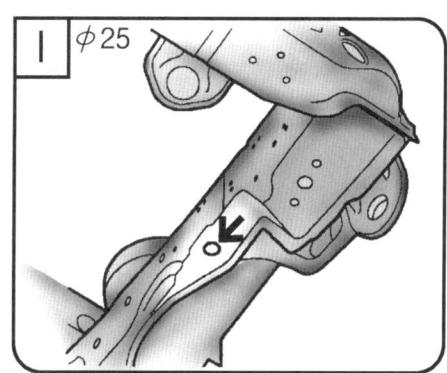

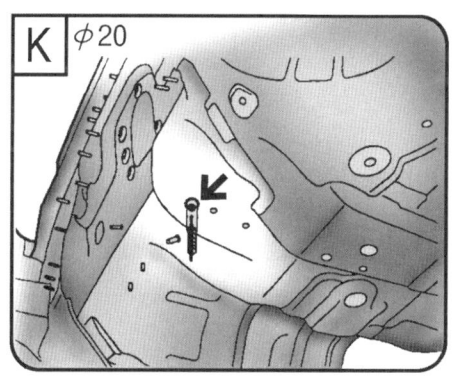

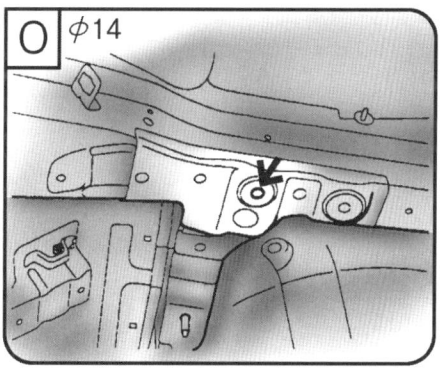

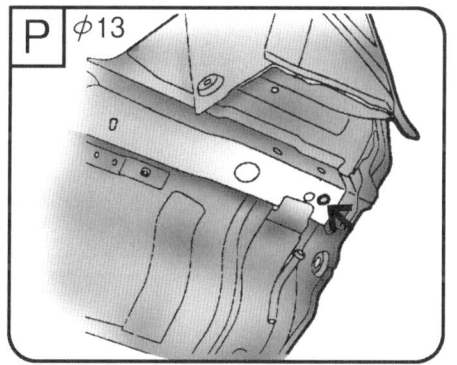

사이드보디(side body)

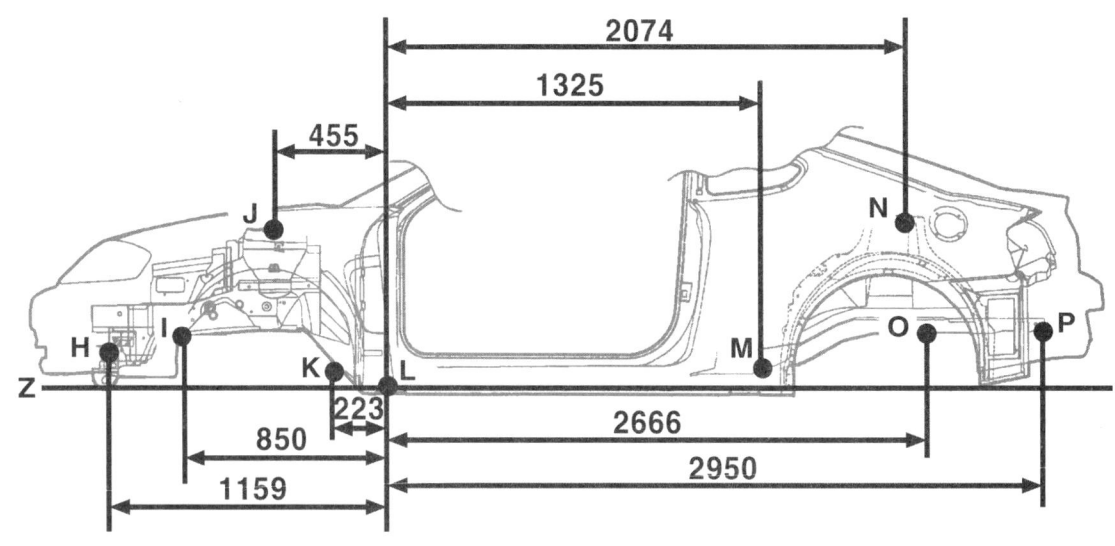

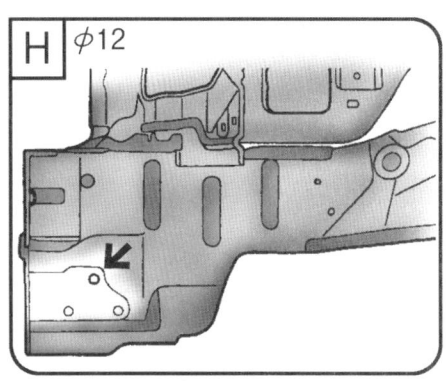

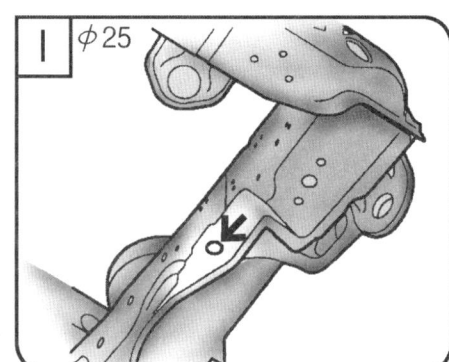

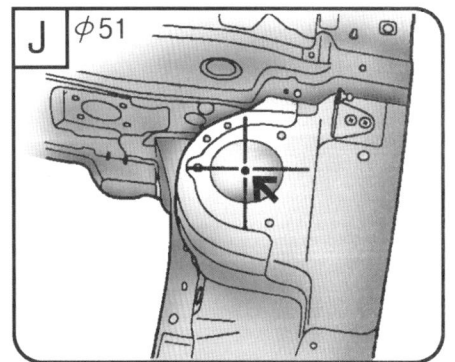

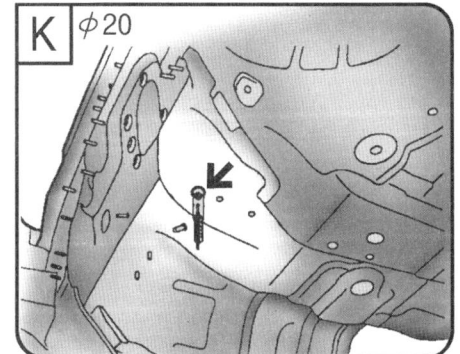

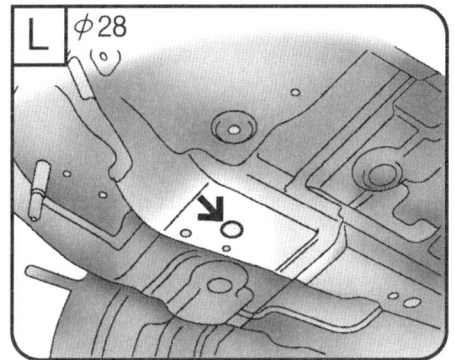

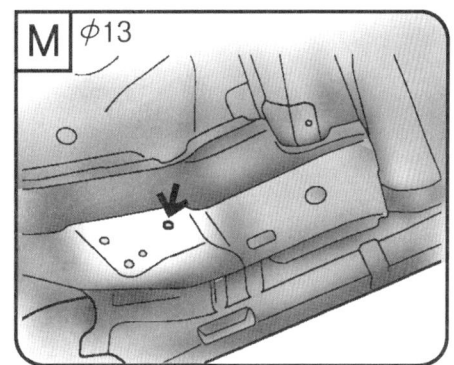

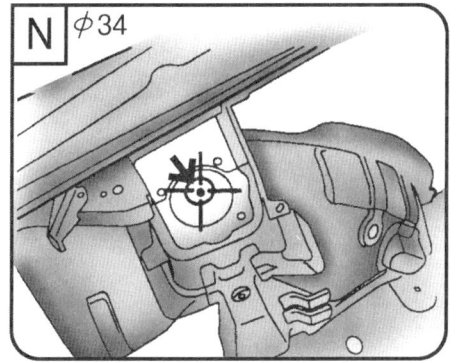

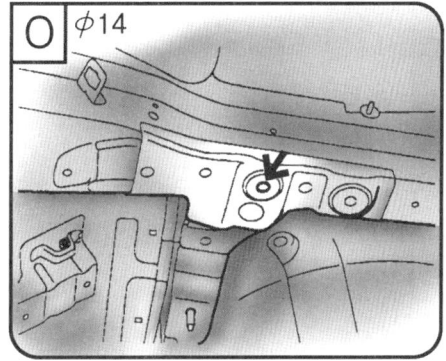

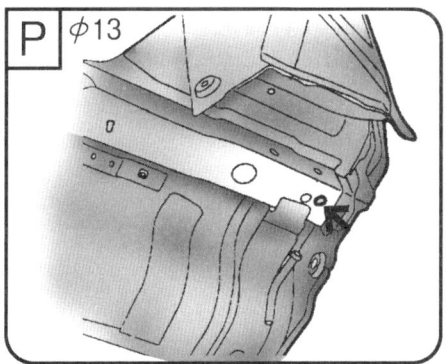

사이드보디 (side body)

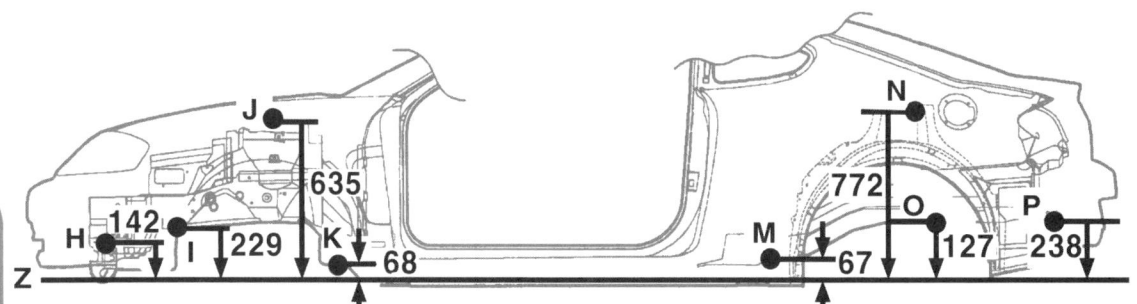

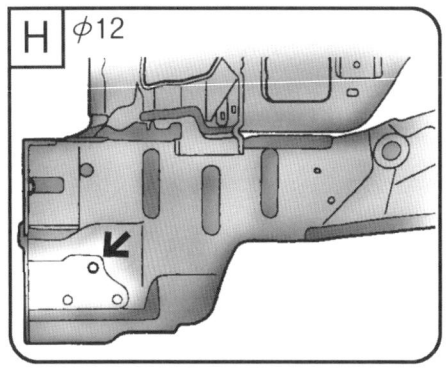

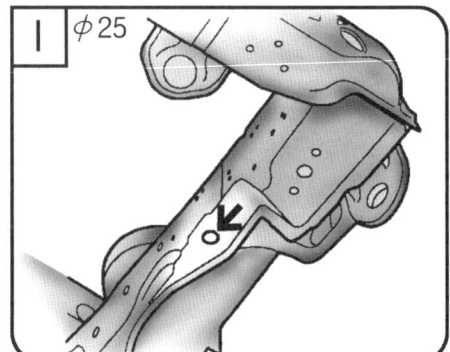

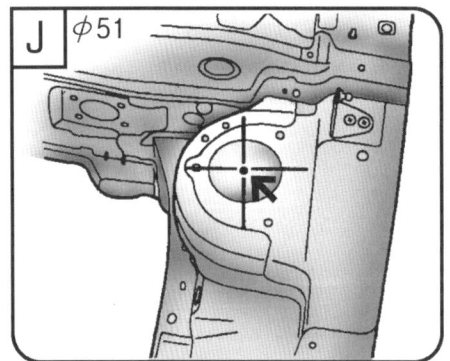

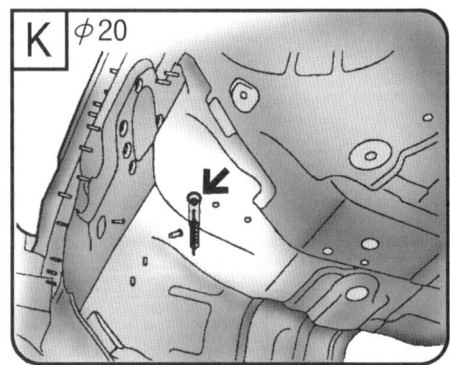

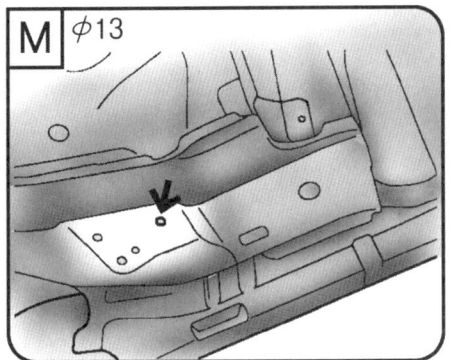

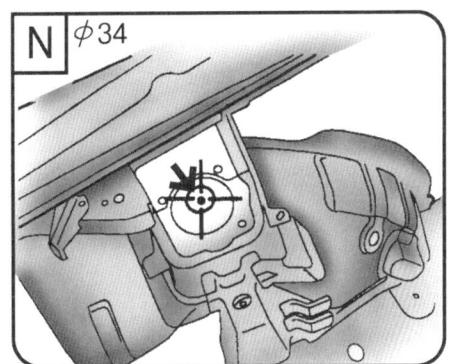

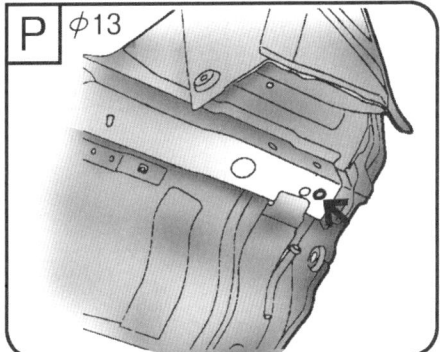

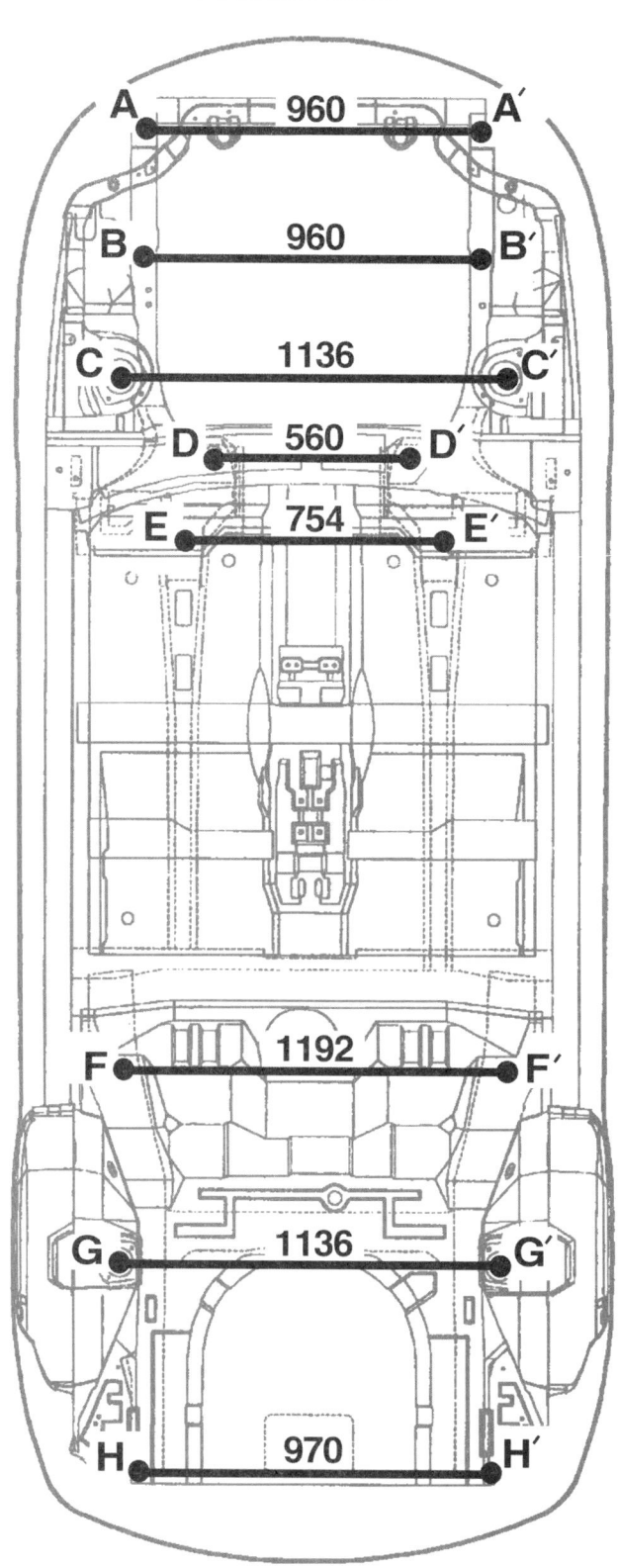

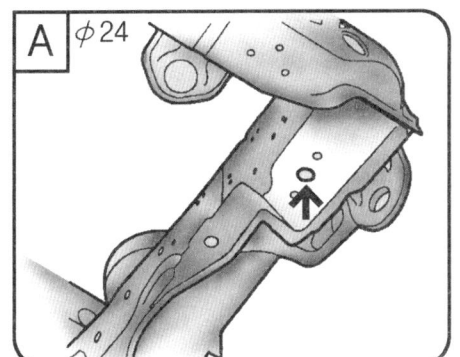 A φ24

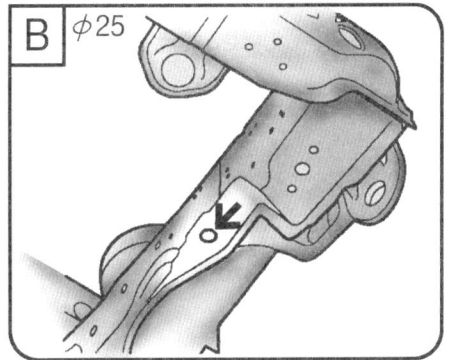 B φ25

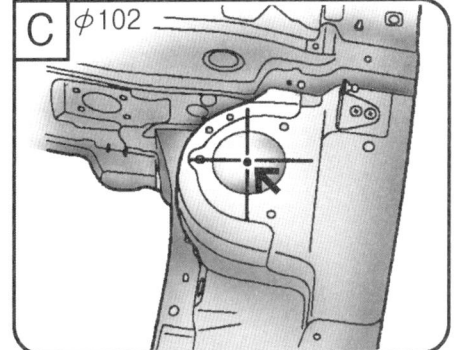 C φ102

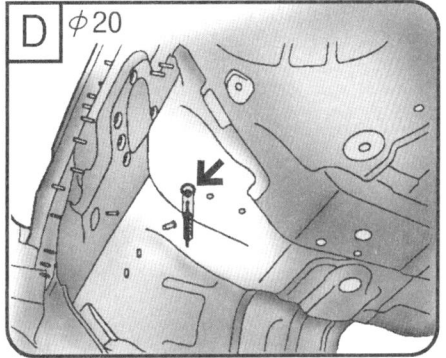 D φ20

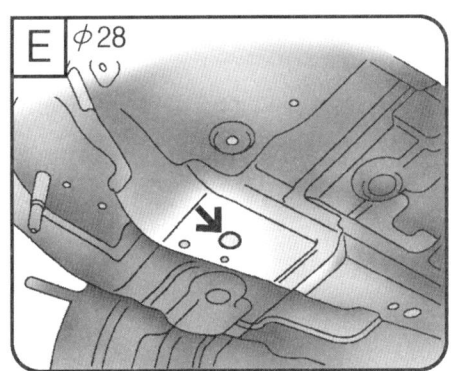 E φ28

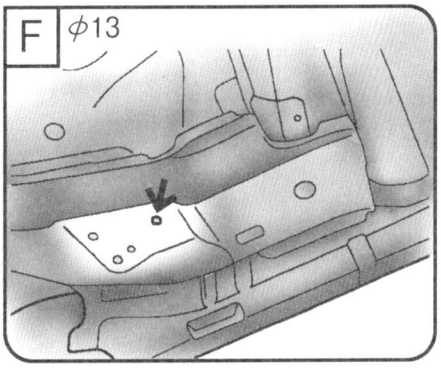 F φ13

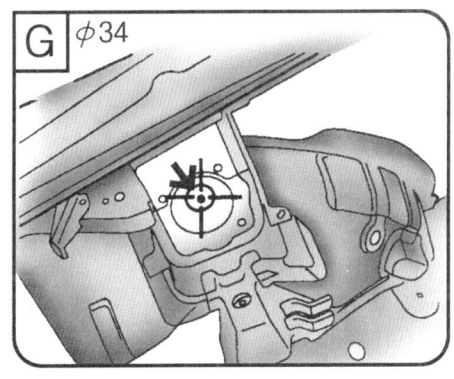 G φ34

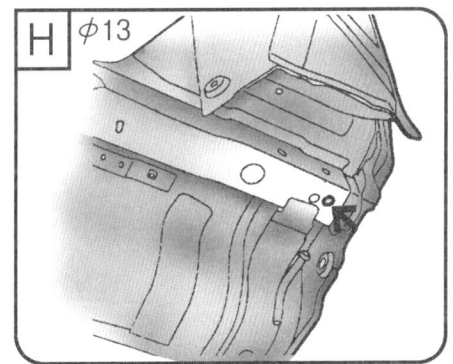 H φ13

960

1165

817

D

E 580 E'

F

866

G 754 G'

H 1002

I 1192 I'

959

K K'

656

N

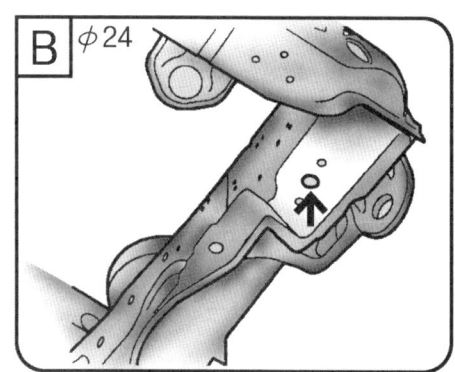

B $\phi 24$

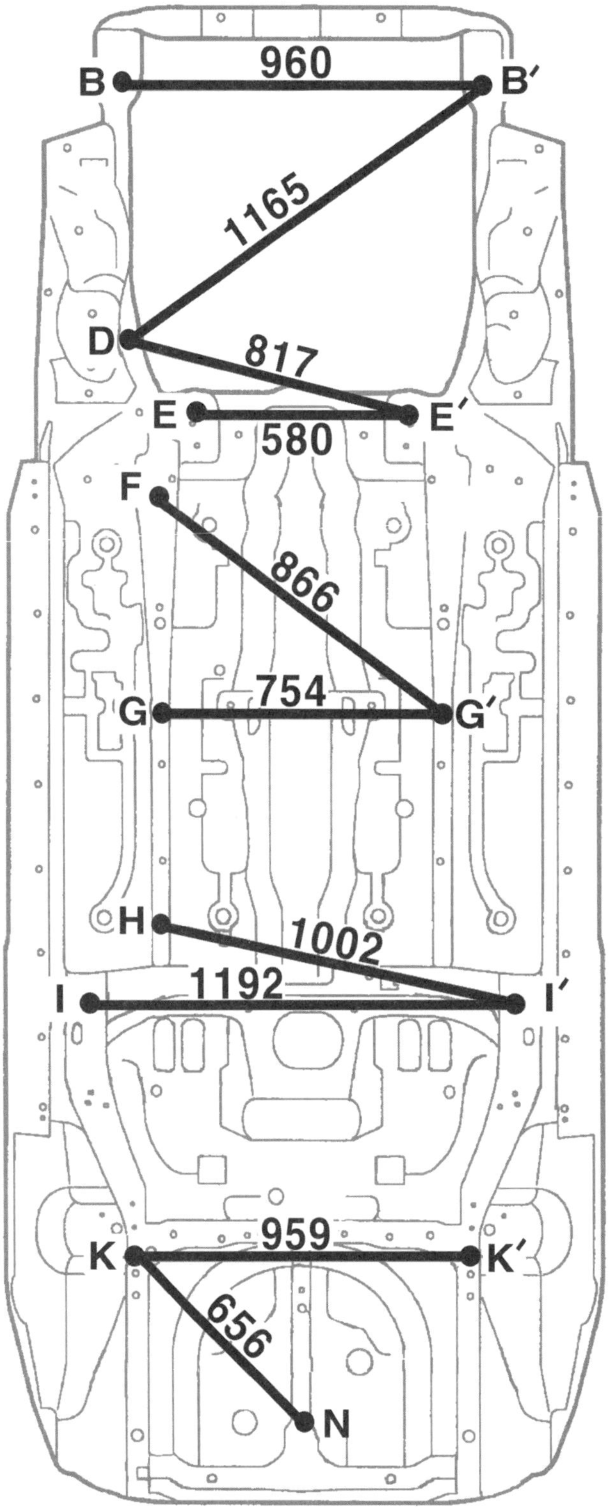

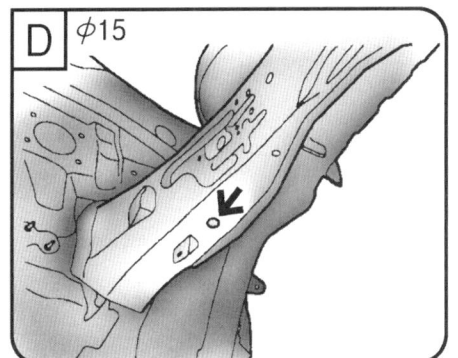 D ∅15

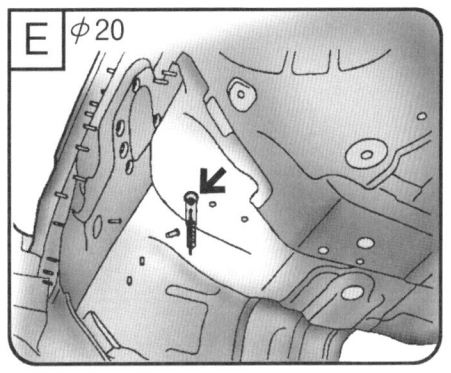 E ∅20

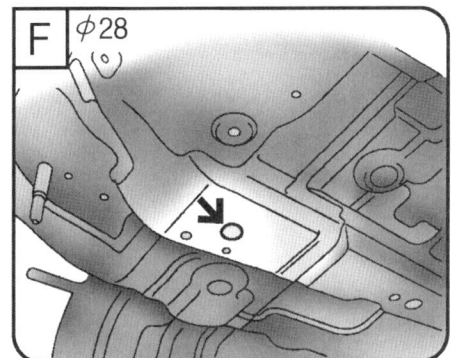 F ∅28

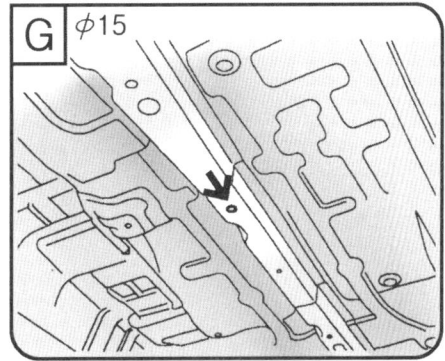 G ∅15

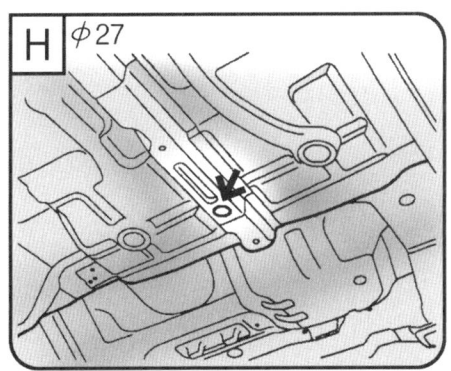 H ∅27

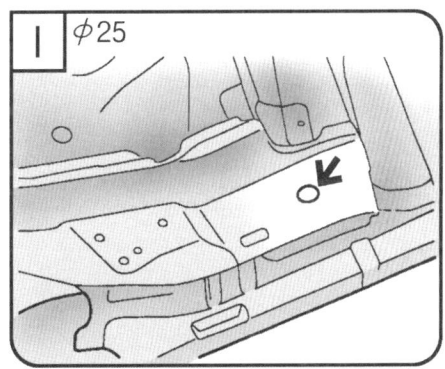 I ∅25

 K ∅14

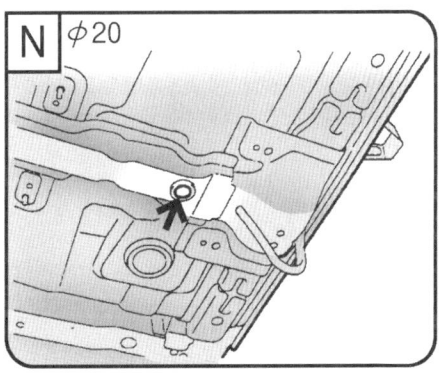 N ∅20

994
960
1046

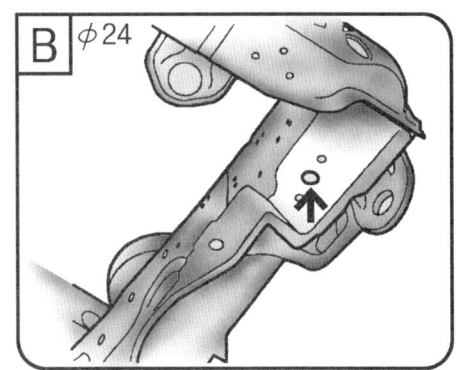

B ⌀24

707
754

1175
1126

995
961

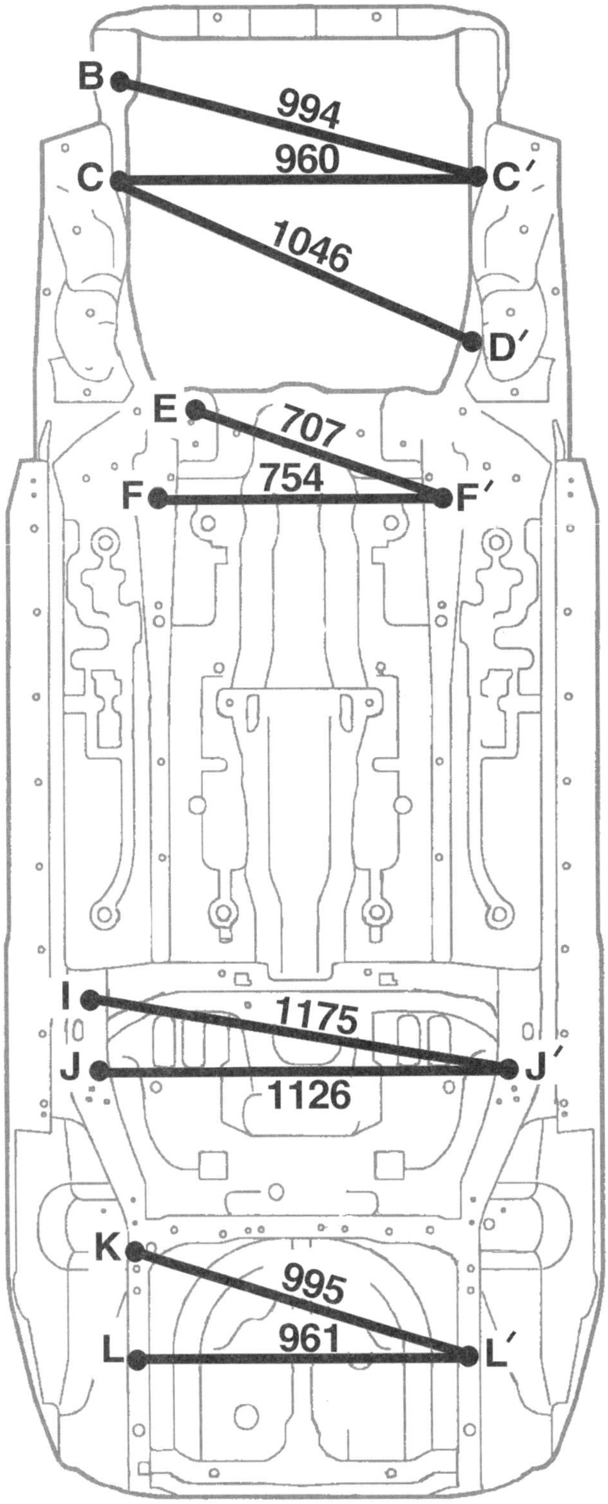

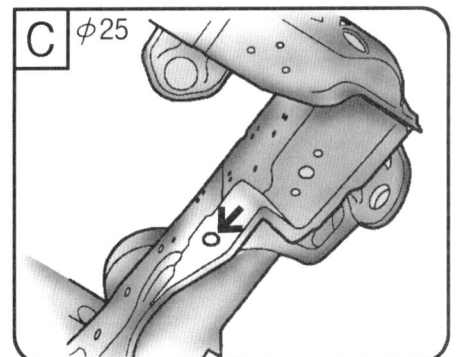 C φ25

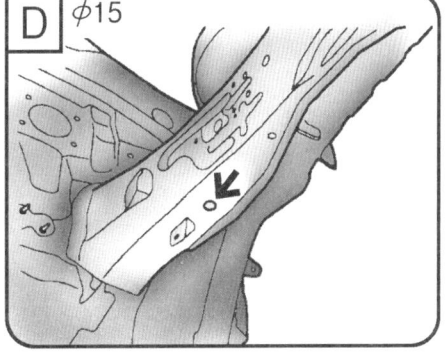 D φ15

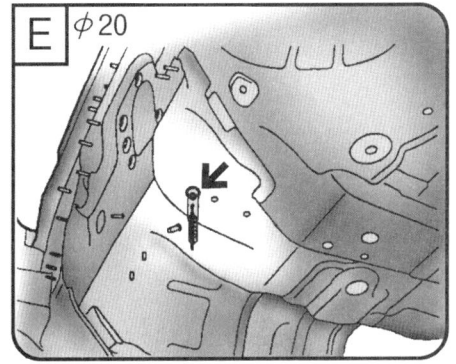 E φ20

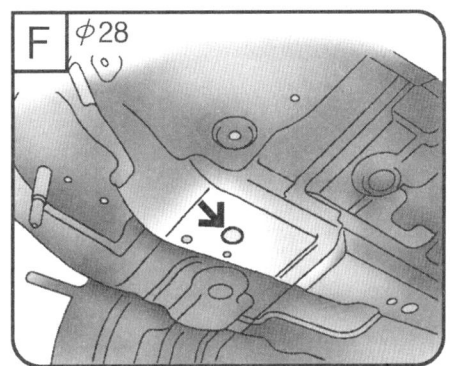 F φ28

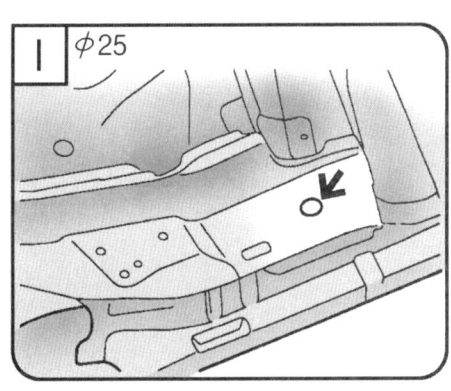 I φ25

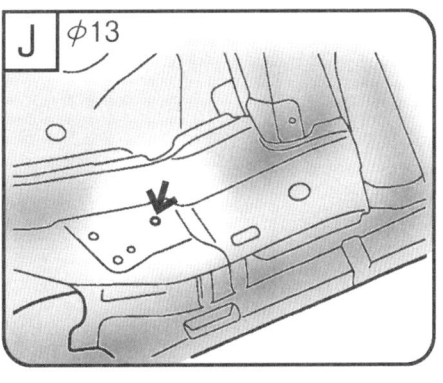 J φ13

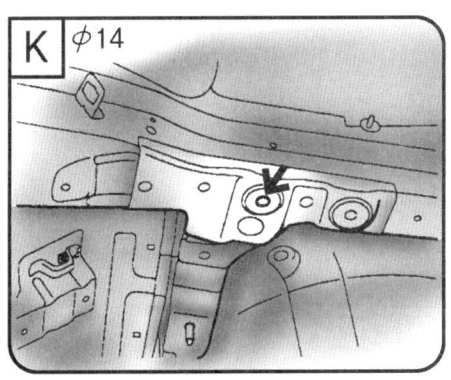 K φ14

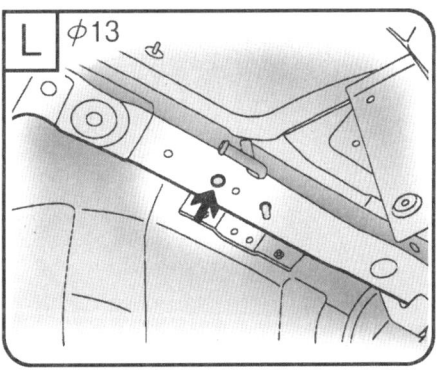 L φ13

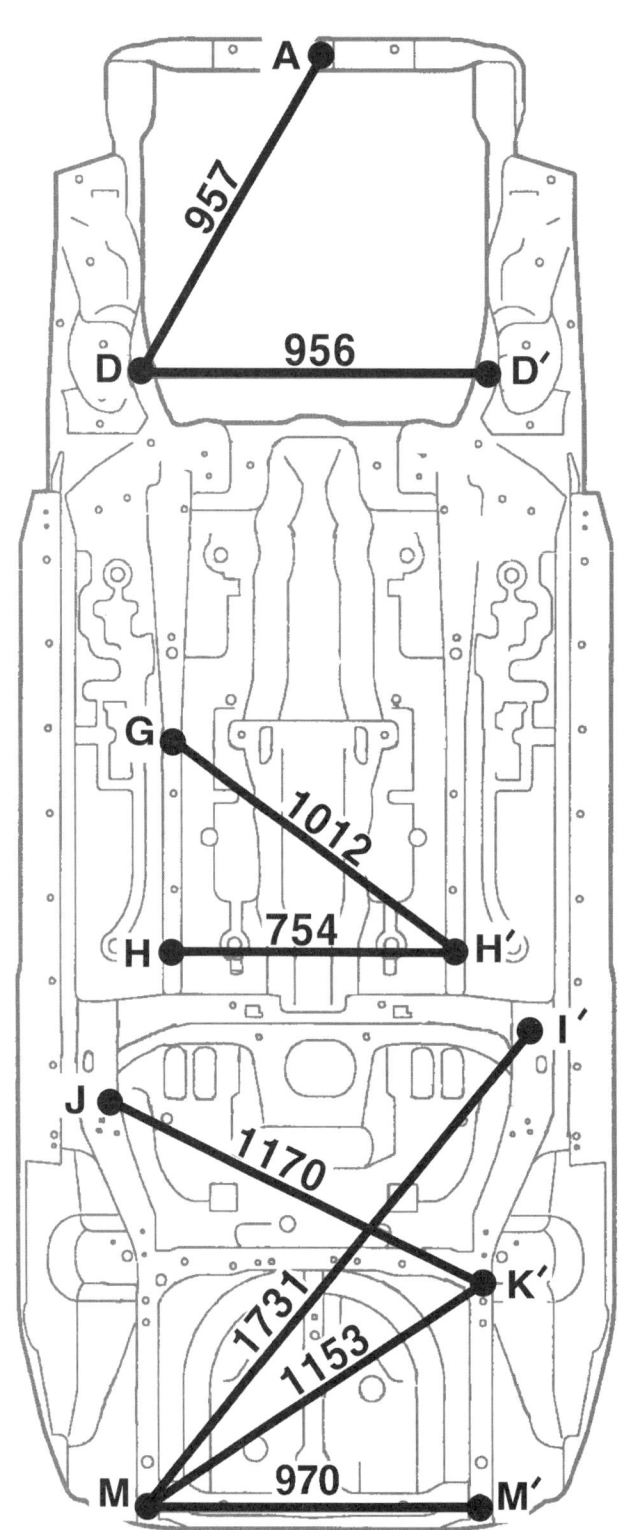

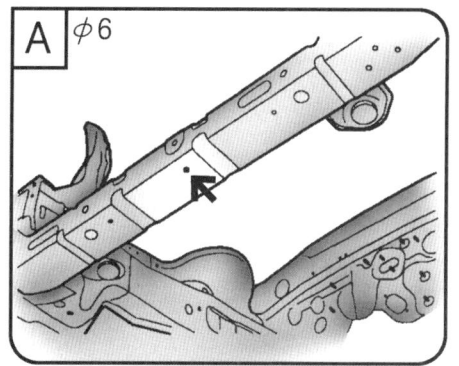

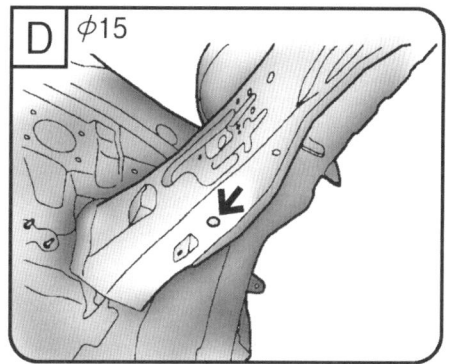

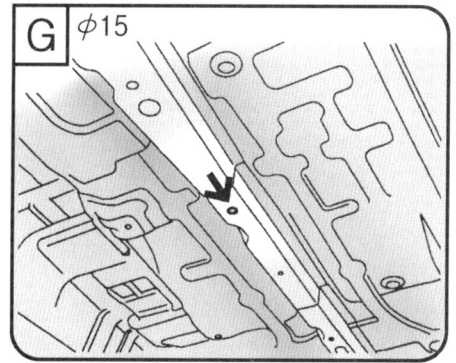

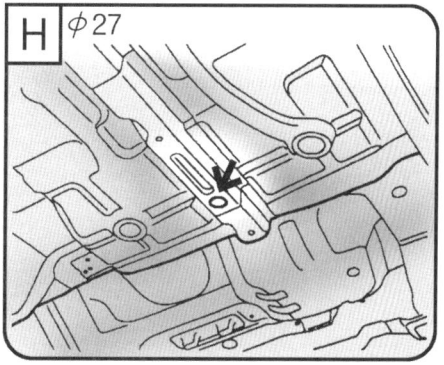

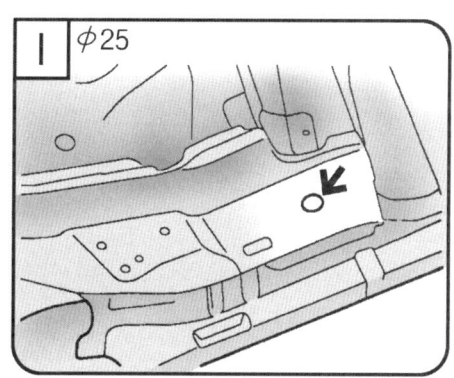

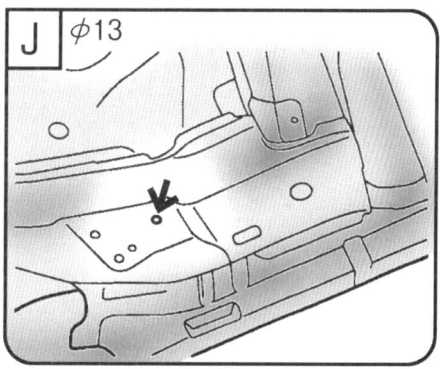

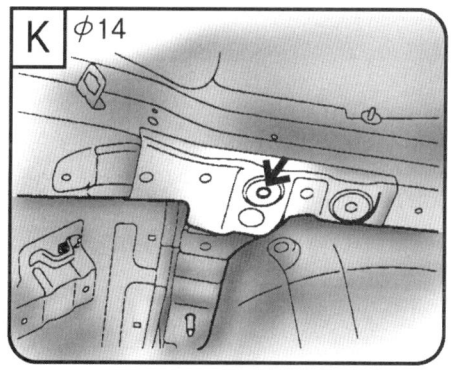

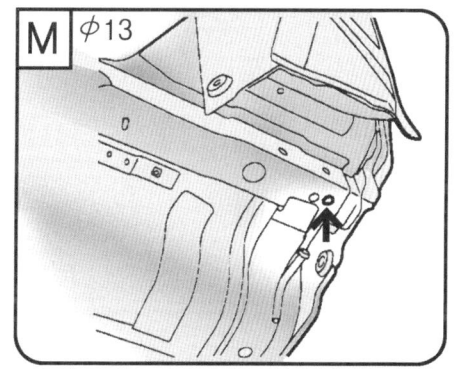

H′ 1053 H

F′ 1507 F

A′ 1480 A

B′ 1348 B

A φ11

B 7×12slot

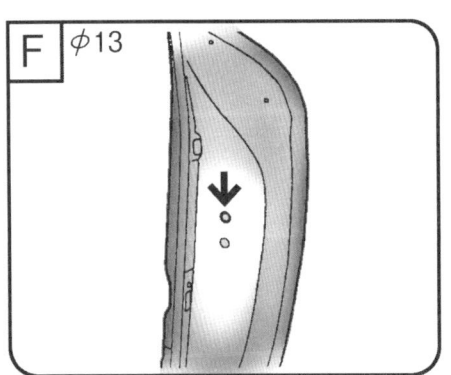

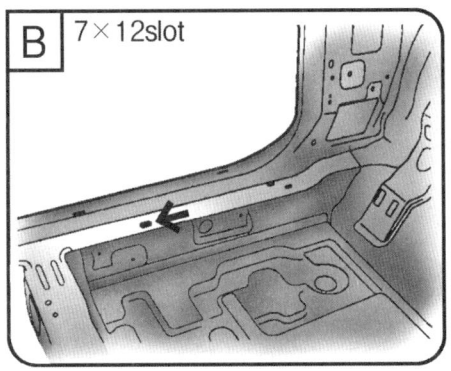

F φ13

H φ9

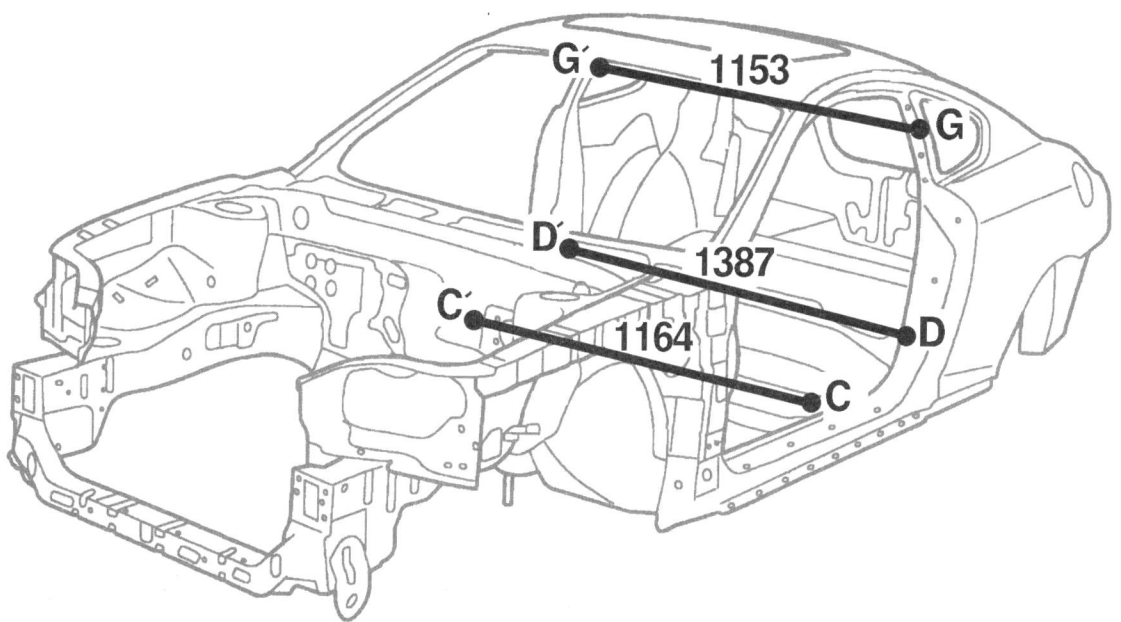

G´ ●————————— 1153 —————————● G

D´ ●————————— 1387 —————————● D

C´ ●————————— 1164 —————————● C

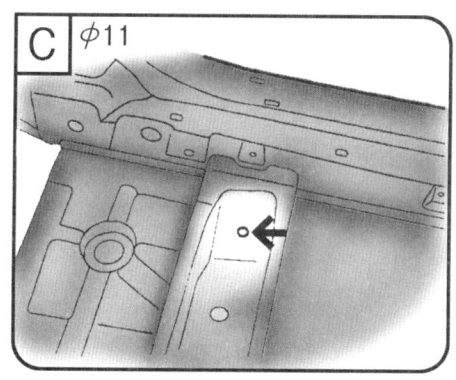

C ϕ11

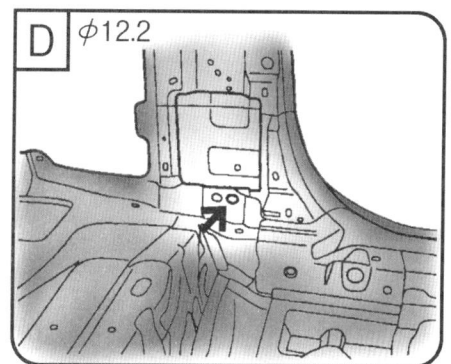

D ϕ12.2

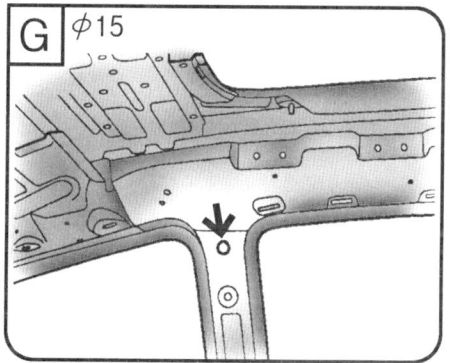

G ϕ15

실 내 (interior)

I´ J´ 1013 J
1021 1063 I
E´ 1122 E

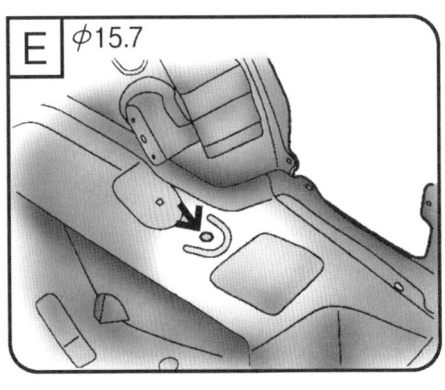

E ϕ15.7

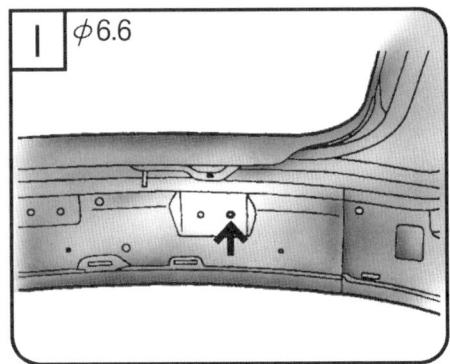

I ϕ6.6

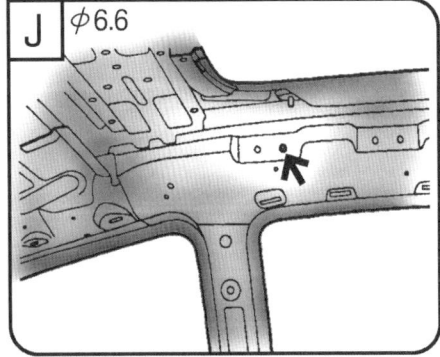

J ϕ6.6

엔진 컴파트먼트

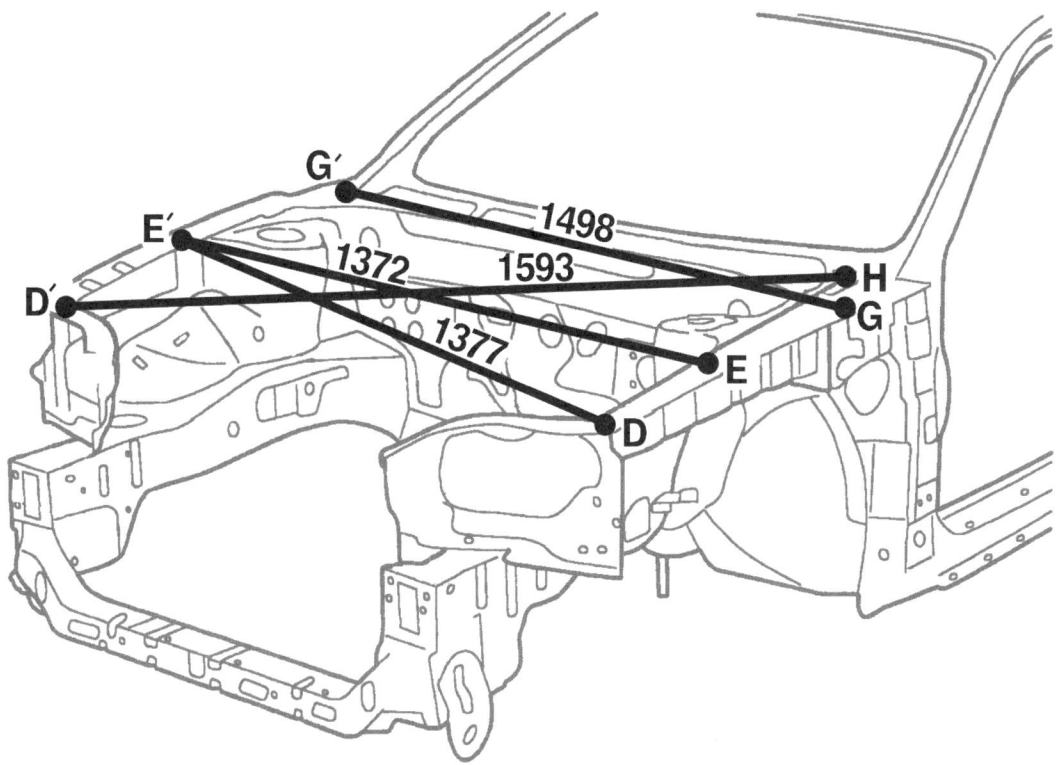

G´

E´

D´

1498

1372 1593

1377

H

G

E

D

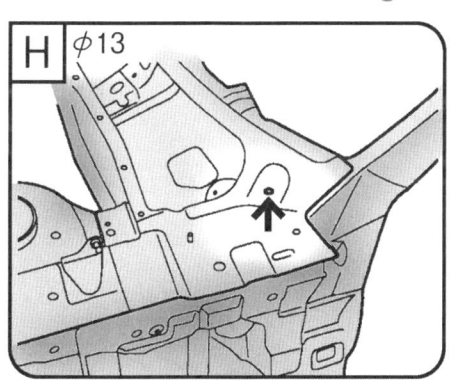

H $\phi13$

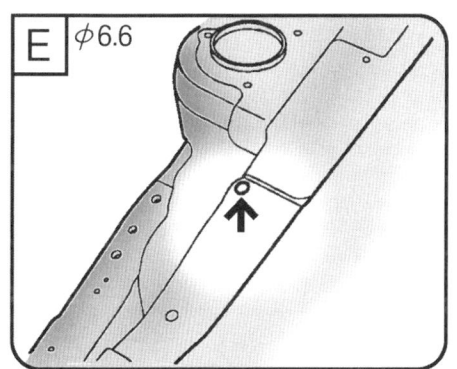

E $\phi6.6$

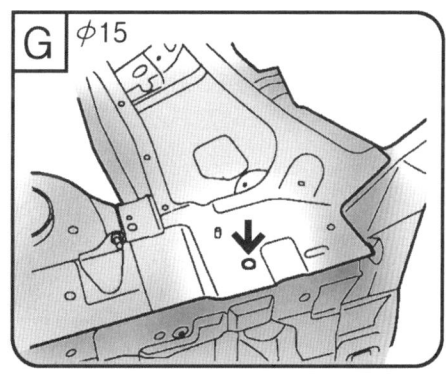

G $\phi15$

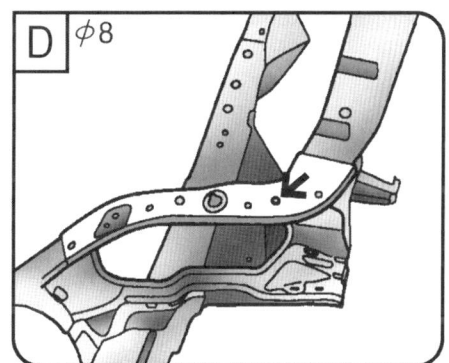

D $\phi8$

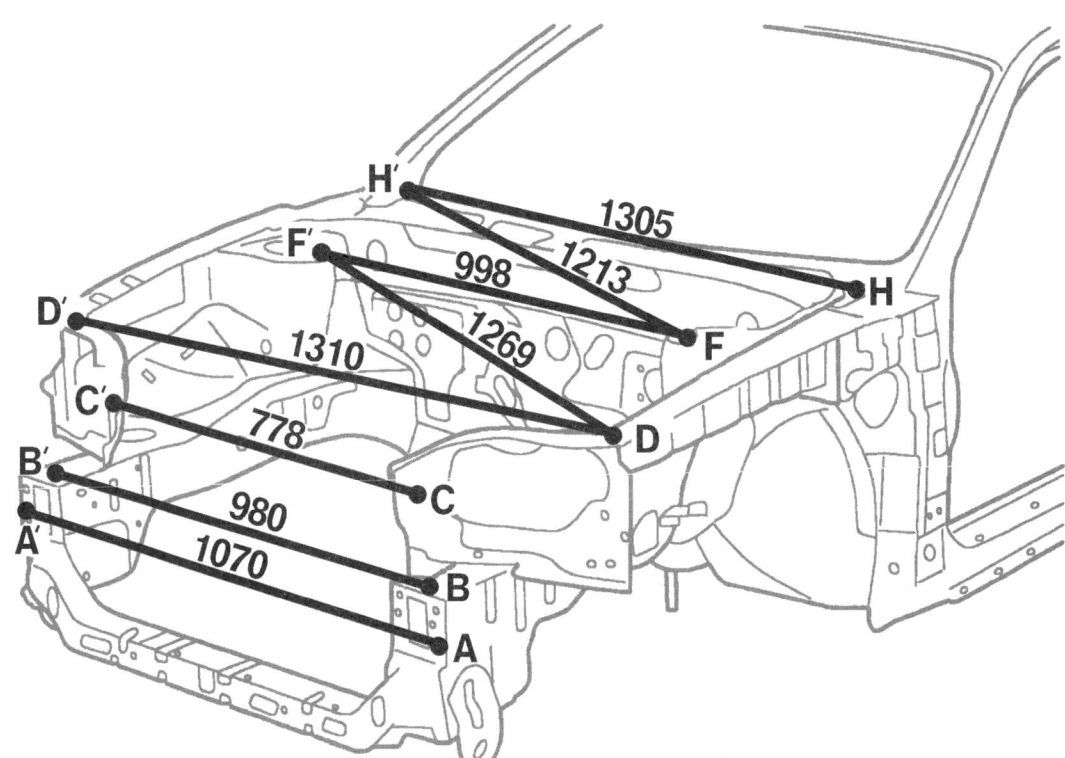

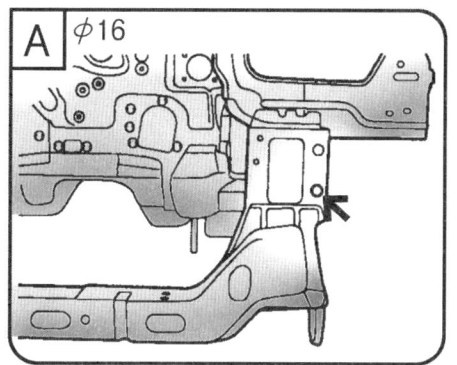

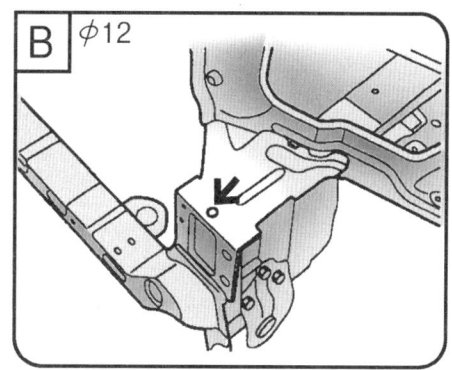

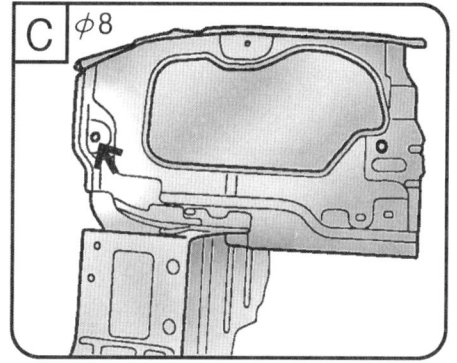

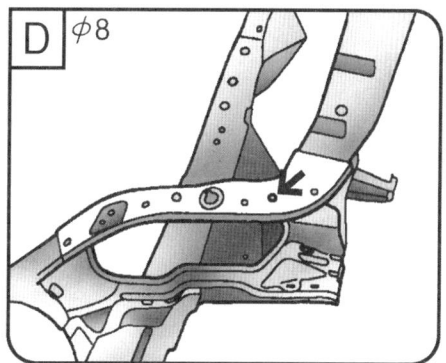

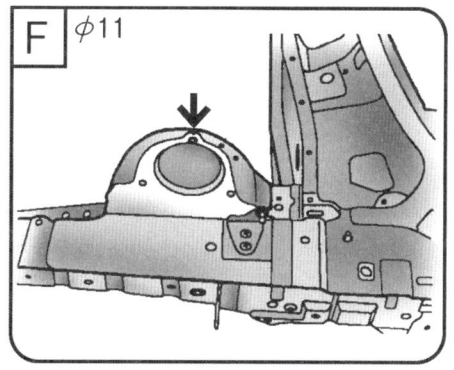

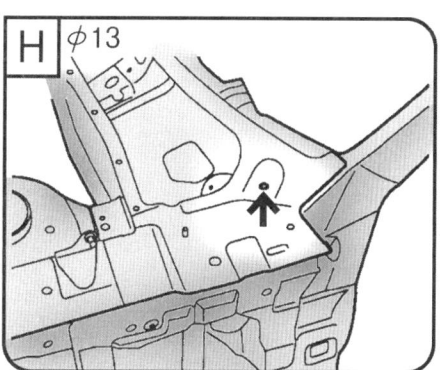

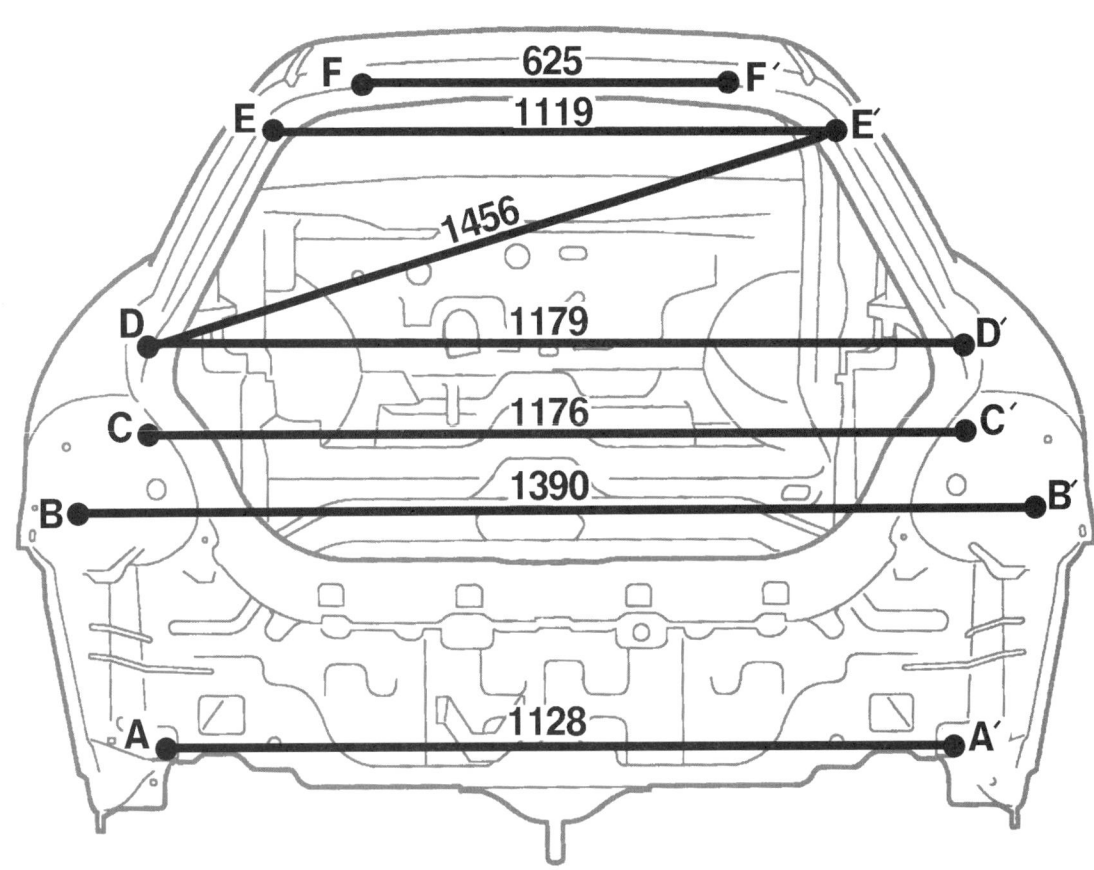

A □8.5×8.5
0

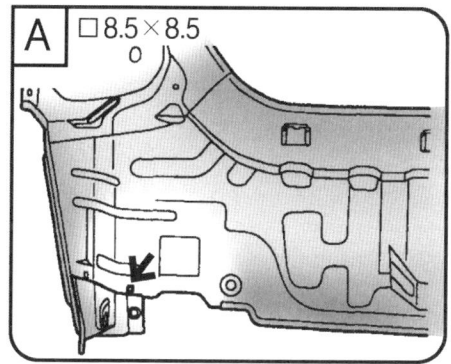

B $\phi 8$

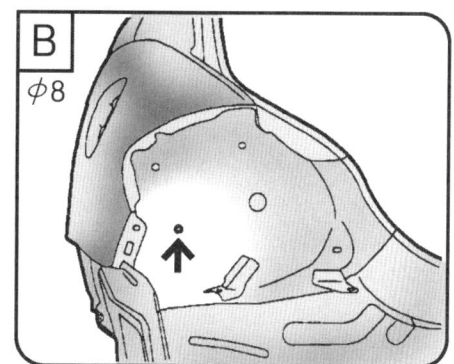

C $\phi 8$

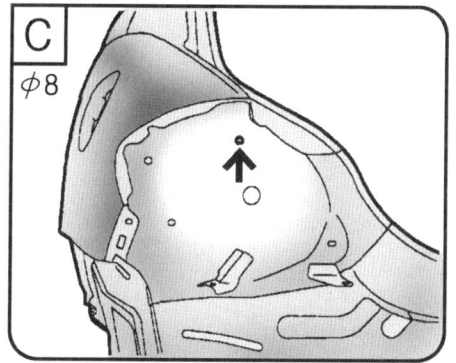

D $\phi 9$

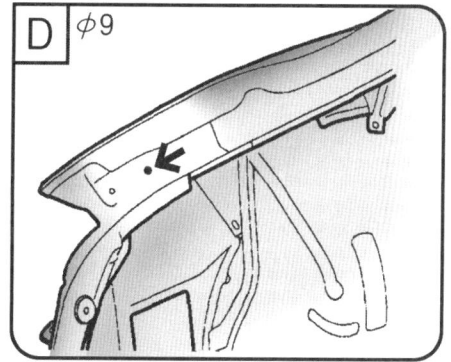

E $\phi 12.5$

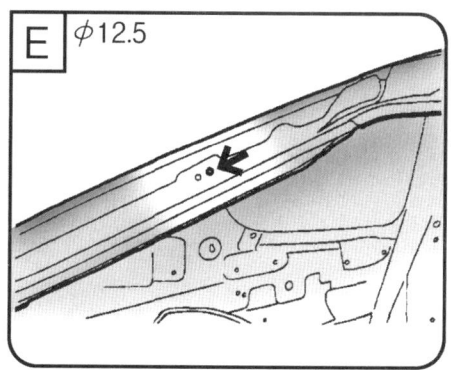

F $\phi 14$

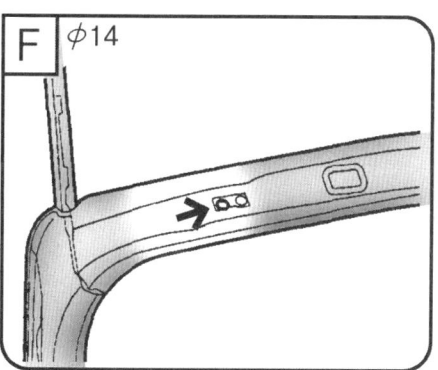

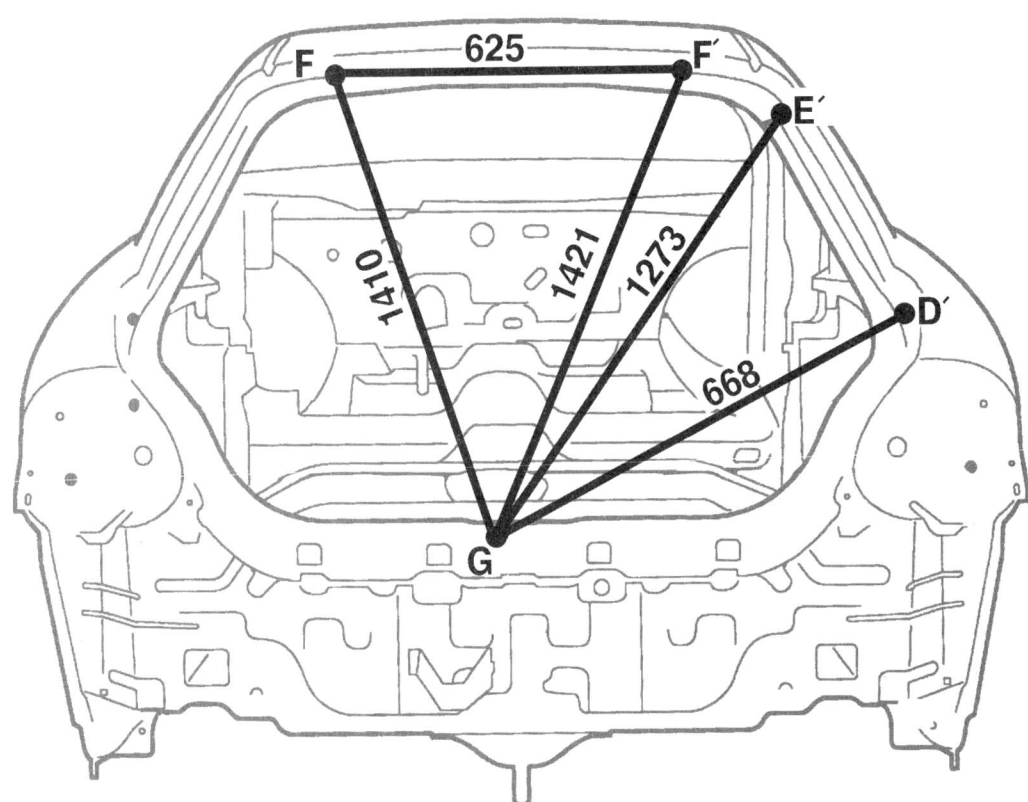

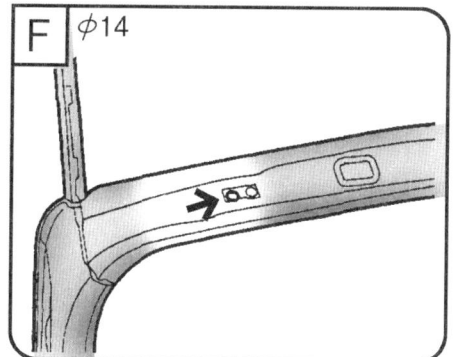

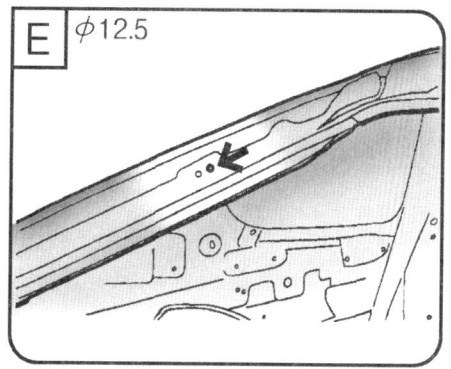

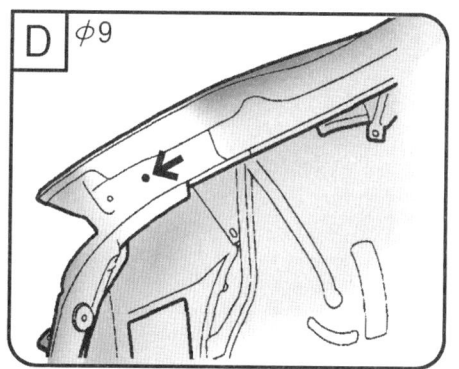

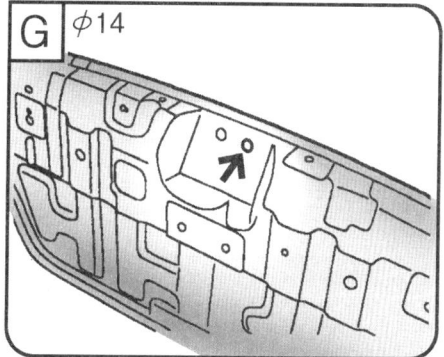

사이드보디 (side body)

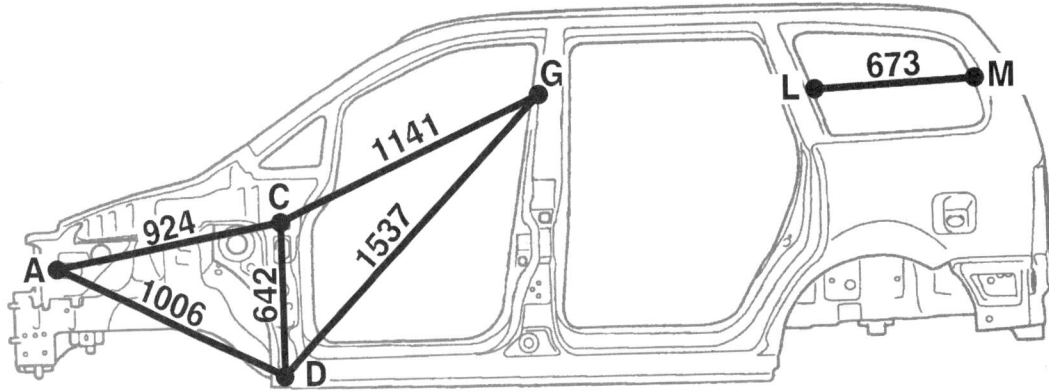

트
라
제
XG

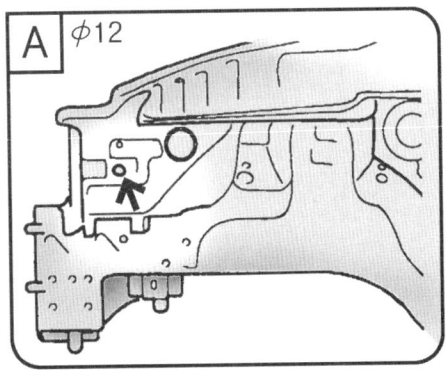

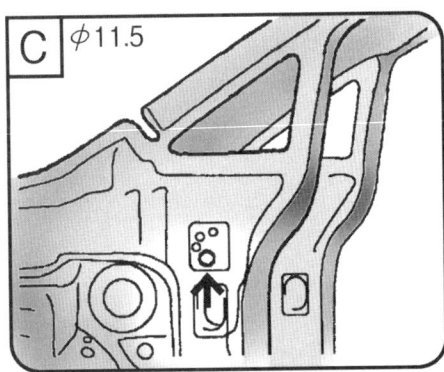

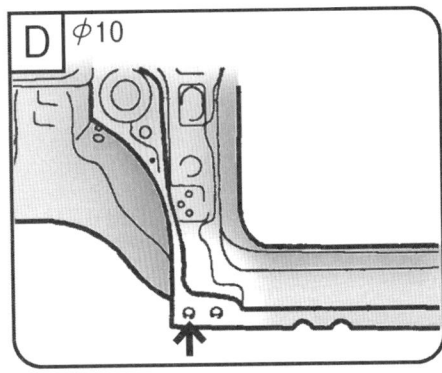

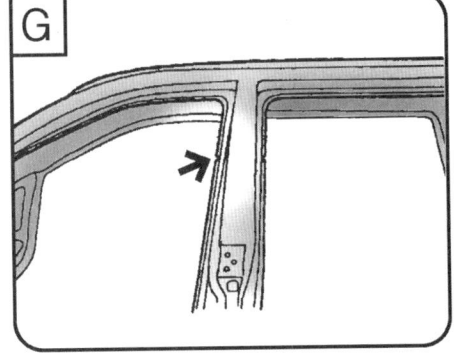

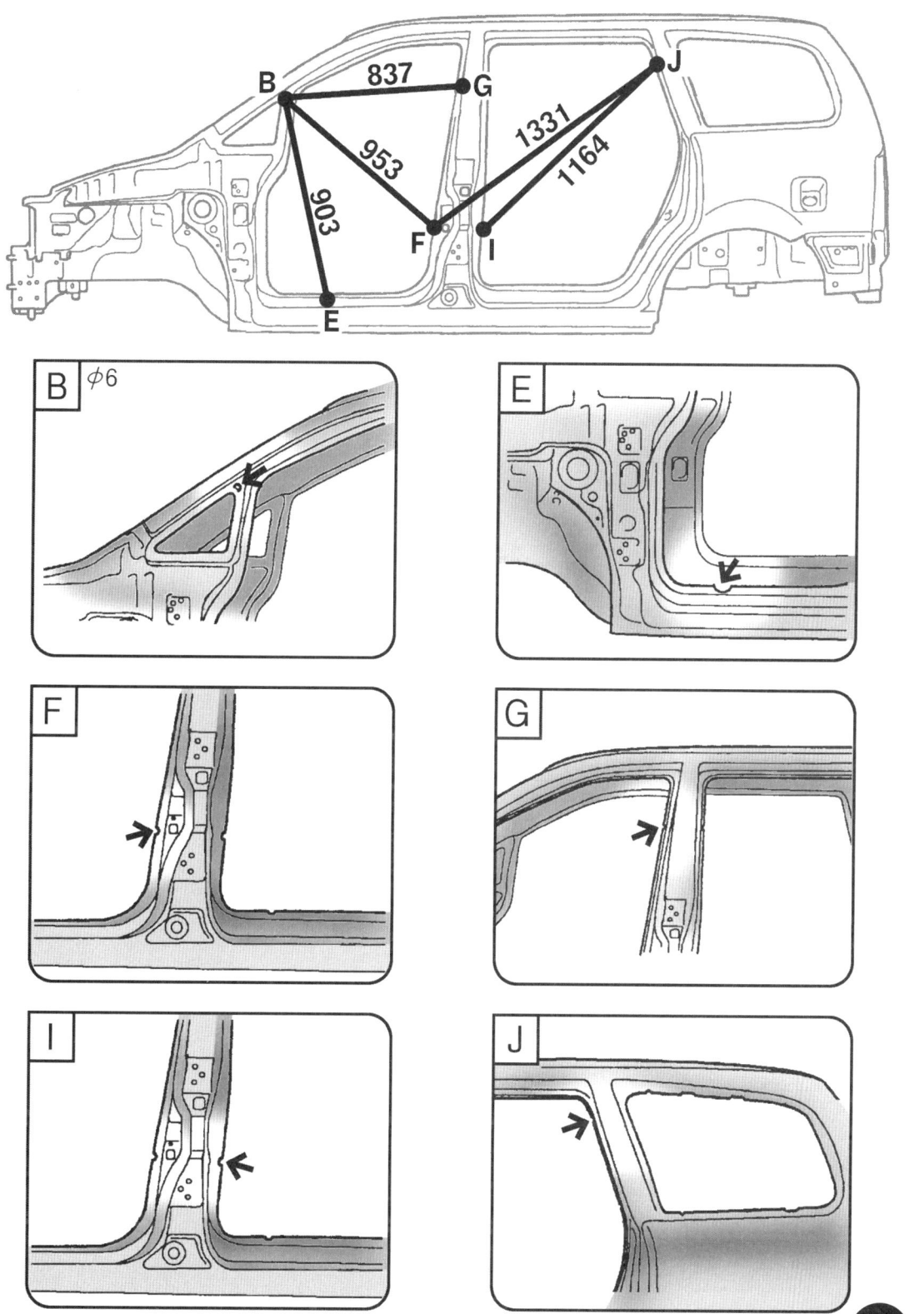

사이드보디 (side body)

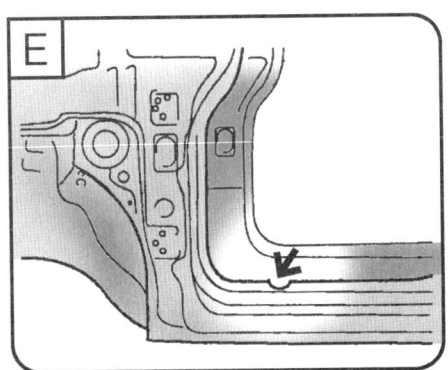

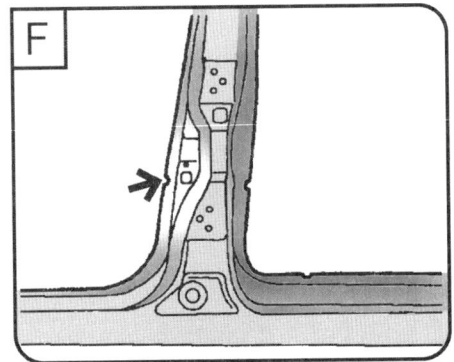

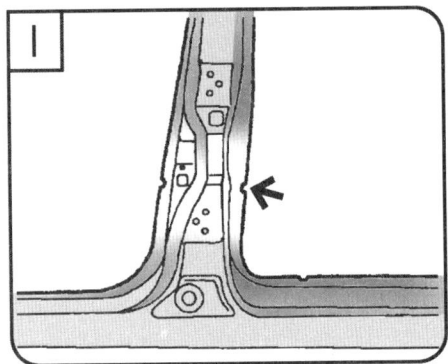

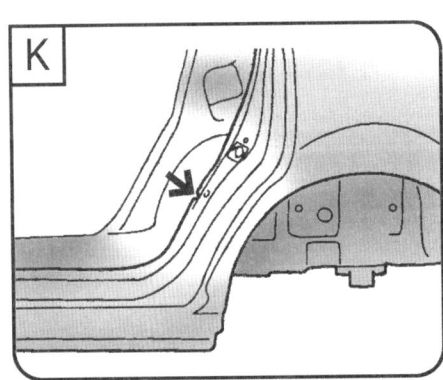

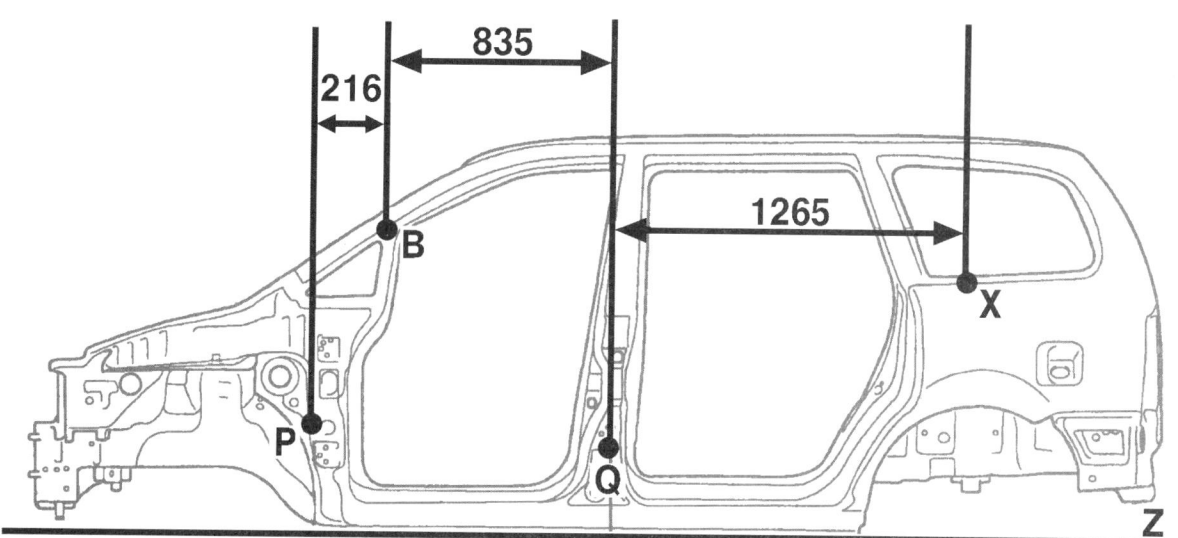

835

216

1265

B

X

P

Q

Z

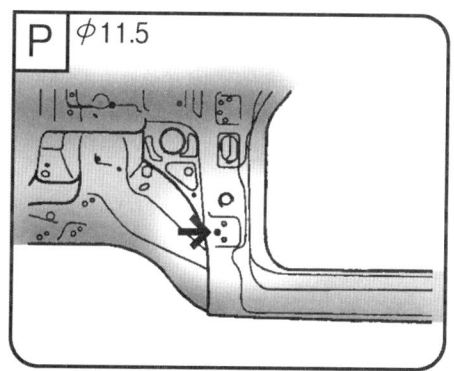

P φ11.5

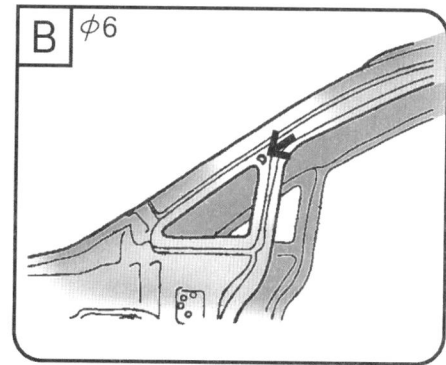

B φ6

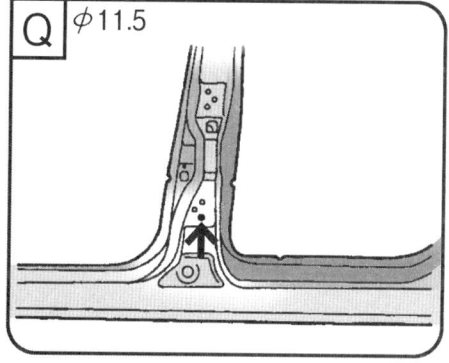

Q φ11.5

X

사이드보디 (side body)

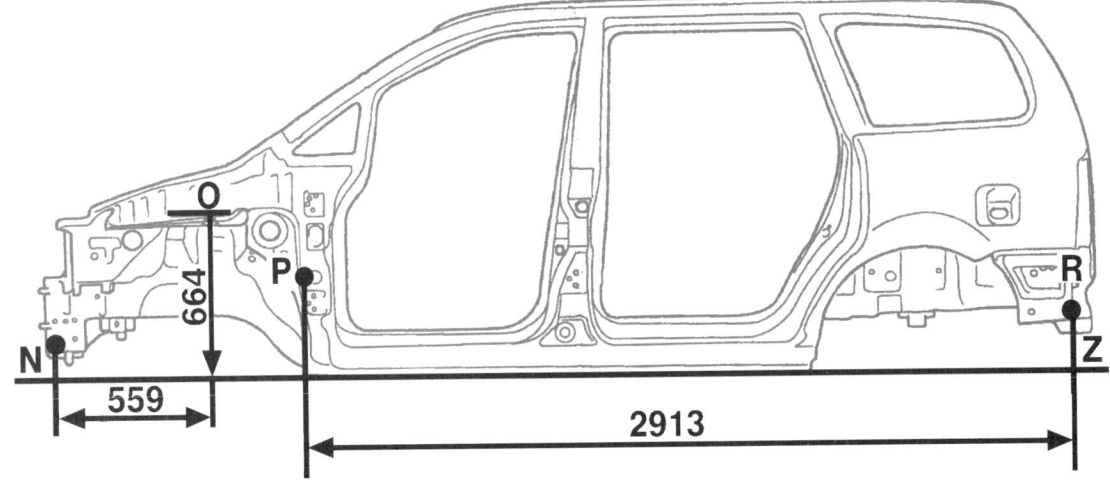

664

559

2913

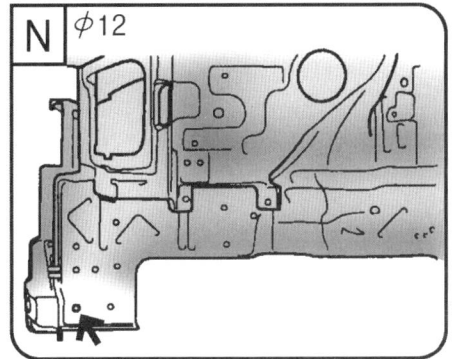

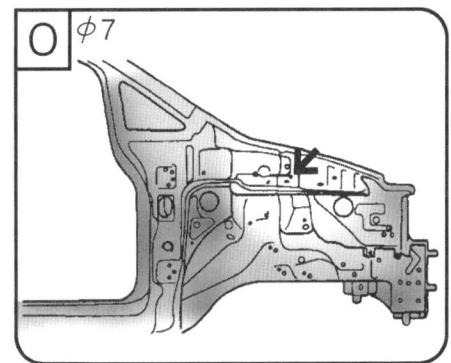

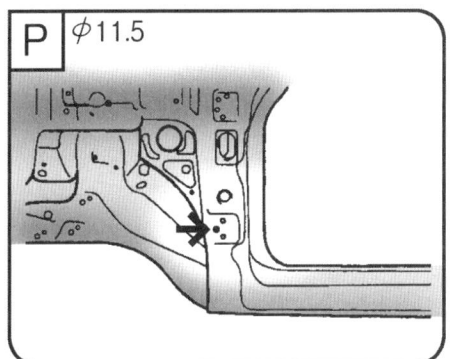

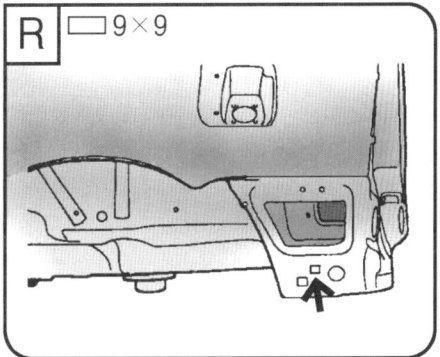

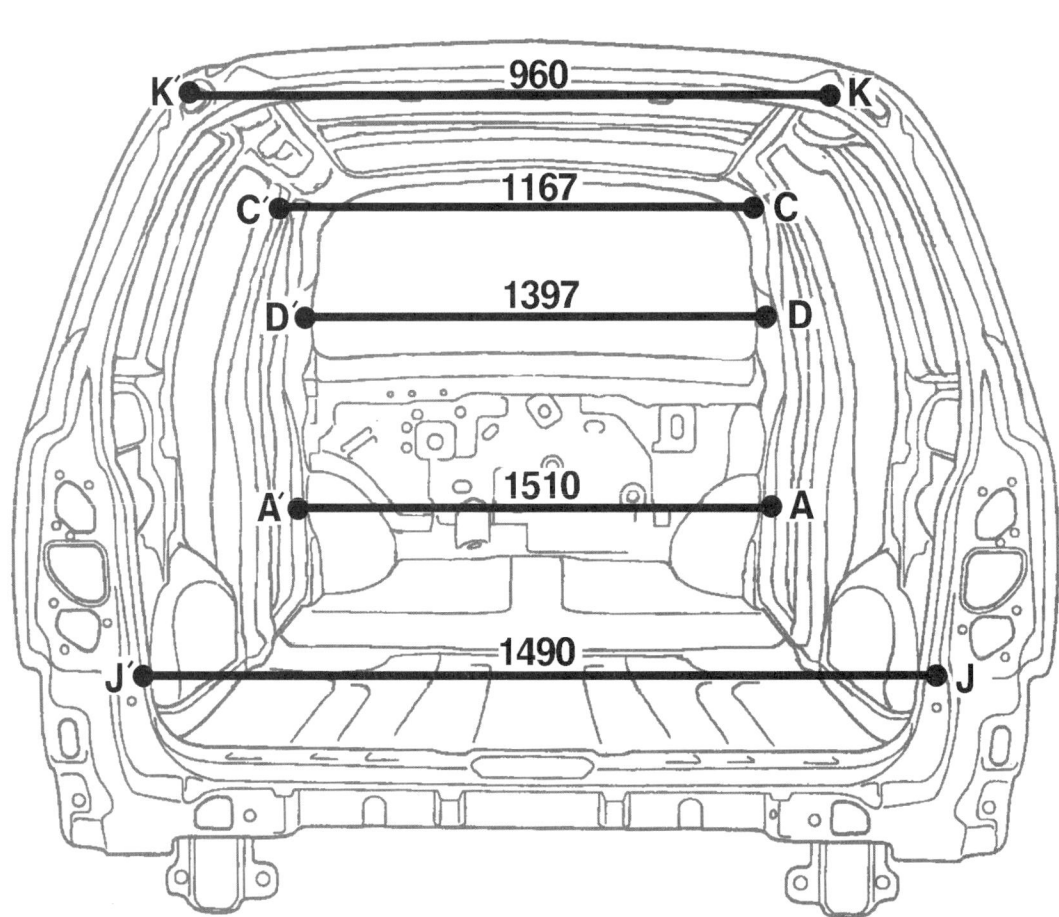

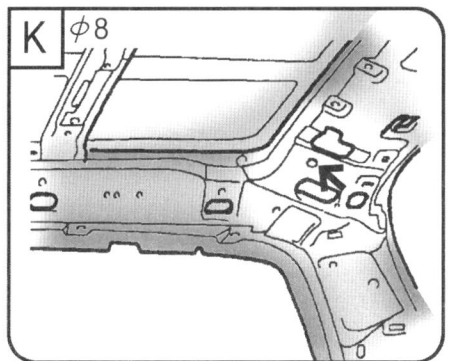

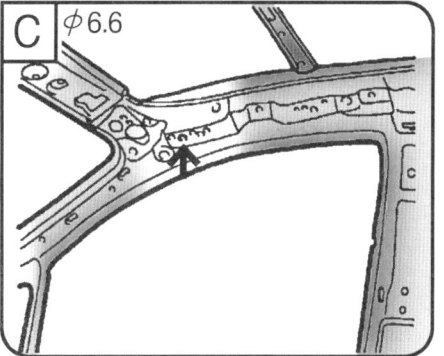

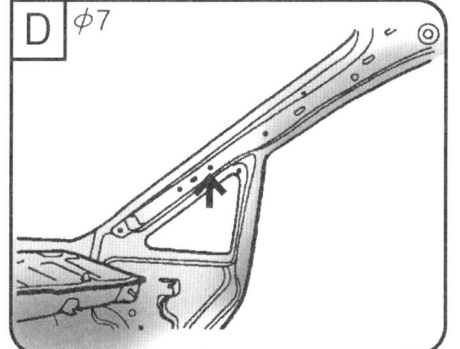

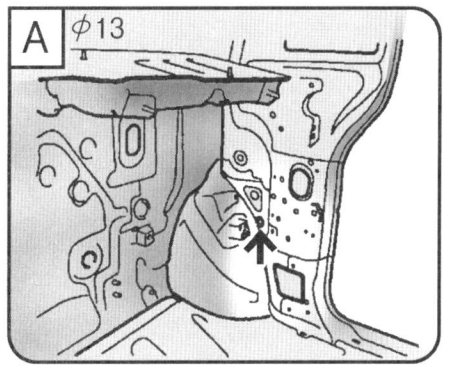

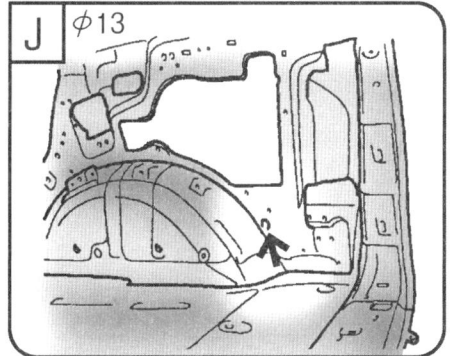

실 내 (interior)

1168

G' G

1363

H H

1618

L' L

1522

I' I

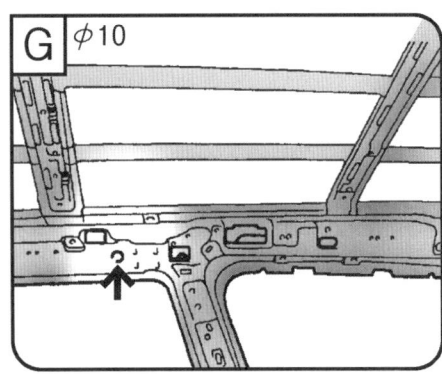

G φ10

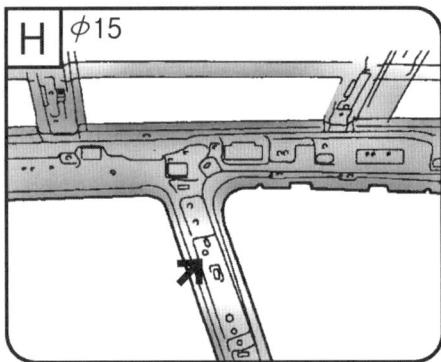

H φ15

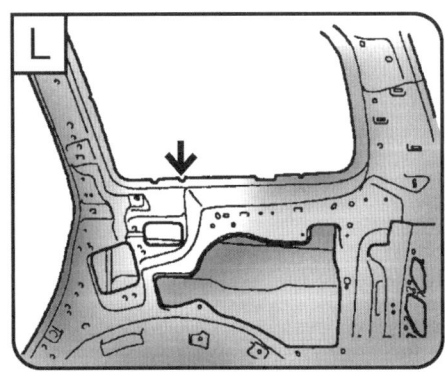

L

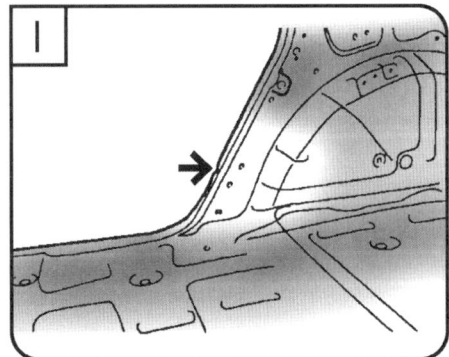

I

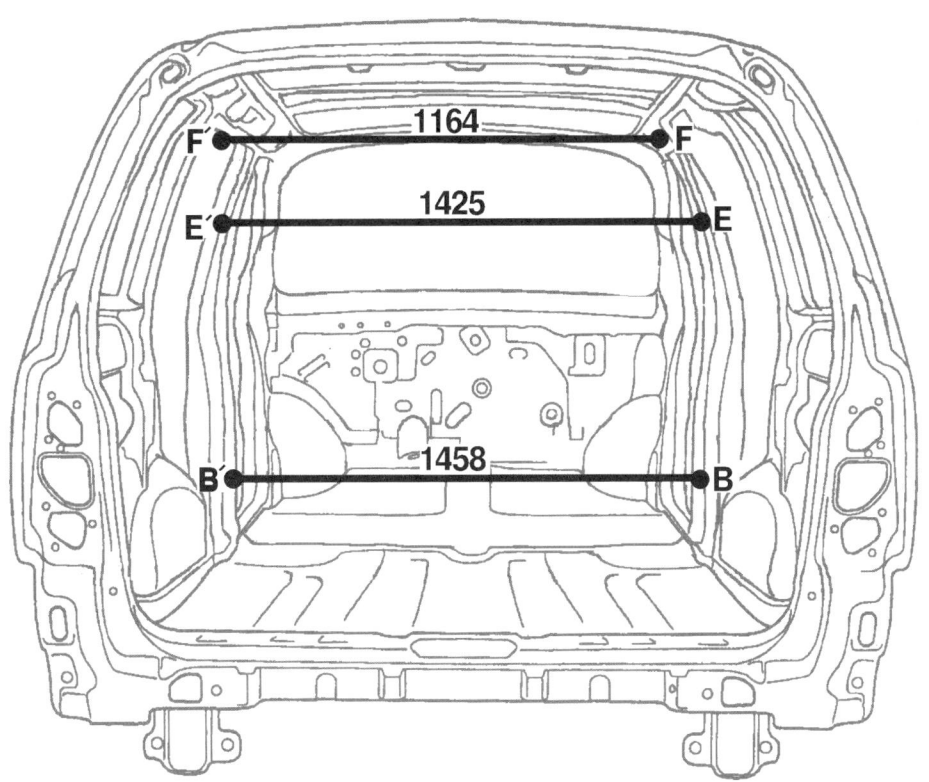

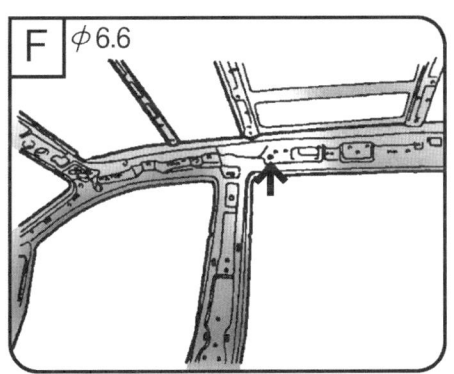

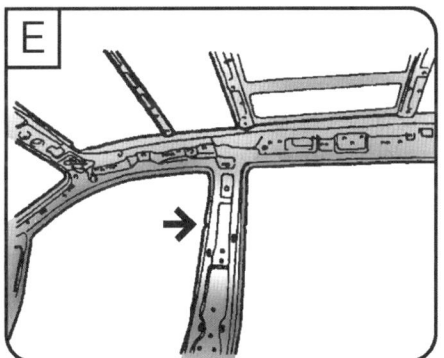

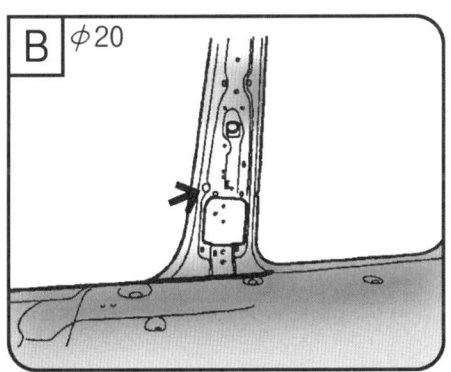

상부보디(upper body)

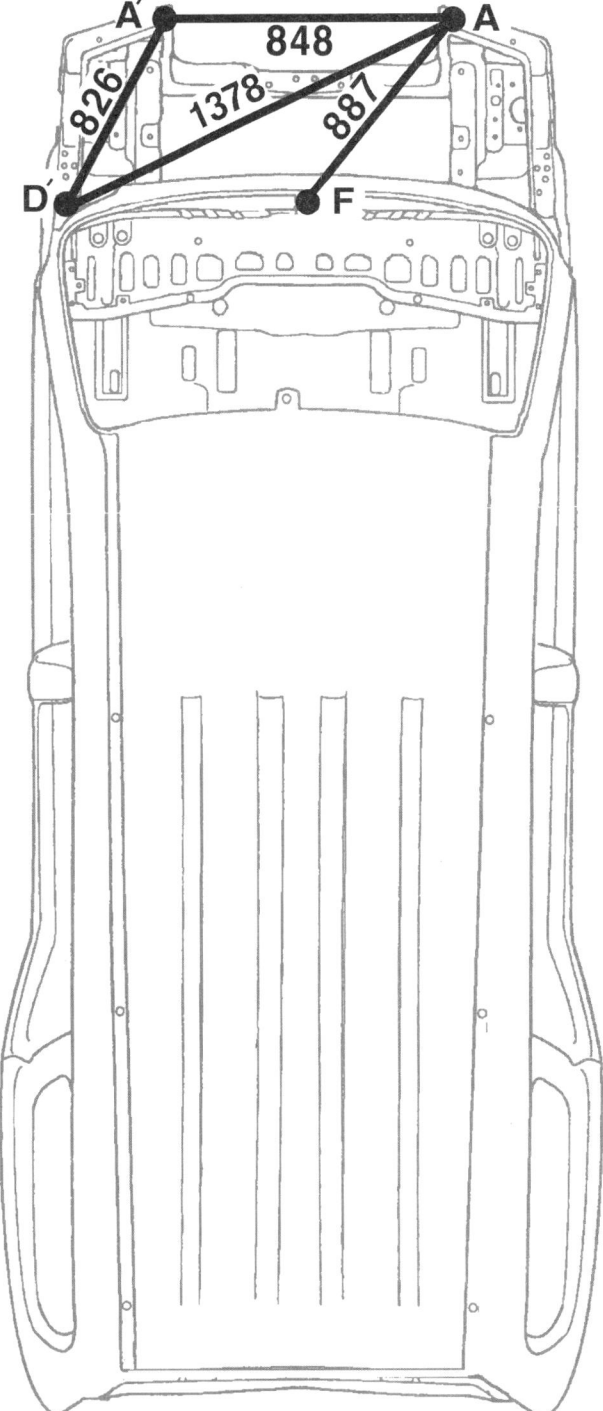

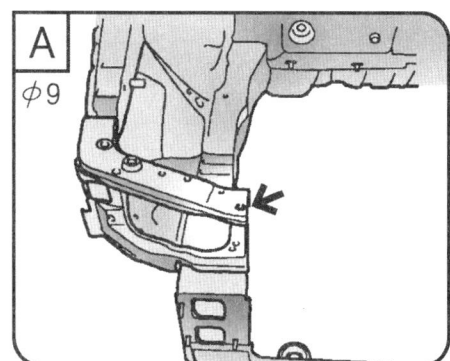

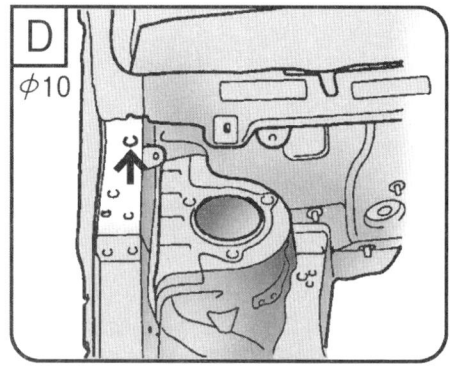

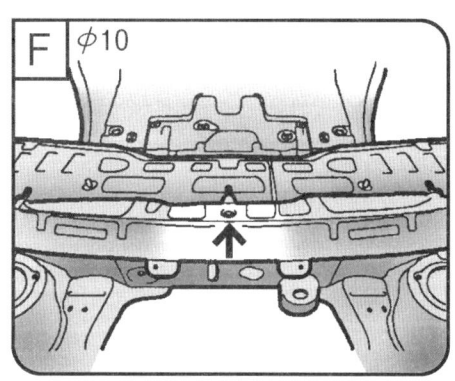

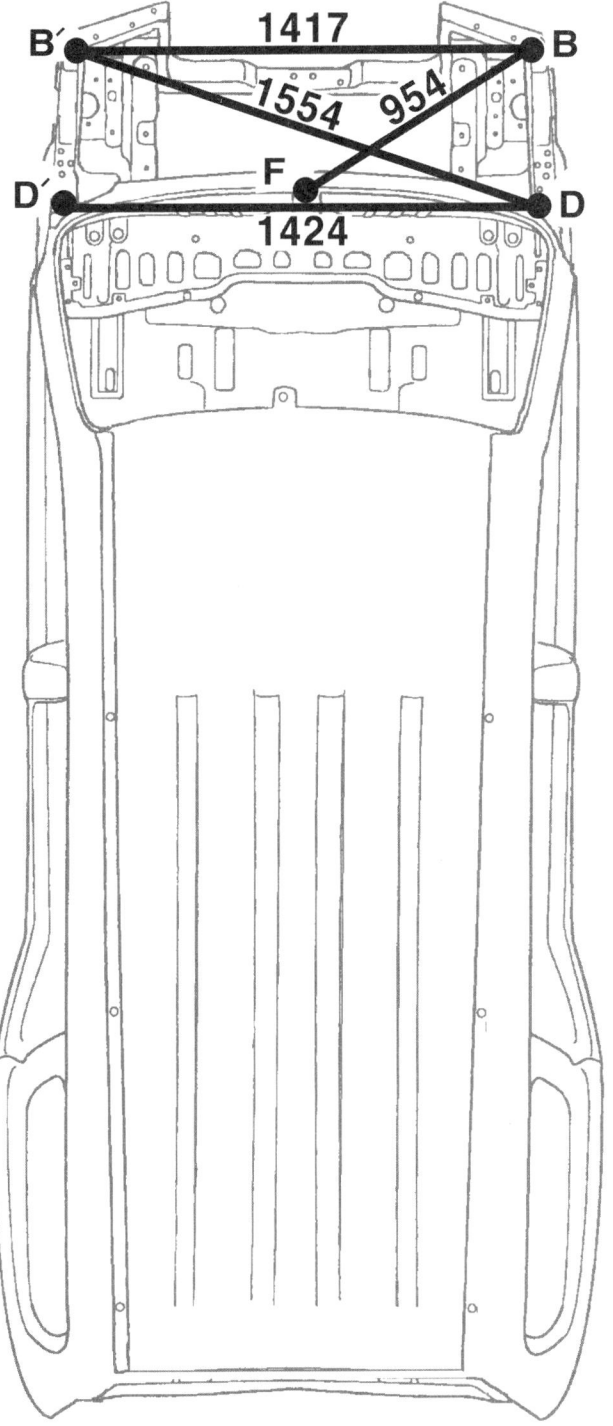

1417

1554 954

1424

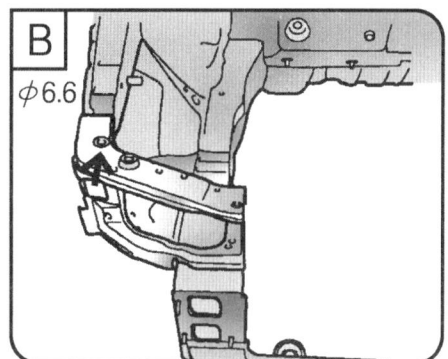

B
φ6.6

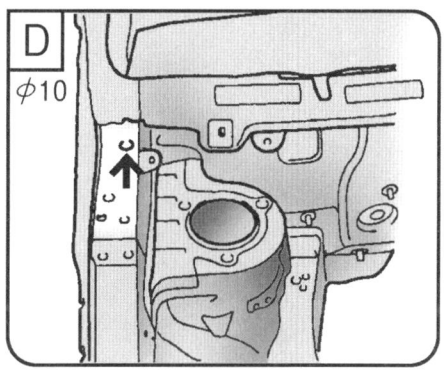

D
φ10

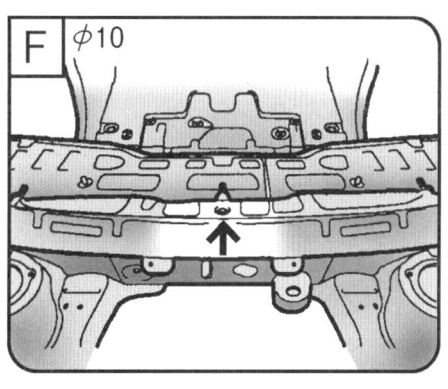

F φ10

상부보디(upper body)

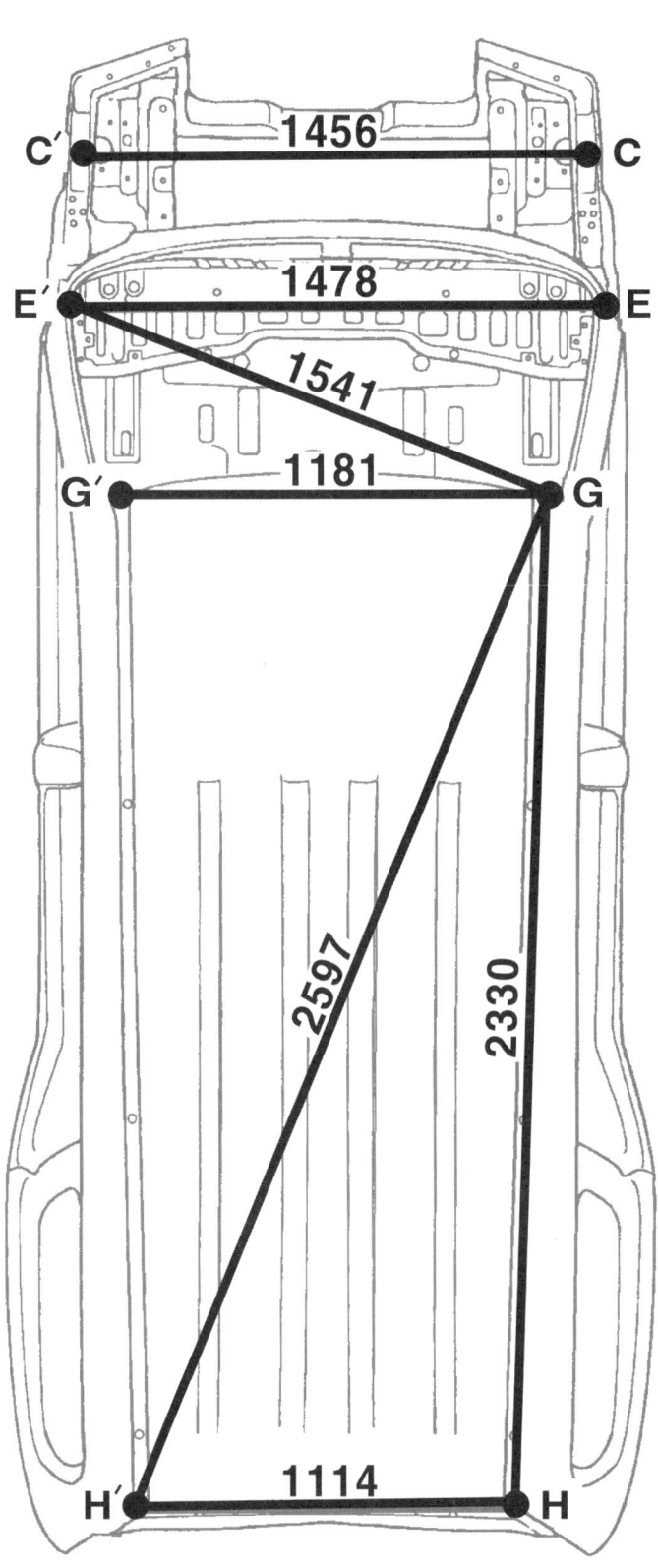

C´ —— 1456 —— C

E´ —— 1478 —— E

1541

G´ —— 1181 —— G

2597

2330

H´ —— 1114 —— H

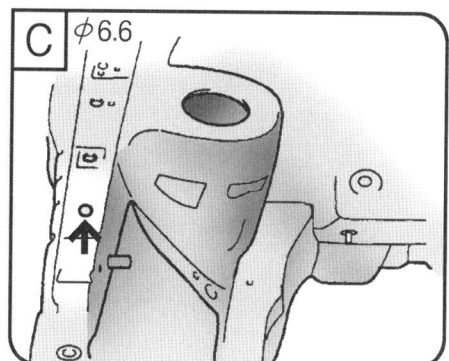

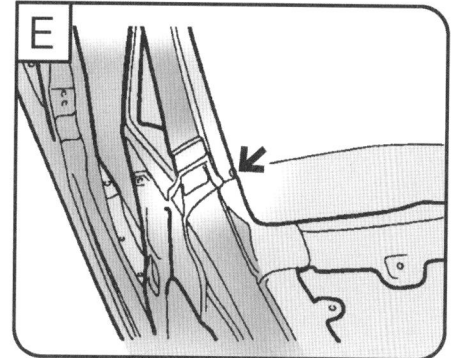

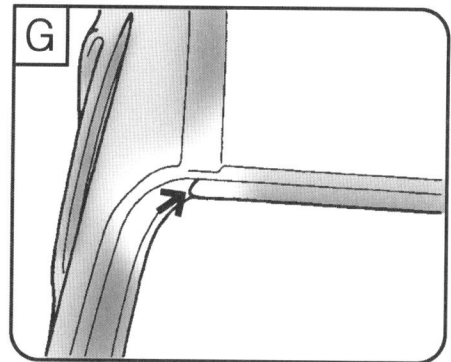

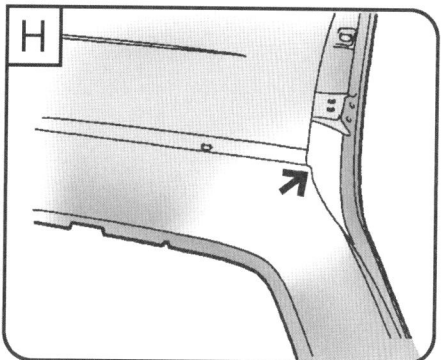

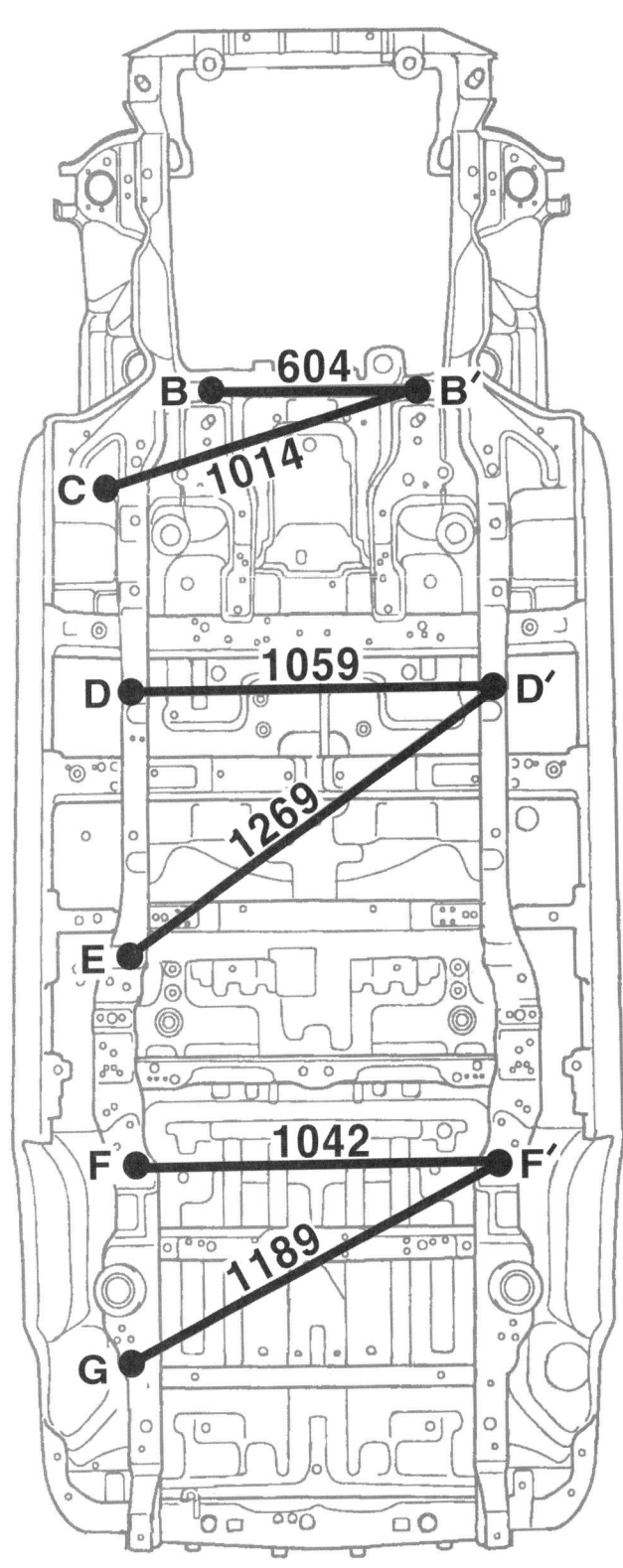

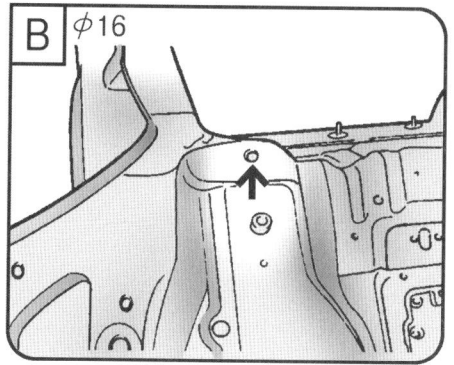

B φ16

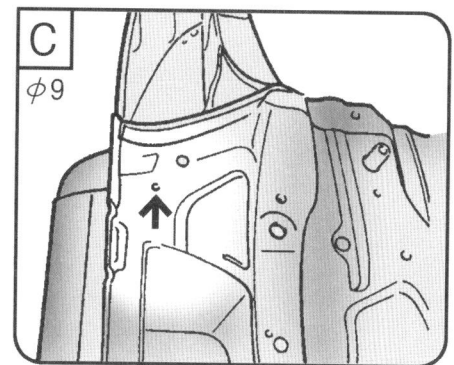

C φ9

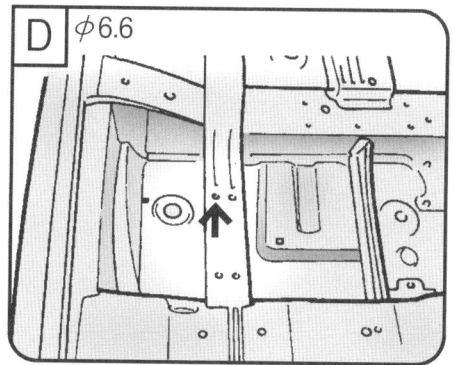

D φ6.6

E φ20

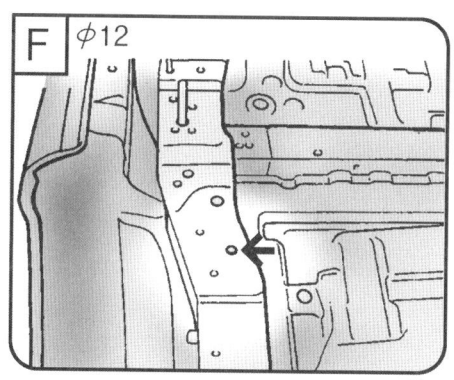

F φ12

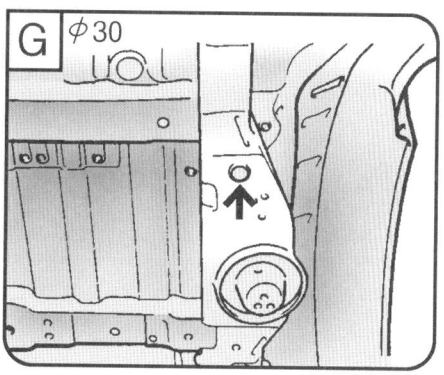

G φ30

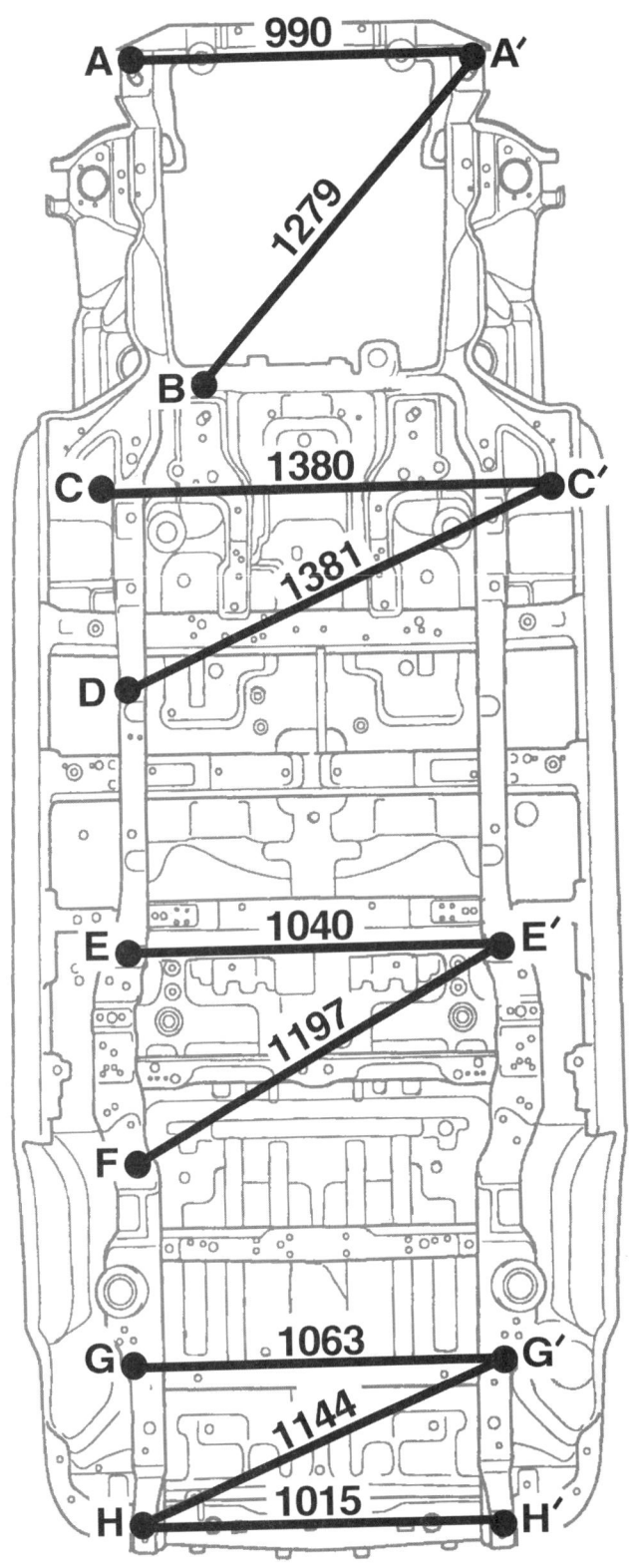

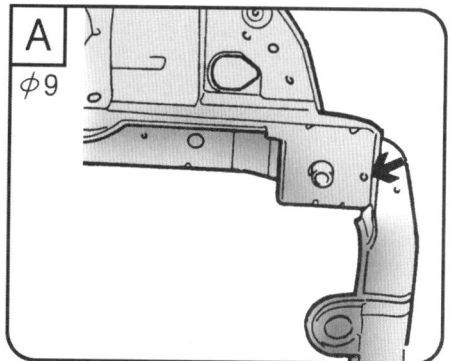

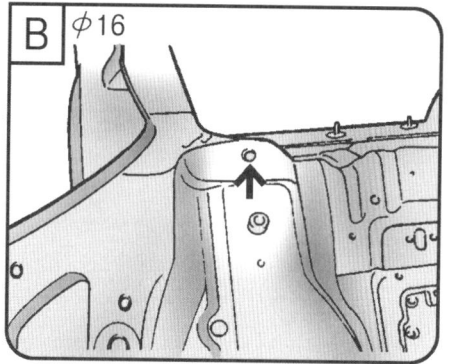

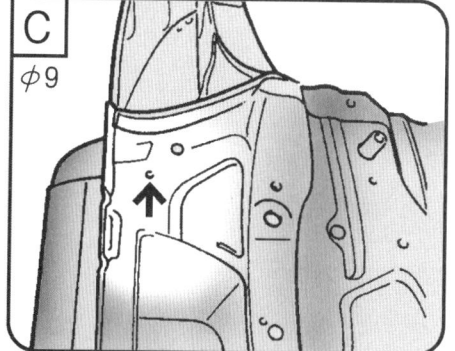

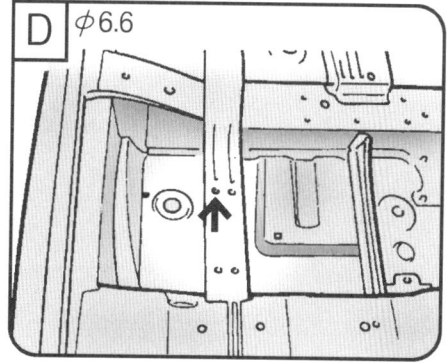

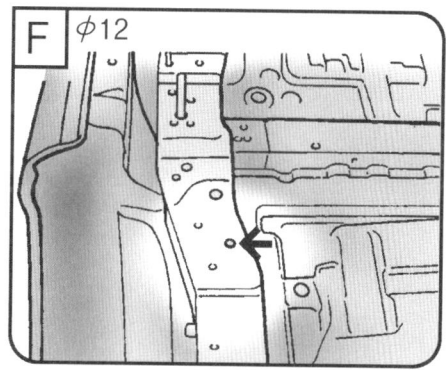

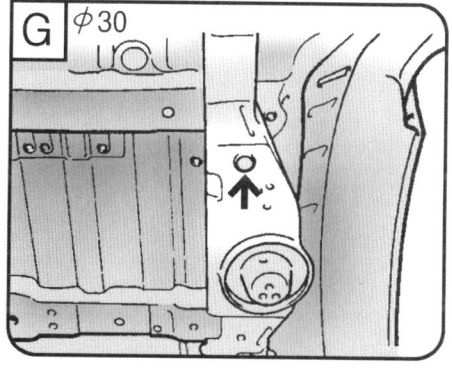

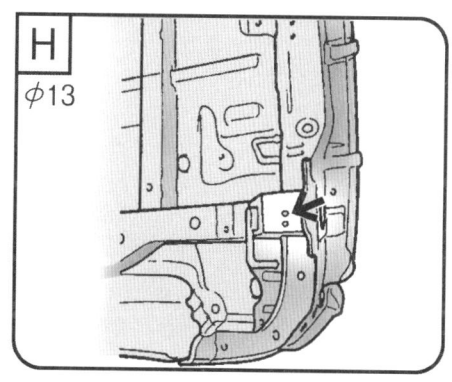

프런트보디 (front body)

1282

1340

1418

1215

920

E•───────────────────────•E´

C•───────────────────────•C´

B•

A•───────────────────────•A´

E
φ11

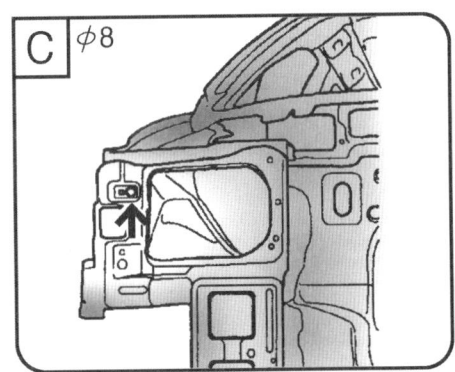

C φ8

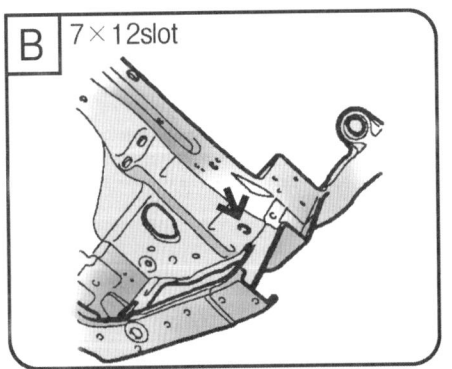

B 7×12slot

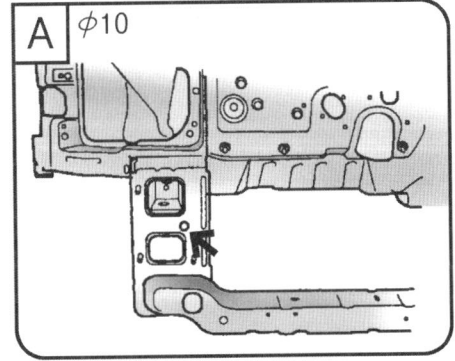

A φ10

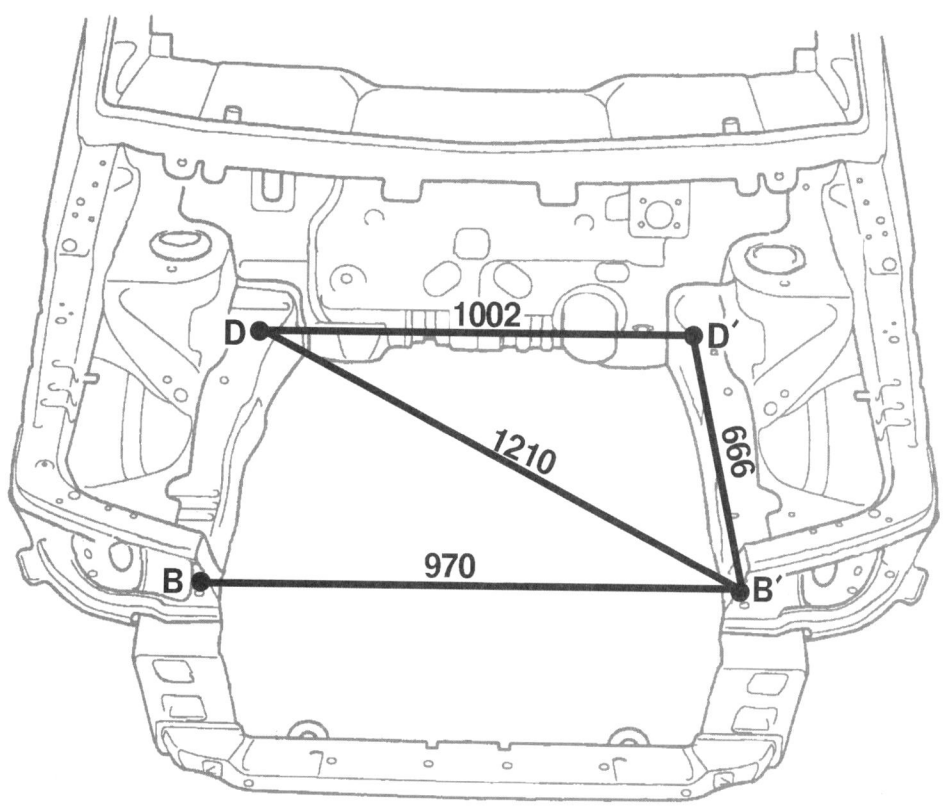

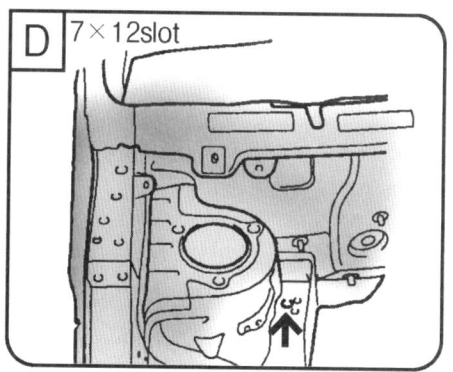

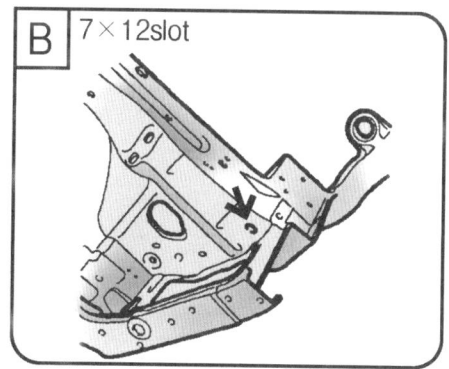

리어보디 (rear body)

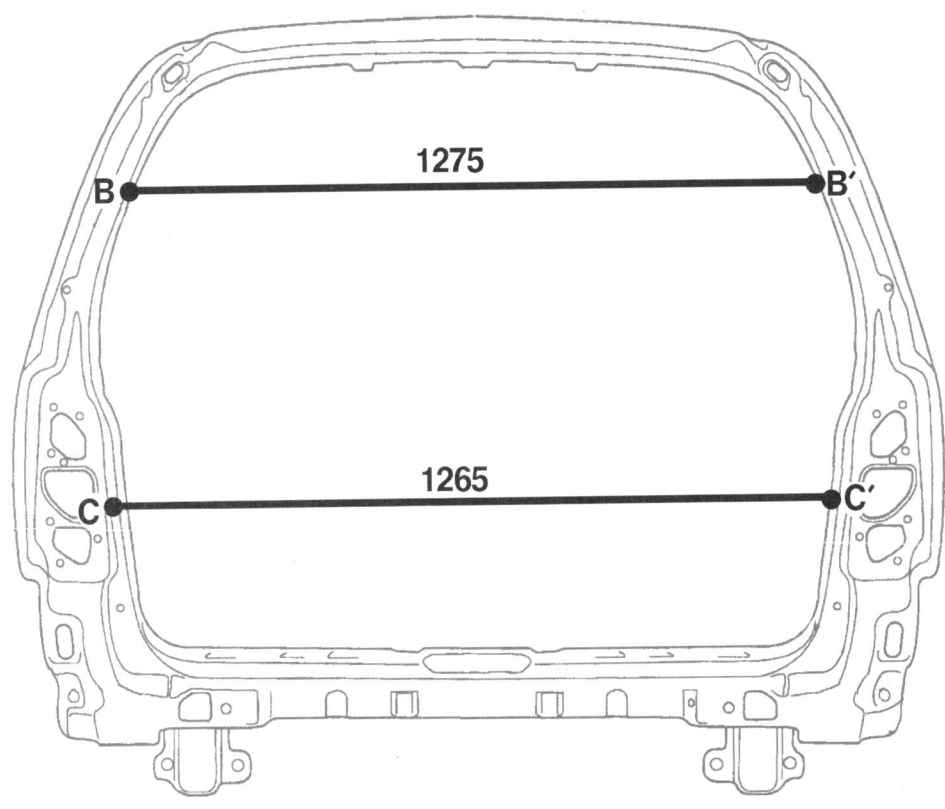

1275
B ●——————————● B'

1265
C ●——————————● C'

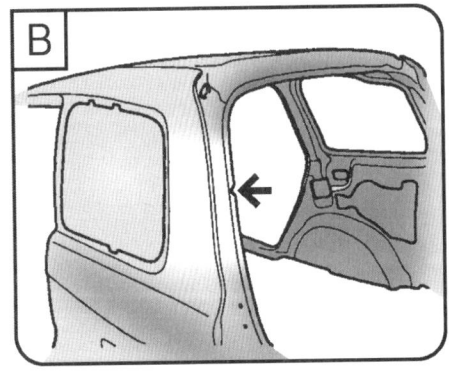

B

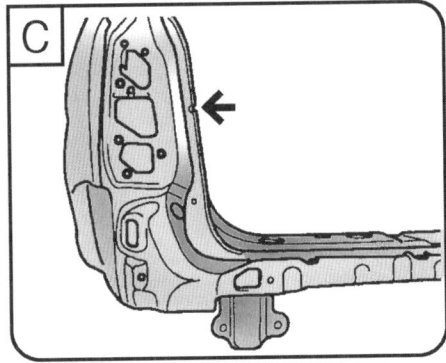

C

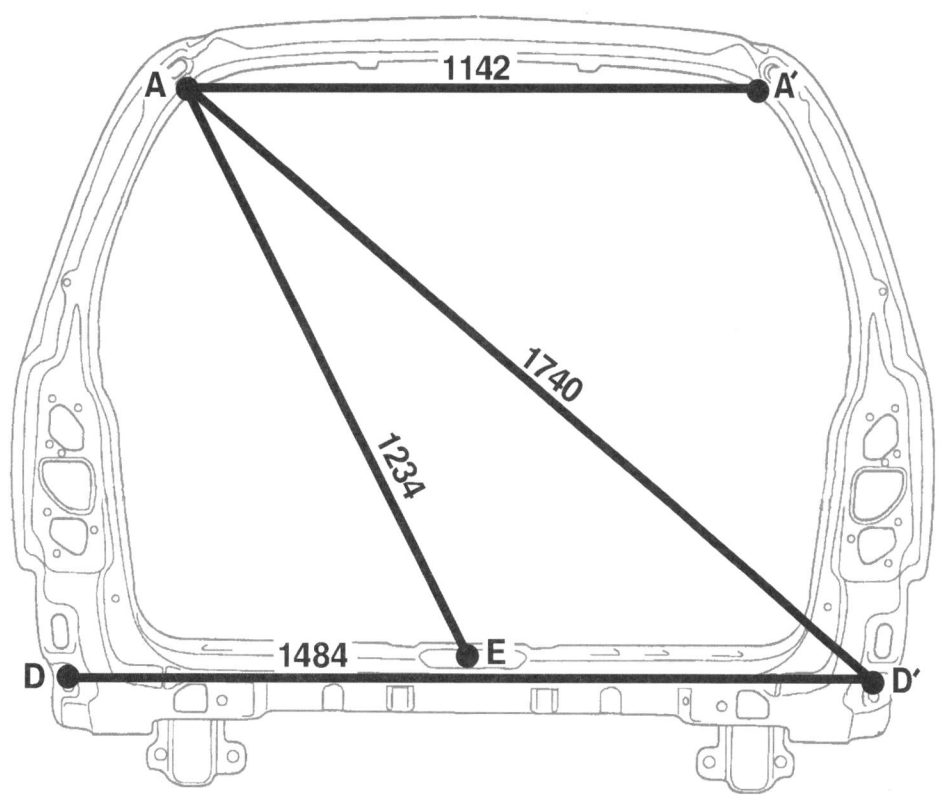

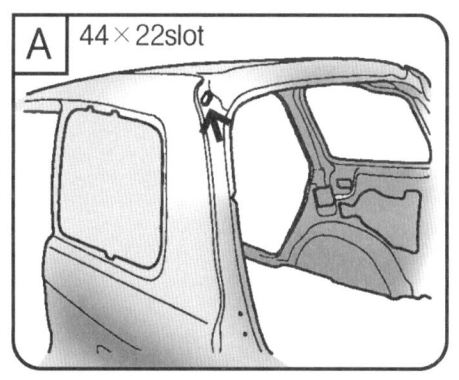

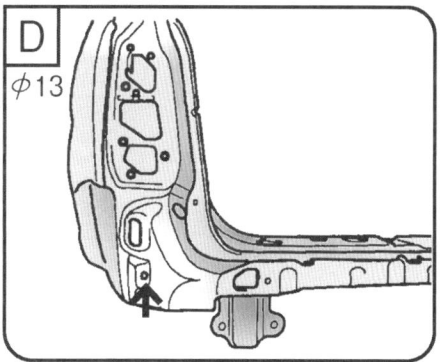

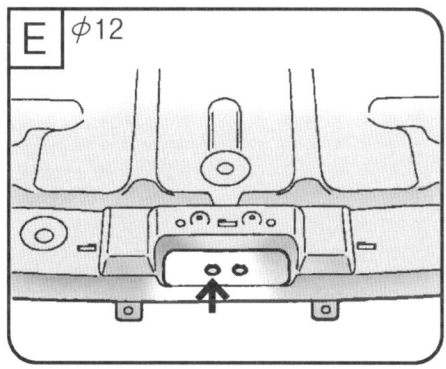

저자약력

■ 岸上善彦(きしがみよしひこ)

1954년생.

1979년 주식회사 리페어테크출판에서 자동차판금 · 도장기술기자로 근무.

「월간 모노코크」편집장, 「월간 보디샵 리포트」편집장을 거쳐 현재 「견적가이드」편집장.

■ 永繩俊裕(ながなわとしゆき)

1961년생.

고교졸업 후 시가현 보디샵에 근무. 1995년부터 보디리페어기술연수원 판금과 강사.

1996년 미국 차체수리교육기관 'I-CAR' 의 인스트럭터 자격 취득.

◆ **THE 판금**(Body work)　　　　　　　　　정가 25,000원

초판 발행　　　2003년 1월 13일	監　　修 : 보디리페어기술연수원
2판 2쇄 발행　2018년 1월 15일	著　　者 : 岸上善彦(きしがみよしひこ)
	永繩俊裕(ながなわとしゆき)
	編　　譯 : GB기획센터
	발 행 인 : 김 길 현
	발 행 처 : (주)골든벨
	등　　록 : 제 1987-000018호
	ⓒ 2003 *Golden Bell*
	I S B N : 89−7971−431−9

우 ０４３１６ 서울특별시 용산구 원효로 245(원효로 1가 53-1)

TEL : 영업부 (02) 713-4135 / 편집부 (02) 713-7452 · FAX : (02) 718-5510

E-mail : 7134135@naver.com · http : // www.gbbook.co.kr

※ 파본은 구입하신 서점에서 교환해 드립니다.